DAS UNMITTELBARE

EINE MENSCHHEITSFRAGE

DARGESTELLT

VON

LIC. HERMANN KUTTER
PFARRER AM NEUMÜNSTER IN ZÜRICH

„Alles Philosophieren besteht in einem Erinnern des Zustandes, in welchem wir eins waren mit der Natur.“ Schelling.

BERLIN
DRUCK UND VERLAG VON GEORG REIMER
1902

Inhalts-Verzeichnis.

Berichtigungen.

Man lese:

1. Seite 7 Zeile 5 des zweiten Absatzes: erwecken, statt erweckt.
2. S. 11 Z. 6 von unten im zweiten Absatz: Form, statt Formen.
3. S. 65: Stewart, statt Steward.
4. S. 82 Z. 10 des zweiten Absatzes: seinen, statt deinen.
5. S. 137 Z. 3 von unten im ersten Absatz: einen Segen, statt ein Segen.
6. S. 157 Z. 6 des ersten Absatzes: imaginäre, statt imginäre.
7. S. 158: Bruns, statt Burns.
8. S. 187 Z. 2 von unten im ersten Absatz: euch, statt auch.
9. S. 195 Z. 5 von unten im ersten Absatz: der, statt die.
10. S. 207 Z. 4 des dritten Absatzes: seine, statt ihre.

Vorwort.

Bloßes Sein, nicht Leben, ist die Signatur unserer Existenz. Der Mensch muß

Wirken und streben
Und pflanzen und schaffen,
Erlisten, erraffen,
Muß wetten und wagen,
Das Glück zu erjagen —

aber er erreicht es nie. Wir umgeben uns mit einer verschwenderischen Fülle von Realitäten, aber die Realität kennen wir nicht. Vielseitige und sinnreiche Mittel der Wissenschaft und Kunst gestatten uns, die kurzen Minuten unseres Daseins mit den ausgesuchtesten Reizen zu füllen; aber ohne ihr Ende abzuwarten, verschmachten wir mitten im Genuße vor Sehnsucht. Kein Augenblick, zu dem wir sagen möchten: „Verweile doch, du bist so schön", kein Wissen, kein Können, das die gähnenden Schlünde des Herzens sättigte, keine Tat, in welche die Triebe unseres Wollens befriedigt ausströmten. Und in all' dieser quälenden Unruhe das bestimmteste Bewußtsein von einer Seligkeit, die irgendwo unser harre, durch ein tückisches Geschick nur unserm sonst so findigen Scharfsinn entzogen; das unbedingte leidenschaftliche Verlangen nach jener höhern Welt, die unser Verstand als das Gebilde überreizter Phantasie zerpflückt. Durch die Künste einer sich selbst preisenden Kultur gelingt es uns zwar, der Unerbittlichkeit des Geschehens mit gelassener Miene entgegenzutreten und das grausame Spiel, das uns im Innersten beleidigt, für den sinnvollen Ausdruck einer in ihrer Verborgenheit umso erhabeneren Idee auszugeben — allein verborgen hinter diesem geglätteten Äußern zuckt verräterisch die Glut einer elementaren Unlust, die je und je schon verzehrend über die künstlichen Gebilde der Kultur dahingebraust ist. Wir vermeinen alles zu glauben, was uns die geschäftige Demonstration der Wissenschaft lehrt, wir jauchzen in seltsamem Enthusiasmus ihrem grausamen Nachweis zu, womit sie unsere Ideale, jene verheißungsvoll durch die Nacht unseres Daseins grüßenden Sterne, als bloße Vorurteile überwundener Tage brandmarkt. Aber tief im Herzen glauben wir ihr doch nicht. Wir schämen uns unseres kindlichen Verlangens nach wirklichem Leben, das sich von Scheinwirklichkeiten nicht will einlullen lassen, deshalb verstecken wir es hinter die überzeugten Mienen einer blasierten Weltanschauung — vergebens! Mit ursprünglicher Gewalt reißt uns das Kind in uns immer wieder zu neuen Torheiten fort. Wir können es nicht lassen, die übersättigten Augen nach jenem Wunderland zu richten, von dem uns die Sehnsucht des Herzens erzählt. Wissenschaft, Kunst, Philosophie und Religion, Pessimismus und Weltschmerz, womit wir das Schreien des Kindes unterdrücken zu können wähnten, verlieren mehr und mehr ihre narkotische Wirkung — immer elementarer, immer gebieterischer dringt das Verlangen nach dem verlorenen Leben durch die Seele der modernen Welt. Der Tag wird kommen, da die Menschen sich nicht mehr werden beruhigen lassen weder vom Zauber der Poesie, den die Dichter und Sänger, die aufgeregten Leidenschaften zu besänftigen, ihren Saiten entlocken, noch durch die Verheißungen einer einschmeichelnden Wissenschaft, die umsonst sich abmühen wird, alte Vorrechte zu behaupten, noch durch die Tröstungen der Religion, die wie Hohn in den Ohren der Elenden klingen. Dann wird die Menschheit zu ihrem Rechte gelangen; dann, wenn sie alle Lügen der Gesellschaft kraftvoll sich vom Leibe gerissen, wird jene Welt offenbar werden, die sie im innersten Busen gehegt, in der Stille von einer Generation zur andern hinübergerettet, an die sie inbrünstig geglaubt, für die sie ihr Blut vergossen hat: die Welt des Lebens.

Was ist das für eine Welt? — Kennst du sie nicht? Spürst du nicht im eigenen Blute ihre gewaltigen Pulsschläge? Weißt du denn nicht, wie die Menschen leben sollten? Und wenn du es weißt, woher anders kommt dir dieses Wissen als aus der Wirklichkeit des Lebens? — Ja, wir kennen das Leben! In dem leidenschaftlichen Drange, womit wir ihm entgegeneilen, erkennen wir eine bessere Realität, als die ist, die uns in den klugen Schlüssen einer sich selbst vortragenden Dialektik in ihre Wahrheit ziehen will. Das wahrhaftige Leben existiert, denn wir wollen es, und Mensch sein, heißt es herbeisehnen. Wir kennen es: Mit sicherem Griffe wissen wir Gut und Böse auseinander zu trennen, trotzdem uns die Wissenschaft ihren Gegensatz in das harmonische Zusammenwirken von Licht und Schatten abschwächen möchte! Wir kennen es, denn selbstvergessen werfen wir uns der Gemeinheit entgegen, die uns höhnend auf die Wahlstatt ruft, uneingedenk der Grabsteine, die die uns vorangegangenen Kämpfer bedecken. Wir kennen es; denn dann geht uns sein lichter Sinn erst ganz auf, wenn wir, zusammenbrechend unter den zähen Hindernissen, noch die Siegesgewißheit über die sterbenden Lippen hauchen! Warum lernen wir uns denn nie in die doch so unbestreitbare Mechanik eines Geschehens schicken, das alle Unterschiede in die einander ergänzenden Schrauben und Räder unvordenklicher Notwendigkeit und Folgerichtigkeit verwandeln möchte? Warum, wenn wir doch tausendmal unrecht haben, und der Unsinn tausendmal triumphiert, reden wir immer noch von Wahrheit? Warum erglänzt in unseren Augen immer wieder, unberührt von den Schatten der Resignation, das helle, klare Recht, wenn es doch nur bestimmt ist, dem Stärkern die Waffen in die Hand zu liefern, womit er den Schwächern niederschlägt? Warum glauben wir immer noch angesichts der Grabhügel, die die Leidenschaft ihren Opfern bereitet, an die Liebe? Warum, wenn doch der eherne Fuß der Weltgeschichte nur der Selbstsucht Wege und Straßen gebahnt? Wollen wir uns denn immerdar täuschen?

Wir? Wer sind denn Wir?

Man will uns glauben machen, die Geschichte der Menschen sei nur dafür da, einem uranfänglichen Gesetze Ausdruck zu geben, man spricht von der „Selbstbewegung der Idee“, die sich in den wechselnden Gebilden des Geschehens offenbare; von einem unergründlichen Tiefsinn, der aus verborgenen Quellen die vielgestaltige Totalität seiner eigenen Konsequenz entwickle; von der unerbittlichen Logik, die in der regellosen und verworrenen Wechselwirkung menschlicher Strebungen, Leiden und Freuden, sich ernst und feierlich entfalte. — Es ist Zeit, daß diese Torheit, über welche schon ein Lotze seinen Spott ergossen, ein Ende nehme, und sich die Menschen darauf besinnen, daß „Ideen“ und „Gesetze“ nur die Regungen lebendiger Geister, nichts außer ihnen, nichts an und für sich sind.

Wir selbst sind größer als unsere Gedanken. Wir dürfen uns von keiner Idee, und wäre sie die glücklichste, knechten lassen.

Wir müssen den Mut gewinnen, uns selbst, nicht unsere „Idee“ zur Anerkennung zu bringen.

Wir müssen lieben. Das ist das Leben.

Alles andere Spiel. Ein Spiel der „Ideen“ wechselnde Flucht, ein Spiel der „Prinzipien“ grundlegende Kraft, ein Spiel der Taten rauschender Lärme, ein Spiel, was uns bis dahin in des Ernstes Feierlichkeit eingeschüchtert, sich in unsere Züge und Mienen mit strengen Falten eingezeichnet hatte. Da gilt keine neben dem Leben stehende Regel mehr, die es unternehmen dürfte, dasselbe ihrer starren Eigenwilligkeit dienstbar zu machen, kein versteckter Sinn, der sich im Faltenwurf des Lebens Ausdruck verschaffte. Das Leben braucht seinen Sinn nicht mehr zu Lehen zu tragen, es trägt ihn in der Unmittelbarkeit seiner überschäumenden Daseinsfreude von selber vor. Fremd wird da dem Menschen jenes beliebte Schattenspiel eingebildeter „Ideen“, seitdem er in demselben den bloßen Reflex seines eigenen quellenden Lebens erkannt hat. Auf jedem Gebiete heißt ja „leben“ sich selbst auswirken, durch keine Hindernisse aufgehalten, frei und sich selbst treu die ureigensten Triebe zur Entfaltung bringen — muß dies alles nicht im eigentlichsten Verstande da gelten, wo das Leben selbst sich erhebt? In der Tat: Wolle leben, das ist die einzige Lösung aller Rätsel, die einzige Antwort auf alle Fragen, wichtiger, entscheidender, schöpferischer als alle Philosophie. Denn leben heißt die Rätsel zum Spiel verwandeln, leben heißt allen Sinn des Weltganzen schon vorweg genommen, alles schon ergründet, schon verstanden haben, Leben ist selbst die Antwort auf alle Fragen.

Leben heißt spielen. Denn im Spiele kommt es zum Ausdruck, daß du selbst, du, der Mensch — nicht deine „Prinzipien" — giltst; da wird es offenbar, daß du einen in keinem Flusse der Gedanken löslichen Kern des eigenen Selbst besitzest. Alles was sich deinen listigen Gedankengängen als irrationale Größe entgegenstellt, alles, was liebt in dir — das ist das Leben.

Das Leben ein Spiel. Innerhalb des Spieles .kann es keine Rätsel geben, weil das Spiel sein souveraines Recht freier Selbstbestimmung nicht an Prinzipien ausliefert, die nicht um seinetwillen vorhanden wären, keinen außer ihm selbst liegenden Zwecken dient, und ein eigenes Sein mit eigenem, ursprünglichen Sinn zur Schau trägt. Man spielt um zu spielen, und man lebt um zu leben. Gib dem Leben eine höhere Regel und du machst es selbst zum Gegenstand des Rätsels. Nur die Gedanken, die außerhalb des Lebens stehen, schaffen Rätsel; denn eben das ruft ihnen, daß sich die Gedanken an den Grenzen des Lebens ihr eigenes Scheindasein reflektieren — innerhalb derselben sind sie nur der wechselnde Ausdruck des Lebens selbst. Wo die Fäden der Gedanken spielend geschlungen werden, da hört mit ihrem friedlichen Bescheid, ein Spiel zu sein, auch das Rätsel, jener bange Ausdruck des zum Ernst erstarrten Spieles, auf.

Leben ersteht da, wo die Persönlichkeit sich zur Gebieterin der Sachen und Gedanken erhebt, um selbst am sausenden Webstuhl des Geschehens zu stehen, statt einer listigen Gedanken-Maschinerie teilnahmlos oder in ängstlicher Spannung zuzuschauen. Wir werden — wenn auch nur in vorübergehenden Augenblicken — von dieser Unmittelbarkeit des Lebens immer wieder überrascht und beglückt. Hinter unseren „Prinzipien", womit wir einander in seltsamer Hartnäckigkeit abstoßen, bergen wir verschämt und froh jenes süße Gefühl der Zusammengehörigkeit, dem wir im gegenseitigen Umgange einen oft so herzlichen Ausdruck zu geben vermögen. Da schenken wir einander unsere Gedanken ohne wehetuenden Stachel. Da schmecken wir die Differenzen unserer individuellen Gefühle als wertvolle sich gegenseitig ergänzende Teile eines und desselben Lebenssinnes, der sich warm über unsre Herzen ergießt — ein Spiel, dessen kindlicher Tiefsinn noch lange als lichte Erinnerung in uns nachwirkt.

Das ist das Leben. Es hegt eine unendliche Vielseitigkeit in seinem Busen. Aber man darf ihr nicht das eine auf Kosten des andern entnehmen, sonst verzerrt man seine Harmonie; keines der Glieder, die zusammen den Reiz seines unergründlichen Reichtums entfalten, ausbrechen, um etwa ein Sonderleben herzustellen, sonst stirbt es wie der Schmetterling, dem man die Flügel zerrissen. Nein, nicht einzelne Lebensteile — das ganze Leben. Nicht viele nebeneinander stehende, einander verdrängende Gedanken, sondern der Gedanke, der sie alle aus sich spielend und scherzend entläßt, um sie nach keckem Turnier wieder in sich selbst zu versammeln. Nicht viele Gesetze, sondern das Gesetz, das die Äußerungen der unendlichen Freiheit als ihr Organismus ermöglicht. Nicht viele Künste, sondern nur die eine, sich selbst unwandelbar treu zu bleiben. Keine Spitzfindigkeit, nein, Einfalt, Licht, Wahrheit. Keine Flucht ins Weite, sondern die schöpferische Ausgestaltung des Gegebenen. Keine Träume in Vergangenheit und Zukunft, nein, das ewige Erleben des Augenblicks. Keine Vermittlungen irgend welcher Art, nein, nur das Unmittelbare.

Ringend, suchend, vielfach irrend im Ausdruck, schwach im Vermögen, aber der Sache, des Zieles gewiß, so haben wir im folgenden dem Unmittelbaren nachgeforscht — dem Unmittelbaren, das unserer Zeit höchstes Verlangen ist.

Zürich, im Sommer 1902

Hermann Kutter

Die gewaltigste Tatsache unseres Lebens ist der Gedanke. Die Weltgeschichte ist die Geschichte des menschlichen Geistes. Daß sich über den ökonomischen Verhältnissen der jeweiligen Geschichts-Epochen ein selbständiges Gebiet des Geistes ausbreitet mit dem Anspruch, jene Verhältnisse in seine überlegene Führerschaft aufzunehmen, ist das Charakteristische an ihnen. Nicht die Gesellschaft, sondern der Staat entscheidet über die Geschicke der Menschen. Der Staat aber ist ein Gebilde des denkenden Geistes. Die Gesellschaft ist von selber da, durch die Natur gegeben. Ihre jeweilige Gliederung, ihre Abgrenzung nach außen, ihre treibenden Ideen und besonderen Vorurteile erhält sie aus den Händen des Staates, der ihre noch ungegliederte Masse unter die gesetzgebende Zucht eines zweckvollen, zweckbestimmten Gedankens bindet. Die Gesetzgeber der alten Zeit so gut wie die konstitutionellen Versammlungen der Neuzeit betätigen sich dadurch, daß sie eine in ihrem eigenen Geiste entstandene, vielleicht aus den Stimmungen der Gesellschaft, für die sie arbeiten, abstrahierte, denselben jedenfalls aber zunächst aufgezwungene Rechtsvorstellung dem Ideengehalte der Gesellschaft hinzufügen wollen, unbekümmert darum, ob dieselbe dem lebendigen Wachstum des gesellschaftlichen Geistes fördernd oder hemmend begegne. Immer ist es der Gedanke, der aus seinem eigenen Reichtum einer vorhandenen und, wie ihm scheint, erziehungsbedürftigen Masse die Mittel und Fähigkeiten zu glücklicher Entwicklung zu bieten den Anspruch erhebt. Auf allen Gebieten verhält es sich so, überall beansprucht der Gedanke die führende Stellung in der Voraussetzung, daß in ihm selbst die letzten Gründe allen Geschehens liegen.

Indessen wird auch eine oberflächliche, wenn schon vermöge dieser allgemein zugestandenen Herrschaft des Gedankens nicht gerade naheliegende Reflexion bald herausfinden, daß dieser Anspruch des Gedankens, selbständige Gesetze vorschreiben zu können, ebenso unberechtigt als scheinbar ist. In der Tat ist man der zudringlichen Frage der Sozialdemokratie, ob denn der Gedanke eines Gemeinwesens nicht ebenso ihr Erzeugnis sei, wie alles übrige, ob sich daher in seinem Spiegel nicht einfach die konkreten Verhältnisse seiner jeweiligen Lage reflektieren, die Antwort bis heute in der Hauptsache schuldig geblieben. Immer energischer drängt sich dem modernen Bewußtsein die Notwendigkeit auf, einmal auch in diesem Sehwinkel die Geschichte der Völker zu betrachten, ein Postulat von der weittragendsten Bedeutung, an dessen Lösung die besten Kräfte eben erst angefangen haben sich zu versuchen. Wir können uns im Rahmen, den wir unsrer Aufgabe gesteckt, hierüber nicht näher verbreiten. Daß der sozialdemokratische Gesichtspunkt, wie er namentlich von Marx aufgestellt worden ist, die Weltgeschichte sei im Grunde nichts anderes als die Geschichte der ökonomischen Wandlungen innerhalb der verschiedenen Völker, ein großes Wahrheitsmoment enthalte, können wir ohne weiteres zugeben, ohne uns doch in der Betrachtnng, die unsre Aufmerksamkeit reizt, stören lassen zu müssen. Im Gegenteil: Ist die Herrschaft des Gedankens über das Leben eine unberechtigte Usurpation, so drängt sich uns die Absicht, sie zum Gegenstande unsrer Untersuchung zu machen, nur um so gebieterischer auf.

Wir sind uns der ernstlichen Schwierigkeiten, die uns dabei erwarten, vollauf bewusst. Einem Vorurteil entgegenzutreten, ist nie leicht, die Hinfälligkeit eines Lieblingsvorurteils aber, an welchem wir mit allen Fasern der Gewohnheit und Erziehung nicht nur, sondern auch des eigenen bewußten Geschmackes hangen, aufzuzeigen, scheint von vornherein ein Ding der Unmöglichkeit zu sein. Jene Präponderanz des bloßen Gedankens ist ja nicht nur eine Tatsache auf dem politischen Gebiete, welche den Schein der Notwendigkeit für sich haben mag, und über welche eine leichtlebige, dem Augenblick hingegebene Gesellschaft rasch zur Tagesordnung schreiten könnte, nein, auch innerhalb dieser um Staatsangelegenheiten unbekümmerten Gesellschaft macht sie sich in souverainer Weise geltend. Gelehrte und Künstler nicht allein, sondern auch der erste Beste, der dem „Idealismus“ zu huldigen mit leicht gereizter Empfindlichkeit behauptet, wird es als eine Beleidigung seiner „heiligsten Interessen“ betrachten, wenn man ihm die Vorherrschaft der „Ideen“ anzutasten wagt. Blicken wir doch nur auf unser eigenes Betragen! Täglich geben wir uns der süßen Schwärmerei der durch unsere Seele hauchenden Ideen und „Ideale“ hin, immer wieder begeistern wir uns an großen und kleinen Gedanken, stets aufs neue treibt uns eine rauhe, banale Wirklichkeit, in der Zukunftshoffnung leuchtendem Gemälde den idealen Trost für eine nur allzu „realistische“ Alltagswelt zu erschauen.

Gedanken haben etwas Hinreißendes, Jugendliches. Die elementare Anmaßung, womit sie jeden Versuches spotten, sie auf die dinglichen Notwendigkeiten des realen Lebens zu reduzieren, die Zudringlichkeit, womit sie immer und immer wieder versichern, alle Dinge aus den Furchen ihrer „letzten Gründe“ aufsprießen zu lassen, ihre Sorglosigkeit in der Behandlung realer Probleme, der geniale Leichtsinn, mit dem sie die Sphinx des menschlichen Elendes umflattern, ihre skrupellose Verurteilung des Lebens im schroffen Wechsel mit seiner tiefsinnigen Erklärung, dann wieder die perlende Logik, womit sie die Ereignisse des Weltlaufes in eine Kette einander bedingender, einer einzigen Idee gehorchender Glieder zu verwandeln verstehen — dies alles erobert ihnen immer wieder die Herzen. Ihr Anspruch, eine eigene Welt, die Welt des „Geistes“ darzustellen, imponiert den in das Räderwerk der Pflicht geschraubten Menschen der Prosa und zaubert vor ihre mürrischen Blicke ein Reich der „Ideale“, das sie gerade darum so leidenschaftlich begrüßen, weil ihr Erfahrungs-Pessimismus die unschuldige „Poesie“ der „Ideale“ durchschaut zu haben behauptet. Mundus vult decipi! Zäh halten wir an der „Idealität“ fest, nicht immer, weil wir an ihre Verwirklichung glauben, sondern oft, weil wir sie wie einen verklärenden Schimmer auf die dunkeln Gefilde des täglichen Geschehens zu breiten wünschen. Und so behauptet denn der Gedanke eine unbestrittene, unentbehrliche Herrschaft — dem verzogenen Helden der Gesellschaft vergleichbar, dem sie gerne die losen Streiche verzeiht, womit er sie unterhält und anführt zugleich.

Dennoch aber müssen wir nun dieser Herrschaft des bestimmtesten entgegentreten. Und hier sind wir uns wieder einer andern, diesmal sachlichen Schwierigkeit bewußt. Über das Wesen des menschlichen Geistes kann — so scheint es — nur der Betrachtungen anstellen, der dasselbe zum Gegenstand eindringender Fachstudien macht. Unsere Studien mögen dem geschulten Kopfe nicht eingehend genug, vielleicht sogar wertlos und unfruchtbar vorkommen. Darüber wollen wir nicht streiten. Wir wagen aber nur das eine zu bedenken zu geben, daß auch dem ferner Stehenden manches zur Hand liegen dürfte, was dem Fachmann weiter gerückt ist, daß er auf vieles aufmerksam zu machen in der Lage sein kann, dessen Bedeutsamkeit gerade dem eigentlichen Forscher vermöge seines nur nach gewissen Richtungen entwickelten, oft einseitigen Denkens etwa entgehen mag. Nicht alle die feinen Fäden unseres Themas, die der unermüdliche Fleiß der Forschung bloßgelegt hat, zu verarbeiten, ist unsre Aufgabe, sondern das andere, die charakteristischen und in der Tat altbekannten Merkmale des menschlichen Geisteslebens in ihrem Verhältnis zu dem, was wir oben mit dem Namen „Unmittelbarkeit“ bezeichnet — dessen Sinn wir im Verlaufe unsrer Betrachtung immer deutlicher hervorzustellen hoffen — aufzuzeigen.

I. Der Intellekt.

1. Die Reflexion.

„Das wahre Leben glaubt gar nicht an die Realität des Mannigfaltigen und Wandelbaren, sondern es glaubt ganz allein an ihre unwandelbare und ewige Grundlage im göttlichen Wesen; mit allem seinem Denken, seiner Liebe, seinem Gehorsame, seinem Selbstgenusse unveränderlich verschmolzen und aufgegangen in dieser Grundlage; dagegen das scheinbare Leben gar keine Einheit kennt oder fasset, sondern das Mannigfache und Vergängliche selbst für das wahre Sein hält, und es als solches sich gefallen läßt . . . Nun ist der erste und unmittelbare Gegenstand der absoluten Reflexion das Dasein selber, welches . . . aus einem lebendigen Leben sich in ein stehendes Sein, oder in eine Welt verwandelt hat: also der erste Gegenstand der absoluten Reflexion ist die Welt. Diese Welt muß . . . in dieser Reflexion zerspringen und sich zerspalten also, daß die Welt oder das stehende Dasein überhaupt und im allgemeinen mit einem bestimmten Charakter heraustrete, und die allgemeine Welt in der Reflexion zu einer besondern Gestalt sich gebäre" (Fichte, Anweisung z. sel. Leben, Vorles. 3 u. 4; Sämtliche Werke II. Abteil. 3. Bd. S. 446 u. 456).

Was wir jetzt Welt und Dinge nennen, ist nicht das Wahrhaftige, sondern ein äußerer Komplex von Erscheinungen, von dem wir im Grunde nichts wissen, als daß er unserm Bewußtsein fremd und rätselhaft gegenübersteht. Zwischen uns und den Dingen steht unsere Reflexion, die uns hindert, jenes ursprüngliche Verhältnis mit ihnen einzugehen, dessen Vorhandensein sich uns in den selbstvergessenen Momenten unseres Lebens überraschend oft und mit unmittelbarer Evidenz aufdrängt. Eben das ist es ja, was die neue und neuste Philosophie von Kant bis Schopenhauer zu ihren tiefsinnigen Gedankengängen veranlaßt hat, daß hinter dem Lichte unseres Bewußtseins sich eine mit dem Reich der Dinge verbundene, mit ihnen zu einer und derselben Unmittelbarkeit zusammengeschlossene Welt des Unbewußten befinde, deren Reflektierung im Bewußtsein erst jene Mannigfaltigkeit der Erscheinungen zu Tage fördere, die wir als „Dinge" vom „Denken" unterscheiden.

Die Welt erscheint uns rätselhaft nur deshalb, weil diese Trennung zwischen ihr und uns rätselhaft ist. Wir begreifen die Dinge nicht mehr, eben weil wir sie als bloße „Dinge" uns gegenüberstellen. Die Verbindung mit ihnen in die uns das ursprüngliche Leben gestellt, ist unterbrochen, das lebendige Band, das alle Daseinsformen umschlungen hatte, zerrissen; und wie die vom Baume gefallenen Blätter liegen die Bestandteile der zerstörten Lebenseinheit als tote zusammenhanglose „Dinge" vor dem Bewußtsein des Menschen.

Wir dürfen es uns hier nicht erlauben, die heiße Mühe, die sich die neue Philosophie gegeben, diese verloren gegangene Einheit denkend wiederherzustellen, zu schildern, aber wir können zuversichtlich als ihren schönen Ertrag wenigstens das hervorheben, daß unsere moderne, wie sehr auch aller Philosophie abgeneigte Welt mit dringendem Verlangen dieser Einheit auch für's Denken entgegenstrebt, es sich also nicht mehr nehmen lassen will, daß die Menschen zu den „Dingen" wieder ein Verhältnis einnehmen werden, in welchem die Wissenschaft ihre Schrecken des Unverstandenen verloren haben wird, ein Verhältnis des unmittelbaren Verständnisses also, wie wir es jetzt nur in den unbewußten Offenbarungen des Genius dankbar und gehoben entgegennehmen.

Vorläufig beschäftigt uns aber noch die Trennung in der Reflexion. „Sobald der Mensch", sagt Schelling, „sich selbst mit der äußeren Welt in Widerspruch setzt, ist der erste Schritt zur Philosophie geschehn. Mit jener Trennung zuerst beginnt Reflexion; von nun an trennt er, was die Natur auf immer vereinigt hatte, trennt den Gegenstand von der Anschauung, den Begriff vom Bilde, endlich (indem er sein eigenes Objekt wird) sich selbst von sich selbst." (Ideen zu e. Philos. d. Natur. Sämtl. Werke I. Abteil. 2. Bd. S. 13.) Und ebenda S. 14: „Die Reflexion macht jene Trennung zwischen dem Menschen und der Welt permanent, indem sie die letzte als ein Ding an sich betrachtet, das weder Anschauung noch Einbildungskraft, weder Verstand noch Vernunft zu erreichen vermag." Und S. 47: „Solange ich selbst mit der Natur identisch bin, verstehe ich, was eine lebendige Natur ist, so gut als ich mein eigenes Leben verstehe; begreife, wie dieses allgemeine Leben der Natur in der mannigfaltigsten Form, in stufenmäßigen Entwicklungen, in allmählichen Annäherungen zur Freiheit sich offenbart; sobald ich aber mich und mit mir alles Ideale von der Natur trenne, bleibt mir nichts übrig als ein totes Objekt, und ich höre auf, zu begreifen, wie ein Leben außer mir möglich sei."

Der reflektierende Geist ist die Schranke, die die Welt der Unmittelbarkeit in zwei große Rätsel auseinander spaltet, in das des Denkens und in das des Seins. Mag er den vielgestaltigen Reichtum der Dinge, deren Reize sein betrachtendes Wohlgefallen erweckt, während ihn die Zuverlässigkeit ihrer sachlichen Eigenschaften zur Lösung praktischer Aufgaben anspornt, aus einer wirklichen Außenwelt empfangen oder den Geheimnissen seines eigenen Selbst entnehmen, oder schließlich der Regsamkeit eines beide Gebiete, das der Gedanken und das der Sachen, umspannenden Allgemeinwesens verdanken — immer treten seinem Auge die Dinge in einer Sachlichkeit gegenüber, deren denkende Verarbeitung sein eigentliches Verdienst zu sein scheint. Er glaubt, durch seine Reflexion erst die immanenten Gesetze der Dinge zu abstrahieren, ihnen eine Freiheit der Kombination zu verschaffen, die sie ohne seine bedeutsame Herstellung bewußter Beziehungen nie erlangt hätten.

Und doch dient diese Reflexion nur seinem eigenen Interesse. Der Geist sorgt sozusagen für sich selbst, wenn er reflektiert. Er ist seiner selbst nicht mächtig, wenn er sich nicht mit bewußter Absichtlichkeit einer ihn scheinbar sonst nicht berührenden Ordnung von Dingen gegenüberstellen kann. Er muß die Dinge wissen, um sich von ihnen unterscheiden zu können. Seine Selbsterhaltung fordert eine möglichst große Menge gewußter, durch die Reflexion angeeigneter Dinge. „Wissen ist Macht." Die Reflexion ist daher nicht etwa bloß der heitere Spiegel, womit der Geist die bunte

Szenerie des Lebens spielend zurückstrahlt, nein, sondern ein Lebenserfordernis des Geistes, seine Nahrung, das Licht, ohne dessen Glanz sein Auge erblindet. Auf den Stufen der Dinge steigt er zur Höhe des eigenen umfassenden Bewußtseins empor. Überlasset den noch unentwickelten Geist des Kindes sich selbst, schließet ihn von allen Außendingen ab — und er bleibt auf der Stufe des Tieres stehen. Unser Selbstbewußtsein ist ein künstliches Gebilde, aus eben demselben Gegensatz seine Nahrung ziehend, dessen Dasein ihm seine besondere Würde verleiht — dem Gegensatz zu den „Dingen“.

Wir wollen uns nicht in die Beschreibung der Wechselwirkung zwischen Selbstbewußtsein und Ding verlieren, da uns hier nicht die Erschöpfung ihrer möglichen Beziehungen zu einander, sondern die charakteristische, soeben namhaft gemachte Tendenz des Geistes interessiert. Das eigentümliche Merkmal desselben besteht darin, daß er sich immer mehr von den Dingen entfernt, je näher er ihnen kommen will, je mehr er also ihrer in der Reflexion mächtig wird — um sie schließlich ganz von sich abzustoßen. Kinder gehen mit Dingen wie mit ihresgleichen um. Sie reden mit der Puppe, mit dem hölzernen Pferde, mit jeder im Umkreis ihrer Aufmerksamkeit liegenden Sache, als wären sie lebendige Wesen. Ihre kindliche Phantasie umgibt sie mit einer beseelten Welt, mit der sie jeden Augenblick in das harmlose Spiel zufällig geknüpfter und ebenso auch wieder gelöster Beziehungen treten. Ähnlich vermag sich auch der Geist des Wilden der Beseeltheit, die die ihn umgebende Außenwelt zu haben scheint, so wenig zu entziehen, daß er ihr vielmehr Sprache und Sinne seines eigenen Bewußtseins verleiht. Und wie eng er mit ihr verbunden ist, beweist die wunderbare Sicherheit, womit er den rechten Pfad findet, die Spuren des Feindes entdeckt, die Laute der Tierwelt deutet, womit er überhaupt die Vorgänge der Natur auf ihre richtige Bedeutung zu schätzen weiß. Noch ganz hingegeben an eine Welt der Dinge, in deren Gemeinschaft er den zauberischen Reiz seines Lebens unmittelbar empfindet, aufgehend mit allen Sinnen in den geheimnisvollen Beziehungen, womit sich die Dinge verknüpfen, will der Naturmensch nichts anderes sein, als ein harmonisch ins Ganze gefügtes Glied der Natur — der hohen „Vorzüge“ unbewußt, die ihm eine selbständige Entwicklung über die Sachen hinaus zu verheißen scheint. Erst wenn er durch eine künstliche Lebensweise veranlaßt wird, nicht mehr einer glücklichen Umgebung, sondern der Regsamkeit des eigenen Innern die entscheidenden Impulse seines Handelns zu entnehmen, streift er die seelenvolle Verwandtschaft mit den Dingen ab, um jenes kalte und fremde Verhältnis zu schaffen, in welchem er bloßen „Dingen" gegenüber steht und ihnen seine überlegenen Gesetze zu diktieren unternimmt.

Der Kulturmensch weiß von den Dingen nur so viel, als zur Aufrichtung seiner Herrschaft über sie nötig ist. Schroff steht sein Bewußtsein der harten Trivialität der „Sachen" gegenüber, geringschätzig schaut sein Geist in die poesielose Regelmäßigkeit ihrer Bewegungen, wenn er es auch versteht, aus ihrer Zuverlässigkeit klingenden Nutzen zu ziehen. — Es ist wohl nicht von ungefähr, daß der Warenhandel — der Handel mit Dingen — gerade da aufzublühen beginnt, wo der Mensch sich von der Scholle losreißt, seinem heimatlichen Boden sich entfremdet — nicht ohne schweren Schaden für ihn. Bei dem einseitigen Interesse, den Fortschritt der Menschheit an den Stufen ihrer successiven Loslösung von der Natur abzumessen, ist man allerdings nicht darauf gefaßt, von dem damit verbundenen Verluste eines ursprünglichen wertvollen Gutes zu hören. Aber, wenn die Beschränkung aus der Weite des unendlichen Gesichtskreises auf scharf abgegrenzte Sphären bewußter Wirksamkeit insofern eine Einbuße genannt werden kann, als ihr bei aller neu gewonnenen Stärke und Leistungsfähigkeit das freie, naive Spiel mit der Außenwelt nunmehr versagt ist, wenn es z. B. eine Einbuße an der Allseitigkeit seiner Orientierung bedeutet, daß man den Knaben auf die Schulbank zwingt, wo ihn die konzentrierte Aufmerksamkeit auf besondere Wissensgebiete nicht für die Weite seiner flüchtigen aber vielseitigen Beziehungen, in welchen er zur Außenwelt gestanden, entschädigt, — so muß von einem Schaden, von einer wirklichen Einbuße geredet werden da, wo sich das reflektierende Bewußtsein durch seine künstlichen Schranken von den „Sachen" absondert. Wächst es auf der einen Seite an innerem Reichtum und Virtuosität geordneter Tätigkeit, so bezahlt es diese Vorzüge auf der andern mit jener bedeutsamen Armseligkeit und Selbstsüchtigkeit der Interessen, womit es nun den Sachen gegenübersteht, namentlich aber mit der ihm nun anhaftenden Vorstellung eines abgeschlossenen, auf sich selbst beschränkten Für-sich-seins des Ich, das mit den Dingen keine Verbindung mehr eingeht. Ist der Geist durch die Reflexion dahin gekommen, daß er jede einzelne Erscheinung in scharfer Absonderung von der andern betrachtet und für ihre Gesamtheit nur das leblose Schema eines allgemeinen Begriffs bereit hält, so muß er es sich nun gefallen lassen, aus der frühern unendlichen Vielseitigkeit der Verbindungen mit einer homogenen Umgebung in jene Enge getrieben zu werden, in der er selber nur als „etwas", als ein subjektives „Ding" neben objektiven erscheint. Und in dieser Isoliertheit verlernt er es, seine Äußerungen an die allgemeine Wechselwirkung des Seienden überhaupt zu knüpfen, um sich imaginären Gedankengebilden zu überlassen, in welchen sich nur die tautologische Selbstbeziehung auf sein eigenes Wesen, die öde Wiederholung seiner eigenen inhaltleeren Existenz ausprägt.

Aus der Gewißheit seines Ich sucht er jetzt die Dinge unmittelbar abzuleiten, — aber das kann ihm deshalb nie gelingen, weil eben diese künstlich isolierte Gewißheit nicht die ursprüngliche ist; sie ist wohl die Anfangsgewißheit für den Menschen in seiner jetzigen Beschaffenheit, nicht aber jene, in welcher er, von der Macht der Unmittelbarkeit getragen, seiner selbst nur als des geistigen Ausdruckes alles Seienden gewiß gewesen war. Daß der Mensch nun die Gewißheit seiner selbst zur Grundlage jeder anderen machen muß, wie dies die neuere Philosophie von Descartes an bis zum System des transzendentalen Idealismus Schellings postuliert — später schritt Schelling zu einem höhern Ausgangspunkte fort, um schließlich in der „positiven Philosophie" die unmittelbare Gottesgewißheit zum Prinzip aller Gewißheit überhaupt zu erheben — das ist seine Schwäche, aus welcher durchaus nichts abgeleitet zu werden vermag. „In der Tat ist leicht einzusehen, daß aus diesem Anfang nichts neues fließen kann. Betrachtet man den Satz (cogito, ergo sum) in seiner negativen Bedeutung, nämlich daß nichts uns gewiß sei als die Tatsache unseres Denkens, nicht aber die Wirklichkeit einer Außenwelt, so erinnere ich an eine früher gemachte Bemerkung: auch wenn jene Außenwelt wirklich ist, so kann doch in uns von ihr nur ein Gedankengebild, nicht sie selbst vorhanden sein; die Tatsache mithin, daß nichts uns unmittelbar gewiß ist als unsre eigene Gedankenwelt, kann niemals darüber entscheiden, ob nur sie und ob nicht außer ihr eine Welt des Seins vorhanden ist, auf welche sie sich bezieht ..... nicht daß dieses cogito überhaupt vorkommt in irgend einer der Formen, die es annehmen kann, sondern in welchen Formen es vorkommt, darin lag ein fruchtbarer Anfangspunkt; nicht die nackte Tatsache, daß wir bewußt sind oder denken, lehrt uns die uns zugängliche Wahrheit kennen, sondern was wir denken, der Inhalt unserer Cogitatio ist nicht nur das Ursprünglichste, was uns gegeben ist, sondern auch das Einzige, woraus folgen kann, was wir denken sollen oder müssen". (Lotze, System d. Philosophie I. Th. Drei Bücher der Logik S. 514. 516.)

Eben das ist die Einbuße, von welcher wir gesprochen, daß der Geist in eine Gruppe zusammenhängender, lediglich formaler Fertigkeiten verwandelt wird, während er ursprünglich etwas ganz anderes, nicht weniger als der Ausdruck der unendlichen Lebenspotenzen selbst gewesen war. Weil er sich diesen Potenzen entzogen, hat er jene man möchte sagen gespenstige Form angenommen, die er umsonst mit den sonnigen Wirklichkeiten des Lebens zu füllen trachtet, und ist er gezwungen, seine formalen Fähigkeiten für sachliche Realitäten zu halten, da er nun einmal, wie „geistig" er sich auch geberden mag, ohne Realität nicht leben kann. Eine andere Realität aber, als die der unmittelbaren Einheit des Geistes mit der Außenwelt, gibt es nicht. Was dem isolierten Geiste nun als real erscheint, die Formen nämlich seines reflektierenden Bewußtseins, die eine vorhandene immer nur zu erlebende Realität wohl in sich fassen, nie selbst aber eine für sich bestehende wie sehr auch „geistige" Realität sein kann, ist in Wirklichkeit bloße — eben weil vom Leben isolierte — Einbildung.

Statt eines und desselben Lebensgebietes stellen sich unserm Auge nun zwei einander fremd gegenüberstehende dar, ein ausschließlich „geistiges" und ein bloß „dingliches", die in ihrem unseligen Zwiespalt den Grund aller wissenschaftlichen Rätsel, aller religiösen Geheimnisse bilden — leblose Abstraktionen, deren wechselseitiges unverständliches Spiel eine mechanisch interessierte Wissenschaft — die Psychophysik und Physiologie — zum Gegenstand ihrer verworrenen Forschungen machen wird. Was für ein Unrecht dabei beiden Teilen geschieht — die Dinge sind eben nicht bloße „Dinge", wie die Reflexion sie bezeichnet; und der Geist ist nicht die bloße Beziehung auf sich selbst, nicht bloße

Reflexion — das haben umsichtige Forscher schon lange nachgewiesen. Von Schelling nicht zu reden, sei hier nur an die klassischen Ausführungen von Hermann Lotze in dessen „Mikrokosmus" erinnert, einem Buch, das recht eigentlich der Lösung des fraglichen Problemes gewidmet sein soll — wenn wir nicht noch lieber an die ahnungsvolle Genialität des Altmeisters Kant selber denken wollen, der in seinem „Ding an sich" die metaphysische Einheit von Geist und Ding, von Denken und Sein zum erstenmale, wenn auch mit noch unsicherer Hand, gezeichnet hat. Die Dinge tragen die Geheimnisse ihrer quantitativen und qualitativen Beschaffenheit von dem Geiste zu Lehen; der Geist ist der lebendige Punkt, in dem sie sich sammeln, oder, um mit Schelling zu reden, das, was die Dinge ist, was ihr allgemeines Sein zum Dasein aufschließt, wovon auch Fichte in der oben angeführten Stelle gesprochen, nicht aber der leere Spiegel, der ein schon fertiges objektives Dasein nur reflektiert.

Gewiß, das natürliche Bewußtsein wird immer recht behalten, wenn es zwischen den beiden Begriffen „Subjektiv" und „Objektiv" eine unausfüllbare Kluft befestigt sieht. Wir müssen jetzt diese Unterscheidung machen. Aber damit ist das andere nicht bewiesen, daß wir sie auch von Anfang an gemacht, daß die ursprüngliche Organisation unsres Wesens diesen Gegensatz mit sich bringt, ja daß derselbe überhaupt die letzten Gründe alles Seienden enthält. Wir wollen dies auf sich beruhen lassen, wir wollen zugeben, daß wir in dem genannten Gegensatz wirklich das Mysterium des Seienden vor uns haben, aber damit ist das andere — worauf es uns namentlich ankommt — noch immer nicht bewiesen, daß er mehr als eine aus der Einheit des Lebens entlassene spielende Polarität sei, in deren Regsamkeit sich jene Einheit gerade ihren schönsten Ausdruck gibt, nicht bewiesen, daß er zur gegenseitigen Entfremdung seiner beiden Teile ausarten, und der Mensch ihn als das schwere Rätsel seines Daseins empfinden müsse. Wir sind weit entfernt, die Polarität von Subjekt und Objekt zu beklagen, wir gestehen, uns das Leben ohne sie auch nicht denken zu können, wir beklagen es noch viel weniger, daß der Geist den Dingen seine überlegenen Gesetze vorschreibt — was wir beklagen ist dies, daß er es mit so großer Unfreiheit tut, daß er sich vom Reich der Dinge einschränken, hemmen und abstoßen läßt und daß er es sich allen Ernstes einbilden kann, dasselbe stehe ihm wie eine ganz anders geartete, seinem eigenen Wesen total fremde Welt gegenüber. Er läßt sich von den Dingen imponieren, er spricht von einer starren „Dinglichkeit“ des Geschehens, während sich doch in den Dingen nur der willige Schauplatz für seine eigene Unendlichkeit auftut, und sie, energisch zusammengeschaut mit seiner Tatkraft, nur das Material zur Ausgestaltung seines Lebens bilden wollen.

Hierin erkennen wir des Menschen Schwäche und Abfall aus der Welt der Unmittelbarkeit in eine Welt der bloßen Sachlichkeiten, in der er seine freie Persönlichkeit den Sachen zum Opfer gebracht hat. Jetzt bestimmen ihn „sachliche Interessen“, „sachliche Gesichtspunkte“, „sachliche Gründe“, jetzt vermeint er besonders vernünftig zu handeln, wenn er den Impulsen seiner großen Innenwelt die „sachlichen Rücksichten“ seines banausischen „Realismus“ entgegenzustellen vermag. Jetzt ist er den Dingen untertan geworden, vorher war er ihr Herr. Aber er wollte ihr Despot sein und sie als die bloßen „Sachen“ seinem vornehm isolierten „Geiste“ dienstbar machen; da riß er die lebendige Verbindung mit ihnen entzwei und wurde — ihr Sklave.

Das bloße Selbstbewußtsein ist die absolut eingebildete Größe im Haushalte des Lebens, der Punkt gleichsam, an welchem das inhaltvolle Geschehen der lebendigen Daseinskräfte keine Weiterleitung erfährt, sondern sich in sich selbst zu eitler Selbstbespiegelung zusammenkrümmt. Da tritt der Geist aus dem Zusammenhang der Dinge hinaus. Nicht mehr die lebendige Vereinigung ihrer Wechselwirkung, wirft er als teilnamloser Zuschauer einen imaginären Sinn in dieselbe, der nur den schwächlichen Schattenriß des ursprünglichen darstellt. Aber es ist dem Selbstbewußtsein in seinem Gegensatz zu den Dingen überhaupt nicht um den Zusammenhang mit einem Ganzen mehr zu tun, sondern nur darum, seine eigene eingebildete Bedeutung überall vorzutragen, und sich selbst immer wieder durch Auflösung der unmittelbaren Zusammenhänge in das nebelhafte Reich seiner imaginären „Zwecke“ hinüberzuretten. — Wie der Refraktor ankommende Lichtwellen mit doppelter Fülle nach außen wirft, als bloßer Spiegel aber nur die müßige Rolle spielt, Sachen, die schon existieren, noch einmal erscheinen zu lassen, so ist der menschliche Geist für die erhabene Aufgabe geschaffen, die Wellen der unendlichen Lebenspotenzen in sich zu versammeln und zum strahlenden Ausdruck zu bringen, während er, auf sich selbst gestellt, in der nutzlosen Täuschung sich gefällt, durch bloße Reflexion auf die Dinge den angeblich verborgenen Sinn ihres Lebens zur Offenbarung zu bringen.

Gefährlich, nicht nur nutzlos, ist diese Selbsttäuschung. Wenn der auf sich selbst gestellte Geist aus seiner eigenen lediglich formalen Regsamkeit die Gesetze entlassen will, welchen die Dinge ihre regellose Beweglichkeit zu unterwerfen verpflichtet seien, so erhebt sich der Mechanismus seiner Subjektivität, der innerhalb des Lebens selbst das Prinzip der Ordnung und Harmonie gewesen war, zu jener nichtigen Gesetzlichkeit, in welcher sich die ursprünglichen Lebensregungen des Geistes zu absoluten, über den Dingen schwebenden Geboten verwandeln. Und in dieser Gestalt ist sie nichts anderes, als der an seiner Umgebung irre gewordene Geist, der trotzdem nicht von derselben loskommen kann. Denn auch in seiner Abschließung will er sich ausdrücklich auf eine Welt der „Dinge" beziehen, aus seinem polaren Gegensatz auch jetzt noch heißhungrig seine Nahrung schöpfend. Ist er doch von Natur so untrennbar mit der ihm nun rätselhaft und feindlich gewordenen Objektivität verbunden, daß er sein isoliertes Dasein mit ihren Reizen -- zwecklos freilich und immer neue Rätsel schaffend — zu füllen sich bemüht. Er weiß es — denn das Vergessen wäre sein Tod — daß er in das Reich des Ganzen hineingehört, und dieses Wissens Qual treibt ihn zu der stürmischen Zudringlichkeit, womit er den Dingen eine verloren gegangene Herrschaft aufdrängen will. Er interpretiert sich das unmittelbare Leben als ein abstraktes Gesetz, in welchem sozusagen das Nervensystem des verlorenen Lebens reflektiert erscheint: an der Stelle eines in den Dingen selbst liegenden, ihre lebendige Wechselwirkung vermittelnden Systems strenge von außen an sie herantretende Gebote, die ein unvordenkliches Geschick von Uranfang an dem Strom des Geschehens vorgesetzt haben soll!

Wir erinnern hier an die Fichte'sche Wissenschaftslehre, jenen eben so seltsamen wie genialen Versuch, aus dem Ich und seinen immanenten Gesetzen, anfangend mit A = A, das Prinzip jeglichen Seins überhaupt abzuleiten. Dieses Identitätsgesetz ist ein sprechender Beleg von der Anmaßung des Selbstbewußtseins, alles aus sich selbst zu begreifen, und zugleich von seiner Inhaltslosigkeit, die, um ihr lediglich formales Dasein aufrecht zu erhalten, zu der müßigen Gleichung A = A greifen muß. In der Tat, die Identität A = A, Ich = Ich gilt nur für den isolierten Zustand, in dem sich das Ich jetzt befindet. Im lebendigen Verlauf der Dinge ist Ich nicht nur = Ich, wie Schelling in seinem transszendentalen Idealismus richtig erkannt hat (cf. Erster Hauptabschnitt, zweiter Abschn. Erläuterung a. a. O. I. Abt. 3. Bd. S. 365 ff.), sondern Ich begabt mit der sich in ihm aufschließenden Fülle aller Realität überhaupt. „Aus diesem Lebensboden und dieser Lebensverkettung nimmt nun aber die Philosophie das Denken für sich hinaus, und operiert mit dieser isolierten Funktion, als nähme sie schon alles fix und fertig mit, was nur durch das Zusammenwirken der innern und äussern Lebens- und Bildungs-Faktoren, und auch dadurch nur annähernd sich machen kann und soll. Davon nicht zu sagen, daß gerade durch die Isolierung schon an und für sich jede Funktion krankhaft gesteigert wird und ins Geile ausschießt, so die Denkfunktion wie die Phantasie u. s. w. Und mit diesem exklusiven Denken, mit dieser isolierten Vernunftfunktion will nun die Philosophie nicht nur die Vernunftideen in ihrem allgemeinen Inhalt erschöpfen, sie will eben damit auch in den ganzen Realismus des Seins eindringen" (T. Beck, Vorles. über christl. Glaubenslehre I. T. § 4 S. 59). — Von der Bedeutsamkeit des Fichteschen Idealismus, die trotzdem und neben dem Gesagten besteht, werden wir später reden.

Die Selbständigkeit und Selbstherrlichkeit nun, womit der Geist seine formalen Funktionen zum Gesetz des Daseins erhebt, unbekümmert um den Haushalt des ganzen doch auch ihm die Mittel zur Spekulation darreichenden Lebens, findet ihre sprechende Analogie auf dem — ökonomischen Gebiete der Warenproduktion, worauf wir uns hier erlauben aufmerksam zu machen. Dieselbe Verwirrung dort wie hier. Ist es doch derselbe Geist, der auf beiden Gebieten, dem der Gedanken wie dem der Waren — der ins Materielle umgeschlagenen Reflexion, wie man sie bezeichnen könnte — seine Eigenmächtigkeit zum Ausdruck bringt. Es sei uns zum Belege hiefür vergönnt, die Szenerie des Marktlebens kurz am Auge unserer Leser vorbeigleiten zu lassen.

Was auf unserm allgemeinen Boden die Unmittelbarkeit des Lebens ist, das stellt auf dem ökonomisch-wirtschaftlichen die Arbeitskraft dar. Und wie wir das Leben überhaupt der Herrschaft des reflektierenden Geistes untertan werden sahen, so wird hier die Arbeitskraft ihrem Produkt, der Ware, dienstbar gemacht, die jetzt mit dem Anspruch selbständigen Wertes den Markt unter ihre usurpierte Herrschaft bindet. Produkt und Arbeitskraft treten auseinander: nicht die letztere, sondern die von ihr produzierte Ware ist maßgebend, als wäre sie das nun einmal seiende, nicht eben erst entstandene „Ding an sich“, ein Vorurteil, das durch den materiellen Charakter der Ware zur selbstverständlichen, weil sozusagen greifbaren Gewißheit erhoben wird.

In Wahrheit spiegelt sich aber in der Ware nur die in geleistete Arbeit übergegangene Arbeitskraft, in letzter Instanz also das gegenseitige Verhältnis der arbeitenden Menschen zueinander in der Form sachlicher Werte, unter deren Faltenwurf die Ware ihre ursprüngliche Abstammung geschickt und undankbar zugleich verbirgt. Dieser sozusagen in die materielle Welt hinübergeworfene Reflex des persönlichen Arbeitsaustausches zwischen den Menschen ist nun selbständig, eigenwillig geworden, der Schatten hat Fleisch und Blut angenommen, um als die nun vermöge ihrer materiellen Beschaffenheit ausschlaggebende Größe sich der vitalen Interessen der Menschen zu bemächtigen, was ihr um so leichter gelingt, als die Menschen nichts so inbrünstig verehren wie die Trugbilder, namentlich wenn sie, wie hier die Ware, in materieller Gestalt auftreten — und als das Sprichwort des Lateiners: mundus vult decipi, da wo es sich um materielle Interessen handelt, von vornherein gewonnenes Spiel hat.

In den Zeiten der Krisen, die die Herrschaft der Ware immer wieder mit sich bringt, dringen dann die Wehklagen der geknechteten Gesellschaftsklasse an die Oberfläche, um durch ihre grausigen Variationen des Goetheschen Wortes: „Die Geister“ — die Waren — „die ich rief, die werd' ich nun nicht los,“ von dieser Verwirrung Zeugnis abzulegen — vergebens! Die Waren haben durch ihren allgemeinen Stellvertreter, das Geld, eine unerschütterliche Existenz erhalten und eröffnen zudem in dessen goldnem Glanze der Sehnsucht des Menschenherzens eine so naheliegende Aussicht auf müheloses Glück, daß es alles andere darüber zu vergessen vermag. Während das Geld eigentlich nur das inadäquate Verhältnis der Ware zur Arbeitskraft darstellt, während man sich an seinem Dasein gerade der Auseinanderzerrung von Arbeit und Produkt, und der einzelnen Produzenten voneinander bewußt werden sollte, tritt es, angetan mit dem Zauberflitter eines bestechenden Schimmers, unter die Menschen, um sie alle, groß und klein, reich und arm, Narren und Weise in sinnverwirrendem Tanze mit sich fortzureißen. So offenbart seine Herrschaft eine grauenhafte Spaltung und Spannung der Lebensinteressen, die sich nun — unheimliche, ihrer Fesseln ledig gewordene Gesellen — wie die Winde in den Ovidschen Metamorphosen gegenseitig aufzuheben trachten.

His quoque non passim mundi fabricator habendum
Aëra permisit; vix nunc obsistitur illis
Quin lanient mundum, tanta est discordia fratrum.

Die Kräfte, die in der Unmittelbarkeit lebendigen Zusammenwirkens die wundervollste Harmonie geschlungen, entwickeln, ihrem Wirkungsfelde entrissen und in die Sphäre der Reflexion erhoben, ein Verderben, dessen Zerstörungswut einen Begriff von dem Segen verschaffen kann, zu dessen Entfaltung sie bestimmt gewesen. Erst erhebt sich die Ware — der materiell gewordene isolierte Gedanke — als Ausdruck der Sonderinteressen, in die sich die ursprüngliche Gemeinschaft gespalten, dann folgt ihr auf dem Fuße ihr schwarzer Schatten, das Geld, dieses imaginäre Spiegelbild der eingetretenen Verwirrung, sich zu der Bedeutung des Dinges par excellence, des nervus rerum emporschwingend. Dafür spielt nun die Arbeitskraft — sozusagen die Unmittelbarkeit auf ökonomischen Gebiete — die Rolle des gutmütigen Aschenbrödels, in welcher sie sich, die alte naive Unbewußtheit in den Zügen, die Mißhandlungen ihrer eigenen Kinder gefallen lassen muß, um in der Geduld ihres angestammten Wesens einem trügerischen Spiele den Schimmer der Berechtigung zu verleihen! In der Tat: Arbeitskraft und Kooperation der Menschen, jene unmittelbaren Lebenspotenzen, in den dumpfen Fabrikräumen zum Sklavendienst des Geldes aneinander gekettet — gibt es ein erschütternderes Bild von der totalen Umkehrung des Lebens?

Doch diese wirtschaftliche Verwirrung ist wohl handgreiflicher, aber nicht schlimmer als die Usurpation des isolierten Geistes, die er sich gegen das unmittelbare Leben herausnimmt. Die zwingende Folgerichtigkeit, womit sich die Gedanken drängen, ihr Bestreben, sich zu festgefügten, unauflöslichen Systemen zusammenzuschließen, die rücksichtslose Gewalt, womit sie die Dinge diesen Systemen untertan machen wollen, sind nichts anderes auf dem theoretischen Gebiete, als was wir soeben auf dem praktischen nachgewiesen haben — eine tyrannische Gesetzlichkeit, die aber für die Menschheit noch viel mehr Leid und Irrtum bedeutet, als die ökonomische. Diese Gesetzlichkeit hat uns nun noch im einzelnen zu beschäftigen.

---

2. Das Denken.

a) Der Begriff.

Schelling hat in seinem „transzendentalen Idealismus" das seltsame Wort ausgesprochen: „Das Objekt und sein Begriff und umgekehrt Begriff und Objekt sind jenseits des Bewußtseins eins und dasselbe und die Trennung beider entsteht erst gleichzeitig mit dem entstehenden Bewußtsein". (Sämtl. W. I. Abt. 3. Bd. S. 506.)

Mag dies auch in dem von Schelling gemeinten Sinne übertrieben, ja überhaupt eine unmögliche Vorstellung sein, so ist es nichtsdestoweniger durchaus wahr, sobald wir an dic Stelle dieser

Identität das beiden gemeinschaftliche Leben der Unmittelbarkeit setzen, in dessen Umfang der Gegensatz von Subjektiv und Objektiv nicht als Rätsel, sondern als der Ausdruck der nicht mehr weiter zu erklärenden Unmittelbarkeit selbst besteht, wie wir dies oben bemerkt haben. Daß in der Tat ein gemeinschaftliches Element, von dem wir annehmen müssen, daß es die beiden Glieder des fraglichen Gegensatzes zu unmittelbarer Einheit verbunden, denselben auch in der Entfremdung geblieben ist, sehen wir sogleich an dem Inhalt, den sich das auf sich selbst gestellte Denken gibt oder besser gesagt, aufbehalten hat.

Wenn wir vom Denken nicht anders reden als so, daß wir als sein Korrelat das Sein hinzufügen, so wollen wir damit der Tatsache Ausdruck geben, daß das Denken eben dadurch, daß es denkt, ein Sein verarbeitet, das uns auch wieder nicht anders als im Denken gegeben ist. Denken und Sein, so scheint es unserem oberflächlichen Blicke, sind das gerade Gegenteil voneinander und doch wüßten wir nicht anzugeben, wie man sich ein Sein ohne Denken, oder ein Denken ohne Sein vorzustellen habe. Das Denken gibt nicht sich selbst, sondern einem Sein Ausdruck, von welchem es sich eben nur dadurch unterscheidet, daß es ihm diesen Ausdruck gibt. Indem es denkt, spricht es vom Sein, und doch ist das Sein nur seine eigene Abstraktion. In dieser in das Denken aufgenommenen oder dem Denken gebliebenen Allgemeinheit schattet sich jene ursprüngliche Allgemeinheit einer und derselben Lebensunmittelbarkeit ab, von der wir gesprochen. Damit kommen wir zum Begriff. Der Begriff ist die ins bloße Denken projizierte Allgemeinheit des Lebens, womit sich der Geist die verlorene Unmittelbarkeit, die er nur denken, aber nicht mehr leben kann, wiederzugewinnen sucht. Der Geist sucht im Begriff zu begreifen, zu umgreifen, was ihm früher von selbst gegeben, sich in seinen Funktionen zwanglos zur Offenbarung gebracht hatte, was aber jetzt in die zusammenhanglose Menge von Einzeldingen in einer bloßen Außenwelt auseinandergespalten ist. Das Denken hat die Erinnerung an die Welt des Lebens, der es einmal angehörte, aufbewahrt, aber weil es ihr unmittelbares Wesen nicht mehr erlebt, hat es sie zur Allgemeinheit des Begriffes sublimiert, und indem es sich die Notwendigkeit ursprünglichen Seins, des Lebens, nicht mehr in lebendiger Weise zu deuten vermag, ist sie ihm in die formale Notwendigkeit des Begriffs verblaßt, in welche es die Dinge zu fassen sucht. So verwandelt der Geist den unmittelbaren Ausdruck des Lebens durch das bloße Denken in die Weite eines leblosen Schattenrisses, dem nun die reale Welt eingegliedert werden soll.

Dieses sein Bestreben ist zugleich seine Lust und seine Qual. Seine Lust, weil er nur in dieser Weise der Einzeldinge sich zu bemächtigen, sie wieder in eine der verlorenen Unmittelbarkeit wenigstens formell ähnliche Ordnung zu bringen vermag — seine Qual, weil er sich in dieser Ordnung doch immer wieder durch die Rätsel, die sie schafft, betrogen sieht. Seine Lust, indem ihm die Begriffe dieses Unmittelbare wieder eindrücklich machen — seine Qual, weil er dabei doch nur auf eine gedachte Unmittelbarkeit blickt. Seine Lust, weil die Begriffe ihm das ursprüngliche Sein vergegenwärtigen — seine Qual, weil dieses Sein jetzt zugleich nichts anderes als Denken ist.

In der Tat: daß wir hier von einer eigentlichen Qual zu reden berechtigt sind, lehrt uns ein oberflächlicher Blick in den Wandel der Geschicke, die der Seins-Begriff dem philosophischen Scharfsinn bereitet hat. Um gerade die beiden Endpunkte des maßgebenden systematischen Schaffens hervorzuheben, so hat die platonische Philosophie sowohl als die hegelsche der regellosen Willkür der Erscheinungen die wohlgeordnete Welt der Begriffe voranstellen zu müssen geglaubt, ohne dadurch mehr als jene Rätsel zu schaffen, an welchen sich eine zahlreiche Jüngerschaar abgemüht hat. Nehmen wir die Philosophie eines Spinoza, so sehen wir in ihr nichts als den grandiosen Versuch, Denken und Sein in der Einheit der höchsten Substanz zusammenzuschauen; fesselt der Gedankenbau eines Leibniz unsere Aufmerksamkeit, so tritt uns dasselbe Bestreben, wenn auch in gerade entgegengesetzter Weise, entgegen. Kants grundlegende Neuerung ist lediglich an ihm orientiert, seiner Nachfolger, eines Fichte, eines Schelling geniale Forschungen mühen sich in ihm allein ab. War die Philosophie früher an der Tatsache achtlos vorübergegangen, daß das Denken sich nur darum im Sein müht, weil es ein verlorenes Sein wiedergewinnen möchte, und eine prinzipielle Trennung beider, wie sie der sog. Dogmatismus verlangt, gerade die Unbegreiflichkeiten erzeugt, die er aufheben will, so gelangte sie in Kant zu der entscheidenden Erkenntnis ihrer Wesensverwandtschaft, einer Erkenntnis, der wir die schönen und bedeutsamen Versuche Fichtes und namentlich Schellings verdanken, diese Verwandtschaft auch begreiflich zu machen.

In die Gesetzlichkeit seiner Begriffe drängt das Denken die Beziehungen der Dinge zueinander. Sie werden von ihm nicht erlebt, sondern nur gedacht u. z. immer nur als seiend in irgend einer Weise. Es glaubt sie erklären zu können, aber seine endlosen Erklärungsversuche sind in Wahrheit nichts anderes als die immer wiederholte, wenn auch mannigfach variierte Aussage ihres bloßen Seins, über welche das Denken, als läge ein Alpdruck auf ihm, nicht hinauskommt. „Dem Denken . . . . . stand das Sein von jeher als ein Unbezwingliches gegenüber, so daß die alles erklärende Philosophie nichts schwerer fand, als von eben diesem Sein eine Erklärung zu geben“ (Schelling, Die Weltalter a. a. O. I. Abt. 8. Bd. S. 212).

Und zwar steht den Dingen nun dieses Sein, so wunderlich es klingen mag, wie ein an sie herangebrachtes Schema, wie ein Fachwerk abgestufter Seinsweisen in der Vorstellung des Denkens gegenüber. Daß sie sind, ist auch zugleich ihr Was, indem dieses letztere in nichts anderem besteht als in zusammengesetzten Arten eines bloßen Seins. Sie nehmen in ihrer eigentümlichen Qualität am Sein nur Anteil, stellen es nicht mehr unmittelbar selbst dar. Dementsprechend sind auch ihre Qualitäten, näher besehen, nur Abstufungen des allgemeinen Seins, wodurch sich das Denken die Variationen desselben zur Erkenntnis bringt. Aber es nimmt diese Erkenntnis in vollendeter Sorglosigkeit ohne weiteres für die in den Dingen selbst liegende Systematik. Denn da es sie nur im Medium seines Seins-Begriffes erblickt, kann es allen Ernstes glauben, ihrem Gehalte dadurch eine neue Seite abgewonnen zu haben, daß es ihn in mehrere voneinander abgegrenzte Begriffe spaltet, während es doch nur innerhalb seines eigenen Bereiches Veränderungen gestiftet, den obersten Seins-Begriff sozusagen in untergeordnete Seinsweisen abgeteilt hat.

Wir vermeinen in der Tat die Dinge dadurch allein zu verstehen, daß wir sie in Begriffe fassen, mögen dieselben aus noch so oberflächlichen Merkmalen ihres Daseins abstrahiert sein. Die Freude, den unendlichen Reichtum der Formen, womit die Natur das Auge des Beschauers entzückt, in die Gliederung weniger Begriffe einzuschließen, scheint uns einen lebendigeren Genuß derselben zu bieten, als ihre unmittelbare Wirkung auf die Seele;

denn jetzt erst glauben wir sie zu kennen, während uns diese Wirkung, so bedeutsame Wechselwirkungen zwischen uns und den Dingen sie auch herstellen mag, nur wie eine untergeordnete, nebensächliche Berührung mit ihnen erscheint. Erst dann fühlen wir unsere Freude aller unruhigen Schwankung entnommen, wenn uns kein Glied an der Kette der Tatsachenreihe mehr fehlt, die wir begreifen, wenn unsrer beziehenden Aufmerksamkeit keine spröde, der Begriffsbildung sich entgegenstemmende Ausnahme mehr spottet und unser beruhigtes Auge auf eine geordnete Welt der Begriffe blickt, der man die Kämpfe des systematisierenden Scharfsinnes mit einer widerspenstigen Dinglichkeit nicht mehr ansieht.

Wir meinen damit nichts neues zu sagen. Die Oberflächlichkeit der Beziehungen, die das Denken in der Begriffsbildung zum Realen stiftet, ist ja zu allgemein bekannt, um sich nicht auch dem ungeübten Beobachter aufzudrängen. Wir machen aber darauf aufmerksam, daß diese Oberflächlichkeit, so offenkundig und unabänderlich sie ist, doch nicht einfach hingenommen werden darf. Es gibt Tatsachen, die von jedermann vorausgesetzt werden und die doch, sobald man näher bei ihnen verweilt, eine bis dahin unter der Selbstverständlichkeit, womit sie sich geltend gemacht, verborgene Rätselhaftigkeit offenbaren. Selbstverständlich ist ja nie etwas. Am wenigsten aber die Tatsache, daß wir Menschen uns auf der einen Seite der Stufenfolge geschöpflicher Wesen eingegliedert und auf der andern dieser Stufenfolge mit einem so unbehilflichen Begriffsapparat gegenübergestellt wissen, daß uns seine Funktionen ebensogut das total inadäquate Verhältnis auseinander setzen, in welchem unser Denken zu den Dingen steht, als sie uns die glänzende Genugtuung der den Dingen gebieterisch und beherrschend entgegentretenden Überlegenheit gewähren. Es ist unbestreitbar, daß wir im Begriff eine unschätzbare, weil noch aus der Unmittelbarkeit stammende Funktion unseres Geistes vor uns haben, ohne welche es uns in unserer gegenwärtigen Beschaffenheit überhaupt nicht möglich wäre, auf ein Ganzes unserer Erkenntnis zu blicken; und der Umstand, daß der Weg der Begriffe bei aller Eigenwilligkeit seiner Krümmungen immer wieder mit dem des realen Geschehens zusammentrifft, belehrt uns zudem aufs lebhafteste über des Geistes, in aller seiner Isolierung fortbestehende, Verwandtschaft mit dem ihm fremd gegenüber stehenden

Reich der Dinge. Allein eben dies, daß er sich bei der Erkenntnis derselben eines so seltsamen Apparates bedienen muß, ist doch ein Beweis dafür, daß er aus seiner unmittelbaren, lebendigen Beziehung zu ihnen gefallen ist, deren Wiederherstellung er nun durch die formale Kunst seines Denkens umsonst anstrebt.

Nie werden wir auf dem Wege der Begriffe verstehen, was Realität ist. Das Reale läßt sich nur erleben, nicht erkennen durch ein von den Dingen prinzipiell getrenntes Denken, wie es der sog. Dogmatismus postuliert. „Ohne alles Bewußtsein einer absoluten Erkenntnisart sieht er (der Dogmatismus) das Unmittelbare und für die Vernunft echte Wahre keineswegs in dem Absoluten selbst, sondern in gewissen Begriffen des Verstandes oder der dem Verstande dienstbaren Vernunft; das Wissen in der Philosophie beruht ihm auf einer Absonderung und gänzlichen Abziehung des reinen Verstandes von dem Besonderen, mithin schon im Prinzip auf einer Operation, die gar keine Realität und in dem Reellen selbst einen ewigen Widerspruch gegen sich hat; die Voraussetzung, daß ein allem Realen abgesondertes, rein ideales Denken auf ein Reales führen könne, beweist die Unwissenheit darüber, daß alle wahre Realität in der Einheit des Idealen und Realen, und sonach jede absolute Erkenntnis Anschauung sei." (Schelling, Fernere Darstellungen aus d. System d. Philosophie a. a. O. I. Abt. 4. Bd. S. 349.) Und S. 367: „Was in allem Sein vereinigt ist, ist das Allgemeine und Besondere, wovon jenes dem Denken, dieses dem Sein entspricht. Aus dem Allgemeinen folgt nun in Ansehung keines endlichen oder einzelnen Dings das Besondere. Daß irgend ein einzelner Mensch existiert, oder daß jetzt z. B. so viel, nicht mehr und nicht weniger Menschen existieren, kann nicht aus dem Begriff des Menschen eingesehen werden. Das Sein folgt hier keineswegs aus dem Wesen, und kein einzelnes Ding ist durch seinen Begriff, sondern durch etwas, das nicht sein Begriff ist, zum Dasein bestimmt."

Was ist in diesen bedeutsamen Ausführungen anderes enthalten, als die Erkenntnis, daß es ein bloßes Wissen um Dinge überhaupt nicht geben kann, daß der Mensch erst dann eine Welt verstehen wird, wenn er mit ihr in dem, was „nicht ihr Begriff" sondern ihr Leben ist, wieder verbunden ist? Wie wenig das jetzige Wissen wirkliches Verständnis schafft, haben wir schon berührt und wollen es uns nun näher vergegenwärtigen.

Die Unentbehrlichkeit der Begriffsbildung zugegeben, erhellt ihre Unfruchtbarkeit doch aus der Tatsache, daß sie lediglich trennend wirkt, indem sie die Elemente ihres Gedankenmateriales bis zur äußersten Möglichkeit voneinander sondert, um sie nachher in einer bloß schematischen Zusammengehörigkeit zu verbinden. Die Analyse und die Synthese des Denkens besteht in nichts anderem, als in einem ordnenden Rechnen, einem Inventarisieren der Dinge, dessen Zweck in dem bequemen Überblick über ein Ganzes sich erschöpft, der nur vom Denken selbst fälschlich als spezifische und wahrhaftige Erkenntnis der Dinge verstanden wird. Im Haushalte der Natur gehören die Exemplare derselben Klasse nicht immer auch zueinander. Die bloße Wiederholung des Exemplares gibt noch nicht jene charakteristische Ergänzungsgröße innerhalb der einzelnen Glieder der Tatsachenkette, auf welche die Natur in ihrer lebendigen Zusammenstellung der Dinge rechnet. Um ein Ding kenntlich zu machen, umgibt sie es mit einer Mannigfaltigkeit anderer, die seine eigenartige Seinsweise durch den Gegensatz zu der ihrigen hervorheben sollen, dem Beschauer die Aufforderung nahe legend, in dieser abgestuften Gruppe zu einem sinnvollen Ganzen sich ergänzender Einzeldinge deren Sein und Wesen zu erkennen. Sie hebt nie das Einzelne hervor. Es ist ihr immer um das Ganze zu tun, zu welchem sich Dinge zusammenschließen; nicht des Einzelnen spezielles Sein, sondern welche Rolle dasselbe im großen Drama des Lebens spielt, ist ihr wichtig, der Sinn also, der sich in der vorübergehenden Erscheinung des Einzelnen flüchtig ausprägt, nicht der abgeschlossene, aus dem Zusammenhange des Ganzen gelöste Begriff individueller Totalität, der ihr gleichsam nur zum Gerüste des Ganzen dient. Es ist z. B. dem Vogel wesentlich, ein Nest zu haben, nicht aber ein Exemplar seiner Gattung zu sein. Damit, daß wir die verschiedenen Vogelarten auseinander halten, fügen wir dem lebendigen Verständnisse des Vogels nichts hinzu, so bequem auch der beziehenden Tätigkeit unseres Denkens die Hervorhebung der Artdifferenzen sein mag. Die Gleichartigkeit der Glieder eines gegebenen Komplexes von Dingen ist also kein wesentliches Element für ihr Verständnis. Vielmehr wird für dasselbe die Art und Weise, wie sich ein Ding zum andern fügt, und schließlich der Sinn der durch das Ganze der Dinge rauschenden Melodie entscheidend sein.

Durch unsre Unterscheidung der Dinge in Gattungen und

Arten nehmen wir, um auf den obigen Ausdruck zurückzukommen, nur das Inventar ihres Bestandes auf, um nun erst an ihre Erkenntnis heranzutreten. Die Begriffe sind bloß die logischen Fächer, in welche die Dinge zum Zwecke späterer Untersuchung eingeordnet werden. Daraus sieht man, wie töricht es ist, diese schematische Eingliederung für die Erkenntnis selbst zu halten. Trotzdem ist die Wissenschaft noch weit davon entfernt, an das begriffliche Verfahren ausdrücklich nur die Bedeutung eines vorläufigen Denkgerüstes zu knüpfen. Noch immer gilt die Definition der Sache für die Sache selbst, noch immer sieht man Sätze, wie: der Baum ist eine Pflanze, mit dem wohlfeilen Anspruch sich brüsten, die grundlegende Erkenntnis des Baumes geliefert zu haben, während doch nur der logische Inventarplatz seines Begriffs damit namhaft gemacht worden ist. Mit viel größerem Rechte würde man sagen: Der Baum ist das Produkt einer Keimtrieb und Boden verarbeitenden Kraft, da solche und ähnliche Definitionen die lebendige Verwandtschaft der Dinge untereinander unmittelbar in ihr Wesen einschließen — wie wenig man auch auf diese Weise ein wirkliches Verständnis für das fragliche Objekt erzielt. In der Tat ist nicht abzusehen, warum das an bloßer Gleichartigkeit von Dingen orientierte Denken, da wo die Ungleichartigkeit oft erst das Bild ihres Lebens entwirft, mit mehr Recht „Erkenntnis" genannt werden soll als z. B. das unsystematische aber lebensvolle Wissen des Wilden, das jedes Ding in seiner natürlichen Umgebung sieht und auffaßt.

Das Postulat ist nicht unberechtigt — wie sehr auch aussichtslos — daß unsere Begriffe, statt fremde und den Dingen nur zufällig anhaftende Definitionen und Klassifikationen in ihre ungebundene Regsamkeit zu tragen, an eben dieser Regsamkeit sich zum prägnanten Ausdruck ihrer lebendigen Wirklichkeiten emporbilden ließen, um so den wahrhaftigen Sinn des Geschehenden, nicht seine nur gedachten Schemata auszusprechen. „Niemals läßt sich doch eine Wahrheit anwenden, wie wir zu sagen pflegen, auf einen Inhalt, der ihr nicht von selbst entspricht; jede Anwendung ist nur die Anerkennung, daß das, was wir anwenden wollen, die eigene Natur dessen ist, in Bezug auf welches die Anwendung stattfinden soll. Konstante Merkmale nun, weil sie in jedem Wirklichen vorkommen, lassen sich aus einer beschränkten Anzahl von Beobachtungen gewinnen, und da sie nun in unserm

Denken als Erwartungen, die sich bestätigen werden, den weiteren Beobachtungen vorangehen, so erscheinen sie leicht als etwas, was auch der Natur der Sache nach in selbständiger Geltung dem vorangehe, woran es sich für uns aufs neue bestätigen wird; daher jener wunderliche Spachgebrauch, der die allgemeinen Gesetze als für sich herrschende Mächte ansieht, denen alles Wirkliche, woher es auch kommen und was es immer sein mag, späterhin sich zu unterwerfen genötigt ist." (Lotze, Logik, I. Buch Kap. 3 S. 181). „Die übliche Definitionsweise hat den Nachteil, daß sie viel zu sehr daran gewöhnt, das, was eben nur Zustand oder Eigenschaft eines andern ist, von diesem seinem Subjekt abzulösen und als etwas Selbständiges zu betrachten. Nachdem man einmal die substantivischen Namen der Krankheit der Sünde der Freiheit geschaffen hat, ist es schwer, die seltsame Mythologie ganz abzuwehren, die von dem Inhalt dieser Begriffe wie von eigenen Wesen spricht und ihre Entwicklungen verfolgt, ohne im Lauf solcher Untersuchungen ernstlich auf die realen Subjekte zurückzukommen, als deren Eigenschaften, Zustände oder Tätigkeiten sie allein Existenz haben und an deren wirkliche Entwicklung ihre scheinbare in jedem Augenblicke gebunden bleibt." (a. a. O. S. 208).

Daher verlangt Lotze als den einzigen und einheitlichen Gegenstand unsers Denkens „ein Seiendes, welches, nicht infolge seines noch höheren Gesetzes, sondern weil es das ist, was es ist, zugleich der Grund der allgemeinen Gesetze ist, nach denen es überall sich erhalten wird, und zugleich der Reihenfolge der einzelnen Wirklichkeiten, die nachher uns sich diesen Gesetzen unterzuordnen scheinen werden" (a. a. O. S. 181). Der Versuch, dieses Postulat, das so durchaus mit dem, was uns bewegt, übereinstimmt, näher zu veranschaulichen, ist zu bedeutsam, als daß wir ihn nicht auch noch zum Worte kommen lassen sollten:

„Es genügt mir, die logische Gedankenform zu verfolgen, welche das Streben nach Befriedigung des geschilderten Bedürfnisses suchen müßte. Sie wird nicht mehr ganz die des früheren Schlusses sein. Das allgemeine Gesetz, welches in dieser den Obersatz voranstellte, wird als latentes, stillschweigend überall mitgedachtes, aufhören, diese ausgezeichnete Stelle des wesentlich bestimmenden Gliedes einzunehmen; an seine Stelle tritt die allgemeine Natur des in der Welt sich entwickelnden Gesamtinhalts. Und diese Natur wird nicht aufgefaßt als der ruhende Inhalt einer Idee, der fremder

Bedingungen bedürfte, um in Bewegung zu geraten, sondern als begriffen in einer Bewegung, die mit zu dem gehört, was dieser Inhalt ist, und ohne die er nicht sein würde, was er ist; in jedem Augenblick aber ist die einzelne Gestalt, welche dieser bewegte Inhalt annimmt, abhängig von seinem bleibenden Sinne und der bleibenden Richtung seiner Bewegung einerseits, und von dem bestimmten Orte oder dem bestimmten Ergebnis seiner Entwicklung, zu dem er bis dahin, nicht durch fremde Bedingungen, sondern durch seine eigene Bewegung gekommen ist . . . . die gesuchte Denkform sollte nur einen Obersatz für alle ihre Schlüsse haben, und dieser die Bewegung des gesamten Weltinhalts ausdrücken; die veränderlichen Untersätze aber lasse sich dieser Obersatz nicht anderswoher geben, sondern erzeuge sie selbst als die nach seiner eigenen Konsequenz notwendigen und vollständigen Variationen seines Sinnes, und lasse so in geordneter Reihe die unendliche Anzahl der Schlußsätze hervorgehen, die zusammengenommen die entwickelte Wirklichkeit bilden, welche der Obersatz in Gestalt eines entwicklungsfähigen Prinzipes gedacht hatte" (a. a. O. S. 181—182).

Das sind herrliche Worte, unübertreffliche Beweise von der Sehnsucht des Geistes, zusammenzuschauen, in einer unmittelbaren Einheit festzuhalten und zwanglos, mühelos zu verstehen, was ihm jetzt durch seine bloß begriffliche Erkenntnisweise versagt ist. Freilich dürfen wir auf der anderen Seite nicht außer acht lassen, daß die Begriffe ursprüngliche, aus dem Lebensgehalt der Unmittelbarkeit selbst fließende Funktionen des Geistes sind und deshalb nicht abgeschafft werden können. Sie sind nur in der jetzigen aus der Unmittelbarkeit gefallenen Lage des Denkens nicht mehr imstande, die mannigfachen Erscheinungen in unmittelbarer Anschauung festzuhalten, um so dem Geiste die unentbehrlichen Stützpunkte seiner lebendigen Forschung darzubieten, sie bleiben bei dieser Anschauung eines vorläufigen Ganzen, nachdem sie sie mühsam zusammengearbeitet, stehen und zwingen den Geist, in dieser doch eben nur vorläufigen Tätigkeit den letzten Sinn der Dinge selbst zu erkennen.

Das unmittelbare Erkennen hat kein Interesse daran, bei den Begriffen stehen zu bleiben, es dringt durch sie hindurch in den lebendigen Kontakt mit den Dingen, nachdem es sich von ihnen nur das Wesen und Sein der Dinge zur Anschauung hatte bringen lassen. Nicht daß und was das Ding ist, sondern was es tut ist ihm wichtig. Im Gegensatz dazu nimmt unser jetziges auf sich selbst gestelltes Erkennen die vorläufige Zusammenfassung der Dinge für die Erkenntnis selbst, deshalb weil ihm diese Zusammenfassung nach Verlust des unmittelbaren Blickes schwere Mühe kostet und es im Ernste an ihre absolute Bedeutsamkeit glauben kann. Die Begriffsbildung ist wohl noch eine unbewußte, mit dem Reich der Dinge unmittelbar verbundene Funktion, allein der Umstand, daß in der ausdrücklichen Beziehung des Geistes auf die Dinge sie allein und ausschließlich seiner Tätigkeit sich aufdrängt, daß es sie allein ist, die auch in der wissenschaftlichen Arbeit des Denkens die Herrschaft ausübt, beweist, daß diese unbewußte Funktion nicht mehr über sich selbst hinwegführt, sondern gleichsam in der Kälte des isolierten Geistes erstarrt und zu jenen wehetuenden Gesetzen eingefroren ist, über die wir klagen.

Wir haben schon davon gesprochen, wiederholen es aber hier wieder, daß diese Gesetze in einer bloßen Abwandlung und Variierung des Allgemeinbegriffs Sein bestehen. Wohl müssen sie sich von der Außenwelt die farbenreiche Füllung ihrer leeren Formen schenken lassen, wohl bestraft sich ihr vermessener Anspruch, die Welt der Dinge auch sogleich aus sich selbst zu schöpfen, mit einem gründlichen Mißerfolg, wie wir ihn in der Hegelschen Dialektik vor Augen haben; allein sie halten sich dafür durch den leidenschaftlichen Formenzwang, den sie den Dingen angedeihen lassen, durch die achtlose, unbesehene Hinnahme ihres doch so bedeutsamen Inhaltes — als wäre er nur das Material und Übungsfeld für ihre formelle Virtuosität — und durch den in nichts begründeten Anspruch, das Wesen der Dinge im Begriff zu erschöpfen, schadlos.

Sagen wir: dieser Vogel ist eine Ente; die Enten sind Schwimmvögel; die Schwimmvögel sind Vögel; die Vögel sind Tiere; die Tiere sind beseelte Wesen; die beseelten Wesen sind Wesen überhaupt; die Wesen sind das Sein selbst und das Sein ist — so erschließen wir an dieser begrifflichen Stufenleiter alle unserm Denken möglichen Erkenntnisgruppen, ohne doch mehr als ein bloßes Sein aus der Fülle der konkreten Dinge und ihrer besonderen Arten abgeleitet zu haben. Ebenso würde die umgekehrte Reihenfolge der Begriffe vom allgemeinsten Sein zum Einzelwesen wieder nur die Stufen des Seins selbst hinabsteigen, wobei es offenbar würde, daß die jedesmaligen Übergänge von einem allgemeinen Begriff zu seinen Arten für das Denken selbst nur zufällig an einen anschaulichen Komplex wirklicher Dinge angeknüpft sind, daß also beim letzten Übergang die Rücksicht auf das Einzelding in seiner konkreten Eigenart nur eine durch die Erfahrung gegebene, sonst aber durchaus nebensächliche Bedeutung hat, während die Hauptsache die bleibt, daß das Sein selbst in diesem Exemplar zu seiner letzten Einschränkung gelangt ist. So ist die Begriffsbildung, eben weil sie der allgemeinen Weite des Seins überhaupt zustrebt, nichts als eine bald engere, bald weitere Variation desselben, wobei es durchaus gleichgiltig ist, ob man z. B. sage: die Ente ist, oder das Sein ist (gerade hier) eine Ente; die Maus ist ein Tier, oder das Tier ist (gerade jetzt) eine Maus. Immer mündet doch das Einzelwesen durch die Vermittlung der Art- und der Gattungsbegriffe im allgemeinen Sein aus, und ist es umgekehrt das allgemeine Sein, das in den Einzelwesen zur Offenbarung gelangt. Hierin liegt der Grund, weshalb der Sprachgebrauch im Einzelwesen sofort auch dessen oberste Gattung, nicht zuerst die näherliegende Art erschaut. Jedermann wird beim Anblick eines Exemplares der Gattung Pferd sagen: das ist ein Pferd, nicht, oder doch nur in Ausnahmefällen, ein Schimmel, ein Rappe oder ein Fuchs. Es gibt keine Pferde im allgemeinen, sondern nur einzelne Pferde, aber irgend eines derselben stellt unserem Geiste die allgemeine Erkenntnis, daß das Pferd überhaupt auch in den Haushalt der Natur gehört, vor Augen, unbekümmert darum, wie viele Pferde und Arten von Pferden es gibt. Dem zusammenfassenden, unwillkürlichen Blick ist eben ein Pferd auch das Pferd, ein Pferd das Bild des Pferdes überhaupt. So wird die Erkenntnis des einzelnen Dinges im Rahmen seines Allgemeinbegriffs erschlossen. Ohne ein allgemeines Sein würde man auch das Einzelne nicht sehen.

Es bestätigt sich hier wieder auf der einen Seite die glückliche Organisation unseres Geistes, die es ihm ermöglicht, in der Allgemeinheit des Seins überhaupt zu bleiben und so immerdar seine Verbindung mit dem Ganzen des Lebens aufrecht zu erhalten, und auf der andern, daß diese Organisation, dieser Sinn fürs Allgemeine — der eigentlich göttliche Sinn des Menschen — in der Isoliertheit des lediglich sich selbst zum Maßstab aller Dinge erhebenden Geistes eine ebenso verhängnisvolle, leere und tote Erscheinung geworden ist, wie sie ursprünglich lebendig war. Eben dieses göttliche Vermögen des Menschen, durch zusammenfassende Intuition die Dinge in die Regsamkeit seines eigenen Geistes aufzunehmen und so zum Ausdruck zu bringen, wird nun in seiner Verkehrung das gerade Gegenteil alles Lebens, eine langweilige Schulmeisterei, der alle Wahrheit abgeht. Das zeigt sich darin, daß für die Begriffsfunktion, wie wir sie jetzt ausüben, die natürlichen Erscheinungen nur Beispiele ihrer eigenen Bewegung sind, daß uns eine wahre Leidenschaft für inhaltsleere Definitionen und Klassifikationen ergriffen hat, der wir jedes unmittelbare Verständnis der Dinge unterwerfen, daß unsere Schulen namentlich so lange der Schauplatz jener öden Schablonenhaftigkeit gewesen sind, die den Schrecken jedes natürlich und lebendig fühlenden Schülers bildete.

Jede Erklärung von Erscheinungen ist bei dieser Eigentümlichkeit unseres Denkens, ein bloßes Sein abzuwandeln, nur die Zusammenstellung von Aussagen, nicht mehr aber der Ausdruck des unmittelbaren Sinnes ihres Daseins, der nur erlebt, nicht definiert werden kann. Sie dringt, wie oben bemerkt, nicht in das eigentliche Was der Erscheinungen, sondern umschreibt dasselbe bloß dadurch, daß sie sie in mehrere andere zerlegt und so ihre Erkenntnis nur um ebensoviele Zwischenglieder hinausrückt. Damit, daß man weiß, der Donner sei nicht die Stimme Gottes, sondern der Zusammenstoß zweier Luftschichten, ist man um keinen Schritt weiter. Das Phänomen kommt durch diese „wissenschaftliche“ Erklärung dem unmittelbaren Verständnis im Geist des Menschen nicht näher. So nützt es auch dem Knaben nichts, die physikalischen Gesetze voraus zu berechnen, womit ihn die Rute trifft; das Gefühl seines Schmerzes ist ein so unmittelbares Verständnis derselben, daß vor ihm jedes andere dahinschwindet. Man erklärt: Der Regenbogen ist die Strahlenbrechung des Sonnenlichtes in den Wassertropfen der Wolken — aber man umschreibt damit nur das zu erklärende Daß mit vielen andern Daß, das eigentliche Was bleibt unverstanden und kann auch auf diesem Wege nie verstanden werden. Die Tatsache des Regenbogens gehört um ihrer selbst willen in den Zusammenhang der Erscheinungen, die unser ungestörter Blick unmittelbar anerkennt und erlebt, die verschiedenen ihn hervorrufenden Faktoren spielen dabei nur die Rolle eines notwendigen Apparates, den man nie merken, noch viel weniger aber ausschließlich hervorheben darf, als wären die Erscheinungen nichts an sich selbst, nicht das unvergleichliche zu erlebende Besondere, sondern das zufällige und unwesentliche Produkt eines um seiner selbst willen spielenden Apparates.

Hier stoßen wir wieder auf das ebenso leere als anmaßende Vorurteil unseres Denkens, als seien die naturgesetzlichen Gründe einer Erscheinung wichtiger als diese selbst, als habe man ein Ding verstanden, wenn man nachweisen könne, wie es zustande gekommen. Denn diese „Gründe“ und „Gesetze“, diese „Ursachen“ und „Veranlassungen“, die wir mit so wichtiger Feierlichkeit geltend machen, befinden sich in Wahrheit nirgends als im Denken selbst, das durch ihre Hervorhebung nur wieder seine eigene Gesetzlichkeit dem Leben der Dinge anlegt. Ein Ding „erklären“ heißt also nichts anderes, als in die Vorgänge seines Zustandekommens die Gesetzlichkeit des isolierten Denkens hineintragen. Das Denken erklärt dabei nur sich selbst, indem es den Dingen seine eigene Sprache verleiht. Weil es aus dem lebendigen Zusammenhang der Dinge gefallen ist, so meint es in ihre Regsamkeit eben die Gesetzlichkeit verlegen zu müssen, die ihm seine Isoliertheit eingebracht hat. Es nennt Natur und Wesen der Erscheinungen, was nur die formalen Vorgänge innerhalb seiner eigenen Natur sind. In der Welt der Unmittelbarkeit war der undefinierbare Eindruck der Erscheinungen im Geiste des Menschen ihr eigentliches vom Geiste erschlossenes, zur Offenbarung gebrachtes Sein, jetzt glaubt es der Geist nur durch Zusammenrechnung ihrer einzelnen Bestandteile nicht zwar zu erleben — denn hier gibt es keine Erlebnisse mehr — aber auszusprechen, eine Zusammenrechnung, in welcher sich, wie gesagt, nur seine eigene Gesetzlichkeit Ausdruck gibt.

Bleiben wir noch einen Augenblick bei unserm letzten Beispiel, dem des Regenbogens, stehen. Wir haben schon bemerkt: damit, daß wir dieses Phänomen in seine eben auch nur seienden Bestandteile zerlegt, haben wir es durchaus nicht besser verstanden als vorher — wenn anders Verstehen ein Ganzes nicht bloß zerlegen, sondern es in seiner von allem Entstehungsapparat gelösten, unvergleichlichen Unmittelbarkeit auffassen und so in den Zusammenhang des Naturganzen überhaupt stellen heißt, daß dadurch der ursprüngliche Sinn dieses letzteren erhellt wird. Die Reduktion eines Phänomens auf seine Bestandteile ist nur eine Scheinerkenntnis, womit sich der Geist des Menschen spreizt. Das ist der Grund, weshalb alle „Erklärungen“ den Menschen — namentlich den Halbgebildeten — blasiert machen, und ihn jede beliebige Definition von Erscheinungen schon allen Ernstes vor die Frage stellt, ob es auch wirklich einen — Gott gebe! Hat man sich schon einmal darüber besonnen, warum gerade die lehrhaften Kreise unserer Gesellschaft hochmütig über alles dem bloßen Verstande ferne Liegende die Achsel zucken? Es hat diese auf den ersten Blick auffallende Tatsache ihren Grund ganz einfach darin, daß die Erklärungen der Phänomene, die jene Kreise von berufswegen liefern müssen, in Wahrheit gar keine Erklärungen sind, sondern nur Anmaßungen eines abstrakten Denkens, Anmaßungen, die von selber die Geringschätzung des Elementes mit sich bringen, das in seinem Leben eine viel gewaltigere, aber freilich nur zu erlebende, nicht zu erklärende Definition aller Erscheinungen bereit hält.

Was soll man zu der bildungsstolzen Gespreiztheit jenes Schulmeisters sagen, der seinen Kindern „erklärte“: der Regenbogen ist nicht ein von Gott in die Wolken gesetzter Friedensbogen, denn (!) er ist nur die Brechung der Sonnenstrahlen in den Wassertropfen der Wolken! Mit derselben Logik könnte man auch beweisen, daß dieser Schulmeister eigentlich keiner ist — denn er ist nur ein geistig-leiblicher Organismus vermischt mit etwas kulturkämpferischer Seminarbildung! Der Fehler liegt beidemal darin, daß man den eigentlichen Gegenstand, auf den es ankommt, nicht in seiner unvergleichlichen Besonderheit auffaßt, sondern als das bloße Produkt einer scheinbaren Gesetzlichkeit, die dieses Produkt nur um sich selbst zu genügen aus sich entlassen hat. Aber daß Regenbogen und Schulmeister sind, was sie sind, ist viel bedeutsamer, als die physikalischen und kulturellen Kräfte, denen sie ihr Dasein verdanken — wenn sie überhaupt etwas sind. Denn „Sein“ im Haushalt des Lebens heißt: Können, Wirken, Leisten, während dasjenige, womit unser Denken operiert, nur ein Begriff ist, dessen Schattenhaftigkeit das gerade Gegenteil von Wirken ist. Dem bloßen Verstande sind die Dinge nur zu dem Zwecke da, einer unvordenklichen Gesetzlichkeit die Figuren zu ihrem nutzlosen Schattenspiel zu liefern, im Leben sind sie das, was sie leisten. Wann werden wir einmal das Schulmeistern in leeren Begriffskünsteleien verlernen, um uns wieder dem Leben und Erleben zuzuwenden?

Man wird das alles zugeben können, man wird etwa sagen: Gewiß vermeinen wir nicht durch die Begriffe die Sachen selbst auszudrücken. Das will jener unfruchtbare und bodenlose Idealismus, von dem sich der Realismus der Neuzeit gründlich losgesagt hat. Vielmehr sollen uns die Begriffe nur dazu verhelfen, sie verstehen zu lernen. Hinter dem Apparat der Begriffe steht ja die Welt der Wirklichkeit, die wir uns in den Begriffen verständlich machen, ohne sagen zu wollen, Sache und Begriff sei ein und dasselbe. Aber unser Erkennen soll doch nicht bloß jener unlebendige Spiegel sein, von dem du geredet, sondern wir hoffen durch induktive Sorgfalt dem Reiche des Realen so viel näher zu rücken, je vollkommener uns seine begriffliche Fassung gelingt. Und wenn auch unser Auge schließlich auf einem Ganzen wohlgeordneter Begriffe ruht, so ist es doch nicht ihre formale Struktur, die uns entzückt, sondern jene geheimnisvollen lebendigen Beziehungen der Dinge zueinander, deren eigenen Sinn wir durch unsere Begriffe verstanden zu haben behaupten. — So sehr auch dieser Einwand moderner Forschung vorteilhaft von dem doktrinären Dogmatismus der Vergangenheit absticht, bewahrt er doch noch doktrinäres genug — jene von vornherein zugestandene und hingenommene Trennung nämlich zwischen Denken und Sein, deren Rätselhaftigkeit gerade es ist, was uns beschäftigt. Und so lebhaft sich auch diese Vorstellungsweise an die Realität der Dinge herandrängen mag, es gelingt ihr doch nie, in ihre Geheimnisse Blicke zu tun, so lange auch sie zwischen Denken und Sein nun einmal nicht wegzuschaffende Schranken aufrichtet. Eben deshalb nun, eben weil sie nicht umhin kann, im Denken allein den Weg zum Sein zu erblicken, ist die Inkongruenz zwischen beiden von ihr nur wieder ausgesprochen, nicht gelöst, und es hat also der alte Versuch des scholastischen Realismus, den Zwiespalt dadurch auszugleichen, daß er die Begriffe selbst zum eigentlichen Wesen der Dinge erhebt, noch immer eine sehr beachtenswerte Seite.

Es ist ein wohlfeiles Vergnügen, über diese Seltsamkeit eines Schuldoktrinarismus zu lächeln. Gegenüber der Hand in Hand mit ihrer begrifflichen Erklärung gehenden maßlosen Zersplitterung der Erscheinungen in einzelne Komplexe abgeschlossener Spezialforschung, wie sie unser wissenschaftliches Denken kennzeichnet, hat er seine wenigstens formelle Berechtigung, in welcher ein viel tieferer Sinn verborgen ist, als es unsrer alles in Atome auflösenden Analyse träumen mag. Sind doch diese Atome, die auch „niemand gesehen hat“, eine mindestens eben so seltsame Annahme, wie das belächelte Wesen des Allgemeinbegriffs, von dem der Realismus der Scholastik gesprochen.

Das ist eben — wir verweilen einen Augenblick dabei — das andere Grundübel unseres Denkens, das mit dem oben gezeichneten der bloßen begrifflichen Bewegung in unmittelbarer Verbindung steht, daß es die Dinge, deren Zusammenhang ihm nur im Begriff gegeben ist, wie einzelne voneinander unabhängige Größen behandelt, wo es doch durch die offenbare Einheit aller Dinge immer wieder eines bessern belehrt werden könnte. Diese Isolierung der Dinge ist so gut wie ihre bloß begriffliche Verbindung nur ein Beweis von der Ohnmacht des Denkens selbst. Denn eben weil die Abgeschlossenheit und Isoliertheit das charakteristische Merkmal seines Daseins bildet, so trägt es dieselbe in den Zusammenhang der Dinge selbst über, in der Meinung, ihren Sinn zu verstehen, wenn es sie auseinander trennt, während es damit nur seiner eigenen Hilflosigkeit die unentbehrlichen Stütz- und Ruhpunkte gewährt. An dieser Ohnmacht des Denkens, allgemeines nur im Begriff, nicht in den Dingen selbst zu erkennen, ist nun der genannte Realismus orientiert.

Nach diesem Realismus, wie wir ihn bei den Scholastikern antreffen — der im Grunde nichts anderes ist, als durch aristotelische Realistik modifizierter Platonismus — sind die Allgemeinbegriffe das eigentliche Sein, die Dinge dagegen nur die verschiedenen konkreten Träger desselben. Was das Denken zusammenfaßt, das ist in Wirklichkeit auch das Wesen der Dinge, das Materielle existiert nur durch die Teilnahme am Allgemeinen, oder — wie dies Skotus Erigena ganz auf Plato zurückgreifend ausdrückte — es ist das Produkt, das im Schneidepunkt der einander durchkreuzenden Allgemeinheiten entsteht (wobei es gleichgiltig bleibt, dass diese Allgemeinheiten die aristotelischen Kategorien sind). So sagt Erigena z. B. De divisione naturae I. Buch 34: omnes igitur categoriae incorporales sunt per se intellectae. Earum tamen quaedam inter se mirabili quodam coitu, ut ait Gregorius, materiem visibilem conficiunt. In dieser dem Alltagsverstande so wunderlichen Aufstellung liegt, wie bemerkt, eine tiefe Wahrheit, wir wollen gleich sagen: die Erinnerung an eine verloren gegangene Wahrheit, daran nämlich, daß es einen Zusammenhang alles Seienden geben muß, welchen der Geist dadurch zum Ausdruck bringt, daß er seine eigene Regsamkeit in den Dingen wiedererkennt und ausspricht. Dem entsprechend nennt **Plato** selbst das Innewerden der Begriffe im Betrachten der Dinge die Erinnerung an die höhere Welt der eigentlichen Wirklichkeit, die der Mensch mit sich ins irdische Gefängnis genommen habe, an die Welt der Ideen. Der Fehler dieses tiefsinnigen Gedankens ist — namentlich in der durch aristotelische Gesichtspunkte verwischten Fassung des Realismus — freilich der, daß er das allgemeine, Denken und Sein in eine unmittelbare Einheit verbindende Element — das Leben — nur im Begriffe wiedererkannte, also der Versuchung erlag, die sich zunächst aufdrängende formale Allgemeinheit für die Allgemeinheit überhaupt zu nehmen, deren Verlust sich doch gerade in der Begriffsbildung des selbständigen Denkens spiegelt. Nur der Meister, **Plato**, selbst, hat auch hier wieder seine Genialität in der lebendigen Auffassung der Begriffe als der **Ideen**, als des allem zu Grunde liegenden geistigen **Lebens** bewährt.

Wir weisen zur Bestätigung des Gesagten noch kurz auf die Bewegung der neuen Philosophie seit **Kant** hin.

Nachdem **Kant** im Geiste des Menschen selbst die Möglichkeit aller Erfahrung aufgefunden zu haben glaubte, nachdem er so, wie es schien, eine unüberbrückbare Kluft zwischen den „Erscheinungen" und dem „Ding an sich" aufgerissen, kam er in der „Kritik der praktischen Vernunft" zu der grundlegenden Entdeckung, daß das „Ding an sich" — nachdem es sich so schon in der „Kritik der reinen Vernunft" verschämt angekündigt — der Grund alles Bewußtseins sei. Nach der meisterhaften Beweisführung **Kuno Fischers** (Geschichte der neuen Philos. 3. Aufl. III. Bd. Im. Kant I. T. S. 566 ff.) kann es in der Tat keinem Zweifel mehr unterliegen, daß das Kantsche „Ding an sich" nichts anderes ist, als das alles Bewußtsein bedingende letzte unerklärbare, weil alle Erklärung selbst ermöglichende Element des Daseins, dessen Regung als Bewußtsein den Reiz einer ausgebreiteten Welt von „Dingen" entfaltet. „Die Beschaffenheit und Einrichtung unserer Vernunft ist nicht das Letzte. Ihr und damit allen Erscheinungen überhaupt muß etwas zu Grunde liegen, das als solches nicht erscheint, vielmehr von allen Erscheinungen, von allen Vernunftformen, also auch von Raum und Zeit völlig unabhängig, darum auch unerkennbar ist und von Kant mit dem Worte „**Ding an sich**" bezeichnet wird. Die Realität eines solchen Urgrundes hat der Philosoph niemals verneint, so wenig ihm je einfallen konnte, diesen Urgrund zu einem Merkmal im Begriff der Erscheinungen machen oder sein Dasein aus denselben Bedingungen, woraus er die Erscheinungen und deren Erkennbarkeit herleitet, beweisen zu wollen". (a. a. O. S. 569.)

Was also — so deuten wir uns die Sache — das Unmittelbare ohne weiteres leistet: die Erfassung des Seienden in einem einzigen Akt, das interpretiert sich das Bewußtsein mühsam als die weit auseinanderliegenden, von ihm in abwechslungsvollen Beziehungen zueinander angeschauten „Dinge". Was liegt aber in diesem bei Kant ans Tageslicht gelangenden Gegensatz zwischen dem Unmittelbaren und dem denkenden Geiste anderes als der Zwiespalt, von dem unsere Untersuchung ausgegangen ist? Ist da das Bewußtsein etwas anderes, als ein heiteres Spiel unmittelbarer Lebenspotenzen, die Vorstellung etwas anderes, als ein Springbrunnen mit tausend Ergüssen, in welche sich der Strahl des Unmittelbaren zerteilt?

Was Kant angedeutet, ist durch seine Nachfolger zum Prinzip ihrer gesamten Philosophie erhoben worden. Wir brauchen hier nur an die Leistungen eines Fichte und namentlich eines Schelling zu erinnern, um uns zu vergegenwärtigen, mit welch' gewaltigen Mitteln menschlicher Genialität versucht worden ist, die quälende Kluft innerhalb unseres Daseins, den Gegensatz von Denken und Sein, auszufüllen, mit welch' meisterhafter Deduktion und Induktion die Genannten sich daran gemacht haben, alles Seiende in einer unmittelbaren Lebenseinheit zu erfassen, mit welch leuchtenden, noch heute wunderbar ergreifenden Gedankenblitzen Schellings Genius, der das Problem zuerst in seiner ganzen Tiefe erkannt hat, um die harten Kanten des Jahrtausende alten Rätselfelsens gespielt — während sein Doppelgänger und schließlich sein Antipode Hegel das Problem viel zu sehr in eine bloße Selbstbewegung des Begriffs verwandelte, um nur überhaupt zu verstehen, daß hier das Leben selbst, das verlorene Leben der Unmittelbarkeit zu seinem ursprünglichen unendlichen Reichtum zurückstrebte.

Gerade das letztere ist das ergreifende und noch heute so befriedigende Element Schellingscher Spekulation, der daher auch in den Augen des letzten und — wie er selbst zu behaupten die Bescheidenheit hatte — einzig ernst zu nehmenden Nachfolgers Kants: in den Augen Schopenhauers, allein Gnade gefunden hat. In Wahrheit hat aber dieser für unsre moderne Welt so maßgebende Philosoph seinen Hauptgedanken, daß der Wille das Wesen aller Dinge sei, nicht nur von Kant, wo er noch unsicher erscheint, sondern hauptsächlich von Schelling selbst herübergenommen, zu schweigen davon, daß seine Auseinandersetzungen über „Vorstellung“ im Unterschiede vom „Willen“ nichts anderes sind, als verschlechterte Wiederholungen dessen, was Fichte in seiner Wissenschaftslehre (c. f. Grundlage der gesamt. Wissenschaftslehre Teil III § 8 S. 294—295) besser ausgesprochen hatte. Fichte sagt: „Wie der Wille, so der Verstand; wie der Trieb, so die Intelligenz.“ „Nach ihm hat diesen Satz niemand ausdrücklicher behauptet als Schopenhauer, der es aber vorzieht, die Wissenschaftslehre in Schatten zu stellen, um nicht selbst im Schatten derselben zu stehen.“ (K. Fischer a. a. O. J. G. Fichte 2. Aufl. S. 493).

Aber während bei Fichte diese Erkenntnis zur wunderbarsten Freiheit von allem Fatalismus führte, dient sie bei Schopenhauer und seinen schwächlichen Lesern nur dazu, in den Schlaf eines — diesesmal aus der indischen Vorstellungsweise geborgten — Nirvanas einzuwiegen. Es könnte nicht schaden, wenn alle Schopenhauer-Verehrer sich einmal die Fichtesche Folgerung aus dem beiden gemeinsamen Grundgedanken der Abhängigkeit der Vorstellungen vom Willen merken wollten: „Der Fatalismus wird von Grund aus zerstört, der sich darauf gründet, daß unser Handeln und Wollen von dem System unserer Vorstellungen abhängig sei, indem hier gezeigt wird, daß hinwiederum das System unsrer Vorstellungen von unserem Triebe und unserem Willen abhängt: und dies ist denn auch die einzige Art, ihn gründlich zu widerlegen. — Kurz, es kommt durch dieses System Einheit und Zusammenhang in den ganzen Menschen, die in so vielen Systemen fehlen“. (a. a. O. S. 295).

b) Der Schluß.

Wie in der Begriffsbildung betätigt das Denken auch im Schlußverfahren seine Umständlichkeit. Auch hier nimmt es die verschiedenen Aktionen, womit es sich selbst einen Tatbestand vergegenwärtigt, für die der Dinge selbst. Weil es die Tatsachen nicht mehr in ihrer unmittelbaren Wahrheit erfaßt, setzt es sie in eine gegenseitige logische Über- oder Unterordnung, um nun daraus mit „zwingender Notwendigkeit“ die für die betreffenden Tatsachen charakteristischen Eigenschaften oder Handlungsweisen zu erschließen. Man sieht aber sofort, daß diese „Notwendigkeit“ nur eine für das Denken, nicht aber für die Sachen selbst zwingende ist. Das Schlußverfahren besteht immer und in jeder seiner Figuren in der bloßen Ausgleichung einer innerhalb des Denkens allein vorhandenen Spannung. Dieselben künstlichen Beziehungen, die seine Begriffsbildung zwischen nur gedachten Dingen herstellt, schafft auch sein Schlußverfahren. Wie dort, bewegt sich das Denken auch hier sozusagen nur um seine eigene Achse, ohne den Dingen selbst irgendwie nahe zu kommen, die in ihrem faktischen Verhältnis zueinander einer ganz andern Folgerichtigkeit Ausdruck geben, als sie im logischen Schlusse zu Tage tritt. Weil das Denken genötigt ist, die unmittelbare Zusammengehörigkeit der Dinge erst zu zerreißen, um sie gleichsam in ihre begrifflichen Schubfächer zu verteilen, bevor es sie in seine bloß gedachte Verbindung bringt, so ist ohne weiteres klar, daß aus dieser Verbindung wieder nur die ursprüngliche Zusammengehörigkeit folgen kann, aus welcher seine ängstliche Unbehilflichkeit sie gerissen, daß also das Denken im Syllogismus eine in seinem Seinsbegriff entstandene Spannung nur wieder ausgleicht, ohne damit den Dingen selbst etwas hinzugefügt oder weggenommen zu haben.

„Es ist eben ein psychologisch kaum vermeidliches Schicksal, daß die allgemeinen Gesetze, die wir aus der Vergleichung der Erscheinungen gewonnen haben, uns wie ein selbständiges und gebietendes Prius vorkommen, das den Fällen seiner Anwendung vorangeht; für die Bewegung unserer Erkenntnis sind sie das wirklich; aber wenn wir mit ihrer Hilfe aus den gegebenen gegenwärtigen Bedingungen einen znkünftigen Erfolg vorausberechnen, so vergessen wir, daß dasjenige, was in unserer Überlegung als Obersatz vorausgeht, doch nur der Ausdruck der Vergangenheit und der eigenen Natur ist, welche in dieser die Wirklichkeit uns offenbarte. So sehr sind wir an dieses Mißverständnis gewöhnt, so befangen in der Gewohnheit, dem Realen sein eigenes Wesen als ein äußerliches, von ihm zu erreichendes Muster entgegenzustellen, und dann vergeblich nach den Vermittlungen zu suchen, die das unrechtmäßig Getrennte vereinigen, daß jede Behauptung der ursprünglichen Einheit dessen, was man so geschieden hat, als ein Abbruch an der wissenschaftlichen Genauigkeit erscheint, nach der man sich sehnt. Nicht, als wenn nicht das Bedürfnis, Ideales und Reales, wie man sagt, zu verschmelzen, lebhaft zu allen Zeiten gefühlt worden wäre; aber es scheint mir, daß selbst die Versuche zur Erfüllung dieser Aufgabe zuweilen dem Irrtum, den sie bekämpfen, Vorschub leisten; indem sie eine besondere Tat der Spekulation verlangen, um dies Große zu vollbringen, unterhalten sie den Glauben an eine garnicht vorhandene Kluft, die nur mit einem kühnen Sprunge zu überschreiten sei." (Lotze, System der Philosophie, Metaphysik I Buch Kap. 3 S. 82—83.)

Die Konsequenz, womit das Schlußverfahren eine Tatsache aus der anderen folgert, ist in Wahrheit nur die Wiederherstellung einer ursprünglich gegebenen Tatsache, deren Notwendigkeit sich das Denken fälschlich an einem allgemeinen Obersatze klar zu machen sucht, von dem Vorurteil befangen, als folge aus der Allgemeinheit eines Tatbestandes seine besondere Erscheinung mit einer in den Dingen selbst liegenden Notwendigkeit, während diese „Allgemeinheit" ja nur eine Hilfskonstruktion des Denkens selbst ist, womit es den ungeordneten Reichtum gleichartiger Dinge festzuhalten sucht. Ist es doch — wir wiederholen das hier wieder und werden es noch oft auszusprechen Gelegenheit haben — gezwungen, alles im Schema des allgemeinen Seins anzuschauen, während ihm in Wirklichkeit die Dinge in einer von seinem eigenen Begriffsverfahren ganz abweichenden Zusammengehörigkeit entgegenkommen.

Man wird dagegen einwenden: die Erkenntnis der Dinge sei eben nicht und könne nicht sein die bloße Reproduktion der sachlichen Beziehungen, in denen sie stehen, sonst müßte sie dieselben, wie Lotze es ausdrückt, nicht mehr erkennen, sondern selber sein (Logik 3. B. § 308 S. 486). So einleuchtend dieser Einwand scheint, so wenig vermag er doch das Bedenken hinwegzuräumen, daß nämlich die Wechselwirkung der Dinge unter einander gerade jenes Elementes entbehrt, das das Denken zu ihrer Interpretation nötig hat: die Allgemeinheit im logischen Sinne. Es ist eben nicht so, daß im Reiche der Dinge die Allgemeinheit einer Erscheinung bestimmend auf ihre besonderen Beispiele einwirkt. Der einzelne Vorgang trägt vielmehr seine Eigenart unmittelbar in sich selbst, ohne die Berechtigung seines Inhaltes von einer Allgemeinheit zu Lehen zu tragen. Wenn Sigwart (Logik I. B. S. 406) die Einwände des englischen Logikers Mill gegen die Bedeutung des Syllogismus damit bekämpft, daß er sagt: „Der Sinn des allgemeinen Obersatzes ist nicht die Behauptung dieser Allgemeinheit der Zahl, sondern die Behauptung der Notwendigkeit, mit dem Subjekte das Prädikat zu verknüpfen. Diese Notwendigkeit kann auch durch die vollständige Summierung niemals erreicht, überhaupt nicht direkt empirisch erkannt werden . . . . es ist kein Zweifel, daß man vielfach vom Einzelnen auf Einzelnes schließt, die Frage aber ist, ob man so schließen darf, und darüber entscheidet die Giltigkeit des allgemeinen Satzes, die nicht bloß, wie ein Mill es darstellt, eine kollaterale Sicherheit gewährt, sondern allein den Schluß legitim macht . . . . die Wahrheit des allgemeinen Obersatzes ist die Bedingung der Wahrheit der Konklusion" — so beweist er damit nichts anderes, als was wir oben namhaft gemacht: diese Notwendigkeit ist selbst aus der Erfahrung der Einzelheiten erschlossen, die man durch sie folgern will. Und wenn man dies nach einigem Zögern zugibt, so ist die Frage nicht mehr abzuweisen, woher es denn komme, daß das Denken auf dem Wege dieser fraglichen Notwendigkeit zu seinen Resultaten gelangen müsse?

Der Einwand Lotzes, den wir oben gehört, daß Denken eben nicht Sein sei, verschlägt nichts. Im Gegenteil, die gerügte Inkongruenz zwischen Denken und Sein stammt gerade aus der Verkehrtheit der Gemeinschaft, die der Geist durch Aufnahme ihres bloßen Seins in sein bloßes Denken mit den Dingen eingegangen ist — ganz im Gegensatz zu der Selbstverständlichkeit, welche Lotze für ihre unvergleichliche Differenz in Anspruch genommen hat. Indem das Denken den Allgemeinbegriff „Sein" aufstellt, und an ihm alle Erkenntnisse mißt, erhebt es den Anspruch, in einem bloßen Sein der Dinge deren Wahrheit zu erschauen. So spricht es vom Sein in einer Weise, die bedeuten soll, daß alle Denkfunktionen nur der adäquate Ausdruck für eine übrigens an sich selbst nur seiende und von ihm bloß erkannte Realität seien. Aus dieser Usurpation des Denkens stammen nun alle in der Tat unlösbaren Schwierigkeiten der Logik, Schwierigkeiten, die gelegentlich zu dem geharnischten Protest führen, daß Denken und Sein eben nicht dasselbe seien. Eben deshalb vermag das Denken die Dinge nicht zu begreifen, weil es ihnen den eigenen Seinsbegriff — der eben nur ein Begriff ist — unterschiebt, und weil der Gegensatz von Denken und Sein selbst und vor allem — falsch ist. Denn das Wesen der Dinge besteht in ihrem Erlebnis, nicht in ihrem Begriff. Alles wechselt, nur das Denken bleibt stabil, alles Leben auf den Rahmen seines unveränderlichen Seins-Begriffes spannend, und das ist der Grund, weshalb es immer wieder des Verständnisses der Dinge verlustig geht.

Hören wir noch einmal auf den genannten Protest, wie er bei Lotze sich ausgesprochen findet: „wer eine Erkenntnis verlangt, welche mehr als ein lückenlos in sich zusammenhängendes Ganzes von Vorstellungen über die Sache wäre, welche vielmehr diese Sache selbst erschöpfte, der verlangt keine Erkenntnis mehr, sondern etwas völlig Unverständliches. Man kann nicht einmal sagen, er wünsche die Dinge nicht zu erkennen, sondern geradezu sie selber zu sein; er würde vielmehr auch so sein Ziel nicht erreichen; könnte er es dahin bringen, das Metall etwa selbst zu sein, dessen Erkenntnis durch Vorstellungen ihm nicht genügt, nun so würde er es zwar sein, aber umsoweniger sich, als nunmehriges Metall, erkennen; beseelte aber eine höhere Macht ihn wieder, während er Metall bliebe, so würde er auch als dies Metall sich gerade nur so erkennen, wie er sich selbst in seinen Vorstellungen vorkommen würde, aber nicht so, wie er dann Metall wäre, wenn er sich nicht vorstellte“ (a. a. O. § 308).

In dieser scharfsinnigen Aussprache des Problems ist mit wünschenswertester Deutlichkeit gegeben, was wir wissen wollen. Wenn Lotze bekennt, die Erkennis könne nicht mehr sein, als ein lückenlos in sich zusammenhängendes Ganzes von Vorstellungen über die Sache, dann gibt er uns ohne weiteres zu, daß diese Erkenntnis nicht das letzte oder grundlegende Organ sein kann, womit sich der Mensch die Dinge interpretiert, er müßte denn überhaupt auf die Möglichkeit einer den Dingen selbst entsprechenden Aneignung ihres Inhaltes verzichten. Lotze hat vollständig recht einer Erkenntnis gegenüber, welche die Dinge nur im Schema des Seins zu sehen vermag. Gerade weil Denken und Sein durch den Seins-Begriff geschieden sind, das erstere aber trotzdem dem letztern den adäquaten Ausdruck geben will, also den Anspruch auf eigentliche und erschöpfende Erkenntnis der Dinge erhebt — dadurch daß es ihr Sein aussprechen will, das doch nur sein eigener Seinsbegriff ist — entsteht die sonst so rätselhafte Inkongruenz zwischen beiden. Der Geist, der bloß denkt, ist nicht im stande, die Dinge als Dinge zu verstehen, das sagt Lotze, aber er vergißt, daß er doch den Anspruch erhebt, ihr alleiniger Interpret zu sein und daß dieser Anspruch falsch ist. Da hat Schopenhauer recht, wenn er sagt: „Zum Dienst eines individuellen Willens hat die Natur den Intellekt hervorgebracht, daher ist er allein bestimmt, die Dinge zu erkennen, sofern sie Motive eines solchen Willens abgeben, nicht aber sie zu ergründen oder ihr Wesen an sich aufzufassen". (Sämtl. Werke Bd. III. S. 156).

Das von Lotze angeführte Beispiel ist ungemein charakteristisch. Gewiß wird der Mensch auf dem Wege der Vorstellung nie dazu gelangen, Metall zu sein, sondern immer nur, solches zu denken. Allein des Menschen Geist besitzt noch ein anderes Organ, sich das „Wesen" der Dinge anzueignen, nämlich ihr unmittelbares Erlebnis, in welchem sich ihre Wirksamkeit erschließt. Das Metall ist das, was es leistet. Wer den eisernen Speer schwingt, oder sich den Panzer um die Brust schnürt, weiß vom Metall mehr zu sagen als der Logiker oder Metaphysiker, der es begrifflich zu verstehen trachtet. Wir freuen uns, ganz dasselbe in einem Aufsatz des Sozialisten Robert Seidel, betitelt: „Die Handarbeit der Grund- und Eckstein der harmonischen Bildung und Erziehung" ausgesprochen zu finden. Da heißt es: Was lerne ich durch die Anschauung vom Eisen und Kupfer, was lerne ich von Ton und Wachs, was lerne ich vom Marmor und Elfenbein kennen? Lerne ich vom Eisen und Kupfer die Schmelzbarkeit, die Schmiedbarkeit, die Dehnbarkeit, lerne ich von Ton und Wachs die Modellierbarkeit und vom Marmor und Elfenbein die Bildbarkeit kennen? Nichts von alledem lehrt mich die Anschauung, wohl aber lehrt es mich die Arbeit. Die ganze Welt bleibt der bloßen Anschauung, und wäre es auch die Anschauung eines Plato oder Darwin, ein großes Rätsel; nur durch Arbeit dringen wir in das Wesen der Dinge ein, nur der Arbeit erschließt sich das Wesen der Dinge. Die Anschauung ist die Mutter der widersinnigen Glaubenssysteme, die Arbeit ist die Mutter der vernünftigen Wissenschaften." —

Man vergleiche damit, was Schelling einmal von der Empirie sagt, um sich hier die tiefe Übereinstimmung aller nach dem letzten Ziele strebenden, wenn auch sonst noch so verschiedenen Geister zu veranschaulichen: „eben diesen in der Schale der Endlichkeit verschlossenen und in ihr allein quellenden und treibenden Lebenskeim sucht auch die Empirie zu Tage zu fördern. Sie dringt, wo sie sich ihres Tuns bewußt ist, oder auch, geleitet von einem glücklichen Instinkt, von dem Verworrenen zu der Einheit, das Seiende nicht unmittelbar erkennend, sondern auf alle Weise abzusondern strebend, was nicht wesentlich ist, um so zu dem Wesentlichen zu gelangen. Hätte sie diesen Zweck je vollkommen und allseitig erreicht, so würde ihr Gegensatz mit der Philosophie, und mit diesem die Philosophie selbst als eine eigene Sphäre oder Art der Wissenschaft verschwinden. Dann wäre wahrhaft nur eine Erkenntnis; alle Abstraktionen lösten sich auf in die unmittelbare freundliche Anschauung; das Höchste wäre wieder ein Spiel und Lust der Einfalt, das Schwerste leicht, das Unsinnlichste das Sinnlichste, und der Mensch dürfte wieder frei und froh in dem Buch der Natur selbst lesen, dessen Sprache ihm durch die Sprachverwirrung der Abstraktion und falschen Theorien längst unverständlich geworden ist". (Darlegung d. v. Verhält. der Naturphilos. z. d. verbess. Fichteschen Lehre. Sämtl. Werke I. Abt. Bd. 7. S. 64).

Man kann sagen: Weil der Geist nur das Sein in sich enthalten will, eben deshalb ist er nur Denken: „Wenn das Tier die Dinge nicht denkt, so ist es eben, weil ihm der Begriff des Seienden fehlt; dieser Begriff des Seienden, in dessen Besitz der Mensch ist, macht den ganzen Unterschied vom Tier aus" (Schelling Philosophie d. Mythologie a. a. O. II. Abt. 2. Bd. S. 30). Der Geist des Menschen ist noch von der Erinnerung an jene Urrealität behaftet, die er durch die Reflexion abstoßen wollte; deshalb ist sein Denken im Seinsbegriff das allerdings nur noch schattenhafte Abbild ihres unmittelbar nur zu erlebenden Ganzen. —

Dieses allgemeine Sein tritt uns nun auch im Schlußverfahren, wie schon bemerkt, entgegen. Die Figur:

Alle Menschen müssen sterben
Cajus ist ein Mensch
Also muß Cajus sterben

besteht aus nichts anderem als aus drei vom Denken gewaltsam auseinander gezerrten Teilen einer und derselben Wirklichkeit. Die Tatsache, daß alle Menschen sterben, ist in Wirklichkeit nicht die Ursache davon, daß Cajus stirbt. Nur wenn wir diese auf dem Wege der Induktion gefundene allgemeine Wahrheit zu einer logischen Allgemeingiltigkeit erheben, folgt das Sterben der Einzelnen allerdings mit Notwendigkeit daraus, aber nur wieder das gedachte Sterben, nicht das wirkliche. Man sollte nicht, wie Sigwart tut, die „Notwendigkeit" des Schlußverfahrens als Beweis für seine Bedeutung ins Feld führen. Denn gerade diese Notwendigkeit ist ein Mangel innerhalb der Organisation unseres denkenden Geistes. Sie ist nur der Ausdruck für die ängstliche Unbehilflichkeit desselben, womit er sich die Allgemeingiltigkeit eines beobachteten Tatbestandes auf dem Gebiet der Erfahrung in die Gesetzlichkeit seines begrifflichen Denkens übersetzt, um nun von einer „Notwendigkeit“ zu reden, da wo es sich in der Tat nur und nie mehr als um Fakta handelt. So wenig als wir den schwerfälligen Zwang, den sich der Lehrling antun muß, um z. B. gewisse Zahlenverhältnisse, die dem Meister geläufig sind, zu lernen, für die Bedeutsamkeit dieser Verhältnisse selbst geltend machen werden, so wenig dürfen wir hier eine „Notwendigkeit“ des bloßen Denkens unbesehen auf die Dinge anwenden.

Man wird auch hier wieder sagen: Solange menschliche Erkenntnis existiert, wird sie auf diese Notwendigkeit und die von ihr bedingte Stringenz des Schlußverfahrens nicht verzichten können, wie umständlich sie auch sein mag. Aber dann mache man aus der Umständlichkeit nicht eine Tugend und rede nicht von „Erkenntnis“ da, wo von einem bloßen Streben nach ihr — das noch dazu vermöge der Verwechslung von Denken und Sein, die es mit sich bringt, dem Irrtum preisgegeben ist — die Rede sein kann. Welch' andere Gefahren sich an das Schlußverfahren heften, wird das folgende Beispiel lehren.

Sagt man:

Alle Kinder müssen gehorchen
Du bist ein Kind
Also mußt du gehorchen,

so kann man freilich Besonnenheit genug bewahren, diese rein logische Notwendigkeit nicht mit der e t h i s c h e n zu verwechseln, die in der Aufforderung zum Gehorsam liegt. Man k a n n sich dessen bewußt bleiben, daß der Obersatz dieses bedeutsamen Schlusses nur die Abstraktion von allen den Einzelfällen ist, die man durch seine zum Gesetz gemachte Allgemeinheit gerade legitimieren will, — allein wer wird das tun, wer wird einem ungehorsamen Kinde gegenüber sich auf diese logische Erschleichung besinnen und nicht vielmehr sich ihrer prägnanten und deswegen gerade für pädagogische Zwecke scheinbar so geeigneten Form bedienen? Es liegt viel näher, statt der Sache auf den Grund zu gehen und den fraglichen Ungehorsam aus seinen konkreten Veranlassungen zu beurteilen, ihm durch dieses verblüffende Schlußverfahren ein, wie man glauben mag, rasches und gründliches Ende zu bereiten. Darum wird eine solche Pädogogik auch fast immer durch das gerade Gegenteil ihrer Absicht bestraft. Das Kind wird eben umsoweniger gehorchen, je eleganter und unwidersprechlicher im Momente der Beweis für seine Verpflichtung zum Gehorsam geführt worden war. Kinder sind scharfe Beobachter und haben namentlich feine Augen für jede nicht ganz makellose Handlungsweise der Großen. Das ungehorsame Kind wird sich deshalb instinktiv an eine solche, wie sehr auch logische Begründung nicht gebunden erachten, denn es wird herausfühlen, daß sich der Pädagog doch allzu leicht geholfen dadurch, daß er als allgemeine Regel voranstellte, was im vorliegenden Falle eben fraglich ist und der Begründung harrt, die er sich durch Erhebung des Gebotes zu einem allgemeinen Gesetze unmöglich ersetzen kann. Gehorchen zu sollen deshalb, weil diese Forderung allgemein ist, bleibt immer eine ebenso doktrinäre wie eindruckslose Zumutung. In der Folgerichtigkeit dieses auf dem ethischen Gebiete so gefährlichen Verfahrens liegt ohne weiteres, daß man jede beliebige Absurdität, wenn sich nur eine Allgemeinheit für sie nach irgend einer Hinsicht finden läßt, mit „zwingendem Schlusse" geltend machen könnte, während eben gerade die Berechtigung dieser Allgemeinheit fraglich bliebe. Gehorchen soll man gerade da nicht, wo der Gehorsam nur die Folge eines Allgemeingehorsams sein soll; denn die Aufforderung dazu würde gerade durch ihre allgemeine Form ihre Verlegenheit um genügende Gründe für den konkreten Fall offenbaren und so sich selbst des Anspruchs auf Beachtung ihres Gebotes begeben. Zu diesen Gründen kann und muß das Allgemeine natürlich auch gezählt werden, allein es soll nie alleiniger, nie ausschlaggebender Grund sein. Eben weil das Schlußverfahren wie das Denken überhaupt auf der bloßen Reflexion beruht, ist es für ein Gebiet besonders verhängnisvoll, auf dem das unmittelbare Verfahren das allein richtige ist, — für das der Moral.

Es steht daher — namentlich in der Ethik — mit allen syllogistischen Beweisen mißlich genug. Beweisen läßt sich ja nie etwas anderes als das, was von selbst gilt und nicht erst durch den Beweis giltig wird. Nur wo eine Wahrheit durch eine Menge Zwischenglieder oder durch die Kompliziertheit ihrer eigenen Struktur dem unmittelbaren Verständnis entzogen ist, ist der Beweis als Hilfskonstruktion zu ihrer Ermittlung unentbehrlich. Einmal erkannt, trägt sie ihre Evidenz unmittelbar selbst vor, ohne mehr dieser Konstruktion, die nur zu ihr führte, woraus sie aber nicht besteht, zu benötigen. Schopenhauer weist einmal darauf hin, daß z. B. der pythagoräische Lehrsatz nur durch seine unmittelbare Evidenz, nicht durch jenen komplizierten Beweis, der uns in der Schule so viel Kopfzerbrechen verursacht hat, einleuchtend sei, der Beweis mit allen seinen Hilfslinien dränge sich nur da auf, wo das ungleiche Verhältnis der Seiten am rechtwinkligen Dreieck zueinander dem beobachtenden Auge jene Schwierigkeiten entgegenbringe, die ihm den unmittelbaren Eindruck von der Wahrheit des Lehrsatzes unmöglich mache, während derselbe sich bei gleicher Länge der Dreiecksschenkel sofort einstelle. Ganz ebenso verhält es sich auf jedem andern Gebiete auch. Nie verdankt eine Wahrheit ihr Dasein einem Beweise, vielmehr ist das Umgekehrte wahr, daß sie selbst den Beweis erst ermöglicht, wahr ferner, daß die Beweise immer nur von der Umständlichkeit und Ungeschicklichkeit des Denkens, sich einen Tatbestand anzueignen, Zeugnis ablegen. Macht man sich dies nicht ein für allemal klar, so wird man immer wieder versucht sein, gerade in dieser Umständlichkeit das eigentliche Wesen der Dinge zu suchen, oder das Gesetz, wonach sie sich zu richten haben. Jedenfalls liegt die dringende Gefahr nahe, durch eine Menge wohl zum Beweise, aber nicht zur Sache selbst gehörender Rücksichten die Aufmerksamkeit der Betrachtenden von der Einfalt der Sache abzulenken und an eine Kompliziertheit zu binden, die ihr nun als die der Sache, nicht mehr als die ihres Beweises erscheint.

Auf diese Weise erhebt sich über der Welt einfacher und einleuchtender Tatsachen, hervorgerufen durch die Verworrenheit menschlicher Reflexion, eine andere von gespensterhafter aber nichtsdestoweniger herrschsüchtigster Selbständigkeit, mit dem Bestreben, in ihre gesetzlichen und aus Verworrenheit komplizierten Formen die blühende Ungebundenheit des Lebens einzuschnüren. Das ist jene geistige Welt der Vorurteile, der Meinungen, Maximen und Grundsätze, die formelle, aber nicht in die Sache selbst eindringende, sondern sie von außen zwingende „Bildung", kurz die ganze Atmosphäre unserer vom wahren Leben getrennten, ein geistiges Scheinleben führenden Kultur, auf die wir uns so viel einbilden, in der wir uns aber nichtsdestoweniger so unglücklich fühlen. Alle die Allgemeinheiten und Abstraktionen, mit denen unser Denken rechnet, werden unversehens zu Autoritäten, deren Unantastbarkeit um so unwidersprechlicher erscheint, je mehr die Menschen in den Allgemeinheiten das eigentliche Geheimnis des Lebens erblicken und je weniger sie sich davon überzeugen wollen, daß diese Allgemeinheiten, nachdem sie aus der unmittelbaren Wahrheit des Lebens gefallen, nur tyrannische Schattenbilder eines ursprünglichen, nicht nur zu denkenden, sondern vor allem zu erlebenden Ganzen sind. Gerade weil das Allgemeine in der Welt der Unmittelbarkeit die alle Potenzen in einen einheitlichen Lebenssinn verbindende Kraft ist, bringen ihm die Menschen auch dann noch ihr Leben zum Opfer dar, nachdem es schon lange nur ein schattenhafter Gedankengötze geworden ist. — Es liegt eine tiefe Wahrheit in dem leidenschaftlichen Worte des Nihilisten Bakunin:

„Bis auf die Gegenwart ist die ganze Geschichte der Menschheit nichts als eine große fortwährende blutige Abstraktion, wie Gott, Vaterland, Staat, Nationalehre, historische oder gesetzliche Rechte, politische Freiheit und öffentliche Wohlfahrt. Solchergestalt war bis heute die natürliche und unabänderliche Bewegung der menschlichen Gesellschaft. Wir können das alles nicht ungeschehen machen, wir müssen, so weit die Vergangenheit in Betracht kommt, uns in alle die tatsächlichen Fatalitäten ergeben, und annehmen, daß so der einzig mögliche Weg zur Erziehung der menschlichen Rasse war. Wir dürfen uns nicht selbst täuschen, und wenn wir auch den größten Teil dieser schauerlichen Aufopferung den macchiavellistischen Schlaumeiereien der herrschenden Klassen zuschreiben, müssen wir anerkennen, daß keine Minorität zu solchen mächtig genug gewesen, wenn nicht in den Massen selbst eine freiwillige schwindelhafte Bewegung zur fortwährenden Aufopferung vorhanden gewesen, bald für diese, bald für jene der genannten menschenfressenden Abstraktionen der sich vom Menschenblut nährenden Vampyre der Geschichte."

Man darf in der Tat ohne Übertreibung behaupten, daß alle gesellschaftlichen Leiden auf dieser Verwechslung eines sachlichen Verhältnisses mit der eingebildeten Notwendigkeit seiner imaginären Gesetzlichkeit, wie sie der isolierte Geist sich bildet, beruht. Wenn z. B. die Adeligen von den Bürgern, die Bürger von den Arbeitern sich unterscheiden, so beziehen sie diesen Unterschied ohne weiteres auf eine nun einmal seiende, unvordenkliche Ordnung der Dinge, die es ihnen zudem erlaubt, sich beliebige Gewaltakte gegen ihre schwächern Mitmenschen herauszunehmen, während in Wahrheit ein Mensch so viel wert ist wie der andere, und sie alle ihre Bedeutung in sich selber tragen, nicht in einer über ihren Häuptern schwebenden Idee oder dgl., die Unterschiede sonach nur dann eine Berechtigung haben, wenn sie die unmittelbare, wesentliche Einheit des Menschengeschlechtes nicht verdunkeln oder gar leugnen, wenn sie ihre usurpierte Gesetzlichkeit an jenes einzig wahrhaftige allgemeine Gesetz, das zugleich das Leben ist, abgetreten haben, und wenn sie nichts mehr als ein freundliches Spiel sein wollen, in dessen Mannigfaltigkeit das Leben seinen Reichtum auseinander legt.

Es ist ferner — um ein anderes Beispiel zu gebrauchen — nicht wahr, daß man der Obrigkeit aus dem alleinigen Grunde zu gehorchen habe, weil sie die Obrigkeit ist. Gerade das Umgekehrte gilt auch hier: Es gibt eine Obrigkeit, weil die freie Wechselwirkung der einzelnen Geister diese Institution aus dem Reichtum ihrer eigenen Tiefe gebiert. In der Wirklichkeit gehen ja nie die Regierungen den Untertanen voraus, immer sind sie vielmehr ein Gebilde des aus der Gemeinschaft wachsenden Gedankens — so lange allerdings ein notwendiges und mit Notwendigkeit erzeugtes Gebilde, als die Menschen nicht die Kraft besitzen, an ihrer unmittelbaren, jede Ordnung von selbst in sich schließenden Lebensgemeinschaft sich genügen zu lassen, sondern dem wunderlichen Vorurteil huldigen, als müsse sich der Sinn ihres Lebens erst aus einer eigens geschaffenen Institution herausfinden lassen, ein Vorurteil, dem nicht zum mindesten die geharnischten und entrüsteten Proteste des russischen Propheten Tolstoï gelten. Und gerade aus der Tatsache, daß im Wandel der Zeiten die aus einem gesellschaftlichen Bedürfnisse erwachsene Obrigkeit ihres Ursprungs uneingedenk sich mit der „ewigen Idee“ ihrer Bedeutung zu verabsolutieren trachtet, entsteht jene Unterdrückung der Untertanen und jene sie nachahmende Hintansetzung der Kleinen von seiten der Großen, die das eigentliche Thema der Weltgeschichte bildet.

Weil der Reflex der Dringlichkeiten der einander stoßenden Dinge im Geist der Menschen vermöge der bloß formalen Orientiertheit desselben den Charakter der Allgemeinheit eines nun einmal sein sollenden Gesetzes annimmt, so entsteht eine verhängnisvolle

Prinzipien- und Konsequenzen-Hascherei des Denkens, die so viel Wahn und Aberglauben, so viel Torheit und Elend in die lebendigen Beziehungen der Menschen zueinander bringt. Ist eine Erkenntnis im Reifwerden begriffen und unsrer modernen Gesellschaft immer mehr aufzugehen bestimmt, so ist es die, daß es keine absoluten Regeln, keine uranfänglichen allgemeinen Gesetze, keine den Lauf der Dinge aus sich entlassenden Prinzipien und Ideen gibt, daß dies alles vielmehr nur in den Geistern entstanden ist, die sich eine verlorene Unmittelbarkeit des Lebens durch solche Abstraktionen schlecht genug wiederherzustellen unternehmen.

Was immer und allein wirklich ist, was allein gelten soll, ist das Leben selbst, in welchem sich unendliche, das Gesetz der Freiheit spielend herstellende Kräfte ein wechselndes, nie zerstörtes Gleichgewicht halten, und das von einem Sinn sich nichts träumen läßt, der ihm nur von außen, nicht aus der Tiefe seines eigenen unmittelbaren Wesens und Seins, zuströmen würde. Wäre unser Geist wieder das oberste Glied an der Kette des Lebens, würde er wieder seine intuitive Fühlung mit den „Sachen" erhalten, statt sie als tote „Objekte" aus dem angemaßten Bereiche seiner reflektierten Selbständigkeit zu weisen, so würde sich in seinem Bewußtsein das Unmittelbare zur Offenbarung drängen, während er jetzt ein unverstandenes Geheimnis seelenloser Dinge in seelenlosem Denken umsonst bei sich bewegt. Dann würde er in dem Drange der sich ausgleichenden Potenzen des unendlichen Lebens nur das freie und doch nicht ungeordnete Walten erkennen, womit füreinander geschaffene, einander zu lebendigster Wechselwirkung aufrufende Dinge sich zum Sinn eines unvergleichlichen Daseins ergänzen, dann würde er ihre tausendfachen Verschlingungen selbst zum Ausdruck bringen, denkend und forschend, aber im Denken nicht sich selbst eine eigenwillige Begriffswelt konstruierend, sondern in und mit den Begriffen die unmittelbare Anschauung genießend, die ihm die Begriffe jetzt in ihrer einseitigen Vorherrschaft verdunkeln. Dann würde der Mensch seiner Wissenschaft leben nach wie vor, aber ihre heutigen bösen Rätsel wären vom Sonnenstrahl des Lebens übergossen; er würde von „Dingen" reden nach wie vor, aber ihr dingliches Sein würde nicht mehr mit harten Kanten an seinen Geist stoßen; denn dann würde er die Herrschaft über sie von selbst besitzen und sein Verhältnis zu ihnen in den Sinn des Ganzen, der nur erlebt, nicht gedacht werden kann, so einschließen, daß es ihm nicht der Gegenstand unlösbarer Fragen, sondern im Gegenteil der Ausdruck der nicht weiter zu erfragenden letzten Wirklichkeit sein würde.

Doch schon lange vielleicht wird man bereit gewesen sein, die Unfruchtbarkeit und Gefährlichkeit der bloßen Logik und namentlich des syllogistischen Verfahrens ohne weiteres zuzugeben. Man wird dies um so bereitwilliger zu tun erklären, als ja gerade die Offenkundigkeit derselben das immer zur Hand liegende Korrektiv ihrer blinden Wirksamkeit bilde. Gewiß liege im Schlußverfahren, in der Folgerung aus Prämissen, die selbst schon eine Folgerung aus dem aus ihnen zu folgernden seien, eine unnütze Tautologie vor, deren gesetzlicher Schein gefährlich werden könne. Indessen sei es ja jederzeit gestattet, diesen Schein auf seine harmlose Bedeutungslosigkeit zurückzuführen. Dagegen müsse man an einem oben mit in die Verurteilung gezogenen Punkte festhalten, an welchem das Schlußverfahren eine wirkliche Arbeit leiste, von der man mit Fug und Recht sagen könne, sie spiegle nur ein in den Dingen selbst liegendes Gesetz wieder. Dieser Punkt sei die Bildung der Prämissen selbst.

Gewiß, es sei ein verhängnisvoller Irrtum, aus der allgemeinen Giltigkeit der Prämissen Schlüsse auf ihre Einzelfälle zu ziehen, ein Irrtum, doppelt gefährlich, wenn er dazu verleite, diese Prämissen in die Bedeutung ewiger Prinzipien zu rücken. Aber dieser Irrtum werde nur im eigentlichen logischen Syllogismus begangen, während die Schlußfolgerungen, die nicht aus, sondern zu den Prämissen führen, einem wirklichen Tatbestand der Erfahrung entsprechen. Nicht zwar prinzipielle, über der Wirklichkeit schwebende Grundsätze, wohl aber Gesetze würden da aufgestellt, die in der Welt wirklich sich vorfinden, und hier, wo die Prämissen das Resultat, nicht das unbesehen hingenommene und deshalb so leicht idealisierte Prius eines zu erstrebenden Resultates seien, hier, wo die Erfahrung das erste Wort zu sprechen habe, sei es ausgemacht, daß man wirklich von einem Gesetz der Dinge selbst, das sich in ihnen widerspiegle, reden könne und müsse. Der Schluß von einer Reihe identischer Fälle auf ein allgemeines Naturgesetz sei nicht nur erlaubt, sondern geboten, nicht ein Griff in leere Abstraktion, sondern die Geltendmachung eines gesetzlichen Vorganges innerhalb der Dinge selbst. Denn diese Gesetze würden ja nur aus den Daten erschlossen, deren konstante Wiederholung in verschiedenen Fällen das Vorhandensein eines alle bindenden Gesetzes dringend verlange.

Wir haben den Eifer dieser überzeugten Argumentationsweise gewähren lassen, um aus seinen eigenen Worten die charakteristische Unterstellung zu vernehmen, deren sie sich schuldig macht. In der Tat: Woher nimmt das induktive Verfahren — denn darum handelt es sich — die Berechtigung, ein von ihm aufgezeigtes identisches Verhalten von Erscheinungen mit dem Namen „Gesetz" zu bezeichnen? „Wir sprechen nun einmal von Beziehungen, die zwischen den Dingen obwalten, von Verhältnissen, in welche sie eintreten, von einer Ordnung, die sie umfaßt, von Gesetzen endlich, deren Wirksamkeit zwischen ihnen hin- und herspielt, und wir bemerken wenig, welchen Widerspruch diese Begriffe einschließen von Verhältnissen, die für sich bereit lägen, bevor die Dinge kämen, um in sie einzutreten, von einer Ordnung, die vor dem Geordneten bestände, um es aufzunehmen, von Beziehungen endlich, die wie haltbare Fäden, deren Stoff wir doch nicht anzugeben wüßten, über den Abgrund hinweg gespannt wären, der ein Wesen vom andern trennt. Wir bedenken nicht, daß alle Verhältnisse und Beziehungen wahrhaftes Dasein zunächst nur in der Einheit des beobachtenden Bewußtseins haben, das, von einem Element zum andern übergehend, die getrennten durch seine zusammenfassende Tätigkeit umspinnt, und daß jede wirksame Ordnung, jedes Gesetz, welches wir unabhängig von unserm Wissen zwischen den Dingen uns vorstellen möchten, in ganz gleicher Weise nur Dasein haben kann in der Einheit des Einen, welche sie alle verbindet." (Lotze, Mikrokosmus Bd. I S. 428.) Und ebenso: „wir finden die Gesetze unseres geselligen Daseins nicht neben uns und nicht zwischen uns in einer unabhängigen Wirklichkeit bestehen, nicht als Mächte, die durch ihr Dasein von außen uns zwingen und leiten könnten; sie existieren nur in dem Bewußtsein der Einzelnen, die sich ihnen unterworfen fühlen." (a. a. O. S. 427.)

Für die Naturforschung mag es bequem und unverfänglich sein, von Gesetzen zu reden, wenn sie sich der unendlichen Mannigfaltigkeit der Dinge durch eine zusammenfassende, von der Identität ihres Verhaltens geforderte Regel zu bemächtigen sucht, für das Denken überhaupt ist es nicht unwichtig, sondern dringend nötig, in Erinnerung zu bringen, daß diese ihm so geläufige Vorstellung von Gesetzen, die den natürlichen Verlauf der Dinge gestalten, nichts anderes als eine Täuschung ist. Um so dringender ist diese Erinnerung, als man bis zur heutigen Stunde nicht davon läßt, eine Naturauffassung zur Herrschaft zu bringen, die alles, was sich diesen „Gesetzen" nicht fügen will, in das Gebiet der Fabel verweist. Namentlich in den Kreisen der Halbgebildeten spielen die „Gesetze" eine ebenso allmächtige als gedankenlose Rolle, von der nur zu wünschen wäre, daß sie von jenen besser orientierten Autoritäten selbst, auf deren Worte die Halbbildung schwört, bald einmal abrogiert würde. Gedankenlos ist das Gerede von Gesetzen schon aus dem naheliegenden Grund, weil Gesetze ohne Gesetzgeber — von dem man eben nichts wissen will — jedenfalls nicht zu den Tatsachen gehören, die der Mensch erfahren, sondern nur zu denen, die er glauben muss — aber eben das will man ja nicht — und dann auch deshalb, weil jedes einfache Nachdenken zur Anerkennung der Wahrheit führen muß, daß das, was die Dinge leisten, um uns den Eindruck der Gesetzlichkeit zu verschaffen, in Wirklichkeit mit allem, was wir sonst Gesetz nennen, unvergleichbar ist. Die Dinge erhalten ihre Wechselwirkung nicht erst durch das Gebot eines in ihnen waltenden Gesetzes, vielmehr ist umgekehrt das „Gesetz" ihrer Wechselwirkung nichts anderes als der Ausdruck ihres unmittelbaren, nicht weiter abzuleitenden Daseins, das man nur anerkennen, nicht aber durch Zurückführung auf ein Gesetz erklären kann. Was soll es also zu bedeuten haben, daß man immer noch von einem „Gesetze" spricht, wenn doch die Erscheinung, die man mit diesem Namen auszeichnet, nur die Verhaltungsweise der Dinge selbst ist, eine Verhaltungsweise, die man ihnen am wenigsten als ihr Gesetz überordnen kann?

Aber wir Menschen lieben eben die Umständlichkeit mehr als das Einfache. Wir lieben es, einfachen Tatbeständen oder Verhältnissen deshalb, weil wir die Energie verloren haben, sie als solche zu erfassen — die Energie für das Einfache — ein verwickeltes Netz imaginärer Beziehungen überzuwerfen, um sie nicht in ihrer eigenen Natürlichkeit, sondern immer nur in künstlich geschaffener Seinsweise anzuschauen. Eben deshalb behaupten die „Natur-Gesetze" eine so tyrannische Herrschaft, weil sie des Menschen eigene Gesetze sind, Gesetze, durch die er ein für ihn verloren gegangenes Reich unmittelbar zu erlebender Wirklichkeiten wieder zu gewinnen trachtet. Die „Gesetze" wie alle Abstraktionen überhaupt sind nur die Schattenbilder einer ursprünglichen Wahrheit, der Wahrheit, daß der Mensch die Dinge in seinem Geiste zusammengefaßt gehalten und eine lebendige, nun aber verlorene Herrschaft über sie ausgeübt hatte.

Diese Schattenbilder werden verschwinden, sobald der Mensch den Mut haben wird, sich wieder mit der Welt in die eine und selbe Unmittelbarkeit einzuschließen. Dann wird er ihren Erscheinungen nicht mehr „Gesetze" geben, die nur aus seiner eigenen Isoliertheit stammen und in deren Verlegung in ein Reich der Dinge nur seine eigene Ohnmacht sich spiegelt. Dann wird er sich zu diesen Gesetzen als den seinen bekennen; aber dann werden sie auch nicht mehr den Dingen übergeworfene Netze sein, in denen sich ihr Leben regelt und erschöpft, sondern die Pulsschläge alles Wirklichen selbst. Und dann wird der Mensch auch nicht mehr um der Gesetze willen Gott leugnen, sondern eben weil er sich selbst wiedergefunden, seinen Schöpfer finden.

c) Das Urteil.

Gibt es im Reich der Dinge das nicht, was wir uns in Begriffe und Schlußverfahren denkend gestalten, keine Allgemeinheiten nämlich, die einer zusammenhanglosen Menge von Einzelheiten vorangehen und deren Dasein erst durch das überlegene Gesetz ihres Inhaltes ermöglichen, so ist dagegen die Wechselwirkung gegebener Größen, wie sie uns im Urteil entgegentritt, sozusagen ein direktes Abbild des Wirklichen, ja, wie wir sehen werden, der letzte Sinn der Wirklichkeit überhaupt. Die wechselnde Verbindung von Subjekt und Prädikat, wodurch sich die Urteile von den Begriffen unterscheiden, ist nichts anderes als der Ausdruck der Realität selbst. Es gibt überhaupt keine andere Realität, als die der Wechselwirkung, in welche sich das letzte, nicht mehr erklärbare Dasein auseinanderlegt — „nicht nur der Inhalt dessen, was ist, auch die Bedeutung seines Seins wird uns rätselhaft: es löst sich auf in lauter Geschehen. Denn selbst die beständigsten Eigenschaften der Dinge, deren Beharrung unsere Einbildungskraft wenigstens als anschauliches Bild eines wandellosen Seins benutzen möchte, zeigen sich der eindringlichen Untersuchung als ein fortgesetztes Werden und Vergehen; jeder Augenblick ihres Bestandes ist das hinfällige Ergebnis einer Wechselwirkung zwischen Vielem, einer steten Erneuerung derselben bedürftig, um auch nur einen kleinen Augenblick mit scheinbar ruhiger Dauer erfüllen zu können." (Lotze, Mikrokosmus 3. Aufl. III. Bd. S. 465.)

Ist im Begriff nur der vorläufige Inhalt des Geschehens für das überlegende Denken gegeben, so soll nun das Urteil diesem Geschehen Ausdruck verschaffen, also die Realität selbst aussprechen, die ist, weil sie geschieht. Erst wenn die Begriffe in den Fluß des Urteils aufgenommen sind, verlieren sie die gefährliche Selbständigkeit jenes wandellosen Seins, in welchem sie so gerne einer Welt des Geschehens gegenübertreten, und wird es offenbar, daß die Begriffsbildung nur eine vorläufige Denkfunktion ist, die es dem Denken ermöglicht, das unendliche Geschehen in wenige dominierende Urteile zusammenzufassen. Der Sinn des Lebens erschließt sich nur im Urteil. Eben das ist die letzte nicht weiter zu analysierende Realität, daß es Urteile überhaupt gibt; denn in ihnen erschließt sich das Geschehen zu seinem einzigen Sinn. Im Urteil hat der Geist seine ursprüngliche Stellung zum Leben, die darin bestand, daß er es zu seinem eigentlichen Dasein erhob, am reinsten und unmittelbarsten bewahrt. Das sehen wir schon daraus, daß wir, wenn wir urteilen, nicht einem über den Dingen schwebenden Prinzip und dgl. Ausdruck zu geben vermeinen, sondern uns dessen bewußt bleiben, das eigene reale Leben der Dinge selbst in Worte zu fassen.

Das Urteil ist ebenso wie der Begriff, am allgemeinen Sein der Dinge orientiert. Aber hier ist dasselbe doch nur zu einer dienenden Rolle herabgesetzt, in welcher es sich nicht erlauben kann, eigenmächtig hervorzutreten. Gewiß, es ist streng genommen falsch, wenn man urteilt: der Baum ist grün. Das unmittelbare Erlebnis, das als grüner Baum erfahren wird, wird auseinander gerissen und in eine neue, in ihrer Allgemeinheit dem Erlebnisse fremde Form gebracht. Denn allerdings nicht der Baum im allgemeinen ist grün und nicht grün überhaupt, sondern dieser einzelne Baum ist gerade so grün, wie er in diesem Moment ist. Das Allgemeine hat sich also hier an die Stelle des Einzelnen gesetzt, weil der Geist nicht umhin kann, die Dinge im Schema der Allgemeinheit zu verstehen. Allein desswegen ist das Urteil doch nicht falsch wie der Begriff, sobald er sich selbst geltend macht. Wir werden im Gegenteil sogleich sehen, daß diese Allgemeinheit im Urteil nur die Zusammenfassung einer Menge von exakten Einzelurteilen ist, mit denen sie qualitativ durchaus auf derselben Stufe bleibt.

Jede Erscheinung wechselt ununterbrochen ihre Gestalt, sie ist in keinem Augenblicke ihres Daseins genau dieselbe. Um ihr gerecht zu werden, müßte daher das Urteil selbst jeden Augenblick wechseln und anstatt des einen Urteils hätten wir dann unendlich viele, wenn auch qualitativ durchaus identische. Jene unendlich vielen Urteile sind alle analytisch; denn sie enthalten nichts anderes als die exakte Identität einer Erscheinung mit sich selbst immer in der Form A = A. Zusammengefaßt aber in ein einziges Durchschnittsurteil verwandeln sie sich in das eine synthetische Urteil, dessen Eigentümlichkeit nun eben darin besteht, die konkreten Einzel-Erscheinungen durch eine allgemeine Bezeichnung auf ihren Ausdruck zu bringen. Wir behandeln hier nicht die bekannte, von Kant aufgestellte Differenz zwischen analytischen und synthetischen Urteilen, welche ihm den Eingang zu seinen grundlegenden Neuerungen eröffnete; die Frage: Wie sind synthetische Urteile möglich? ist uns im Lichte der späteren Philosophie schon lange in der Erkenntnis gelöst, daß sich in ihnen der Sinn des Lebens selbst, die Bewegung des Absoluten kundgebe. Vielmehr ist es diese Lösung, die uns hier in Anspruch nimmt. Die absolute unmittelbare Einheit des Geistes und des Lebens vorausgesetzt, ist jedes Urteil, das nicht ausdrücklich eine zugestandene Identität von Subjekt und Prädikat A = A aussagen will, deshalb ein synthetisches, weil es eine unendliche Menge analytischer auf einen gemeinschaftlichen Ausdruck bringt. Was das synthetische Urteil so bedeutsam macht, ist der Umstand, daß es die unendliche Bewegung des Geschehens in seinen Inhalt aufgenommen und dadurch auf ihren eigentlichen Sinn gebracht hat. Das einzelne analytische Urteil kennt keine Veränderung. Die Veränderung des Geschehens ist erst in der zusammengezählten Summe aller dargestellt. Und eben dies nun, daß die Einzelereignisse, die den Wechsel der Erscheinungen darstellen, nicht auseinander fallen, sondern in kontinuierlicher Reihe sich folgen, wird im synthetischen Urteil erschlossen, das aussagt, man könne sich auf ein wirkliches sinnvolles Geschehen verlassen. Dieses Geschehen ereignet sich in ihm selbst, gibt sich in ihm seinen Ausdruck. Das eben ists, was wir Realität nennen, ein Geschehen, dessen unendliche Abstufungen sich doch zu einem einheitlichen Lebensplan erschließen. Hier wird es klar, daß des Menschen Geist selbst die Realität des Lebens ist, daß Schelling recht hat, wenn er immer wieder davon spricht, daß der Mensch das Sein der Dinge ganz eigentlich ist.

Nicht das Sein, sondern das Geschehen legt jene lebendige Allgemeinheit nahe, die wir suchen, während das begriffliche, bloß gedachte Allgemeine ein rätselhaftes Schattenspiel desselben darstellt. Jedes Geschehen aber findet seinen Ausdruck im Urteil. Deshalb ist das Urteil das Element aller Erfahrung, der lebendige Punkt gleichsam im Geist des Menschen, in welchem Denken und Sein sich zur Einheit des Lebens zusammenschließen. Denn hier handelt es sich nicht mehr um den Gegensatz eines unbeweglichen toten Seins zu veränderlichen Einzeldingen — worin sich der Begriff abmüht —, sondern um den letzten Sinn der Bewegungen selbst, aus welchen das Geschehen sich zusammensetzt. Das wird für uns wieder die einzig erlebbare Realität sein, daß wir sind, was wir im Urteil aussprechen, daß wir urteilen über das, was wir sind. Leben, so scheint es uns, muß das und das allein sein, was sein eigenes Bewußtsein ist und es ist.

Von hier aus gesehen, wird es klar, warum die gesamte neuere Philosophie, die eine so totale Umwertung aller Dinge und namentlich eine bis dahin ungeahnte Bedeutung des Menschen selbst mit sich gebracht, gerade in der Frage Kants: Wie sind synthetische Urteile a priori möglich? zu ihren Offenbarungen erwachte. Eben darin bewährt sich die Genialität Kants aufs glänzendste, daß er die urteilenden Begriffe, im Unterschied von den vorstellenden zur Grundlage seiner Erkenntnistheorie gemacht, wie sehr er auch, statt sie unmittelbar zusammen zu schauen, an einer Trennung zwischen diesen „reinen Verstandesbegriffen" und der durch sie konstituierten „Erfahrung" orientiert war und dadurch schwere Verirrungen im Lager seiner Anhänger stiftete. Aber es war doch in seiner „Kritik der reinen Vernunft" zum erstenmal, seitdem des Menschen Geist zu philosophieren angefangen, ausgesprochen, daß, was man bis dahin „Erkennen" genannt, nichts sei als eine Täuschung des sich selbst ein Reich der Dinge gegenüberstellenden aus der Unmittelbarkeit gefallenen Geistes, während das wahrhafte Erkennen der Ausdruck des Lebens selbst sei. Die Wirklichkeit darf nicht mehr in der Trennung zwischen Denken und Sein, sondern kann nur noch in ihrer Einheit gesucht werden, in jener Unmittelbarkeit, in welcher alle „Unterschiede" der Erscheinungen nur das Spiel des einen unendlichen Lebens sind.

Wenden wir uns für einige Augenblicke den Kantschen Aufstellungen zu. Durch die reinen Verstandesbegriffe oder Kategorien, d. h. die möglichen Formen des Urteils überhaupt — worunter „die der Relation insofern die wichtigsten sind, als durch sie der objektive Zusammenhang der Erscheinungen vorgestellt wird; insbesondere ist es der Begriff der Kausalität, der in dem vorkritischen Entwicklungsgange unseres Philosophen als das entscheidende Problem auftrat und auch in den kritischen Untersuchungen vorzugsweise gebraucht wird, um die Funktion der Kategorien zu exemplifizieren." (K. Fischer, Gesch. d. neuen Philos. III. Bd. 3. Aufl. Im. Kant I. Th. S. 360) — werden die „Grundsätze" aller Erfahrung gebildet, d. h. die Sätze, in welchen alle Erscheinungen von den Kategorien bestimmt erscheinen, in denen es also offenbar wird, daß sie nichts anderes sind, als Produkte der reinen Verstandestätigkeit und des sie mit dem sinnlichen Anschauungsvermögen verbindenden Zeitschemas — wovon wir hier nicht reden.

Der erste Grundsatz der Erfahrung, oder, wie Kant sagt: der erste dynamische Grundsatz lautet: „Bei allem Wechsel der Erscheinungen beharrt die Substanz und das Quantum derselben wird in der Natur weder vermehrt noch vermindert." (Kritik der reinen Vernunft, Ausgabe Kehrbach bei Reclam 2. Aufl. S. 175.)

In diesem Grundsatz ist die Realität des Lebens überhaupt gegeben. Es gibt freilich keine beharrenden Substanzen im Gegensatz zu wechselnden Eigenschaften, allein was sich hier der Grundsatz des Urteils vergegenwärtigt, das entspricht dem letzten Tatsächlichen in genauster Weise und bringt es zu seinem geistigen wahrhaftigen Ausdruck. Was das Leben selbst unmittelbar und ewig bleibt, das sich selbst gleiche im Spiele seiner Erscheinungen, das interpretiert sich das Urteil in der Form von Substanz und Accidenz. Freilich haben wir es hier mit zwei Allgemeinbegriffen zu tun, und Allgemeinbegriffen mußten wir oben die Fähigkeit für die Darstellung dessen, was lebt, absprechen, eben weil sie bloß von einem beharrlichen Sein zu sagen wissen. Das müssen wir im Auge behalten, wenn wir uns nicht selbst widersprechen wollen. Allein es handelt sich in unserm jetzigen Zusammenhange ja nicht um ein starres Sein, sondern um zwei aufeinander bezogene, miteinander die Wechselwirkung eines Geschehens teilende Begriffe, um eine Substanz, die den Accidentien zur Trägerin ihrer wechselnden

Erscheinungen wird und um Accidentien, die mit einer Substanz zusammentreten. Nicht eine Seinsweise also ist gemeint, die der Unbeweglichkeit dieser beiden Begriffe, für sich selbst betrachtet, entsprechen würde, sondern eine Handlungsweise, welche sich in der Beziehung derselben aufeinander unmittelbar darstellt. Insofern drückt sich im Grundsatz des Urteils nur die lebendige Realität der Unmittelbarkeit selbst aus.

Dagegen ist nun aber zu sagen, daß die Wechselwirkung von Substanz und Accidenz, nur auf Erscheinungen bezogen, der verhängnisvolle Fehler ist, den der menschliche Geist, der Unmittelbarkeit des Lebens entzogen, auch im Urteil begeht. Das Allgemeine, das er nie los wird, seitdem er sich auf sich selbst gestellt, ja das in seiner Isoliertheit das eigentliche Rätsel seines Daseins geworden ist, schlägt da in seine Betrachtung bloßer Erscheinungen hinüber und zwingt ihn, nach allgemeinen Kategorien zu beurteilen, was doch nur wechselnd ist; also gerade in unserem Zusammenhang von Substanz und Accidenz innerhalb der Erscheinungen selbst zu reden, die diesen Gegensatz gar nicht enthalten. Die „Substanz“ im 1. dynamischen Grundsatz gehört eigentlich in das unmittelbare Leben selbst, sie ist nur der geistige Ausdruck dafür, daß es überhaupt Leben, und nicht nichts gibt, sie hat aber in der Erscheinungen Flucht nichts zu bedeuten. Aber während des Menschen Geist früher das Allgemeine auch sogleich als das Allgemeine des Lebens verstanden und das Besondere als sein Besonderes, muß er nun, vom Leben getrennt, Allgemeines und Besonderes in seine den bloßen Erscheinungen zugewandte Betrachtungsweise aufnehmen, und eben hierin besteht sein fundamentaler, alle anderen Irrungen tragender Irrtum.

Latet dolus in generalibus. Vollkommen zutreffend ist dieses scholastische Wort für den gegenwärtigen Zustand unseres denkenden Geistes; gerade das eigentlich göttliche Element, das allgemeine Leben, das ihn zum Interpreten seiner Schätze gemacht, wird ihm nun, nachdem er sich von ihm getrennt, zum Fallstrick. Er kann „die Dinge“ nicht ins Allgemeine fassen, weil dieses Allgemeine ihm selbst ein bloßer Begriff geworden, dessen Umfang sich mit der Fülle der Erscheinungen decken soll, während er unendlich ist. Er trägt jetzt Allgemeines und Besonderes, in welche das Leben sich abstuft, sozusagen auf derselben Fläche auf.

Im Leben selbst wissen wir uns als die Interpreten eines lückenlosen, nicht begrifflichen sondern realen Ganzen; und die Tatsächlichkeit desselben ist es, die zu der Bildung der Kategorie „Substanz“ in unserem vom Leben abgekehrten Geiste geführt hat. Hier sehen wir die dringende Notwendigkeit, womit die Späteren sich über Kant hinausgetrieben fühlten, deutlich von Augen. In der Tat: wie kann sich der Geist überhaupt den „Begriff“ Substanz bilden, wenn er sich nicht von vornherein von einem Leben, das ist, was und weil es ist, umgeben und getragen weiß, und das er noch in sich trägt, wenn er sich seine Wahrheit in der Form der „reinen Verstandsbegriffe“ zurückzuerobern sucht?

Nehmen wir den zweiten Grundsatz: „Alle Veränderungen geschehen nach dem Gesetze der Verknüpfung von Ursache und Wirkung“ (Kant a. a. O. S. 180) — so gelangen wir ganz zu demselben Resultat. Es gibt im Reich der „Dinge“ überhaupt keine „Ursachen“ und keine „Wirkungen“. Alles ist einunddasselbe immer wechselnde Geschehen, dessen sich der Geist in seiner unmittelbaren Einheit mit dem Ganzen des Lebens als der Regungen dieses Lebens auch da bewußt geblieben, wo ihm die unendliche Mannigfaltigkeit der Ereignisse die Annahme selbständiger vom Ganzen gelöster gesetzlicher Wirkungskreise nahe legen zu können schien. Er sah immerdar in die große eine Quelle allen Geschehens, ins Leben selbst und sprach deshalb nur von einer Ursache und von einer „Wirkung“, womit er die unendlich reiche Entfaltung des Lebens bis in ihre kleinsten Ausläufer ausdrückte. Lediglich die Erinnerung daran ist es, wenn er nun für die bloßen Erscheinungen von „Ursachen“ und von „Wirkungen“ spricht. Es gibt eben keine vielen „Ursachen“; es gibt nur eine Ursache, das allgemeine Leben selbst, nur eine Wirkung, die Totalität der Erscheinungen, die wir jetzt, aus dem Boden der Lebensallgemeinheit gerissen und dem Fluß der Dinge preisgegeben, in die Begriffe der Ursachen und Wirkungen auseinanderspalten.

Der dritte Grundsatz lautet: „Alle Substanzen, sofern sie zugleich da sind, stehen in durchgängiger Gemeinschaft (d. h. Wechselwirkung untereinander“) (a. a. O. S. 196).

Es war kein Geringerer als Hermann Lotze, der seine glänzende und scharfsinnige Forschung der Frage dienstbar gemacht: Was heißt Wechselwirkung und wie ist sie möglich? um zu dem auch für uns entscheidenden Ergebnisse zu gelangen, daß eine Wechselwirkung von einander fremd gegenüberstehend gedachten

Dingen überhaupt nicht existiert. In jeder sog. Wechselwirkung drückt sich nur eine der unendlichen Variationen aus, in welche sich das Ganze des Lebens selbst zerlegt. Darnach besteht das den „reinen Verstandesbegriffen" und ihren „Grundsätzen" zu Grunde liegende Reale in der Regsamkeit des Lebens, das seinen tätigen Sinn im menschlichen Geiste zur Offenbarung bringt. Aber während derselbe im unmittelbaren Leben selbst stehend, dieser Offenbarung den entsprechenden Ausdruck verliehen hatte, so vermag er dies jetzt nur noch in unvollkommener, ja falscher Weise zu tun, insofern ihm das verlorene Leben nur noch wie ein in den Erscheinungen selbst liegendes Allgemeine vorschwebt.

Und dennoch bleibt es so, daß im Menschengeist allein das Leben zu seinem eigenen Sinn und Ausdruck gelangt. Auch in der Abgeschlossenheit will er nicht nur Dinge abschatten, sondern denkend auf ihr eigenes Wesen bringen. So verkehrt auch seine jetzige Begriffsbildung ist, sie gibt doch dem bedeutenden und entscheidenden Streben Ausdruck, die Dinge zu beherrschen, ihr sonst verborgenes Sein ans Licht zu bringen, ja sie selbst eben dadurch, daß er sie erkennt, auch zu sein, wie Schelling sagt. Daß ihm das nicht gelingen will, daß er von „Dingen" spricht, denen er fremd gegenüber steht, daß er „Denken" und „Sein" nur in der Trennung von einander verstehen kann, das alles ist ja gerade die verhängnisvolle Folge seines Sturzes aus der Unmittelbarkeit, die wir beklagen.

Wir dürfen von unseren Erörterungen nicht Abschied nehmen, ohne noch jenes tiefsinnigen Versuches Kants gedacht zu haben, als Schema der reinen Verstandesbegriffe die Zeit geltend zu machen. Die Zeit ist es, welche nach K. die Verbindung zwischen den Begriffen und den Erscheinungen vermittelt. „Es gibt eine Form, die a priori alle Erscheinungen in sich begreift und zugleich selbst Anschauung ist. Diese einzige Form ist die Zeit. Die Zeitbestimmung ist darum das einzig mögliche transzendentale Schema." „Vergleichen wir die Zeitbestimmungen (Zeitinhalt, Zeitordnung und Zeitinbegriff) mit den reinen Begriffen, so entspricht die Zahl der Quantität, der Zeitinhalt der Qualität (den Empfindungen, welche die Zeit erfüllen), die Zeitordnung der Relation, der Zeitinbegriff endlich der Modalität. Die Zahl ist das Schema der Quantität, der Zeitinhalt ist als erfüllte Zeit das Schema der Realität, als leere das der Negation" etc.

„Diese Schemate sind es, welche alle Erscheinungen bestimmen, zugleich den Kategorien entsprechen, also gleichsam nach beiden Seiten offen sind, nach der Gegend der sinnlichen Dinge und nach der der reinen Begriffe. . . . . Erscheinungen, welche regelmäßig zugleich sind, werden wir nicht verknüpfen durch Ursache und Wirkung, Erscheinungen, welche in der Zeit vergehen, nicht vorstellen durch den Begriff der Substanz und Erscheinungen, die zu aller Zeit stattfinden, nicht beurteilen, als ob sie nur möglicherweise stattfänden.“ (Kuno Fischer a. a. O. S. 379 u. 380.)

Die Zeit ist also die notwendige Bedingung jeder Erfahrung überhaupt und unsre jetzige Erkenntnisweise durch die Zeit allein möglich gemacht. Nun ist uns schon früher die charakteristische Unvollkommenheit und Umständlichkeit des Denkens darin entgegengekommen, daß es zu seinen Funktionen Zeit braucht, daß es nur allmählich und nacheinander die Verhältnisse der Dinge, die in zeitloser Tatsächlichkeit sind, wie sie sind, sich zu vergegenwärtigen vermag. Das war es ja, was ihm immer wieder das Vorurteil erwecken mußte, als spiegle sich in seinen eigenen mühsamen Bewegungen die der Dinge selbst. Es spricht von „Begriffen“ im Unterschied von den Einzeldingen, von „Schlüssen“, von „Urteilen“ deshalb, weil es das Geschehen sich nur im Lauf der Zeit, nicht in unmittelbarer Intuition, zu vergegenwärtigen vermag. Ein zeitloses Erkennen würde wie in einem Punkte alle tatsächlichen Beziehungen des Realen zusammenfassen und alle Dinge in jener unendlichen Einheit verstehen, die wir immer wieder namhaft machen.

Die im Schema der Zeit verlaufenden Begriffe des reinen Verstandes sind sozusagen die von der Zeit auseinandergezerrten Bestandteile, die disjecta membra einer ursprünglichen, sich selbst unmittelbar erlebenden Tatsächlichkeit. Im Begriffe Ursache und Wirkung z. B. interessiert uns die reinliche Sonderung der Ursache von der Wirkung viel weniger, als die Einsicht in die unmittelbare Einheit der in ihrem Begriffe aufeinander bezogenen Dinge. Wenn wir sagen: die Wolken sind die Ursache des Regens, so sind uns die beiden Erscheinungen: Wolken und Regen gerade wegen ihrer irgend wie beschaffenen Zusammengehörigkeit wichtig, wir wollen wissen, auf welche Weise das immer sich selbst gleich bleibende Ganze der Welt sich hier in die beiden genannten Erscheinungen auseinander legt, und deshalb verbinden wir dieselben durch den

Begriff Ursache und Wirkung. „Das unendliche Anhängen der Dinge aneinander durch Ursache und Wirkung ist selbst der Ausdruck und gleichsam das Bewußtsein der Eitelkeit, der sie unterworfen sind, und ein Zurückstreben in die Einheit, worin allein alles wahrhaft ist“ (Schelling, Fernere Darstellungen aus d. System d. Philos. a. a. O. I. Abt. Bd. 4. S. 397).

Wir reden von den Erscheinungen und meinen eigentlich das ihnen zu Grunde liegende Leben. Nicht daß die Dinge in der Zeit verlaufen, ist uns wesentlich, wenn wir die Ursachen den Wirkungen zeitlich voranstellen, sondern welcher einheitliche Sinn sich dabei auswirkt. Und in der Klage über die Flüchtigkeit der Zeit, über die Vergänglichkeit der Dinge, die das Gemeingut aller Völker ist, kommt noch eben die Sehnsucht nach einer Welt zum Ausdruck, die bleibt, und nach einem Erkennen, das seine Elemente nicht mehr mühsam in der Zeit zusammensuchen muss, sondern sie in lebendiger Einheit unmittelbar gegenwärtig hat.

Diese Klage bringen wir jetzt schon am leichtesten zum Verstummen, wenn wir uns das horazische: carpe diem, quam minimum credula postero, und das Wort unseres Meisters ins Herz schreiben: Sorget nicht für den anderen Morgen! So erleben wir die Dinge wieder, während sie uns im Schema der Zeit als die stets wechselnden, ebenso rasch dahineilenden wie ankommenden Schatten eines unverstandenen Geschehens inhaltleer und gespenstig anmuten. Die Gegenwart allein ist ewig. Ewig ist der Punkt, der Augenblick, der weder nach hinten noch nach vorne angelehnt, eben nur Augenblick ist, von keiner Erinnerung, keiner Hoffnung getrübt, nie lassend vom höchsten Erlebnisse. Je mehr wir leben und erleben wollen, je weniger wir in besonderen Erkenntnissen und Wissenschaften den Sinn unseres Daseins verstehen, je mehr es uns gelingt, sie in ein Spiel zu verwandeln und den Ernst aus jedem Gebiete unserer eiteln Tätigkeit zu streichen, desto mehr kommen wir jener Welt entgegen, aus der wir gefallen sind, der Ewigkeit, Gott.

Schlußbetrachtung.

Sollen wir also wirklich — so hören wir nun einen lang verhaltenen Einwand lauten — dem Denken keine Bedeutung zuschreiben, der Wissenschaft absagen und uns einem dumpfen

Brüten oder jenem unvorsichtigen und törichten Leichtsinn hingeben, der die Rosen pflückt unbekümmert um ihr baldiges Welken, jenem unbedachten Genusse, jener besinnungslosen Laune, die nur in den wüsten Impulsen des Augenblickes, in keiner Sammlung auf geordnete Regeln die Bedeutung ihres rasch verblühten Daseins erblickt? Sollen wir wirklich unsere aus denkender Verarbeitung des Gegebenen emporgewachsene Bildung und Kultur als unnütze Torheit von uns werfen?

Wir verstehen diese lebhafte Gegenwehr vollständig, aber sie erschüttert uns nicht. Die eben gescholtene „Laune des Augenblicks", von der man sich, unerreichbare aber ernste und ewige Ideale in der Brust, entrüstet abzuwenden erklärt, ist in Wahrheit nur das allerdings nahe liegende Zerrbild einer Wirklichkeit, die sich in ihm wie die Gegenstände im Wasser getreu und verkehrt zugleich spiegelt. Von einem „Augenblick" haben auch wir gesprochen, als wir dem beständigen Flusse unseres jetzigen Erkennens die Unwandelbarkeit und Ewigkeit des absoluten Erlebnisses überordneten — aber nicht von seiner „Laune". Wir haben nicht jene schlechten Augenblicke im Auge gehabt, deren rasches wüstes Genießen nur dem traurigen Entschlusse Ausdruck gibt, der Vergänglichkeit keinen Widerstand mehr entgegenzusetzen; was wir gemeint, ist der Augenblick, von dem Goethe gesungen: Verweile doch, du bist so schön! der Augenblick, der kein Gestern und kein Morgen kennt, weil in seinem Becher die Ewigkeit selbst überquillt, der Augenblick, der zugleich die Ewigkeit ist. Mit jenen Genüssen haben wir nichts zu schaffen, die die Eitelkeit ausschöpfen wollen, der sie doch nicht zu entrinnen gewillt sind; jener Genuss vielmehr spannt unser Herz, weitet unsere Seele, füllt unser Leben, der im Besitze des lebendigen Gottes denkt, strebt und forscht, als täte er es nicht, und der in seinem gewaltigen Ernst allen Scheinernst der Wissenschaft zum heitern Spiel verwandelt.

Wir können es ja nicht lassen, immer „strebend uns zu bemühen", aber wir verlangen, daß dieses Streben vom Erlebnis Gottes ausgehe, nicht langsam und vergeblich ihm sich entgegen bewege. Wir verlangen, daß das, was an sich das Höchste ist, es auch in unserm Leben sei, und daß sich der Mensch nicht immer täusche dadurch, daß er die Quellen des Lebens zu bloßen Gedanken verwandelt. Wir verlangen, daß er lebe und leben wolle. Die Menschen denken, reden, handeln, urteilen und streiten um Prinzipien und Meinungen — aber sie leben nicht. Eben dieses tun heißt tot sein und leben heißt es nicht tun.

Man spricht zuversichtlich und stolz von der „modernen Kultur“. Sie ist in Wahrheit ein Schattenspiel toter Gedanken, die in Sitten, Gebräuchen, Zeremonien, in Ansichten und Weltauffassungen sich niedergeschlagen und über des Lebens blühenden Gefilden wie ein falscher Mehltau lagern. Unsere Gesellschaft ist vor lauter Kultur nicht im stande, auch nur einen lebendigen Eindruck an sich herantreten zu lassen, ohne seine reizende Ungebundenheit sofort in die spanischen Stiefel ihrer „Auffassungen“ zu schnüren. Über alles reden zu können und nichts wirklich zu verstehen, ist die nicht zum mindesten von unseren so gepriesenen Schulen großgezogene Kunst des „Gebildeten“. Unser Publikum ist unfähig, einen Vortrag oder ein Konzert so auf sich wirken zu lassen, wie sie sich geben. Sie sind ungeduldig, ihre „Ansicht“ darüber zu äußern, sie brennen darauf, ihre „Kritik“ abzugeben, bevor noch die süße Unmittelbarkeit des Gehörten in ihren Ohren verklungen, sie können nicht warten, bis man ihre Sachkenntnis vernommen, das heiße Verlangen erfüllt sie, daß man ihnen ihre auch vom höchsten Genius nicht erschütterte Blasiertheit auch recht ansehe! Sie führen alles auf Regeln und Prinzipien zurück, ohne überhaupt eine Ahnung davon zu haben, was ein Prinzip ist. Denn ihre „Bildung“ stellt ihnen eine geradezu verschwenderische Fülle von allgemeinen Schlagwörtern zur Verfügung, in deren hohlem Klang sie gerne das Echo ihrer leeren Begriffe zurückschallen hören. Sie tun groß mit einem „Realismus“, von dem sie aber nichts anderes wissen, als daß er ihr banausisches Treiben legitimiert, mit einem „Idealismus“, wenn sie sich zur Ausnahme einmal auf ihre gewöhnlichsten moralischen Pflichten besinnen. Sie schwören auf Wagner, Böcklin oder Gottfried Keller, ohne doch dabei mehr zu tun, als einer „allgemeinen Strömung“ Ausdruck zu geben. Sie finden alles schön, was man ihnen anpreist, sie sind bereit, heute das Gegenteil von dem zu glauben, was man sie gestern weniger überzeugend gelehrt, und ebenso, morgen wieder mit derselben „tiefsten Überzeugung“ eine dritte Wahrheit zu ihrem Tagesgötzen zu erheben. Sie sind stets von etwas „überzeugt“ — nur wissen sie nie genau wovon; sie reden von der „modernen Weltauffassung“ — aber sie wissen nicht, was dieses Wort bedeutet. Sie sagen, das alte Christentum sei heute vom modernen überwunden, aber es wird ihnen unendlich schwer, diesen Sieg auch wirklich eindrücklich zu machen. — Und dieses öde Gerede von „Ansichten“, „Meinungen“, „Auffassungen“, dieses gespreizte Tun mit „prinzipiell“ und „grundsätzlich“, dieses inbrünstige Verlangen nach Schlag- und Stichwörtern, diese vollständige Unfähigkeit und Unlust zum Leben nennen sie „Aufklärung“, „Bildung“ und „Kultur“!

Man spricht von der „Wissenschaft“, als wäre hier der unwiderlegliche Beweis von des Gedankens Überlegenheit gegeben. Die Wissenschaft steht heute mehr als je vor dem demütigen Zugeständnis ihrer — Unwissenheit. Sie bekennt, in lauter Rätsel, nicht in ihre Lösungen zu blicken. „Zunächst hat sich allmählich — vorläufig noch auf den Höhen! — die Erkenntnis Bahn gebrochen, daß das Resultat, das berühmte moderne Weltbild, falsch ist. Weiter fängt man an, einzusehen, daß die ganze intellektualistisch gerichtete Methode, die auf das Verstehen, Begreifen, Beweisen hinausläuft, unhaltbar ist.“ . . . „Wo sind denn heute die Gelehrten, die noch den fröhlichen Glauben an ihre Wissenschaft, ja die noch eine sichere wissenschaftliche Lebens- und Weltanschauung als ihre Überzeugung bekennen und vertreten? Eine dumpfe Resignation ruht über den Geistern.“ (Lic. Karl Dunkmann, „Moderne Hoffnungslosigkeit in Wissenschaft, Kunst und Moral“ S. 9 und 13—14.)

Das leidenschaftliche Verlangen nach „Wissenschaftlichkeit“, wie es die Kreise der modernen Gesellschaft durchzittert, ist nur der verirrte Drang nach der Wahrheit, wofür man, nachdem man so lange an die Wissenschaft geglaubt, nur noch kein anderes Wort hat. Die Wissenschaft als solche, die Wissenschaft als Kunst, der Erscheinungen wechselnde Flucht in wenige Gesetze zu bannen, ist unwiederbringlich und immer unwiederbringlicher vorbei. Der Intellektualismus, d. h. eben das Bestreben, in allgemeinen Erkenntnissen den Sinn des Geschehens wiederzufinden, ist im Wanken. Nach dem Leben, nach der Unmittelbarkeit streckt sich der moderne Mensch.

Es ist einfach nicht wahr, daß Gesetze, Ideen und Ideale uns noch imponieren; wir vermögen es nicht mehr, in einer über den Dingen stehenden Allgemeinheit, in Begriffen und Schlüssen, in Systemen und Philosophien die letzte Wahrheit zu finden; wir fangen an zu verstehen, daß die „Wahrheit“ des Seins in bloßen

Gedanken über das Sein erkennen zu wollen, eben die Unwahrheit ist, daß es keine Wahrheit neben dem Wirklichen, das sich ereignet, geben kann, von welcher dies den Sinn seines Lebens erst noch zu Leben tragen sollte. Diese Trennung zwischen „Dingen“ und ihrer „Erkenntnis“, einer „Welt“ und ihrer „Auffassung“, einem „Seienden“ und seinem „Begriffe“ wird uns unerträglich. Noch immer freilich sind wir gezwungen, in alter Gedankensprache die neuen Erlebnisse auszudrücken, denen unser Herz entgegenschlägt — aber das ist uns unauslöschlich eingegraben, daß das Erkennen, dem wir entgegengehen, zugleich ein Erleben sein wird. Dann werden wir die Dinge gar nicht mehr intellektualistisch begreifen wollen, die wir täglich erleben, weil wir dann verstehen, daß eben dieses intellektualistische Gepräge des Erkennens nichts anderes war, als der Ausdruck eines Zwiespalts innerhalb der Welt der Unmittelbarkeit selbst.

Es ist so: Intellektualismus ist gleichbedeutend mit Wahn, Täuschung, Irrtum. Der Intellektualismus ist die Unwahrheit. Wie ist es möglich, auf intellektualistischem Wege die Wahrheit zu erkennen, wenn dieser Weg gerade die Lüge ist? Nicht, daß wir noch nicht am Ziele sind, sondern daß wir überhaupt ein „Ziel“ in den Dingen und Gedanken suchen, ist unsere „exakte Unwissenheit“, von welcher Houston Steward Chamberlain in seinem Werke „Die Grundlagen des 19. Jahrhunderts“ so eindrucksvoll zu reden weiß. Es scheint uns diese demütigende Erkenntnis vielleicht unbegreiflich, empörend, unmöglich, — eben deshalb, weil wir auch sie nur „intellektualistisch“ verstehen können. Der Intellektualismus versteht sich selbst nicht, — denn gerade das Nichtverstehen ist sein charakteristisches Wesen. Gerade weil wir nur vom „Verstehen“ reden, verstehen wir nichts; denn ein von den Dingen getrenntes Verstehen, das neben dem, daß sie sind, sie noch denken will, ist gerade das totale Nichtverstehen, von dem wir immer wieder reden.

Verstehen heißt erleben, heißt genießen, heißt lieben!

Es wird uns freilich schwer, dies uns auch nur klar zu machen. Wir setzen die beklagte Trennung von Denken und Sein auch da unbesehen voraus, wo wir sie begreifen und durchschauen wollen. Sie ist für unsern gewöhnlichen Verstand der letzte, nicht mehr zu überbrückende Gegensatz, den er sich nicht wegzudenken vermag.

Aber eben dies ist der Grundirrtum. Wir können den Gegensatz zugeben, wir können Denken und Sein auseinander halten und in ihrer Polarität ein bedeutsames Moment des Lebens erkennen — aber wir verlangen, daß sie sich nicht abstoßen und fliehen, wie sie es jetzt tun. Wir behaupten, unser gegenwärtiges Erkennen, das seinen Gegensatz zum Sein zur Grundlage seiner Spekulation gemacht, sei falsch und verkehrt, das Erkennen sei nicht der Herr oder gar der Schöpfer des Lebens, sondern nur eine der vielen Potenzen, die sich zu dessen unmittelbarer Harmonie ergänzen, die höchste, wenn man will, aber nicht die einzige. Es müsse verstanden werden, verlangen wir, daß das intellektuelle Element unseres Geistes zum Ganzen eines nicht einseitig bloß zu erkennenden, sondern vor allem zu erlebenden und zwar gerade in der Erkenntnis zu erlebenden Unmittelbaren gehöre, das sein unvergleichliches Dasein auswirkt, weil es so ist, wie es ist, und dessen Erkenntnis zugleich sein unendlicher Genuß ist. Es müsse gefühlt, gehofft, ersehnt werden, daß die vielen Rätsel, die unsern Geist jetzt zerrütten, zum Spiel sich verwandeln, indem — derb ausgedrückt — das absichtliche Nichtverstehenwollen auch zum Genuß der Dinge und zugleich zur Überlegenheit des Geistes über sie gehöre, der Dinge, die ihr Wesen nicht in Gegensatz zum Geiste stellen, sondern vielmehr gerade von der Anerkennung des Geistes zu Leben tragen. Immer solle das Leben selbst voraus gehen, durch alles hindurch sein Strahl leuchten, damit nichts sei, das nur sei, nichts, das nur denke, sondern daß alles lebe, nur im Leben sei und denke.

Wir müssen nicht ein Sein erkennen, das außer uns ist, wir müssen selber sein. Unser Geist muß leben, sich selbst auswirken wollen — erst damit erheben wir auch die Dinge auf ihren eigentlichen Gehalt, auf ihr Sein, das lebt. Denken und Sein sind gemachte Gegensätze innerhalb des Denkens selbst. Wenn der Geist wieder sein wird, was er denkt, dann kommen die bloßen „Dinge“ auch auf ihren ureigentlichen Bestand; denn dann sind sie nicht das, was wir von ihnen bloß denken, sondern die lebendigen Wirklichkeiten selbst, die sich in unsere Erlebnisse drängen. Dann sind sie wirklich das, wofür sie gelten wollen, nicht nur die konkrete Verwirklichung eines über ihnen schwebenden Begriffes. Dann wird man es unmittelbar erleben wie wissen, daß sie das, nur das sind. Keine intellektualistische Unruhe des

Geistes wird dann noch über dieses einzige Erlebnis hinaus in Gedanken schweifen, die den Dingen erst ihre — doch nur gedachte — Wirklichkeit verleihen würden. Nein, dann wird man die Kraft haben, bei den unmittelbaren Eindrücken stehen zu bleiben und in ihrer lebendigen Regsamkeit selbst ihre wirkliche Wirklichkeit zu erkennen.

Diese Kraft ist es, die wir für unser Menschenleben wieder in Anspruch nehmen. Die Erscheinungen mögen sich gestalten, wie sie wollen, sie sollen uns nicht mehr in ihrem Wirbelsturm mit sich davon reißen; überlegen stets und jeden Augenblick in dieser Überlegenheit des höchsten Erlebnisses gewiß, in sich selbst das wirkliche Sein, nicht das gedachte, der Dinge tragend — so soll der Mensch dastehen, groß, frei und stark. Das bloß gedachte Sein steht ihm entgegen, bricht seine Energie entzwei und spaltet ihn in unheilbare Gegensätze, die ihn klein und armselig machen, das wirkliche ist er selbst dadurch, daß er es in seinem Geiste zum Ausdruck bringt. Das ist das Leben, das Leben des Ewigen, die Gemeinschaft mit Gott, dem Lebendigen.

Hierin liegt das große treibende Moment der modernen Philosophie, deren bedeutsame Gedankengänge uns schon wiederholt beschäftigt haben. Solange man sich ein Reich der Dinge fremd und teilnamslos gegenüberstehen sah — und das tat man von Plato an bis auf den Dogmatismus der leibnizischen Schule — konnte das Denken keine andere Aufgabe kennen, als die Mannigfaltigkeit dieser Dinge auf letzte ewige Gesetze und schließlich auf jene obersten Begriffe zurückzuführen, die im Abgrunde ihres unaufgeschlossenen Wesens die Keime zu allen spätern Entwicklungen tragen sollten. Erst so schien einer sinnverwirrenden Flucht der „Dinge“ gegenüber — bei welcher vielleicht nur die einsame Größe eines Heraklit, des prophetischen Vorläufers der Neuzeit, wie ihn uns Lasalle geschildert, stehen bleihen wollte — die Majestät eines ewigen Seins und die Sicherheit des sich ihm entgegen bewegenden Denkens gewährleistet. In Wahrheit ist aber dies eine ebenso verhängnisvolle wie doktrinäre philosophische Mythologie, die des Lebens einfache Wahrheit in lauter Begriffe verwandelt, und unter dem Vorurteil, „Dinge“ zu erkennen, die bloßen Figuren eines aus der Unmittelbarkeit gefallenen abstrakten Denkens zu Herren des Lebens macht.

Das ist die unselige Verirrung, welche das Leben in zwei unversöhnliche Gegensätze spaltet, und an Stelle der Wirklichkeit gespensterhafte Abstraktheiten setzt, die sie abergläubig verehrt. Man lächelt gerade in solchen mit Abstraktheiten etc. rechnenden Kreisen über den Aberglauben des Gefühls, der Furcht oder des leidenschaftlichen Verlangens, wie er sich in der Religion geltend macht, aber man vergißt, daß es auch einen Denkaberglauben gibt, der mindestens ebenso gefährlich und um so unvernünftiger ist, als er sich gerade in das Gewand der Vernunft kleiden will. Aberglaube ist alles, was des Daseins unmittelbare Vernunft in besondere Gebiete auseinanderreißt, um das eine auf Kosten des anderen zu erheben; Aberglaube also auch ein Denken, das sich auf Kosten der „Dinglichkeit“ in eigenen Gedankengebilden einen Kultus der Vernunft bildet.

Es war die unvergeßliche Tat Kants, diesen Gegensatz von Denken und Sein in jene Einheitlichkeit gebracht zu haben, von welcher man die Lösung des Rätsels erwarten darf. Es bleibt der von ihm inaugurierten neuen Philosophie der unsterbliche Ruhm, das eigentliche Problem des menschlichen Daseins energisch hervorgestellt und seine Klärung wenigstens angebahnt zu haben. Man weiß seit Kant, daß das bloße „Denken“ niemals bloße „Dinge“ verstehen wird, man weiß, daß jede Zurückführung der Wirklichkeit auf Begriffe Rätsel schafft, statt zu beseitigen, und daß das Denken selbst, losgelöst von der unmittelbaren Verbindung mit dem Sein das größte aller Rätsel ist. Darin bestand ja gerade die Unfruchtbarkeit der Spekulation vor Kant, daß sie, weit entfernt, eine unverstandene Welt zu erklären, zu allen andern Unbegreiflichkeiten noch ihre eigene gesellte, indem sie durch ihre Begriffsphantasien gespenstartige Denkgebilde über der bis dahin wenigstens anerkannten Greifbarkeit der Dinge ausbreitete. Kant dagegen hat es verstanden, daß die Wirklichkeit nur in der unmittelbaren Einheit von Denken und Sein bestehen könne, daß keine „Dinge“ außerhalb unseres Geistes in abgeschlossener, dunkler Selbständigkeit möglich seien, daß überhaupt keine Dinglichkeit dem Denken den Anstoß zu seinen Funktionen gebe, daß Dinge denken sie schaffen heiße, daß also das unmittelbare Leben selbst in dem Gegensatz von Denken und Sein sich einen letzten, nicht mehr zu erklärenden Ausdruck gebe. Er ahnte eine über diesem relativen Gegensatze stehende absolute Einheit des Unmittelbaren — von ihm „Ding an sich“ genannt.

Sonach hatte Fichte allerdings den triftigsten Grund, sich als den einzig konsequenten Nachfolger seines großen Lehrers anzusehen. Schon Kant hatte auf die „produktive Einbildungskraft", die bei Fichte die entscheidende Rolle spielt, hingewiesen, um die dem Bewußstein zunächst so fremd erscheinende Größe der „Außenwelt" aufzuhellen. An eben diese Einbildungskraft appellierte nun Fichte ausdrücklich in dem ewig denkwürdigen Versuche seiner Wissenschaftslehre, alles Seiende aus dem Ich abzuleiten, einem Versuch, der freilich erst in Schelling seine ganze Bedeutsamkeit entfaltete. Wenn Schelling an Stelle des Ich das Absolute setzte, so sollte damit nicht nur ein neues, noch besseres Prinzip an Stelle des früheren gesetzt, sondern vor allem der entscheidenden Erkenntnis Bahn gebrochen werden, daß wir auf dem Gipfel einer Entwicklung angelangt seien, die den Drang des leidenschaftlichen Denkens, wie wir ihn noch bei Fichte antreffen, in den Genuß eines nun einmal nicht anders sein könnenden Seins und Erlebens verwandle

Damit war die Türe des Lebens erschlossen, das sich nicht mehr in der unfruchtbaren Arbeit abmüht, Denken und Sein voneinander abzuleiten, auseinander und durcheinander zu begreifen, sondern das diese Gegensätze zwanglos und frei selber ist, das gerade in der virtuosen Verbindung derselben in sich selbst ist, was es ist. Jetzt konnte die neue und neues schaffende Erkenntnis platzgreifen, daß wir das Leben wieder ergreifen und beherrschen dürfen, daß wir selbst es sein dürfen, daß unsere Persönlichkeit groß und frei dasteht, nachdem sie den Glauben an eine unverstandene, den Spielraum ihrer Kräfte hemmende Dinglichkeit verloren hat, daß die Dinge nicht zunächst der Erklärung bedürfen, daß sie vor allem zu uns gehören. Dem Stolze unserer Wissenschaft, die von einem allgemeinen Gesetz der Dinge spricht, ist das herrliche Vorrecht des Geistes verborgen, das Reich der Dinge für sich selbst in Anspruch nehmen zu dürfen, während die lebendige Gemeinschaft mit ihnen eine Wissenschaft höchster Potenz aus sich erzeugen wird, von welcher jetzt nur der einsame Genius mit seinem dunkeln, unbewußten und eben deswegen schöpferischen Drange spärliche Offenbarungen erhält.

Aber wir alle spüren diese Unmittelbarkeit durch unsere Seele sich ergiessen — wenn es auch den wenigsten vergönnt ist, sie fest zu halten und auszugestalten. Wer will es unternehmen, die Fäden der Intuition, die durch den Webstuhl unserer Gedanken sausen, von denen der Reflexion zu sondern? Machen wir nicht immer wieder die Erfahrung, daß unsre oft so mühsam auf dem Boden der Reflexion dahinkriechende Gedankenarbeit, plötzlich vom Blitze der Intuition erhellt sich zum klaren Ausdruck unmittelbarer Wahrheiten emporbildet, deren Ursprung und Herkunft wir selbst am wenigsten anzugeben vermöchten? Wird nicht — selten genug, aber um so freudiger begrüßt — das Dunkel unserer Gedanken zu Zeiten von einem goldenen Lichtglanz übergossen, den wir nur gelten lassen und genießen können, erleben, nicht aber bloß mehr denken wollen? Und übrigens: Ist das Denken selbst nicht auch eine Intuition, sobald es sich nicht auf sich selbst stellen, sondern seine Regungen zwanglos aus sich entlassen will? Woher kommt es, daß sich der Stringenz eines Gedankens mit logischer Folgerichtigkeit der andere anfügt, wenn nicht daher, daß sie alle aus dem gemeinsamen Quell der Unmittelbarkeit trinken? Spricht, um auch dies zum Schluß noch kurz zu berühren, nicht die Kunst von „Eingebungen“ im vollen Sinne des Wortes?

Nicht die Verarbeitung seiner Gedanken, sondern das erste, schöpferische Innewerden derselben ist das charakteristische Merkmal des künstlerischen Schaffens. Die Kunst ist sozusagen der sichere Griff in die Welt des Unmittelbaren, mit Vermeidung des labyrinthischen Umweges der Reflexion, auf welchem die Wissenschaft stecken bleibt. Was die eigentliche Kunst von der gemachten, reflektierten trennt, ist, wie Plato so schön sagt, jene ins Unmittelbare direkt sich schwingende Verzückung, aus welcher alle die unsterblichen Schöpfungen hervorgehen, zu denen wir, ein banausisches Alltagsgetriebe hinter uns zurück lassend, so gerne hineilen. Die Kunst will das Dasein zunächst nicht ergründen, sondern vor allem anerkennen, gelten lassen, und ist eben deswegen seine glücklichste Schülerin sowohl als berufenste Prophetin. Darin besteht ihr mildes, versöhnendes Wesen, daß sie den Menschen aus den Irrgängen seines Denkens zu den Quellen des Lebens führt und hier die Anerkennung, nicht das Wissen dessen, was sich regt, webt und lebt, seinem mürrischen Herzen abgewinnt.

Dieses Unmittelbare der Kunst wird einmal wieder unser Leben sein, im Leben werden wir alle künstlerisch schaffen, unwillkürlich aus uns gestalten, in den wirklichen Zusammenhang eines Ganzen gestellt, das unsere Gedanken jetzt ebenso neckisch umgaukelt wie hartnäckig flieht. Allein, damit das Leben uns wieder werde, müssen wir es wollen. Wollend haben wir es verlassen, wollend müssen wir es wieder zurückverlangen, nicht nur denkend. Denn im Wollen verstehen wir noch heute das unmittelbare Leben, zu dem wir gehören.

Das führt uns zum zweiten Teil unserer Untersuchung, zum Willen.

II. Der Wille.

Wir wollen nicht! Doch nein, wir können nicht, wir haben keine Kraft zum Wollen. Wir fühlen in unserem Willen das Element der Unmittelbarkeit pulsieren, Wollen und Leben, ach wir wissen es, sind ein und dasselbe; aber wir können nicht leben.

Wir sind, so tönt diese Stimme weiter, zur Torheit, zur Sinnlosigkeit geboren, und werden uns nie aus der Eitelkeit, die unserm Wesen wie unsern Taten anhaftet, zur Klarheit jenes lebendigen Daseins aufraffen können, von der die ebenso nutzlose wie liebenswürdige Phantasie des Optimisten träumt. Wir verstehen, was du uns empfehlen möchtest; denn auch wir wollen leben. Aber gerade dieses Wollen ist unser Fluch. Aus ihm gerade werden alle die grausigen Kräfte geboren, die uns knechten, jene Leidenschaften und Schrankenlosigkeiten alle, vor denen wir erbeben in demselben Augenblick noch, da wir gierig ihren Becher an die Lippen setzen. Das Böse hängt sich wie der schwarze Schatten an die Spuren unsrer Sehnsucht, um schließlich alles in seine Finsternis zu hüllen. Was bleibt uns endlich anderes übrig, als die gedankenlose Resignation, die noch im Alter sich sträubt, das Leben verstehen zu sollen, weil sie dazu spät erst vernarbte Wunden schmerzlich und nutzlos wieder aufreißen müsste! —

Das Böse! Was ist es? Das sei unsere erste Frage.

1. Das Böse.

a) Der landläufige Gegensatz von Gut und Böse.

Leben ist Wollen. Im Willen gibt sich das Leben seinen unmittelbaren Ausdruck. Der Intellekt verarbeitet die Impulse des

Lebens zu einer Welt der Erkenntnisse, aber er gibt sich diese Impulse nicht selbst, er empfängt sie vom Willen. Denn der Wille ist das Leben des Geistes. Wir werden davon noch später zu reden haben, hier erwähnten wir es deshalb, um einem naheliegenden Einwand, der sich der Gleichung Wille = Leben sofort entgegenstellt, gleich anfangs die Spitze zu bieten.

Man sagt nämlich: Vom Willen könne man nicht reden, ohne zugleich hinzuzufügen das, was er wolle. Es gebe keinen bloßen Willen, sondern nur einen Willen für oder gegen etwas. Wollen nur um zu wollen sei leere Planlosigkeit. Im letzten Grunde sei der Gegenstand des Wollens immer entweder etwas Gutes oder etwas Böses, oder, in der höchsten Energie des Willens, entweder das Gute selbst oder das Böse.

Wir verhehlen es nicht, daß wir in dieser landläufigen Einwendung eine verhängnisvolle Verkennung der ursprünglichen Wahrheit erblicken und geben ihr vor allem folgendes zu bedenken: Woher kommt es doch, daß wir diesen Gegensatz zwischen Gut und Böse überhaupt verstehen und in Anwendung zu bringen vermögen? Es ist nichts so leicht, als die nun einmal geltende Relativität der moralischen wie der physischen Erscheinungen zur Grundlage eines mehr oder weniger glücklichen Raisonnements zu machen, aber auf diesem Boden auch nichts so schwer, als den Ursprung dieser Relativität angeben zu sollen. Und doch liegt es nahe genug, daß der Umfang des Guten, das man so gerne dem Bösen bloß gegenüberstellt, ein unendlicher sei, während das Böse nur innerhalb dieses Umfanges und auch da nur innerhalb enger Grenzen, die sich das Gute vorübergehend gezogen, erkannt werde. Das Gute erhellt das Böse, nie umgekehrt das Böse das Gute. Weil man weiß, was gut ist, kennt man auch das Böse. Die Absolutheit des Guten ist es, die den Gegensatz von Gut und Böse überhaupt erst ermöglicht.

Das braucht man nur auszusprechen, um sofort von denen verstanden zu werden, welche ihre Seele noch nicht an die öden Relativitäten des Alltagslebens verloren, sich den Glauben an höchste, unvergleichliche Werte noch bewahrt haben. Was überhaupt ist und lebt, kann seinen Grund nicht in Relativitäten haben, sondern nur im Absoluten selbst. Dies ist eine Erkenntnis, die man, wie Schelling so schön sagt, zur Philosophie schon mitbringen muss, die man nicht erst von ihr zu erwarten hat. Es gibt letzte Voraussetzungen für unseren Geist, die man nicht wieder zergliedern kann, die man gelten lassen, anerkennen, oder mit deren Verleugnung man sich selbst aufgeben muß. Zu diesen Voraussetzungen gehört auch die absolute Priorität des Guten, von welcher wir reden.

Indessen ist es notwendig, daß wir ganz genau sagen, was wir unter dem Guten verstehen, damit der Gegensatz, in dem es stehen soll, nicht doch am Ende seine Berechtigung aus einer Auffassung schöpfe, die zu wenig umfassend ist, um ihn wirklich zu überwinden, — wie dies in der Tat mit der landläufigen der Fall ist. Man versteht unter dem Worte Gut in den allermeisten Fällen das moralisch Gute, d. h. dasjenige Gute, zu dem sich der Wille im Gegensatz zum Bösen ausdrücklich entschlossen hat. Der bloße Name also hat hier dazu verleitet, das was nur in der Relation auf sein Gegenteil Bedeutung hat, für das Ganze selbst anzusehen, aus dem gerade diese und keine andere Relation stammt. Allein das moralisch Gute ist nicht das Gute selbst, sondern nur eine ins Bewußtsein erhobene Regung desselben. Ein Beispiel: Die Wahrhaftigkeit trägt sozusagen zwei Elemente in sich, ein absolutes und ein relatives, oder, wie man auch sagen kann, ein unbewußtes und ein bewußtes, ein unmittelbares und ein vermitteltes. Das erste spricht die Wahrheit aus, weil es sich keines Gegensatzes bewußt sein kann, das zweite tut es, gerade weil es im Gegensatz zur Lüge sich befindet. Im ersten ist die Wahrheit das durchaus und von vornherein Selbstverständliche, im zweiten das ausdrücklich gewollte, bewußt festgehaltene. Gewiß, wer nur das unmittelbare Element der Wahrhaftigkeit kennen würde, der würde wenigstens nicht aus Erfahrung wissen, was Lüge ist; aber — und darauf kommt alles an — er würde gerade so handeln wie der, der den Entschluß dazu erst im Gegensatz zur auch möglichen Lüge kämpfend erworben. Man braucht, wenn man die Wahrheit redet, nicht zu wissen, daß man es tut. Im Gegenteil: Die unbewußte Wahrheitsliebe ist die beste, wie sie das Kind besitzt, das deshalb auch das unerreichte Muster der Wahrhaftigkeit für den in die Gegensätze verstrickten und eben deshalb wohl bewußt aber auch unsicher handelnden Erwachsenen ist.

Dieses unmittelbare Gutsein, das in seiner Güte seine Selbstverständlichkeit und in seiner Selbstverständlichkeit seine Güte von selber vorträgt, ist es, was wir dem moralisch, dem mit Absicht

Guten ausdrücklich überordnen als das lebendige Prius, aus dem jede Moral ihre Kräfte zu schöpfen hat.

Was wir meinen, ist also wieder nichts anderes als das Leben — das Unmittelbare. Das höchste Gut ist nicht das im Gegensatz zum Bösen gewollte, sondern das, das nichts von sich weiß, das will, was es ist, und ist, was es will, das keine Gegensätze kennt, sondern sich selbst in der Daseinsfreude seines unmittelbaren Wesens auslebt. Der Wille, der diesem absoluten Gute gehorcht, kann natürlich nicht der gestörte, in Gegensätze gespaltene unseres gegenwärtigen Geistes sein. Nichtsdestoweniger darf man auch hier von einem Willen reden, von einem seligen, ungeteilten, absoluten, im Unterschiede von dem unseligen und in Relativitäten auseinander gezerrten des reflektierten Bewußtseins.

Wir erinnern einem Standpunkt gegenüber, der sich darunter nichts denken zu können bekennt, an den bewußtlosen Willen des künstlerischen Schaffens, um wenigstens eine schwache Analogie für das namhaft zu machen, was wir so schwer in die Worte unseres denkenden Verstandes zu fassen vermögen. Jedermann wird zugeben, daß der geniale Künstler mitten in seinem Schaffen auch schaffen will, aber eben so gerne wird man auch zugeben wollen, daß dieser Wille etwas ganz anderes ist, als der gewöhnlich sogenannte. Er will und weiß zugleich nichts davon, daß er will. Er ist absolut frei, denn er schafft, was ihm niemand vorgemacht, wozu ihn nichts zwingt — und doch wieder absolut gebunden; denn das, was er schafft, muß gerade so ausfallen, wie es ausfallen wird, wenn es überhaupt ein Kunstwerk sein soll. Je freier dies ist, desto notwendiger ist es auch, und umgekehrt: das Produkt der höchsten Notwendigkeit kann nur die in höchster Freiheit geführte Hand zustande bringen.

In dieser Weise — nur vollendeter — werden wir uns nun auch den Willen in der Welt des Unmittelbaren vorzustellen haben. Er ist die durch den Menschen vollzogene Bejahung dieses Unmittelbaren selbst, eine Bejahung, die eben deshalb nicht an bestimmte Gegenstände, nicht an Gegensätze gebunden sein darf, weil sie die der Unmittelbarkeit selbst ist. So ist der Wille im ursprünglichen Sinn dieses Wortes das Element der Unmittelbarkeit innerhalb des menschlichen Geistes, aus welchem der Intellekt seine Motive für das farbenreiche Gemälde der „Außenwelt“ nimmt, womit er sich die Impulse der Unmittelbarkeit interpretiert.

Der Einwand, von dem wir oben ausgegangen, verkennt daher vollständig die lebendige Positivität der ursprünglichen Daseinspotenzen, um sich eine solche erst aus dem Wechselspiel der in Gegensatz zueinander geratenen — wovon wir gleich reden werden — zu abstrahieren. Er setzt die Antithese Gut und Böse ohne weiteres voraus als das letzte nicht mehr zu erklärende Gesetz des menschlichen Daseins, während in Wahrheit dieses „Gesetz" nur die reflektierte Gegensätzlichkeit ist, in die der Wille durch seinen Abfall von seinem eigenen Element, von der Unmittelbarkeit, zu sich selbst geraten ist.

Aber so sehr sind wir jetzt in diese Gegensätzlichkeit verstrickt, daß wir uns das Leben ohne sie überhaupt nicht mehr denken können, und die Vorstellung einer durchgehenden schlechthinigen Einheit aller Potenzen gelangweilt und erschrocken von uns weisen. Schon dem Kinde erscheint die Aussicht auf den nur „guten" Himmel durchaus nicht so verlockend, als der freundliche Erziehermund, der sie ihm in beredten Schilderungen lieb machen will, voraussetzen mag — gähnt doch für seine Phantasie eine unendliche Langeweile durch den gepriesenen Himmelsaal! Ein Gutes, das nicht durch die Schatten des Bösen interessant und empfehlenswert gemacht ist, scheint namentlich der Jugend gar keines zu sein, und erst gar „das Gute um des Guten willen" tun zu müssen, kommt ihr wie die Forderung eines unheimlichen Gespenstes vor, vor dessen kalten Blicken sie eiligst in die losen aber lebendigen Umarmungen der bunten Wirklichkeit flieht.

Wir wollen die Gegensätze so wenig missen, als wir sie auszudenken begehren. Unsere flüchtige Genußsucht findet eben darin ihren größten Reiz, daß sie mit Gegensätzen zu spielen vermag, deren volle Konsequenzen sie nicht auszukosten gedenkt. Wir verabscheuen mit Emphase das Böse, und da, wo es sein blasses Angesicht über den Leichtsinn unseres Lebens erhebt, wenden wir uns schaudernd von ihm ab — aber nur, weil in diesem Abscheu, in diesem Schauder der geheime Genuß liegt, den wir suchen. Wir verwerfen es, weil diese Verwerfung uns reizt, wir fliehen es, nur weil wir uns ihm genähert, wir wollen es kosten, um es mit süßem Entsetzen von uns stoßen zu können. Daß es überhaupt einen bösen Abgrund gibt, in dessen Tiefe wir zerschellen w ü r d e n, wenn wir uns ihm nicht vorsichtig genug nähern w ü r d e n; daß ein Verderben sogleich bereit w ä r e, uns zu vernichten, wenn wir einmal nicht so klug wären, seinen tückischen Sprüngen rechtzeitig auszuweichen — das ist die große Lust unseres Daseins, die wir nicht missen möchten. Wir postulieren die Gegensätze von Gut und Böse, weil wir sonst mit nichts mehr spielen, unserem Leichtsinn keine aufregenden Abwechslungen mehr bereiten könnten. Wir finden es unentbehrlich, die einander drängenden Widersprüche unseres Lebens in hin und her pendelnder Lust auszukosten, wir lieben es, an jede ursprüngliche Regung unseres ewigen Geistes die kleinliche Frage nach den Hemmnissen, die ihm das Böse bereitet, zu richten — denn eben dies überhebt uns aller großen Fragen, die unser ephemeres Interesse von seinen nichtigen Gegenständen abziehen könnten. Daß es einen Willen geben soll, in den der unmittelbare Inhalt des höchsten Lebens, ohne durch das Gewicht eines Gegensatzes gehemmt zu sein, ungebrochen ausströmte, einen Willen, der in sich selbst den Ausdruck des Absoluten sammelte, ohne ihn vom Schatten des Bösen zu Lehen zu tragen, einen Willen, der so zu sagen von einem hinter, nicht vor seinem Bewußtsein stehenden Leben getragen und in Bewegung gesetzt wäre, statt in den zersplitterten Elementen einer lockenden und versuchenden Welt seinen jetzt spannenden, jetzt ermüdenden Genuss zu finden — das ist den Menschen eine unverständlich gewordene Forderung.

Und dennoch ist es gerade diese Forderung, die wir immer und immer wieder stellen werden, davon felsenfest überzeugt, daß sie sich realisieren lassen muß, sollen wir nicht um den einzigen Sinn unseres Lebens betrogen werden, der darin besteht, daß wir seine unmittelbare Bejahung, seine abolute Evidenz nicht aus den Händen eines Gegensatzes entgegennehmen sollen, der, prinzipiell festgehalten, das gerade Gegenteil des Lebens, Zwiespalt, Trennung, Tod bedeuten würde. Man kann freilich niemanden zwingen, die absolute Einheit unseres Daseins zu postulieren oder auch nur durchzudenken. Aber man darf mit Recht geltend machen, daß, wer dazu zu bequem oder zu feig ist, nie die volle Bedeutung dessen, was es heißt: Mensch sein, ermessen wird.

b) Der Ursprung und das Wesen des Bösen.

Gut und Böse sind relative Gegensätze innerhalb des menschlichen Willens. Aber wie kommen sie in denselben hinein? Das ist die Frage, die uns nun zu beschäftigen hat.

Es ist klar, daß, wenn von einem Gegensatz zur Unmittelbarkeit, bei der wir noch stehen, die Rede sein soll, derselbe auch nur ein unmittelbarer sein kann. Soll die Unmittelbarkeit eine Störung erleiden, so muß das Element, das sie veranlaßt, selbst unmittelbar sein. Mit anderen Worten: Die Unmittelbarkeit kann nur zu sich selbst in Gegensatz geraten. So lange die Gegensätze in den Umkreis der Unmittelbarkeit gehören, sind sie die Potenzen des Lebens selbst; das Böse erhebt sich erst dann, wenn die Unmittelbarkeit durch Selbstzersetzung Anlaß dazu gegeben. Gut heißt dann die ursprüngliche Unmittelbarkeit im Urteil des ihr zustrebenden Willens und Böse die außer sich gesetzte, verkehrte, vom Willen ängstlich gemiedene. Gut und Böse sind also zwei Reflexionsbegriffe des im Zwischenstadium zwischen der Unmittelbarkeit und ihrer Verkehrung sich fortbewegenden Willens — wovon wir weiter unten des nähern zu reden haben werden.

Für diesen umfassenden Begriff des Bösen — wie wir unsern Gegenstand schon hier nennen wollen — finden wir uns in Übereinstimmung nicht nur mit der Bibel, die bekanntlich seinen Ursprung in das vorgeschichtliche Dasein der Menschen verlegt und alle Geschichte als eine Folge des Bösen selbst betrachtet, sondern auch mit allen großen Denkern, die im Bösen stets einen absoluten Gegensatz zur ursprünglichen Welt erkannt haben. Wir erinnern auch hier vor allem an Kant, der zur Erklärung des Bösen von einer intelligiblen Tat des Menschen spricht, die seinem zeitlichen Bewußtsein vorangegangen sei.

Wir erkühnen uns freilich nicht, die Frage nach dem „Ursprung des Bösen“, diese ebenso unauflösliche wie dringende Meisterfrage der Philosophie, nun endlich auf ihre Lösung zu bringen. Es wäre dies schon deswegen ein unmögliches Unternehmen, weil wir jetzt außerhalb der ursprünglichen Lebenseinheit des Unmittelbaren stehen und daher am wenigsten davon reden können, wie sie zu ihrer Selbstzersetzung kam. Es wäre aber auch an sich unmöglich, indem unser Erkennen, selbst aus der Unmittelbarkeit stammend, dieselbe wohl zu einer vielgestaltigen

Welt der Dinge auseinanderzulegen, niemals aber einen Blick in ihre Gründe zu tun vermag. Wir müssen uns deshalb darauf beschränken, diese Selbstzersetzung bloß zu konstatieren, froh, wenn es uns gelingen sollte, sie nicht wieder in Begriffe zu fassen, die aus ihr selbst entstanden sind.

Wir haben davon gesprochen, daß der ursprüngliche Wille des Menschen nichts anderes gewesen sei, als der lebendige Ausdruck der Unmittelbarkeit. Er ist die im Menschengeist erschlossene Unmittelbarkeit; deshalb ist er auch das Element der Unmittelbarkeit für den Menschen selbst. Der Intellekt hat die Aufgabe, die Potenzen des Lebens, die sich in seinem Lichte drängen, zum Reichtum einer zusammenhängenden Vielheit von Erscheinungen auseinanderzulegen; er ist sozusagen der Interpret der Unmittelbarkeit, die sich ihre Fülle in ihm zur Anschauung bringt und vermittelt, also das vermittelnde Element im Menschengeiste — der Wille dagegen bleibt stets unmittelbar, wenn er die Potenzen des Lebens in sich sammelt und dem Intellekt zur Verarbeitung darreicht. Seine einzelnen Willensregungen sind die unmittelbaren Lebenspotenzen selbst, erst im Lichte seines Intellektes erscheinen sie ihm in der Gestalt gewisser Dinge und Zwecke. Wollen heißt leben und leben heißt wollen. Es ist dies vielleicht der bleibendste Ertrag der von Kant inaugurierten, von Fichte und namentlich von Schelling weitergeführten und schließlich von Schopenhauer zu einem eindrucksvollen Abschluß gebrachten Spekulation über das Wesen alles Daseins.

Wie soll nun der Wille, der selbst aus der Unmittelbarkeit ist, zu ihr in Widerspruch geraten? Wir wissen es nicht, wir konstatieren nur, daß dieses absolute Rätsel sich wirklich ereignet hat. Sonst dürften wir nicht von einem „Bösen“ reden. Die Selbstzersetzung der Unmittelbarkeit ist dessen notwendige Grundlage. Der Wille zum Leben, in dem sich die Unmittelbarkeit erschlossen, ist der Wille gegen das Leben geworden; er hat sich von der Unmittelbarkeit losgerissen. So ist das Böse entstanden. Das Böse ist die Verkehrung der Unmittelbarkeit — freilich der sinnloseste Selbstwiderspruch, und doch — eben als dieser Selbstwiderspruch — die furchtbarste Macht.

Der Mensch wollte die Unmittelbarkeit als seine Unmittelbarkeit an sich reißen. Es war ihm nicht genug, ihrem Leben Ausdruck zu geben und es mit dem Leben des Schöpfers zu vermitteln, nein, — so erzählt uns die tiefsinnige Geschichte vom Sündenfall des Menschen — er wollte selbständig sein, er wollte die ihm anvertraute Welt mit eigenem Willen auskosten und so verlor er seine ursprüngliche Stellung zu ihr und fiel — auf sich selbst, in die Reflexion, in die Begierde; denn Reflexion ist das Erkennen, Begierde der Wille des auf sich selbst gestellten Menschen. War der Wille in der ursprünglichen Verbindung des Menschen mit der Unmittelbarkeit das Element der Wirklichkeit, so ist er in der Trennung des Menschen von ihr das der Einbildung geworden, die jetzt an die Stelle der Wirklichkeit getreten ist. Einbildung ist das Nichts als Wirklichkeit. Daß das Nichts, das nun des Menschen Geist erfüllt, eine furchtbare Wirklichkeit ist, das verdankt es dem Willen, der auch in der Trennung das Element der Wirklichkeit blieb und so die Phantasmagorien des Geistes als wirklich erscheinen ließ — sie gelten als Mächte, weil der Wille sie trägt. Das ist das Böse, das Nichts als Macht, das Nichts, das wir denken, spüren, begehren müssen, das sich unseres Daseins bemächtigt hat. Wir wissen, daß es nichts ist, aber wir wissen auch, daß es nichts ist. Wir erkennen es als unsre Schuld, daß wir etwas, das nichts ist, geliebt, als unsre Schwachheit. daß wir im Nichts etwas gesucht. Das Nichts ist die vom abgewandten Willen, den wir auch einen Unwillen nennen können, festgehaltene Wirklichkeit. Der Wille, der nichts will, ist der einsame isolierte Wille, der die Wirklichkeit verloren und doch — freilich nur bei sich selbst — behalten hat, der Wille der Selbstsucht, des nur sich selbst kennenden und anerkennenden Ich, der Eigenwille, der will, weil er will, der eben deshalb, weil er nur sich selbst, nicht mehr dem Leben Ausdruck gibt, der verkehrte Wille ist.

Erschütternd sind die Klagen über die Nichtigkeit dieses Daseins zu allen Zeiten. Vom Pessimismus des biblischen Sängers mit seinem ergreifende Liede von der Eitelkeit aller Dinge, von der wehmütigen Mystik der indischen Religionsbücher an, die sich über die Augen der Menschen den Schleier der Maja, der Täuschung, gebreitet denken, bis zu der prinzipiellen Erkenntnis der christlichen Denker, „daß die Welt vergehet mit ihrer Lust“ eine Erkenntnis, die seither das ebenso oft leidenschaftlich bestrittene wie mit Inbrunst nachgesprochene Thema der christlichen Gedankenwelt geblieben ist, von den Mystikern der stillen Klosterzellen an bis zu dem entfesselten Hohne eines Schopenhauer oder Nietzsche, die des Daseins Nichtigkeit mit Flammenschrift in das Gewissen ihrer Zeit eingeschrieben, — wohin wir auch blicken, überall tönt uns die eine Klage entgegen. Und wer sie am besten verstanden, wer am eindringlichsten von ihr zu reden weiß, der reißt alle Werte, alle scheinbaren Ausnahmen, alle Vortrefflichkeiten und Wahrheiten, die Andere noch stehen gelassen, unerbittlich darnieder, und spricht es aus, mögen schwache Herzen in ihren Grundfesten erbeben: „Alles, was besteht, ist wert, daß es zu Grunde geht"; nicht dies oder jenes ist unrecht oder falsch, wir fragen nicht nach den relativen Werten und Vorzügen, nein, das ganze Leben mit seinen Relativitäten, seinen kleinen Gegensätzen, seinen Erbärmlichkeiten, seiner Tugend, die sich nur im Bösen spiegelt, seinen Lastern, die den Mut zu großen Taten an den Schmutz verkauft haben, all' das, was wir Dasein nennen, ist ein Fluch, ein Verderben, was hilft uns das halb Wahre, wenn das Ganze, in dem wir leben, eine Torheit ist"?!

Und sie haben recht, die so reden. Wir fühlen uns in einer furchtbaren Unmittelbarkeit gefangen. Unmittelbar sind die Leidenschaften, die durch des Menschen Herz rasen, unmittelbar der tödliche Haß, der in ihm aufquillt, unmittelbar die kalte Grausamkeit, die sich am Leiden sättigt. Heimtücke und List hinwiederum auf schleichenden, stillen Wegen, aber mit unmittelbarer Folgerichtigkeit; alles ist reflektiert, überlegt, schlau bis in die kleinsten Herzenswinkel, aber diese Reflexion, diese Berechnung ist eine unmittelbare Macht, die Menschen können nicht anders als schlau sein — die Pfiffigkeit ist ihr Lebenselement. Wahrlich, die haben den Ernst des Lebens nicht verstanden, in wie ernste Falten sie auch ihr Angesicht legen, die mit ihren eindruckslosen Mahnreden diesen unmittelbaren Mächten entgegenzutreten sich vermessen — es ist nicht so, wie sie sagen, es ist nicht in des Menschen Belieben gestellt, gut oder bös sein, sie bedürfen der Erlösung, und sie haben in aller Leidenschaft ein verborgenes Recht. Sie wollen leben und können nicht. Das ist das Böse, die verkehrte Unmittelbarkeit.

Gehen wir noch etwas näher darauf ein.

Durch die Losreißung des Willens von ihr ist die in ihm sich sammelnde, in ihm erst wahrhaft lebendige Unmittelbarkeit sozusagen eine tote Unmittelbarkeit geworden. Es sind nur noch die

Elemente des Lebens da, nicht mehr das Leben selbst. Was, von der Unmittelbarkeit des Lebens emporgetragen, sich im menschlichen Geiste zu vollendeter Lebendigkeit erschlossen hatte, das wogt und wallt nun, nachdem der Wille sich ihm versagt, wild, ungeordnet, ein tobendes Meer, durcheinander, sinnlos und grenzenlos: die Grenzenlosigkeit des Unwirklichen, entsprechend der Fassungslosigkeit des zum Unwillen gewordenen Willens. Es hat kein Sein, drängt sich wohl in unendlicher Leidenschaft zum Sein, aber findet es nicht, seitdem es sich nicht mehr im Geist des Menschen sammelt — die Elemente des Seins, nicht das Sein selbst, denn Sein ist Leben, und gerade das Leben ist verloren.

So wenig die Balken und Steine, die ein Haus gebildet, nach dessen Zusammensturz noch Haus genannt werden, ebensowenig bilden die nach dem Zusammenbruch des Lebens im Abfall des Menschen durcheinander geworfenen Potenzen desselben noch das Leben, sie haben ihr eigentliches Lebens-Sein verloren und sind — das Nichts. So nennt sie der aus ihrem Zusammenhang gerissene Intellekt und deshalb sind sie es, denn was für den Menschen nichts ist, das ist wirklich nichts. Der Mensch ist das Maß aller Dinge; er spricht als das Ebenbild seines Schöpfers: Sei und werde — und zu deinen Füßen erblüht eine Welt; er spricht: Vergehe und sei nichts — siehe, so welkt alles dahin, wandelt sich in Torheit, Unverstand, Unwirklichkeit, Tod. In dieser Unwirklichkeit steht nun der Mensch und weiß sich nicht zu helfen. Wohin er blickt, grinst sie ihm entgegen; aber er läßt es sich nicht träumen, daß es sein eigener Blick ist, in welchem alles Leben erstarrt, daß er die Unwirklichkeit in seinem Unwillen verschuldet, daß sein eigener Geist sie geschaffen — wird er sich wiederfinden, zu sich selber kommen, seine Wirklichkeit ergreifen, dann werden auch die Wirklichkeiten des Lebens wieder erscheinen.

Der Geist ist selbst sich Ort und in sich selbst
Schafft er aus Himmel Höll', aus Hölle Himmel.

(Milton, Das verlorene Paradies, übers. v. K. Eitner, I. Gesang.)

Die Unmittelbarkeit, so haben wir gesagt, ist durch den Willen in Selbstzersetzung geraten. Sie bleibt, was sie ist, nur gerade in absoluter Umkehrung. Früher war sie der verborgene Grund, jetzt ist sie offenbar geworden; früher ein ganzes einheitliches Leben, jetzt tausendfältige Zersplitterung.

Ja, jetzt ist sie offenbar geworden im Geist des Menschen —

aber eine offenbare Unmittelbarkeit ist auch das Rätsel selbst. Der Mensch sieht jetzt in eine Welt hinein, aber er sieht einem Rätsel ins Angesicht. Er schaut die außer sich selbst geratene Unmittelbarkeit, aber eben deswegen zerfließt sie ihm unter den Augen in lauter gespensterhafte Erscheinungen. Es erscheinen ihm Dinge, aber er weiß nichts mit ihnen anzufangen, weiß sie sich nicht zu deuten, je mehr er sie „erklären" will, desto unerklärlicher werden sie; er weiß es nicht, daß dieses „Erklärenwollen" selbst das Rätsel ist aller Rätsel, das Rätsel seines Geistes. Alles ist ihm nun äußerlich geworden, fremd und kalt mutet ihn eine bloße Außenwelt an; aber er nimmt diese Fremdheit für Verstand und weiß es nicht mehr, daß er selbst der Dinge Sein und Verstand gewesen; jetzt spricht er von ihrem „Sein", als wäre es etwas Selbständiges, in den Dingen ruhendes; und an diesem imaginären Sein sucht er ihre Gestaltungen zu enträtseln. Aber je tiefer er dringt, desto dunkler werden seine Pfade, Rätsel erklären heißt nun Rätsel schaffen — und endlich bricht elementar, wie eine Erinnerung an das verlorene Paradies, der Schrei aus seinem Herzen: „Ich seh', daß wir nichts wissen können" — der Schrei des 20. Jahrhunderts!

Wir können nichts wissen, weil wir leben, nur leben sollen. Wir können nichts wissen, weil die Welt nicht die tote Masse ist, die wir in unserem Wissen aufhäufen möchten. Wir können nichts wissen, weil wir so groß sind, zu groß, um nur zu wissen.

Das große Ganze des Lebens zerschlagen in tausend Splitter. Eine sinnverwirrende Menge von Einzeldingen auf dem Boden der Materie, ihres Prinzips. Materia, sprach Leibniz, principium individuationis. Nicht, daß es eine Materie überhaupt gibt, ist das Rätselhafte, sondern das andere, daß sie uns, ihrer hohen Bestimmung entkleidet, als bloße Materie in toter Massenhaftigkeit entgegensteht. In dieser Gestalt ist sie sozusagen die in die Außenwelt geworfene Unmittelbarkeit. So lange das unmittelbare Leben in seiner schöpferischen Verborgenheit geruht, gab es keine Materie in unserm heutigen Sinn. Sie war wohl da, aber sie wurde nicht als Materie, nicht als tote und starre Selbständigkeit verstanden, sondern als der stets bereite und dem immer ins Ganze dringenden Geist des Menschen dienstfertig unterworfene Stoff seiner unendlichen Kräfte. Denn das allein ist im wahren Sinne des Wortes, was vom Menschen empfunden wird und so wie es empfunden wird.

Nun aber steht ihm die nach außen geworfene Unmittelbarkeit in träger Materialität zäh, unduldsam und egoistisch gegenüber, nachdem er sich im eigenen Egoismus von ihr abgekehrt. Und das ist der Grund, weshalb er nun nur einzelne materielle Gestalten, nicht mehr das Ganze sieht, das er sich jetzt mühsam auf dem Wege der Begriffsbildung konstruieren muß, um wenigstens in ideellem Rahmen die Flucht des Einzelnen festzuhalten. War ihm in der Unmittelbarkeit alles Einzelne nur im Ganzen und für das Ganze verständlich, so versteht er nun auf dem Boden der Materie das Ganze nur noch im Interesse des Einzelnen, das ihm Sinne, Herz und Gedanken füllt.

Vor allem sieht er seine eigene Isoliertheit. Er kann nicht anders, als alles auf sich beziehen, alles von sich aus ableiten, auf alles den Stempel seines egoistischen Daseins drücken. Nur wenn er dieses nutzlosen eitlen Spieles eigener Selbstbespiegelung müde geworden ist, wenn er das Zutrauen zu sich selbst verloren hat, wenn er nichts mehr „glauben" mag, dann erinnert er sich daran, daß er zu einem Ganzen gehört, aber dann ist ihm dasselbe nichts anderes mehr als ein unerbittliches Schicksal, dem er sich, seiner Würde vergessend, fatalistisch unterwirft, von dem er sich zermalmen läßt, wie der indische Götzendiener von den Rädern des Götzen Tschaggernaut.

In seinem Geiste die widrigen Extreme: jetzt der Hochmut, das All an den Fingern herzuzählen sich vermessend, jetzt wieder die Angst vor demselben, winselnd unter seinem ehernen Schritt! Kein Zusammenschauen mehr von Ganzem und Einzelnem, kein lebendiges Erfassen des Daseins mehr, und daher Eitelkeit der Eitelkeiten in Auge, Ohr, Herz und Verstand!

Dasselbe Schauspiel auf dem Boden des Willens. Wie der Wille das Leben der Unmittelbarkeit frei aus sich gestaltet hatte, so ist er nun in seiner Selbstsucht der Sklave der zur Materie gewordenen, als Materie angeschauten Unmittelbarkeit geworden. Mit heißer Sehnsucht sucht er diese Materie zu umklammern, mit qualvoller Begier streckt er sich ihr, dem toten Zerrbild der Unmittelbarkeit, entgegen, um sich an ihr für die Bedeutungslosigkeit seines eigenen Selbst zu erholen, im Rausch materieller Genüsse sich die Herrlichkeit jener Welt zu vergegenwärtigen und wieder zu gewinnen, die ihm aus den unmittelbaren Erlebnissen einst erblühte. Hier, wo er selbst handelt, wo er wieder in eine Unmittelbarkeit — die freilich gerade die verkehrte ist — gewiesen ist, wieder eine Unmittelbarkeit umarmen kann, hier wird es offenbar, wie unendlich sein Leben gewesen, hier in der Unmittelbarkeit der Qual und Lust, womit er eine reizvolle Materie an seine nimmersatte Brust drückt. Alle die Potenzen, die in ihm selbst sich zum glücklichen Spiele verbunden, erblickt er jetzt als die Elemente einer zugleich süßen und sinnlosen materiellen Unmittelbarkeit; nun sieht er bloß und tastet er bloß mit seinen äußerlich gewordenen Sinnen, er sieht, wie schön alles war, die Augen sind ihm aufgegangen — und da erhebt sich aus der Tiefe seines Wesens brausend, überschäumend, alles mit ihren Fluten bedeckend die entfesselte Gewalt unmittelbarer Lust, die zugleich seine Qual ist.

Aber in diesem Toben der Willenskräfte spiegelt sich die verlorene Unmittelbarkeit in getreuster, wenn auch gerade verkehrter Weise. Der Antagonismus ihrer unendlichen Potenzen, der hier herrscht, ist das grausige Gegenbild ihrer vollendeten Harmonie — diesem wilden Kampf muß eine selige Welt des Friedens entsprechen! Ist er doch nur deshalb so wild, weil sich in ihm die Elemente der auseinandergerissenen Lebensunmittelbarkeit in törichtem Grimm gegenseitig verzehren. Die Unbedingtheit der Sinnenlust macht es klar, daß es ein Leben geben muß, ein Leben absolutester Freude, unendlichster Kraft!

Wie wahr spricht Schelling wieder, wenn er sagt: „Der Wille, der aus seiner Übernatürlichkeit heraustritt, um sich als allgemeinen Willen zugleich partikular und kreatürlich zu machen, strebt das Verhältnis der Prinzipien umzukehren, den Grund über die Ursache zu erheben, den Geist, den er für das Zentrum erhalten, außer demselben und gegen die Kreatur zu gebrauchen, woraus Zerrüttung in ihm selbst und außer ihm erfolgt. Der Wille des Menschen ist anzusehen als ein Band von lebendigen Kräften; solange nun er selbst in seiner Einheit mit dem Universalwillen bleibt, so bestehen auch jene Kräfte in göttlichem Maß und Gleichgewicht. Kaum aber ist der Eigenwille selbst aus dem Zentro als seiner Stelle gewichen, so ist auch das Band der Kräfte gewichen; statt desselben herrscht ein bloßer Partikularwille, der die Kräfte nicht mehr unter sich, wie der ursprüngliche, vereinigen kann, und der daher streben muß, aus den voneinander gewichenen Kräften, dem empörten Heer der Begierden und Lüste (in dem jede einzelne

Kraft auch eine Sucht und Lust ist) ein eigenes und absonderliches Leben zu formieren oder zusammenzusetzen, welches insofern möglich ist, als selbst im Bösen das erste Band der Kräfte, der Grund der Natur, immer noch fortbesteht. Da es aber kein wahres Leben sein kann, als welches nur in dem ursprünglichen Verhältnisse bestehen konnte, so entsteht zwar ein eigenes aber ein falsches Leben, ein Leben der Lüge, ein Gewächs der Unruhe und der Verderbnis". (Über das Wesen der menschl. Freiheit, a. a. O. I. Abt. Bd. 7, S. 365—366.)

Das Viele gilt jetzt, nicht das Ganze; die Zusammenhanglosigkeit, nicht die Zusammengehörigkeit, die Menschen, nicht die Menschheit, die allein der Mensch ist. In der ursprünglichen Unmittelbarkeit bilden die Menschen nicht nur die Summe der Einzelnen, sondern da herrscht der durch das Ganze der Menschheit waltende Sinn des Daseins so unbedingt, daß jeder Einzelne seine Bedeutung nur im Ganzen zu erkennen vermag, um zu verstehen, daß sein eigenes Leben, nur wenn es ein Glied am Organismus des Ganzen bildet, auch im höchsten Sinne ein persönliches ist. Nun aber ist der Einzelmensch, das einzelne Volk, die besondere Nation im Gegensatz zur Menschheit Prinzip geworden — das Individuelle, das Element des Bösen. Einzelne Gedankenkreise gegen ebenso abgeschlossene andere; Launen, Vorurteile, Grillen, ohnmächtige Erstarrungen gegen ebenso verkehrte Gegenlaunen — und das alles wogt und wallt gegeneinander, durcheinander, übereinander, unsinnig, wahnwitzig, Ströme Blutes verschlingend — und heißt Weltgeschichte!

Die Weltgeschichte ist die Angst des Einzeldaseins, die Angst um das eigene Selbst. Da ist der Sinn des Lebens an die Sinnlosigkeit egoistischer Einzelexistenzen verloren gegangen. Oder ist es nicht sinnlos, wenn sich die Völker blutig schlagen, während auch die leiseste gegenseitige Berührung ihnen ihre Wahlverwandtschaft immer wieder vor Augen stellt? Ist es nicht Irrsinn, wenn Menschen, deren absolute Zusammengehörigkeit hinter imaginären Differenzen oft so leuchtend und unwiderspechlich hervorbricht, sich um dieser Differenzen willen zerfleischen? Aber das tut die Angst um das verlorene Leben, eine Angst, die den Menschen die Erkenntnis verhüllt, daß sie das Leben in sich selbst, nicht in weltgeschichtlichen Ereignissen wieder entdecken müssen, daß sie es haben, sobald sie es wollen, sobald sie wieder den „Mut des reinen Lebens" trinken. Aus der Angst um das heißersehnte Leben ergießen sich die wilden Ströme der politischen und sozialen Leidenschaften, in der Angst um den immerdar bedrohten Genuß begehen die Völker wie die Einzelnen ihre Schandtaten, dem Ertrinkenden vergleichbar, der, sich selbst zu retten, die nächsten Leidensgefährten ins nasse Grab stößt. Sie breitet ihre fahle Fackel über die Gesellschaft, sie wühlt aus ihren innersten Tiefen die soziale Frage auf, sie ists, die schwer und bang auf den Nationen, auf den Klassen, auf Reich und Arm lastet und bis in die verborgensten Winkel ihre schwarzen Schatten erstreckt.

Es ist wahr, was der Amerikaner Henry George in seinem Buche „Progress and Poverty" ausspricht: „Die Menschen sind gierig nach Nahrung, wenn sie nicht die Versicherung haben, daß eine gleiche und gerechte Verteilung jedermann genug gibt." . . . . „Ebenso sind in der heutigen Gesellschaft die Leute gierig auf Reichtum, weil die Verteilung so ungerecht erfolgt, daß anstatt jedem die Sicherheit zu geben, daß er genug bekomme, manche dessen gewiß sind, daß sie zu Mangel verdammt sind. Es ist das: ‚Den Letzten kriegt der Teufel' der jetzigen sozialen Einrichtung, was den Wettlauf nach Reichtum verursacht, in dem alle Rücksichten auf Recht, Gnade, Religion und Gefühl mit Füßen getreten werden, indem die Menschen ihre eigene Seele vergessen und bis an den Grabesrand für etwas kämpfen, was sie nicht mitnehmen können." (In deutscher Übersetzung v. David Haek, Reclamausg. S. 473).

Diese Angst in des Daseins grauenhafter Leidenschaft, dieses Flammenmeer entfesselter Begierden, diese totale Unfreiheit des Willens in den Fesseln einer brutalen Notwendigkeit — das ist das Böse, die umgewandte Unmittelbarkeit, der wie vulkanisch an die Oberfläche geworfene Grund des Lebens. Das Böse ist auch Leben, aber das umgekehrte Leben, ein Lebensbaum, der seine Wurzeln leidenschaftlich gen Himmel streckt und mit den Ästen im Boden wühlt.

Vom Sturm der Kräfte sich nicht mehr drängen lassen, die quellenden Triebe in die geheime Werkstatt des Lebens verweisen, über allem stehen frei und groß, in allem Genuß der unendlichen Lebensreize ihr Herr, nicht sie verleugnend, sondern ihnen gebietend — das ist es, was der Mensch im Bösen verfehlt, was er erst dann wieder vermag, wenn er eingehen wird ins wiedergefundene Paradies, das seine trotz allem bleibende Bestimmung ist.

2. Der reflektierte Wille.

Der Wille, von dem wir im ersten Abschnitt gesprochen, ist der auf sich selbst geworfene, von der Unmittelbarkeit des Lebens aber dennoch nicht losgelassene, sondern von ihr eingeschlossene und auf ihren Fluten sozusagen dahintreibende, der gebundene Wille; der Wille der Selbstsucht, der, verloren an eine sinnlose Masse von Dingen, sich selbst zu haben vermeint, wenn er in ihrem Rade laufend den immerwährenden Kreislauf desselben für den Fortschritt nach dem Ziele hält. Selbstsucht heißt er mit tiefem Sinne, weil er im Treiben der Elemente sich stets sucht, ohne sich doch je finden zu können, weil er sich diese Elemente, die ein so grausames Spiel mit ihm treiben, in rastloser Anstrengung untertan zu machen strebt, ohne doch von ihrem Joche je loszukommen. Soll er sich finden, so muß er ganz von dem sinnverwirrenden Taumel, in welchem ihn die entbrannte Unmittelbarkeit mit sich fortreißt, sich lösen, muß aus allem Verbande des Lebens treten, die Isoliertheit, zu der er sich durch seine Losreißung von der Unmittelbarkeit verdammt, perfekt machen und ein eigenes, dem Leben direkt entgegentretendes Wirken beginnen, muß sozusagen zwischen Himmel und Hölle schweben; er darf die Hölle nicht kosten und kann den Himmel nicht fassen, sondern muß bei sich selbst bleiben. Er wird ein grüblerischer Einsiedler, vom Leben ausgestoßen, seine eigenen Wege sich suchend, ein zwischen den Gegensätzen des Lebens stehender Pedant, ein doktrinärer Rechthaber und namentlich ein prinzipieller Gegner aller Ungebundenheit und Willkür. Er darf das Unmittelbare nicht mehr kennen — seine alte Heimat, von der ihn sein böser Genius weggeführt! Er muß sich vor allem Freien und Ursprünglichen hüten — vor seiner eigenen Natur, die sein Fluch geworden! Tappend und tastend im Dunkel ängstlicher Reflexion, immerwährender Selbstbesinnung, ununterbrochener Berücksichtigung aller Zwischenglieder, rechnend und überlegend und sozusagen ganz mittelbar geworden, so muß er nun seinen seltsamen und dornenvollen Weg zwischen den beiden Polen des Daseins dahineilen, dem einen zu entfliehen, den andern zu ergreifen trachtend.

Das ist das Gute, das Zwischenstadium zwischen der negativen und der positiven Unmittelbarkeit. Das Gute ist noch nicht das Leben, weil es Reflexion, aber Streben nach ihm, weil es der aufgeweckte Wille ist. Wir haben oben vom Guten im umfassenden Sinne gesprochen. Wir machten ein Gutes namhaft, in dessen reinem Leben der Gegensatz zwischen Gut und Böse nicht möglich sei. Wir taten es, weil uns damals kein anderes Wort zur Verfügung gestanden, und wir an die landläufige Vorstellung anknüpfen wollten; jetzt ist es Zeit, daß wir von diesem Sprachgebrauch abgehen und für den Begriff „Gut“ ausdrücklich nur die Bedeutung in Anspruch nehmen, von welcher wir soeben gesprochen, und die wir sogleich des nähern zu beleuchten uns vornehmen. Ganz ebenso nannten wir „Böse“ die verkehrte Unmittelbarkeit selbst, obschon wir uns dabei bewußt blieben, daß wir ihre umfassende Welt nur uneigentlich unter diesen Begriff zu subsumieren uns gestatten durften. Wir werden uns nun auch in Betreff des Bösen desselben Verfahrens befleißigen müssen und künftig nur von dem eigentlich sogenannten Bösen, vom Bösen im moralischen Sinne reden.

Der Gegensatz von Gut und Böse entsteht und besteht in der Tat nur auf dem Boden des Willens selbst, abgesehen von aller Unmittelbarkeit — obschon diese auch hier, wie wir sehen werden, eine entscheidende Rolle spielt. Der reflektierte Wille — wie wir nun diesen Willen nennen wollen — ist gut, wenn er sich der positiven, und bös, wenn er sich der negativen Unmittelbarkeit zubewegt. Gut und bös sind also nur Erscheinungen innerhalb des reflektierten Willens, Begriffe, womit sich der Wille selbst seine jedesmaligen Bewegungen interpretiert. Eben weil er hier in der Beschränkung auf sich selbst nur noch Wille, abstrakter Wille ist, weder Wille zum Leben, noch Wille gegen das Leben, sondern die bloße Form des Willens ohne Inhalt, so erscheinen in dieser scharfen Beleuchtung die ursprünglichen Lebenspotenzen als gut oder bös, jenachdem der Wille sie bejaht oder verneint. Gut ist demnach also — wir wiederholen es — die positive und bös die negative Unmittelbarkeit im Urteil des reflektierten Willens. Dem großen Gegensatz innerhalb der Unmittelbarkeit, den wir am besten in die Worte Leben und Tod fassen, entspricht in der Reflexion des Willens der andere von Gut und Böse. Gut heißt das reflektierte Leben, Böse der reflektierte Tod.

Mit dem Wesen des Willens ist aber die Bewegung von selbst gegeben. Wille ist Bewegung. Im Leben war er die Bewegung der Daseinspotenzen selbst, im Tode war er von ihnen getrieben und jetzt, da er zwischen Leben und Tod schwebt, ist er seine eigene Bewegung geworden. Aber diese Selbstbewegung ist nichts anderes als das Innewerden der verlornen Unmittelbarkeit. Der Wille, der aus dem Traume der Leidenschaften erwacht und zu sich selbst kommt, kommt auch — freilich nur bei sich selbst — zur Unmittelbarkeit, weil er wesentlich zu ihr gehört. Das Wollen des reflektierten Willens ist die wiederaufleuchtende Regung des Lebens in ihm. Nur kann sie sich hier noch nicht als Leben geltend machen, wo der Wille ausdrücklich nur als Wille erscheint, sondern bloß als Bewegung dem Leben entgegen.

Damit haben wir den Begriff des Sittlichen erreicht. Das Sittliche ist die Bewegung des reflektierten Willens nach der ursprünglichen Unmittelbarkeit. Es ist also nicht eine zum Bleiben, sondern eine zum Verschwinden bestimmte transitorische Erscheinung unseres Daseins. Sobald der Wille wieder seine ursprüngliche Stellung zum Leben eingenommen haben wird, wird auch das Sittliche als sittliches verschwinden. Dann wird es keine ausdrückliche Sittlichkeit mehr geben, sondern allein noch Leben.

Wir sind hier an einem entscheidenden Punkte unserer Erörterungen angelangt und sagen deshalb: Der eigentümliche Charakter des Sittlichen, eine transitorische Erscheinung zu sein, wird das eigentliche Thema unserer weiteren Ausführungen bilden.

Wir greifen kurz auf unsern ersten Teil zurück. Alles, was wir dort über die Begriffe des Denkens gesagt, hat eigentlich hier seine Stelle. Der Intellekt ist eine bloße Willenserscheinung. Aber weil sich jetzt alle Potenzen des Geistes voneinander gelöst haben, weil namentlich der Intellekt dadurch, daß ihm das Unmittelbare im bloßen Begriffe eines allgemeinen Seins zurückgeblieben ist, wenigstens den Schein einer eigenen Realitäts-Domaine in Anspruch nehmen konnte, so durften wir von ihm in einem besondern Abschnitt reden, während wir jetzt daran erinnern müssen, daß die oben geschilderten Versuche des Intellektes, sich der verlornen Unmittelbarkeit durch den allgemeinen Begriff zu bemächtigen, nur sozusagen die indirekten Rückbewegungen des Willens nach der ursprünglichen Lebenswelt bilden, im Unterschied von den direkten, mit welchem wir es nun zu tun haben. Wie der Wille durch seine intellektuellen Allgemeinheiten indirekt, so strebt er durch seine sittlichen Allgemeinheiten direkt nach der Unmittelbarkeit zurück. Er mag sich noch so weit von dem ursprünglichen Leben entfernen, er mag noch so sehr der Reflexion anheimfallen, noch so ängstlich alle Unmittelbarkeit von sich fernzuhalten suchen — naturam si furca expellas, tamen usque recurret. Er bleibt mit der Unmittelbarkeit, deren Ausdruck er gewesen, in einer unaufhörlichen Wahlverwandtschaft verbunden. Er kennt als Wille nie ein indirektes, sondern immer nur ein direktes Verhältnis zu ihr, keine Umwege, sondern nur die kürzesten, wenn auch um so steileren und drangvolleren Pfade, um zu ihrem sonnigen Gipfel zu gelangen, während sein Intellekt sich auf den bequemen Straßen einer sich selbst genügenden Spekulation gefällt.

Weil aber hier, wo der Wille sozusagen auf seinem eigenen Boden sich bewegt, das Verhältnis zur Unmittelbarkeit in seiner ganzen Innigkeit aufwacht, so darf es uns nicht verwundern, daß die Allgemeinbegriffe, die der Wille nun aus seinem eigenen Wesen abstrahiert, um die Unmittelbarkeit zu fassen: die sittlichen, den Charakter der Unbedingtheit, des Müssens und Sollens erhalten im Unterschied von den intellektuellen, die ein bloßes Sein aussprechen. Im Müssen und Sollen spiegelt sich nichts anderes als der Drang der zueinander strebenden Lebensmächte, des Willens und der Unmittelbarkeit; Müssen und Sollen sind der Ausdruck dafür, daß, was unbedingt nur zusammengehört, jetzt auseinandergerissen, aber in der Bewegung auf Wiedervereinigung begriffen ist. Das Sollen ist die Unmittelbarkeit des Lebens in der Trennung von sich selbst. Die sittlichen Allgemeinheiten treten dem Willen in der Form unbedingter Gebote gegenüber, weil er in ihnen sein unmittelbares, aber nun gestörtes und deshalb die Wiederherstellung unbedingt postulierendes Leben darstellt und sich vergegenwärtigt. Das Gebot zeigt ihm direkt, wovon er gefallen ist. Hier kommt ihm die verlorne Unmittelbarkeit sozusagen von außen entgegen, im Gebot, das deshalb so unbedingt ist, weil es eine außer sich geratene Selbstverständlichkeit in sich schließt. Die Unmittelbarkeit des Lebens in der bloßen Form des reflektierten Willens — das ist das Sittengesetz.

Auf diesem Standpunkt steht Fichte. Das Sittengesetz ist ihm die als Gesetz angeschaute Freiheit des Ich. Es gibt nichts höheres als das Sittengesetz, keine andere Realität als dasselbe, weil in seinem unbedingten Sollen das Ich seine eigene Freiheit realisiert. Das Sollen ist der Ausdruck des Seins überhaupt, weil das Ich das Sein überhaupt ist. „Sollen ist eben der Ausdruck für die Bestimmtheit der Freiheit, daß es (das Ich) seine Freiheit unter ein Gesetz bringen solle; daß dieses Gesetz kein anderes sei als der Begriff der absoluten Selbständigkeit (absolute Unbestimmbarkeit durch irgend etwas außer ihm); endlich, daß dieses Gesetz ohne Ausnahme gelte, weil es die ursprüngliche Bestimmtheit des freien Wesens enthält" (Fichte, das System der Sittenlehre nach den Prinzipien der Wissenschaftslehre S.W. IV. Bd. II. Abt. 2. Bd. S. 60).

Fichte sieht also im Sollen des Sittengesetzes die letzte Realität; er bleibt beim Ich stehen, das sich in diesem Sittengesetz sein eigenes Wesen vergegenwärtigt. Und in der Tat: Ist das Ich das letzte und einzige Prinzip des Seins, dann ist von selbst gegeben, daß auch das Sittengesetz, als die vom Ich zum Gesetz erhobene Freiheit seiner selbst, das letzte nicht weiter zu erklärende Phänomen des Seins überhaupt bildet.

Allein eben der Umstand, daß auf dem Boden des bloßen Ich ein Gesetz, nur ein immerwährendes, absolutes Sollen möglich ist, hätte darauf aufmerksam machen können, daß wir hierbei nicht stehen bleiben dürfen. Denn ein absolutes Sollen ist der absolute Selbstwiderspruch, da ein „Sollen" nie „absolut" sein kann, ein Widerspruch, mit dem gerade die Philosophie am wenigsten sich beruhigen darf. Was Fichte „Ich" nennt, ist in Wahrheit nur der auf sich selbst gestellte, in der Bewegung nach dem Leben befindliche reflektierte Wille, dessen Sollen beweist, daß er noch nicht am Ziele ist. Verharrt man bei ihm, so bleibt man in dem genannten Widerspruch stecken und muß sich damit begnügen, die dringlichste Aufgabe der Philosophie nur auszusprechen und genau zu präzisieren, statt sie zu lösen. Die Sittenlehre Fichtes ist aber deswegen so instruktiv, weil sie mit sicheren, markigen und unauslöschlichen Strichen die Autonomie zeichnet, zu welcher der Wille gelangen muß, bevor er — verloren ans Endliche wie er war — wieder in die Unmittelbarkeit eingehen kann. Erst muß der Mensch in jener unbedingten Weise zu sich selber kommen, wie sie Fichte gezeigt, erst muß er die absolute Bedeutung seiner selbst im Sittengesetz erkannt haben, bevor er das Reich seiner Freiheit wieder erhalten kann, das Leben, das alles Sollen in die Selbstverständlichkeit des Unmittelbaren verklärt und auflöst.

Auf Fichte folgte Schelling, der in seinem „Absoluten" im Gegensatz zu der bloß „subjektiven Absolutheit" bei Fichte die Selbstgenügsamkeit des Lebens, in welches auch das Ich nur hineingehört, welches es aber nicht selber schafft, auf seine Weise ausgesprochen hat. Wir können uns indessen hier nicht näher darauf einlassen.

Im getrennten, auf sich selbst reflektierten Willen haben wir oben jenes Sollen des Sittengesetzes entdeckt, in welchem sich der Zwiespalt zwischem ihm und dem Unmittelbaren seinen dringlichen Ausdruck gibt. Wir dürfen aber nicht ausser acht lassen, daß der reflektierte Wille stets auch ein unmittelbares Verhältnis zum Unmittelbaren mitten in seiner reflektierten Bewegung nach ihm unterhält. Das Unmittelbare pulsiert im Willen, wie sehr sich auch dessen Reflexion von ihm fern und verlassen glaubt, wie isoliert von allem Leben er sich auch sein Dasein gestalten mag. Tod und Leben, negative wie positive Unmittelbarkeit schäumen immer wieder im Menschen auf, um oft in einem und demselben Ereignis seines Geistes ihre gegeneinander schlagenden Wellen zu vereinigen. Das geschieht in der Religion.

Die Religion ist die vom reflektierten Willen sozusagen augenblicklich vollzogene Unmittelbarkeit, die ursprüngliche Unmittelbarkeit, die sich aber nur im reflektierten, nicht im lebendigen Willen Ausdruck gibt. Deshalb kann sie die Ansprüche nicht verhindern, die an diesen bloß reflektierten Willen auch die zurückgelassene negative Unmittelbarkeit des Bösen noch stellt — und so kommt es, daß sich im Gemüt des Religiösen die Wellen des auseinandergerissenen Lebens in wildem Anprall zu einem einheitlichen Ausdruck vereinigen können, in dem sich Lüge und Wahrheit in unlöslicher Weise mischen. Wie sehr in der Tat gerade der religiöse Mensch das leidenschaftliche, schrankenlose Element abwechselnd mit der leidenschaftslosen Ruhe tiefen Seelenfriedens bei sich bewegt, lehrt ein Blick nicht nur in die heidnische und jüdische, sondern vor allem in die christliche Religion selbst. Das eben ist das Rätselhafte der Religion, daß sie die beiden Unmittelbarkeiten: Tod und Leben, Leidenschaft und Liebe, auf einem Punkt versammelt, zu einem einzigen Erlebnis verbindet, oder dann wieder als die beiden Pole einander gegenüberstellt, in welchen sich der Strom ihres Lebens ausgleicht.

Sonach hätten wir im folgenden zu unterscheiden zwischen

der Bewegung des reflektierten Willens, in der er einem Müssen und Sollen, einem Gesetz Ausdruck gibt, und zwischen der andern, womit er sich die Unmittelbarkeit als Besitz aneignet, ohne freilich beide scharf auseinanderhalten zu wollen, wie sie in der Erfahrung, ja auch immer miteinander erscheinen. Jene erst genannte Bewegung stellt sich im Sittlichen (Recht und Moral) dar, die letztgenannte in der Religion. Eine beiden gemeinsame Begleiterscheinung ist endlich noch das Gewissen, in welchem wir das erste Aufleuchten des zu sich selbst kommenden reflektierten Willens wahrzunehmen, und wovon wir demnach zuerst zu reden haben. So ergibt sich folgende Einteilung:

A. Das Gewissen.
B. Die Sittlichkeit.
  I. Das Recht.
  II. Die Moral.
C. Die Religion.

A. Das Gewissen.

Man ist in der Erklärung des Gewissens viel bescheidener geworden, als dies früher der Fall gewesen. Während die frühere Wissenschaft nicht weniger als die lückenlose Einsicht in das, was überall und immer zu geschehen habe, vom Gewissen erwartet hatte, beschränkt man sich heute darauf, in ihm nur den stets wechselnden ersten Ausdruck eines Sollens überhaupt zu erblicken. Mit vollem Recht. So sehr es auch zur Beruhigung des Gemütes dienen mag, eine und dieselbe Regel des sittlichen Verhaltens für alle Menschen und für jede Epoche der geschichtlichen Entwicklung geltend machen, und so auf eine sofort zur Hand liegende Beweisführung zu Gunsten eines unzweideutigen Sollens greifen zu können, so begeisterungsfähig der Gedanke, der ein und dasselbe sittliche Gesetz in allen Völkern, in den wildesten so gut wie in den gesitteten, nachweist, so einleuchtend das Verfahren sein mag, das Böse als Ungehorsam gegen ein klares einheitliches und undiskutierbares Gebot aufzufassen, so widerspricht dies alles doch durchaus den von der Wirklichkeit gebotenen Tatsachen.

Es ist unbestreitbar, daß das Gewissen von der Zufälligkeit angestammter Sitten und Gebräuche, wie sinnlos sie auch immer sein mögen, in einer Weise abhängig ist, die wenigstens für die untersten Stufen der menschlichen Entwicklung von einem selbständigen sittlichen Faktor innerhalb des Gewissens nicht zu sprechen erlaubt. Die Tatsache ferner, daß jeder einzelne Mensch auch dann noch von einem „eigenen“ Gewissen redet, wenn die Bildung der Gesellschaft, der er angehört, schon lange allgemeine sittliche Normen zum Maßstab des Gewissens erhoben hat, daß er sich aus Dingen oder Handlungsweisen ein „Gewissen“ machen kann, das seinen Mitmenschen oft ebenso wunderlich wie respektabel vorkommt, endlich das ebenso unbestreitbare Vorhandensein des „irrenden Gewissens“ — das alles hat die erwähnte rigorose Auffassung vom Gewissen ganz hinfällig erscheinen lassen.

Wollen wir es nun in unserem Zusammenhange versuchen, der Erscheinung des Gewissens gerecht zu werden, so haben wir uns der namhaft gemachten Abhängigkeit desselben von den Elementen der äußeren Umgebung etwas näher zuzuwenden. Mag der Zustand des sog. Naturmenschen der ursprüngliche oder ein degenerierter sein — jedenfalls zeigt er uns bei seiner Beschränkung auf die willkürlichen Impulse einer so oder anders gearteten Stammessitte und bei seiner nur sehr verworrenen Kenntnis eines an sich selbst giltigen Gesetzes, daß das Gewissen wohl eine unwillkürliche, nicht aber eine auch schon sittliche Erscheinung ist. Es gibt ein Gewissen der bloßen Gewohnheit so gut wie ein Gewissen der Sittlichkeit. Die Unterlassung einer vom sittlichen Standpunkt verwerflichen, aber durch die Gewohnheit gebotenen Handlungsweise schlägt dem Wilden ebenso aufs Gewissen wie dem Kulturmenschen ein Verbrechen. Mord, Diebstahl, Ehebruch, Lüge sind von jeher sehr verschieden beurteilt worden; nirgends treffen wir ein absolut fertiges Gewissen an, das diese unsittlichen Handlungsweisen mit jener glücklichen Sicherheit verurteilt hätte, die wir vom Gewissen verlangen. „Die praktischen Vorurteile, in welche uns Erziehung, Nationalität, Sitte, Beruf und Zeitgeist eingewöhnen, sind nicht minder lebenskräftig, und man kann nicht leugnen, daß unter diesen Einflüssen nicht nur manche gleichgiltige Handlung, manches unbedeutende Ceremoniell, sondern selbst vieles, was die Bildung einer anderen Zeit und eines anderen Ortes als inhumane Barbarei verurteilen würde, als heilige Gewissenspflicht empfunden, und daß die Verletzung dieser Pflicht mit derselben Beunruhigung des Gemütes gebüßt wird, die uns mit Recht nur aus der Übertretung wahrhaft sittlicher Gebote hervorgehen zu dürfen scheint" (Lotze, Mikrokosmus II. Bd. S. 312).

Wir leugnen am allerwenigsten, daß auch das gesunkenste Bewußtsein zu den sittlichen, von der Zufälligkeit äußerer Elemente freien Maßstäben der Beurteilung einer Handlungsweise emporgebildet werden kann, ja, daß es von vornherein bestimmt ist, in diese absolute Betrachtungsweise überzugehen. Wir behaupten nur, daß diese Betrachtungsweise, wenn potentiell in allen Menschen, so doch aktuell nur in den allerwenigsten anzutreffen ist. Darnach können wir nur das zugeben, daß das Gewissen, ganz allgemein betrachtet, ein Sollen überhaupt über sich anerkennt, nicht aber das andere, daß es dieses Sollen in klarer, von vornherein feststehender, oder auch nur in einer Erkenntnis besitzt, die berechtigen würde, es als eine konstante Größe innerhalb der menschlichen Entwicklung aufzufassen. Es ist deshalb das Gewissen zu betrachten nur als das erste Aufleuchten einer höheren Welt im Geiste des Menschen. Das Gewissen ist die erste Stufe der Selbsterkenntnis des zu sich selbst kommenden Willens und deshalb die primitivste Anerkennung einer über dem bloßen Triebleben, in das der Mensch gebunden war, waltenden und sich zur Herrschaft drängenden Macht, der sich der Mensch unbedingt verpflichtet weiß. Und diese Unbedingtheit hat ihren Grund eben darin, daß der Mensch durch das Gewissen in jene oben namhaft gemachte Rückbewegung nach der verlorenen Unmittelbarkeit getrieben wird, die ihn ergreift, um ihn nun immer weiter von seinen individuellen Trieben fort und dem ursprünglichen Leben entgegen zu führen.

„Das Gewissen, sagt Trendelenburg, ist .... die Rückwirkung oder Vorwirkung des ganzen Menschen gegen die Teile, und als solche ist das Gewissen die den Willen bewahrende Macht". (Naturrecht auf d. Grunde der Ethik, 2. Auflage 1868 S. 60). Es ist die Selbstbehauptung des zu sich selbst kommenden Willens gegenüber der Schrankenlosigkeit der bloßen Naturmächte, mag sie, wie gesagt, an die Elemente einer mehr oder weniger vernünftigen Sitte oder an das klar erkannte Gebot des Sittengesetzes geknüpft sein. Es ist der Wächter, den sich der Wille auf allen Stufen seiner Entwicklung setzt, damit er nicht wieder ins Triebleben zurückfalle. Darum spricht man von einem gesellschaftlichen, von einem rechtlichen, einem moralischem und einem *religösen* Gewissen, je nachdem der reflektierte Wille gerade an einer so oder anders gearteten Norm seiner Betätigung orientiert ist. Immer ist das Gewissen das unmittelbare Innewerden dessen, was auf der jedesmaligen Stufe getan werden muß, ein *Gefühl*, in welchem sich der Wille erst in seiner innersten Tiefe zusammennimmt, bevor er sich dem Umkreis seiner Pflichten zuwendet.

Aber eben deswegen sprechen wir auch von einem zufälligen Element, von einem Element der Unsicherheit innerhalb des Gewissens neben aller Sicherheit, die ihm sonst charakteristisch ist. Es ist dies das *irrende Gewissen*, eine auf dem rigorosen Standpunkt völlig unverständliche, nichtsdestoweniger aber sehr reelle und ausschlaggebende Größe, von der die Weltgeschichte leider nur zu viel zu erzählen weiß. Eben weil das Gewissen keine Gesetze und unabänderlichen Normen kennt, so kann es auf das unwillkürliche Gefühl, das der reflektierte Wille von sich selbst hat, beschränkt bleiben und steht deshalb namentlich da in Gefahr, von den Elementen der äußern Welt, von welchen der Wille herkommt, dahingerissen zu werden, wo der Wille noch nicht in festen moralischen Gesetzen zur Ruhe gekommen ist, oder da, wo er, durch scheinbar höhere Rücksichten gezwungen, von diesen Gesetzen absehen zu müssen glaubt: auf dem bloß *individuellen* Standpunkt also und auf dem der *Religion*; welch letztere eben durch ihre charakteristische Vermischung der positiven mit der negativen Unmittelbarkeit die genannte Gefahr ganz besonders nahe legt. So wird es das *irrende Gewissen*.

Das irrende Gewissen klammert sich an gewisse Erscheinungen oder Handlungsweisen fest, für welche absolut kein vernünftiger Grund, sondern nur seine eigene leidenschaftliche Behauptung, bei ihnen verharren zu müssen, namhaft gemacht werden kann. Es ist sozusagen der auf den Klippen des unmittelbaren Gefühles festgefahrene Wille, die Vorherrschaft des Gefühles vor dem Verstande im Umkreis des reflektierten Willens, der partielle Rückfall des Willens auf die Elemente der Unmittelbarkeit, die sich ihm da aufdrängen, wo er, wie gesagt, sein unmittelbares Selbstgefühl noch nicht oder nicht mehr an die Gesetze eines klaren sittlichen Sollens bindet.

Bekanntlich ist ja das irrende Gewissen namentlich eine religiöse Erscheinung, was uns nun nicht mehr verwunderlich vorkommen wird. Hat es doch die Religion nicht mit den Satzungen zu tun, die sich der Wille selbst gibt, sondern mit **willkürlichen** auch dann, wenn sie, wie dies bei den geläuterten Religionen der Fall ist, mit den moralischen des Willens zusammentreffen. Die Willkür dieser Satzungen ist es nun, die den noch nicht an sich selbst festgebundenen Willen im Gewissen verleiten kann, plötzlich auf ganz zufällige Elemente überzuspringen und so jenes Phänomen aus sich zu erzeugen, das wir als irrendes Gewissen hervorgehoben haben, und das sich allemal dann unfehlbar einstellen wird, wenn der Wille auf seinem eigenen Indifferenzpunkt verharrt, das Licht verschmähend, das ihm durch die allgemeinen Normen seiner eigenen sittlichen Natur entgegengebracht wird. Aber eben, daß es überhaupt ein irrendes Gewissen geben kann, beweist, daß das Gewissen als solches nur erst das unmittelbare Aufleuchten der ersten Willensmomente im Geist des Menschen, noch nicht seine zum Gesetz entfaltete Selbsterkenntnis ist.

Es ist eine namentlich seit den eindrucksvollen Erörterungen Kants fast allgemein zugestandene Tatsache, daß sich der Mensch umsomehr von der Religion zu entfernen trachtet, je sittlicher sein Wille wird. Von jeher haben sich Philosophen und Denker nicht ohne Erfolg bemüht, die Sittlichkeit ganz von der Religion zu trennen und als eine von ihr ganz unabhängige Beschaffenheit des Geistes kenntlich zu machen. Das hat seinen Grund eben darin, daß das Sittliche das Gebiet des reflektierten Willens selbst ist, mit welchem die Religion nicht von vornherein, sondern erst dann in Verbindung steht, wenn sich der Wille ausdrücklich zur Unmittelbarkeit in Beziehung setzt. Diese Beziehung stellt nun das Gewissen, — die Gefühlsaffektion des Willens — immer dann unfehlbar her, wenn es noch nicht in die sittliche Sphäre erhoben, noch nicht von der Klarheit des Sittengesetzes durchleuchtet ist und also noch dunkle Reste jener Willkür aufbewahrt hat, von welcher der Wille herkommt. Daß das Sittengesetz als bloßes Gebot Gottes aufgefaßt, daß in Verbindung damit auch allerhand äußerliche Satzungen auf das göttliche Wesen zurückgeführt werden können, dafür ist auch im Christentum das Gewissen direkt verantwortlich zu machen. Das Gewissen ist in seiner Eigenschaft unmittelbarer **Autorität** der Grund davon, daß die Sittengebote als bloße Satzungen eines göttlichen autoritären Beliebens angeschaut werden können.

Wie unrichtig dies ist, beweist die hieher gehörige theologische

Meisterfrage, ob das Sittengesetz existiere, weil Gott es gewollt, oder ob Gott es wolle, weil es an sich existiert. Durch diese ebenso gefährliche wie unnütze Frage ist in der Tat nicht weniger als alles problematisch geworden. Das Mißverständnis — denn um ein solches handelt es sich — besteht darin, daß man durch die Impulse, die das Gewissen ausübt, sich verleiten ließ, ein nur innerhalb des reflektierten Willens selbst vorhandenes durch seine Trennung vom unmittelbaren Leben entstandenes Sollen mit einem an sich seienden absoluten zu verwechseln. Das Sittengesetz ist der Wille, der sich durch das Gebot seine eigene Bewegung nach dem Leben als absolutes Sollen interpretiert. Da handelt es sich also um keine andere Absolutheit als um die des Willens selbst, die verschwindet, sobald die Spannung zwischen dem reflektierten Willen und der Unmittelbarkeit durch den Übergang des Willens in sie ausgeglichen wird.

Je freier von den Impulsen seines unmittelbaren und deswegen auch unberechenbaren Gefühls der Wille ist, je sicherer er sich selbst im Sittengesetz erfaßt, desto mehr bindet er auch das Gewissen an diese seine natürlichen Normen, und desto weniger ist er versucht, sein eigenes klar erkanntes Wesen noch extra von einer außerhalb seiner selbst entstandenen, ihm von außen nahenden Satzung entgegen zu nehmen. Und das ist denn auch der Grund, warum Kant von einer autonomen Sittlichkeit sprach, und man hauptsächlich gestützt auf seine Autorität von der völligen Unabhängigkeit der Sittlichkeit von Gott zu reden anfing. So sagt z. B. Schelling: „Verkehrt ist es, sich das Moralgesetz gleich wieder als göttlich vorzustellen, oder gar Gott in das Naturrecht einmischen zu wollen. Gott ist durch das Gesetz vielmehr verborgen, und muß davon bleiben, damit das Gesetz Zuchtmeister sei. Wenn man alles der Religion unterordnen will, so gibt es gar keine rationelle Moral oder Rechtslehre mehr, es wäre eben, als wenn man die Vernunftwissenschaft überhaupt leugnen wollte.“ (Einl. in die Philosophie d. Mytologie II. Buch a. a. O. II. Abt. 1. Bd. S. 554 Anmerk. 1.)

Durch nichts kann Gott so eingeschränkt und herabgewürdigt werden, als dadurch, daß man ihm eine Erscheinung als besondere Schöpfung zumutet, deren Dasein nur einem Mangel, einer in der ursprünglichen Unmittelbarkeit entstandenen und wieder zum Verschwinden bestimmten Spannung Ausdruck gibt.

Wie kann Gott der Schöpfer eines „Gesetzes“ sein, dessen Sollen den bloßen Drang des der Ewigkeit zustrebenden Willens, nicht eine Vollkommenheit also, sondern umgekehrt die größte Unvollkommenheit ausdrückt?

Solche Verirrungen kann das Gewissen anrichten, weil es bloß die erste Selbsterkenntnis des zu sich kommenden Willens ist, der dabei noch den außer ihm stehenden Mächten preisgegeben ist. Aber es ist notwendig, daß sich der Wille zuerst ganz selbst finde, ganz in die Reflexion über sich selbst eingehe, ganz autonom werde, damit er, geläutert durch die Selbsterkenntnis, frei und stark geworden, sich wieder der ursprünglichen Lebenswelt zuwenden kann. Von dieser Emanzipation des Willens haben wir nun zu reden und kommen daher zu unserm zweiten Abschnitt: zur Sittlichkeit.

B. Die Sittlichkeit.

I. Das Recht.

Wir treten auf historischen Boden. Es ist unmöglich, vom Recht zu reden, ohne die Rechtsgestaltungen wenigstens einer flüchtigen Betrachtung zu unterwerfen, die die Geschichte uns überliefert hat. Nichtsdestoweniger haben wir uns dessen bewußt zu bleiben, daß wir das Gemeinsame in allem Recht suchen, wofür wir keine andern als metaphysische, über der bloßen Rechtserscheinung liegende Gesichtspunkte geltend machen können. Aus bloß empirischen Tatsachen den Sinn allen Geschehens abzuleiten, ist doch immer eine Dürftigkeit, von welcher sich der Blick des Menschen nicht auf die Dauer gefesselt fühlt, wie glänzend und farbenreich auch die Bilder sein mögen, die die Empirie zu entwerfen vermag. Es wird immer ein Mangel der modernen Geschichtsschreibung und Philosophie bleiben, daß sie unsere Aufmerksamkeit aus der unübersehbaren, unendlichen Weite des überirdischen Geschehens in den engen Umkreis letzter greifbarer Elemente treibt, womit sie die Gestaltungen der Dinge zu erklären hofft. Gelingt es ihr einerseits, sich durch Abstreifen alles Mythenhaften in jene sonnige Klarheit zu begeben, die wir als den Vorzug der modernen Geistesarbeit dankbar anerkennen, so erspart sie uns doch anderseits den Eindruck nicht, daß sie ihre Probleme nur allzu spielend löst und hinter den scheinbar so selbstverständlichen Anfängen, womit sie den Fluß ihrer Gedanken einleitet, Schwierigkeiten verbirgt, denen wir doch nur durch Inanspruchnahme einer höheren Welt gerecht werden können. Wir wollen uns trotz allem den Blick auf die sog. metaphysischen Fragen nicht nehmen lassen und hegen wenigstens das sichere Gefühl, daß die schweren, scheinbar so unhaltbar gewordenen Gedankenmassen der großen Denker der Vergangenheit die Schwierigkeit der Probleme, die das Menschenherz nach wie vor beschäftigen, wahrheitsgetreuer offenbaren, als die leichtgeschürzte, ungebundene Spekulation der Modernen, die gerade die Geheimnisse, von denen wir immer und immer wieder hören wollen, durch eine berückende Gruppierung von im Grunde doch nur alltäglichen Erscheinungen zu verdecken trachtet.

Mit Fug und Recht darf die Frage gestellt werden, ob denn wirklich mit dem realistischen Verfahren der modernen Wissenschaft das Faktische gegen das bloß Eingebildete, die Tatsachen gegen die Mythen reinlich und endgiltig ausgespielt seien, und ob nicht vielmehr hinter dem Schleier, den es sorgfältig über die letzten Gründe zu breiten sucht, Tatsachen von viel gewaltigerem Schwergewicht ruhen, als die sind, mit denen es selbst rechnet.

Wir hoffen, im ersten Teile unserer Untersuchung klar gemacht zu haben, daß allgemeine Prinzipien, Begriffe, Ideen, die wie fabelhafte Wesen über dem ungebundenen Spiele der Wirklichkeit zu stehen hätten, in Wahrheit nur eingebildete Größen seien. Etwas anderes aber ist die im gleichen Zusammenhange dringlich gewordene Frage, ob sich, von jenen logischen Allgemeinheiten abgeschattet, nicht doch eine lebendige, wie sehr auch über den empirischen Begriffen liegende Allgemeinheit zur Anerkennung bringe, aus welcher erst alles Tatsächliche zu erklären sei. Die letzten großen Gedanken, in welche sich in der Tat der Reichtum der Wirklichkeit zusammenziehen läßt, sind nichts anderes als die Erinnerung an jene unmittelbare Welt, die ihren umfassenden Sinn im ewigen Augenblick des unendlichen Erlebnisses offenbart. Unübersehbar ist die Fülle der physischen wie der historischen Erscheinungen, aber die Elemente, auf welche es schließlich ankommt, sind einfach. Die Gestaltungen des Lebens überbieten auch die kühnste Systematik des Denkens, und doch glauben wir mit dem

Worte „Leben“ nur eine einzige, jedermann einleuchtende Tatsache auszusprechen. Mag sich unser Blick noch so sehr an die Massenhaftigkeit und den Farbenreichtum der wechselnden Ereignisse verlieren, schließlich wünschen wir doch in einem letzten die drängende Qual unseres vielgeschäftigen Geistes zur Ruhe zu betten.

Das ist der Grund, weshalb wir doch immer wieder jenen Versuchen lauschen, die es unternehmen, aus einem einheitlichen Gedanken die losen Bilder realistischer Malerei, woran wir uns müde entzückt, abzuleiten, in eine einzige Idee die zerteilte Herde der Tatsachen zu drängen. Wir spüren es: einfach ist alles geschaffen, einfach muß auch wieder der letzte Sinn sein, in dem die jetzt zerspaltene, in Gegensätze zerklüftete Reihe der Tatsachen zurückkehren wird.

Aus einer einzigen entscheidenden Tat des Menschen ist das Chaos entstanden, das wir vor Augen haben und das wir umsonst mit unseren Blicken zu umspannen suchen. Einfache, entscheidende Phänomene, die nicht aus der sichtbaren Welt stammen, sondern aus jener, die der Mensch verloren, werden es sein, die ihn zum Ursprung seines Lebens zurücktreiben, wie bunt auch die Gestalten sind, die diesen Weg beschreiten.

Bevor wir uns jenen Gestalten zuwenden, müssen wir uns dieses Einfache noch einmal vor Augen halten.

1. Ursprung und Wesen des Rechts.

„Die Natur kann nicht handeln, im eigentlichen Sinne des Worts. Aber Vernunftwesen können handeln, und eine Wechselwirkung zwischen solchen durch das Medium der objektiven Welt ist sogar Bedingung der Freiheit; ob nun alle Vernunftwesen ihr Handeln durch die Möglichkeit des freien Handelns aller übrigen einschränken oder nicht, dies hängt von einem absoluten Zufall, der Willkür, ab. So kann es nicht sein. Es muß durch den Zwang eines unverbrüchlichen Gesetzes unmöglich gemacht sein, daß in der Wechselwirkung aller die Freiheit des Individuums aufgehoben werde. Dieser Zwang kann sich nun freilich nicht unmittelbar gegen die Freiheit richten, da kein Vernunftwesen gezwungen, sondern nur bestimmt werden kann, sich selbst zu zwingen; auch wird dieser Zwang nicht gegen den reinen Willen, der kein anderes Objekt hat als das allen Vernunftwesen Gemeinschaftliche, das Selbstbestimmen an sich, sondern nur gegen den vom Individuum ausgehenden und auf dasselbe zurückkehrenden eigennützigen Trieb gerichtet sein können. . . . . Es muß eine zweite und höhere Natur gleichsam über der ersten errichtet werden, in welcher ein Naturgesetz, aber ein ganz anderes, als in der sichtbaren Natur, herrscht, nämlich ein Naturgesetz zum Behuf der Freiheit. Unerbittlich und mit eiserner Notwendigkeit, mit welcher in der sinnlichen Natur auf die Ursache ihre Wirkung folgt, muß in dieser zweiten Natur auf den Eingriff in fremde Freiheit der augenblickliche Widerspruch gegen den eigennützigen Trieb erfolgen. Ein solches Naturgesetz, wie das eben geschilderte, ist das Rechtsgesetz, und die zweite Natur, in welcher dieses Gesetz herrschend ist, die Rechtsverfassung". (Schelling, System des transzend. Idealism. 4. Hauptabsch. a. a. O. I. Abt. 3. Bd. S. 582. 583.)

Dieses Rechtsgesetz ist der zu sich selbst kommende, aus der Ungebundenheit individueller Willkür sich lösende Wille. Erst hier können wir vom Willen reden in seinem reinen Verstande, weil hier erst eine ordnende und zwingende Macht den entfesselten Elementen schrankenloser Unmittelbarkeit, wie sie in den Leidenschaften emporlodern, bewußt und streng entgegentritt. Das ist das Recht. Das Recht ist die Erscheinung des auf sich selbst gestellten Willens, oder kürzer: das Recht ist der nach außen gewandte Wille. Damit ist eigentlich schon alles gesagt. Alle die Theorien, die die Idee des Rechts in allerhand tiefsinnigen, aber eigentlich nur weit hergeholten, unwesentlichen Betrachtungen erschöpfen zu müssen glauben, die Versuche, zwischen dem Rechte selbst und seiner Wirkungssphäre, dem Staate, ideelle Schranken aufzurichten, die für das historische Verfahren eine Berechtigung in sich tragen, die Hinweise endlich auf den charakteristischen Antagonismus, der zwischen dem Recht und dem Individuum besteht, als läge in ihm nicht ein von vornherein zum Wesen des Rechts gehöriges Merkmal — so bedeutsam für das beschränkte Gebiet, das sie sich abgesteckt, sie auch sein mögen, treffen doch die Sache selbst nicht in ihrem unmittelbaren und einfachen Tatbestand. Man kann das alles gelten lassen, aber man kann ebenfalls ein einziges Grundphänomen als Ursache der vielgestaltigen Erscheinungen auf dem Gebiete des Rechts hervorheben, das sie alle aus sich entläßt, das aus seiner schöpferischen Einfachheit von selbst in seiner Auseinandersetzung mit einer Außenwelt den Reichtum der Gesichtspunkte entfaltet, von denen die genannten Vorstellungen reden — den Willen.

Nur eins ist völlig ausgeschlossen: die Ableitung des Rechtes aus bloß empirischen Daten. Gerade auf unserm Gebiete ist es sozusagen mit Händen zu greifen, daß die Empirie selbst, will sie nicht in ein bloßes hartnäckiges und verblendetes Behaupten verfallen, auf überempirische Erklärungsgründe ihres Gegenstandes angewiesen ist. Nichts leichter als die Vortellung eines primitiven Urzustandes von lauter zusammenhangslosen Individuen, die sich plötzlich — durch die Not, oder durch sonst was getrieben — zu einem Ganzen verbinden, sich Gesetze und Rechte selbst vorschreiben und gewähren, und so den Staat im Handumdrehen schaffen, nichts leichter als diese einmal so beliebte Vorstellung eines „contrat social“ — aber auch nichts oberflächlicheres und unwahreres als sie. Konnte sie einer Zeit verziehen werden, die ihre eigene individuelle Ungebundenheit und ihren Abscheu vor allen objektiven Mächten gerne in die Vorzeit übertrug, so darf sie doch heute nicht mehr wiederholt werden, wo man zu der Einsicht gelangt ist, daß der Mensch in den allerwenigsten Fällen seines Lebens nach bloßen Einfällen handelt, daß alles von wenigen aber entscheidenden Impulsen getragen und geleitet wird, und daß namentlich für die Anfänge der Menschheit — „les origines“, von denen Pressensé so schön zu reden verstand — dieselben einfachen und großen Gesichtspunkte geltend gemacht werden müssen, zu denen eine moderne müde Gesellschaft zögernd noch, aber mit leidenschaftlichem Verlangen zurückstrebt.

Was das naturalistische Verfahren im allgemeinen, was auf unserm Gebiete im speziellen jene unbesehene Voraussetzung eines irgendwie gedachten Urzustandes der Menschen — von dem man zu reden weiß, als befinde man sich selbst noch in ihm — in dringenden Verruf brachte, ist im Grunde der maßlose Doktrinarismus, mit dem sie sich groß machen. Nichts doktrinäreres als der Naturalismus, wie sehr er es sich gerade zum Verdienst anrechnet, alle bloßen Doktrinen aus der Welt geschaffen zu haben. Es ist einfach nicht wahr, daß sich die Menschen aus tierischen Zuständen zur Rechtsvorstellung und dgl. von selbst emporbilden; gerade das Umgekehrte ist wieder einmal wahr, daß jede Entwicklung der Menschen ohne Rechtsgrundlage ein Ding der Unmöglichkeit ist. Es ist nun einmal nicht so, wie es der Naturalismus, so wissenschaftlich er auch tut, Wort haben will, daß wir erst im Laufe der Jahrtausende — nicht zu uns selbst, nein, nicht einmal zu den gewöhnlichsten Rechtsvorstellungen gelangen. Hohe Zeit, daß dieses öde und langweilige Gerede aufhöre, nicht bloß weil es dies ist, sondern vor allem, weil es durch und durch unwissenschaftlich und falsch ist. Was ist unwissenschaftlicher als die Annahme, Mächte, die das Leben der Menschheit bis in ihre Grundtiefen aufwühlen, wie Recht und Moral, seien aus einer bloßen Entwicklung entstanden? Wie kann etwas wie Recht und Staat, wie Moral und Sitte überhaupt entstehen? Darauf ist man bis heute die Antwort schuldig geblieben und wird sie solange schuldig bleiben, bis man sich entschließen kann, nicht nur dem Greifbaren, sondern auch dem, was in uns lebt und handelt, eine Realität zuzugestehen; dann aber wird man auch verstehen, daß nicht die äußern Faktoren die innern, sondern umgekehrt die innern die äußern schaffen und bestimmen.

Unsere Gesellschaft, die sich wieder aus der Zerfahrenheit und Charakterlosigkeit, in die sie gerade durch die dreisten Behauptungen einer sogenanten Naturwissenschaft — die aber nur die Wissenschaft der Materie war — geraten ist, zu sammeln und auf sich selbst zu besinnen beginnt, wird wieder reif für die Erkenntnis, daß das Große allein gilt, und daß das, was die Herzen mit warmen Impulsen füllt, unmöglich das Gebilde einer nie enden wollenden tierischen Entwicklung sein kann — daß es ist, weil es ist, erhaben über jede Entwicklung, jeder Entwicklung voran gehend, sie tragend und ihrem Ziele entgegenbringend. Wer von Entwicklung spricht, muß angeben können, wie eine Entwicklung überhaupt denkbar sein soll. Eben das vermag der Naturalismus so gar nicht. Er setzt immer in der leichtfertigsten Weise voraus, was gerade zu beweisen, läßt immer unerklärt, was der Erklärung am meisten bedürftig, und frägt eben da nie mehr, wo nicht weniger als alles in Frage gestellt ist. Wie kommt es zu einer menschlichen Entwicklung? das ist die Grundfrage, die zu übersehen gerade das Charakteristische des Naturalismus ist. Und gibt es eine andere Antwort auf sie, als daß der Entwicklung eine Macht vorangehen muß, die sie treibt?

Noch mehr: wenn wir uns, wie dies offenbar der Fall ist, immer mehr zu uns selbst entwickeln, wenn wir immer näher kommen dem Ziele unserer Bestimmung, wenn wir, wie eben der Naturalismus will, immer besser und vollkommener werden — woher wissen wir überhaupt von diesem Ziele, dieser Vollkommenheit, wenn sie nicht in uns lebte, zu leben angefangen hätte irgend einmal? Irgend einmal? Ist dieses letztere überhaupt denkbar? Ist nicht vielmehr allein wahr und denkbar, daß wir von Anfang an uns selbst besaßen; daß wir uns wohl von uns selbst trennen, niemals aber unser ursprüngliches Wesen erst von einer langen Zukunft erwarten können?

Alles kehrt zu sich selbst zurück. Die Entwicklung des Menschen ist nichts anderes als die Rückkehr ins eigene Selbst. Von uns sind wir ausgegangen, zu uns kehren wir zurück. Das versteht unsere wie keine frühere so persönlich gerichtete Zeit. Und die Mächte, die uns in diesen Kreislauf getrieben, sind wieder nur Mächte unseres eigenen Selbst. Die Weltgeschichte ist die Geschichte des menschlichen Willens.

Damit sind wir zu unseren ersten Sätzen zurückgelangt. Der auf sich selbst gestellte Wille, sagten wir, ist das Recht. Eben deswegen läßt sich die Idee des Rechts nicht weiter erklären, weil der Wille, diese unmittelbare Macht, sein Element ist. Man kann, wie erwähnt, eine unerschöpfliche Fülle von Gedanken an die Erklärung des Rechts verschwenden — schließlich wird man sich immer mit seiner bloßen Tatsächlichkeit begnügen müssen. Es ist eben, was es ist, eine Macht, die ihr eigenes Sein besitzt, die vor allem anerkannt, nicht erkannt sein will.

Man wird einwenden, nicht bloß Macht sei das Recht, sondern eine ideale, eine sittliche, eine Kulturmacht. Gewiß, das ist alles wahr; falsch nur, wenn es heißen soll, daß erst die Kultur, oder die Sittlichkeit in dem hier gemeinten Sinn, oder ein Ideal dem Recht zu seiner Macht verhelfe. Nicht die Kultur schafft das Recht, es ist keine Kulturidee und dergleichen, sondern umgekehrt: das Recht schafft die Kultur; es ist die Kultur als Macht. Natürlich hegt es in sich moralische und sittliche Zwecke; aber ganz verkehrt wäre es, diesen Zwecken die eigentliche Wirklichkeit vindizieren, das Recht dagegen nur die Rolle des Mittels zu ihrer Realisierung spielen lassen zu wollen. Das Recht ermöglicht umgekehrt alle Moral erst auf seinem Boden, es ist vor allem eine sittliche Macht. Da wo die Sittlichkeit mehr sein will als Macht, hört die Sphäre des Rechtes auch von selbst auf. Recht und Moral sind zwei verschiedene Erscheinungen; was sie trennt, ist eben der Begriff der Macht. Das Recht ist die Sittlichkeit als Macht, die Moral die Sittlichkeit als Gebot. Das Recht muß, die Moral soll sein.

Es ist klar, daß eben diese Beschränkung des Rechts auf Macht den Umkreis des Rechts viel lockerer und willkürlicher gestalten muß, als der ist, den die Moral sich gezogen, ja daß das Recht zu Bestimmungen gelangen kann, die mit der Moral blutwenig zu schaffen haben, wenn sie ihr nicht geradezu widersprechen. Das Recht will gelten, nur gelten. Mag die Art und Weise, wie es bei den verschiedenen Völkern die Gemeinschaft der Einzelnen untereinander bestimmt, verschieden sein, der eben namhaft gemachte Grundzug kehrt doch immer und überall wieder. Nicht das ist die Hauptsache, wie es sich vollzieht, sondern das andere, daß es überhaupt einen Vollzug seiner Bestimmungen ins Werk setzt; nicht, wie gerne oder ungerne man seine Gesetze befolgt, sondern daß man es überhaupt tut. Mag man denken von ihm, was man will, solange man sich ihm unterzieht, läßt es einen in Frieden, um sofort seine harte Hand fühlbar zu machen, sobald man sich — auch bei der lautersten Gesinnung — gegen seine — wie sehr auch geringfügige — Bestimmung auflehnt. Die Gesetze müssen gehalten werden einfach darum, weil sie die Gesetze sind.

Es ist uns Modernen zwar diese Brutalität eines um seiner selbst willen geltenden Rechtes sehr fremd und fraglich geworden. Wir dürfen aber nicht vergessen, daß wir in einer Entwicklungsphase des menschlichen Fortschrittes uns befinden, die prinzipiell das Recht überwunden hat — wovon wir später reden müssen — und daß uns dies nicht abhalten soll, die ursprüngliche Rechtsvorstellung, wie sie uns namentlich die alten Völker vor Augen stellen, vorurteilslos hinzunehmen. Ein oberflächlicher Blick schon in die Rechtszustände der vorchristlichen Menschheit macht in der Tat nichts so eindrücklich, als die Behauptung, die wir soeben aufgestellt, daß Macht, die unbedingt zu gelten habe, das Charakteristische des Rechts sei. Und zwar eine blinde, schonungslose Macht, eine Macht, die sich nicht kümmert um das Wohl oder Wehe der Menschen, die ihrer harten Grausamkeit die frohe Ungebundenheit des Lebens zum Opfer bringt, die auch in das kleinste und unschuldigste Geschehen hinein die doktrinäre Bestimmung ihrer leblosen Pedanterie legt. Eine nicht notwendig moralische Macht, wenn sie schon, je mehr sie sich festigt, umso weniger sich der Moral versagen kann, aber eine Macht, die ob gut oder böse jedenfalls stillschweigenden Gehorsam verlangt, die nur regieren will, weil sie ist, die nicht von „Gründen“ und „Gesichtspunkten“ ihr blindes Regiment zu Lehen trägt, sondern die erst dann den Gipfel ihrer Vollendung erstiegen zu haben vermeint, wenn sie unabhängig von jeder Rücksicht ihr Szepter schwingt.

Die Menschen haben dieser Macht oft geflucht, sie haben sie von sich zu schütteln versucht, sie haben Revolution um Revolution mit Strömen Blutes herbeigeführt — um immer wieder von vorne anzufangen! Denn kaum glaubten sie die Gesetze selbst gemacht und nur sich selbst zu verdanken zu haben, kaum wähnten sie unter ein selbstgeschaffenes Joch ihren Nacken freiwillig zu beugen, so spürten sie schon wieder dieses Joches brutale Eigenmächtigkeit, um immer wieder einer Macht zu unterliegen, die doch nur ihr vermeintliches Gebilde gewesen. Sie kennen sich selbst nicht. Sie wissen nicht, welche absoluten Gewalten sie in ihrem eigenen Innern bergen; sie verstehen sich nur in der ebenso verderblichen wie süßen Unmittelbarkeit des Genusses und verabscheuen deshalb Gesetze und Rechte, die denselben von ihren schwelgenden Lippen nehmen — und sehen nicht, daß sie selbst es sind, die vermöge ihrer eigenen Natur sich in eben die Ordnungen treiben, denen sie fluchen.

Recht ist Wille. Der sich selbst erfassende, von aller Ungebundenheit und Willkür sich lösende, nur sich selbst anerkennende und dem Leben, das ihn bis dahin gefesselt, mit der ganzen Gewalt eines unmittelbaren, aber nun in der Isoliertheit doktrinär gewordenen Wesens entgegentretende Wille — das ist das Recht. Es muß gelten, weil es Wille ist und muß in der Form von Gesetzen gelten, weil es isolierter, die ursprüngliche Unmittelbarkeit nur noch als Gesetz verstehender Wille ist. Das Recht ist die Unmittelbarkeit des Lebens angeschaut im Medium des nur sich selbst kennenden Willens.

Es gibt keine größere Differenz als die zwischen Recht und Leben, Recht und Freiheit. Das Recht tritt dem Leben der Menschen, das sich in der Ungebundenheit seiner Triebe, nur sich selbst genügend, töricht und reizend zugleich ausgibt, diametral gegenüber mit dem Anspruch, dasselbe einem Gesetz, das gehalten werden muß, zu unterwerfen. Nicht das Leben, wie es ist, muß sein, nein, das Gesetz, das sich des Lebens bemächtigt, muß sein; nicht Willkür, nein Regel; nicht Schrankenlosigkeit, nein Schranken und

Satzungen auf allen Seiten; nicht jenes holde Spiel des Sich-gehenlassens, nein, die Beherrschung und Leitung eines gerade so und nicht anders zu gestaltenden Daseins. Frägt man, warum muß das so sein, so erhält man als einzige Antwort die Frage zurück: Weil es so sein muß! Das ist das Recht.

Neben und über die Naturordnung tritt eine zweite, die Ordnung des Geistes. Von nun an wird es eine Geistesgeschichte geben, eine Entwicklung der Menschheit. Denn nun hat sich der Wille wiedergefunden, gelöst und frei gemacht von den Mächten der bloßen Triebe, auf sich selbst gestellt, aber eben damit auch sogleich die Bewegung angetreten, die sein charakteristisches Merkmal, d. h. in der Trennung von der Unmittelbarkeit nichts anderes ist, als sein unendlicher Drang, sich ihrer wieder zu bemächtigen. Es ist klar, daß diese erste Selbsterfassung des Willens nur eine gewaltsame sein kann. Denn hier handelt es sich nur darum, daß der Wille überhaupt gelte, er muß sich hier sozusagen noch für seine Existenz wehren, er muß blind und rücksichtslos durch die Elemente des Lebens fahren, die ihn betört und eingewiegt hatten. Er will selbst sein, sein eigenes Reich schaffen, aber weil ihm ein solches auf dieser ersten Stufe seiner Selbsterfassung nur äußerlich und sinnenfällig sein zu können scheint, so greift er mit schonungsloser Hand in die Ungebundenheit des Lebens hinein, um sie in ein besonderes Gesetz zu bannen und in diesem Gesetz seine eigene Kraft zu spiegeln. Er ist noch nicht so in sich selbst hineingegangen, daß er von der Außenwelt nichts mehr will; vielmehr besteht auf dieser Stufe sein Wesen darin, daß er sich die Außenwelt dienstbar zu machen, seinem überlegenen Gebote zu unterwerfen trachtet. Es ist der nur nach außen gewendete, nur äußerlich orientierte Wille, den wir im Rechte vor uns haben.

Dieser sich selbst mit Verachtung aller individuellen Willkür geltend machende Wille ist zugleich und eben deswegen, weil er Wille ist, Gemeinschaft bildend: der Wille schafft den Staat. Man könnte dies bezweifeln wollen, man könnte es verwunderlich finden, daß nicht die individuelle Tatkraft, sondern das, was viele Menschen zu einer gemeinsamen Handlung verbindet, Wille genannt werden soll. Man könnte sagen: nicht der Wille, sondern viele Menschen, die dasselbe wollen, seien zum Staate verbunden. Allein, recht verstanden liegt in diesem Einwande wieder nichts anderes als jene empirische Vorstellung von der Entstehung des

Staates auf dem Wege des freiwilligen Vertrages, die wir oben abgewiesen haben, und die auch in der milderen soeben vorgetragenen Form die Antwort auf die Frage, wie es denn komme, daß alle dasselbe wollen, einfach wieder schuldig bleiben muß.

In der Tat: Woher kommt es, daß sich Menschen zu Staaten verbinden, wenn sie nicht ein gemeinschaftliches Element unwillkürlich dazu treibt? Der Mensch ist ein geselliges Wesen, sagt Aristoteles, aber der Philosoph gibt sich keine Mühe, die Begründung dieses Satzes zu versuchen, offenbar deshalb, weil er in ihm eine nun einmal nicht zu ändernde, mit der Natur des Menschen gegebene Tatsache ausdrücken wollte. So oft man sich auch schon gefragt, warum die Menschen die strengen und dem individuellen Glücke so verhängnisvollen Regeln und Gesetze des Staates dem wohl gefährdeteren, aber noch freien Leben der bloßen Stammesgenossenschaft mit ihren nur zu äußeren Zwecken geschlungenen Verbänden aufgeben, sobald sie in das Licht der Geschichte treten, ein geschichtliches Dasein, im Unterschiede zum bloß natürlichen beginnen, so hat man doch keine befriedigende Antwort gefunden, solange man bei äußeren Gründen stehen blieb. Daß die Geschichte der Menschheit ausschließlich Staatsgeschichte ist, und wir da, wo die staatlichen Interessen in den Hintergrund treten, von einer eigentlichen Geschichte nicht mehr reden können, führt auf ein gemeinschaftliches, allem Staatsleben zu Grunde liegendes unmittelbares Element, das in den Bewegungen der Staaten nur sich selbst fortbewegt. Das ist der Wille.

Der Wille ist die Gemeinschaft selbst. Wille und Gemeinschaft sind einunddasselbe. Nur in der Gesamtheit eines Verbandes kann sich der Wille geltend machen; erst hier kommt er als der einheitliche, sich selbst erkennende Wille zur Offenbarung. Der Wille des Einzelnen ist kein Wille. Unus homo nullus homo. Man kann dies auf einem Standpunkt beklagen, der die bloße Tatkraft oder gar die ungebundene Willkür des Einzelnen für das Höchste zu halten gewillt ist; allein schon die einfache Wahrnehmung, daß auch der Einzelne die Kraft seines individuellen Wollens aus einer allgemeinen Richtung oder Orientierung schöpfen muß, wenn er sich nicht in nutzlosen und unfruchtbaren Gebilden ergehen will, beweist, daß die Unterscheidung zwischen Gemeinschaft und Einzelnen im Sinne eines „beklagenswerten" Gegensatzes falsch ist. Gerade das Umgekehrte ist wahr. Gerade dann ist der Einzelne am stärksten, wenn er von der Gemeinschaft getragen wird, gerade dann die Wirkung seiner Persönlichkeit am größten, wenn sie auf einen größtmöglichen Umkreis ihrer allgemeinen Orientierung blickt. Je allgemeiner die Gesichtspunkte sind, die uns bestimmen, desto individueller wird das Gepräge unseres Schaffens werden, und je reicher eine Persönlichkeit ist, desto allgemeiner wird auch ihre Wirksamkeit sein. Große Menschen, Menschen von universaler Bedeutung sind immer auch aufs reichste und feinste ausgebildete individuelle Erscheinungen. Je persönlicher, desto allgemeiner, und je mehr dem Ganzen lebend, desto persönlicher ist der Mensch.

Jene oben namhaft gemachte Klage weiß also nicht, was sie beklagt. Es bleibt dabei: die Gemeinschaft ist das Lebenselement des Menschen. Nur die vielen Menschen sind der Mensch; nur die Menschheit selbst offenbart den menschlichen Willen in seiner ganzen individuellen Reinheit. Der Wille ist nur deshalb der Wille des Einzelnen, weil er der der Gesamtheit ist; der bloße Einzelwille ist eigentlich nicht mehr Wille, sondern eher Unwille zu nennen.

Wir dürfen uns deshalb nicht verwundern, daß mit der Selbsterfassung des Willens auch eine Gemeinschaft des Willens entstehen muß. Denn Wille heißt eben Gemeinschaft. „Die größten Rätsel der Geschichte", sagt Treitschke, „liegen am Anfang und am Ende. Wie ist es in solchen Zuständen nur möglich, daß durch einen Vertrag die Menschen sich binden? Die Antwort lautet: Das ist erst im Staate möglich, ohne den Staat gibt es keinen Vertrag. . . . . Nun können wir uns die Menschheit ohne eine ganze Reihe wichtiger Erfindungen wohl denken, eine staatlose Menschheit aber ist einfach undenkbar, denn sie müßte zugleich eine vernunftlose sein. Zum Wesen der Menschheit gehört der politische Trieb, der Drang der Staatsbildung ebenso unentbehrlich, wie der Trieb der Sprachbildung." (Treitschke Politik Bd. I S. 16 und 17). In dem staatenbildenden Trieb der Menschen erkennen wir jene dem Wille wahlverwandte und jetzt in seiner Abgeschlossenheit von ihm erstrebte Unmittelbarkeit wieder, die unser ursprüngliches Leben gebildet hatte. Gemeinschaft ist Leben. Wir wollen leben und darum wollen wir uns gesellen.

Hier nun — wo wir uns auf dem Boden der Unmittelbarkeit selbst bewegen — tritt uns das Allgemeine, von dem wir oben so viel zu reden gehabt, in einer ganz neuen Gestalt entgegen, in der Gestalt einer wirklichen, sichtbaren Gemeinschaft: des Staates. Während der Intellekt nur ideelle Allgemeinheiten stiftet, schwache Reflexe der Unmittelbarkeit, die er in sich bewegt, gestaltet der Wille, das Element des Unmittelbaren, dieses Unmittelbare auch praktisch in eine reelle Allgemeinheit aus, weil er nicht nur denkt, sondern weil er handelt. Gerade der Staat also ist ein Vorgeschmack der Unmittelbarkeit, er ist die vom Willen inszenierte, noch ganz von ihm allein getragene Unmittelbarkeit. Hierin liegt seine Wahrheit, wie seine Schranke. Von der Wahrheit haben wir schon geredet, von der Schranke reden wir jetzt.

Der Staat, haben wir gesagt, ist die vom Willen gestiftete Unmittelbarkeit. Eine gestiftete Unmittelbarkeit ist aber ein Widerspruch in sich selbst. Das Unmittelbare läßt sich nicht machen, es bietet sich zwanglos an. Um so größer wird der Druck werden, den die bloß gewollte Unmittelbarkeit auf die Menschen ausübt. Wie einer, der das Recht für sich hat, aber zu schwach ist, es geltend zu machen, umso leidenschaftlicher und rücksichtsloser es behauptet, so postuliert der Wille die Unmittelbarkeit, von welcher er herkommt, und zu welcher er zurückstrebt; er postuliert sein Recht, aber weil er es nur postuliert und voreilig sozusagen geltend macht, so schafft er sich jenes Gebilde der Ausschließlichkeit und Härte, das wir als Staat kennen. Die milde und absolute Selbstverständlichkeit des Unmittelbaren ist hier zu einer alles verzehrenden Unbedingtheit geworden. Der Wille hat sozusagen das Unmittelbare aus seinen verborgenen Tiefen mit sich ans Licht der Geschichte emporgerissen, aber unter seinen Händen, unter seinen Gesetzen und Formalitäten, wozu sein eigenes isoliertes Dasein zusammengeschrumpft ist, verwandelt es sich in die tyrannische Ausschließlichkeit einer äußern strengen Gemeinschaft, die nichts über sich anerkennt, sondern selbstherrlich um ihrer selbst willen da ist.

„Die äußere, mit zwingender Gewalt ausgerüstete Vernunftordnung ist der Staat, der materiell genommen eine bloße Tatsache ist und auch nur eine tatsächliche Existenz hat, aber geheiligt durch das in ihm lebende Gesetz, das nicht von dieser Welt noch von Menschen ist, sondern sich unmittelbar von der intelligiblen Welt herschreibt. Das zur tatsächlichen Macht gewordene Gesetz ist die Antwort auf jene Tat, durch welche der Mensch sich außer der Vernunft gesetzt hat" (Schelling, Einl. in die Phil. d. Mythol. II. B. a. a. O. II. Abt. 1. Bd. S. 533).

„Der Staat ist zunächst Macht, um sich zu behaupten" (Treitschke, Politik I. S. 32). „Was der Staat braucht, ist zunächst das Äußerliche; er will, daß ihm gehorcht werde, sein Wesen ist zu vollbringen, was er will, das schreckliche βία βίᾳ βιάζεται durchdringt die ganze Geschichte der Staaten. Kann der Staat nicht mehr durchsetzen, was er will, so geht er zu Grunde . . . . hart ist der Gedanke der Macht freilich, sich durchzusetzen ganz und unbedingt ist hier das Höchste und Erste" (ebenda I. S. 33).

Der Staat ist die an die Sichtbarkeit gezerrte und deswegen in den Elementen des Sichtbaren mit blinder Gewalt schaltende Unmittelbarkeit; die Unmittelbarkeit, die sich will, die nicht mehr Leben, sondern nur Wollen ist, und das Recht sozusagen der Geist dieses selbstherrlichen staatlichen Organismus. Es ist nicht mehr Macht zu etwas, sondern abstrakte, bloße Macht, die sich als solche hervordrängt. Hier gibt es keine vernünftigen Zwecke, sondern nur die Brutalität einer geistigen Tatsächlichkeit, die, weil sie den lebendigen Zusammenhang mit der ursprünglichen Vernunftwelt verloren hat, alle Zwecke in ihr eigenes blindes Walten verlegt. „Das Recht ist in meinen Augen nur die ihres eigenen Urteils und damit der Notwendigkeit des Masses sich bewußt gewordene Gewalt, nichts also seinem Wesen nach von letzterer Verschiedenes, sondern nur eine Erscheinungsform derselben: die rechte, die richtige, weil an Regeln sich bindende, also die disziplinierte Gewalt, im Gegensatz zu der wilden, rohen, weil nur durch die Leidenschaft und den augenblicklichen Vorteil bestimmten, also der regellosen Gewalt." (Ihering, der Zweck im Recht Bd. I. S. 257.)

Diese Auffassung des Rechtes ist auf christlichem Boden bis in die neueste Zeit der lebhaftesten Bestreitung ausgesetzt gewesen. Denn immer wieder kann es scheinen, als hebe sie nur ein ganz äußerliches Merkmal des Rechts hervor, während die eigentlich treibende „Idee" des Rechts, „moralische Zweckanstalt" zu sein, total verkannt werde. Es war namentlich Trendelenburg, der in seinem Buche „Naturrecht auf dem Grunde der Ethik" dieser Bestreitung einen geistvollen und lebhaften Ausdruck gegeben hat. Dennoch müssen wir an der bestrittenen Auffassung festhalten. Gewiß hat T. recht, wenn er die beiden Erscheinungen: Recht und Moral, aufeinander beziehen zu müssen glaubt; sie sind die Erscheinungen eines und desselben Willens und gehören insofern auch zusammen. Aber T. ist, wie so viele vor ihm, der Versuchung unterlegen, diese Erscheinungen um ihrer Verwandtschaft willen miteinander zu vermischen und voneinander abzuleiten, anstatt sie einander nur folgen zu lassen, von dem Vorurteile befangen, als sei der Wille eine fertige, in sich abgeschlossene, ruhende Erscheinung, deren Äußerungen daher auch, aus der Identität einer sich stets gleich bleibenden Größe stammend, unmittelbar aufeinander bezogen, voneinander abgeleitet werden können. Gerade hier aber liegt das Versehen. T. hat sich der Tatsache verschlossen, daß der Wille in Recht und Moral eine sich fortbewegende, transitorische Erscheinung ist, die sich von einer Stufe der Entwicklung zur andern erhebt, um schließlich im Unmittelbaren ganz zu verschwinden. Wohl ist es immer derselbe Wille, der sich bewegt, aber auf den verschiedenen Stufen der Entwicklung immer anders geartet — wie der Mensch selbst immer derselbe bleibt, so sehr er sich auch in den verschiedenen Entwicklungsstadien verändern mag.

Der Rechtswille ist die bloße Vorstufe des moralischen. Im Rechtswillen ergreift sich der Wille nur erst, macht er sich nur erst geltend, und erscheint er deshalb als Macht, während er in der Moral ganz zu sich selbst gelangt, gleichsam in seine eigenen Tiefen hinabgestiegen ist, um da nur noch bei sich selbst zu sein. Im Rechte will er sich die äußere Welt untertan machen, in der Moral zieht er sich ganz von ihr zurück. Dort ist er noch gebunden an die Elemente des Sichtbaren, zu welchen er sich selbst rechnet, in die er sich einschließt, die er ergreift, um mit ihnen die verlorene Unmittelbarkeit gewaltsam herzustellen — hier erkennt er seine prinzipielle Differenz von der äußern Welt und versucht er, sein eigenes von aller Äußerlichkeit gelöstes rein innerliches Reich aufzurichten. Das Recht ist der äußere, die Moral der innere Wille — ein und derselbe Wille zwar, aber das eine Mal nach außen, das andere Mal nach innen gekehrt.

Auf einem Standpunkt freilich, der den Prozeß der Willensbewegung vom äußern zum innern schon hinter sich hat — dem modernen, durch das Christentum herbeigeführten — liegt die Versuchung nahe, die erst in der spätern Entwicklung hervorgetretenen und selbständig gewordenen Willenselemente mit den frühern wie in einer perspektivischen Linie zusammenzuschauen — was umso mehr möglich zu sein scheint, als diese perspektivische Linie ja im Willen selbst vorhanden ist. Gewiß, am Ende des ganzen Prozesses darf man sich auch klar machen, daß wir es mit einem und demselben Phänomen zu tun haben, das sich in Recht und Moral zur Offenbarung bringt, so gut als man von der Frucht eines Baumes auf die Zweige und Äste schließen darf, in welchen sich ihre Reife vorbereitet hatte. Man wird auch solange noch recht behalten, als man auf die vielen moralischen Gesichtspunkte, die sich im Rechte geltend machen können, hinweist zum Belege dafür, daß beide Erscheinungen zusammengehören — falsch und ungiltig wird dieser Hinweis aber dann, wenn er nun glaubt, sie mischen und ohne weiteres identifizieren zu dürfen. Oft kündet sich ein späteres im früheren an, aber damit ist keineswegs gesagt, daß es auch mit ihm identisch sei. Von der verführerischen Sonne gelockt strecken oft einzelne Frühlingsblumen ihre Köpfchen mitten in erstarrter Umgebung hervor; aber das will nicht bedeuten, daß der Frühling schon angekommen, die Zeit der Blumen schon angebrochen sei. Gerade so verhält es sich mit den Blüten, die die Moral auf dem Boden des Rechts treibt. Wir wollen sie nicht leugnen; wir wollen uns im Gegentheil über alle moralischen Erscheinungen freuen, die das starre Recht mildernd umranken, wenn wir schon der Verwirrungen uns bewußt bleiben, die sie — wie z. b. im kanonischen Rechte — ins Recht hineintragen. Allein nichtsdestoweniger bleibt es wahr, daß diese den Rechtsboden durchbrechenden moralischen Tatsachen durchaus nicht beweisen, daß Moral und Recht identisch, oder daß die Zeit des Rechts auch die der Moral sei.

Eben dies, daß Recht und Moral auch zeitlich als die leitenden Mächte zweier verschiedener Geschichtsepochen auseinandergehalten werden können, beweist, daß wir es hier mit einer Bewegung zu tun haben, die von der einen zur andern fortschreitet; und zwar mit einer Bewegung eines und desselben Grundelementes, das sich selbst jetzt rechtlich, jetzt moralisch bestimmt — des Willens, wie sehr er auch schon auf der frühern Stufe den Glanz seiner späteren Herrlichkeit blitzartig etwa offenbaren mag. In der Tat: Der Unterschied zwischen Altertum und christlicher Ära läßt sich am besten so ausdrücken, daß dort das

Recht, hier die Moral den Grundton bildet, so wenig wir es unternehmen möchten, die bunte Regellosigkeit des äußern Geschehens reinlich und restlos in diese zwei Gruppen auseinanderzutrennen. Auch das Altertum hat die moralischen Triebfedern gekannt und gewürdigt, und auch im Christentum ist das Recht in seiner ganzen Starrheit geltend gemacht worden. Dennoch aber bleibt es eine unbestreitbare Wahrheit, daß erst mit dem Christentum die Ära der Moral angebrochen ist, daß diese erst auf seinem Boden zu der Autonomie erblühte, von der wir heute reden. Doch davon später.

Nach alledem wird uns die Berechtigung nicht bestritten werden können, im Recht den Willen als bloße Macht, den rein äußerlich, sich selbst gelten dmachenden, alles seinem Scepter unterwerfenden Willen, und im Staat die Sphäre dieses Willens zu erblicken. Daß in das Recht — wir wiederholen es — moralische Gesichtspunkte gemischt werden können, hat nicht in der moralischen Beschaffenheit des Rechts seinen Grund, wie Trendelenburg will, sondern ganz einfaeh in dem Umstand, daß der Rechtswille auch der moralische ist. Aber die Orientierung des Rechts ist eine rein äußerliche. Das vollzogene, nicht das gewollte Verbrechen ist vor seinem Richterstuhl strafwürdig; erst, wenn es vor einem fait accompli steht, tritt es in Kraft; moralische Rücksichten dagegen kommen bloß zum Zwecke schärferer Beleuchtung dessen, was geschehen ist, nie an sich, in Betracht. Das Recht will die Menschen in ein gemeinsames Handeln nach vorgeschriebenen Gesetzen zusammenschließen aus keinem andern Grunde, als weil es dieses will. Denn das Recht ist eben der zwingende, sich selbst — zwecklos — geltend machende Wille. Das Recht hat sich genuggetan, wenn es Gehorsam für seine Gesetze erlangt hat, auf die strikte Innehaltung seiner oft nichts weniger als vernünftigen Satzungen ist es mit einer so verletzbaren Empfindlichkeit gerichtet, daß es alle Abweichungen davon mit der grausamsten Härte bestraft da, wo es nur sich selbst kennt, wie dies namentlich bei den ältesten Völkern und heute noch bei Völkern oder Stämmen der Fall ist, die bloß von der Angst, sich zu verlieren, von der Sucht leidenschaftlicher Selbstbehauptung, also vom bloßen blinden Willen erfüllt sind. Das Recht ist der reifende Wille, der sich umsonst festzuhalten sucht und deshalb von einer Staatsgestalt zur andern fortgetrieben wird, bis er durch das Inkrafttreten des moralischen Gesetzes zur Ruhe und zum

Frieden kommt, dienstbar werdend einer höhern Macht und seine eigene Relativität in ihrem Lichte dankbar anerkennend.

Man muß, um sich mit dem Gedanken, daß Recht Macht ist, auszusöhnen, nicht nur an die „Macht“ denken, sondern auch daran, daß sie Willensmacht ist. Wenn man darauf hinweist, daß die Gesetze ja doch nicht nur einen Zwang, sondern daß sie einen vernünftigen Zwang in sehr vielen Fällen wirklich enthalten und nach der Intention des Rechts in allen enthalten sollten, so vergißt man, daß diese wie von außen in das Recht gebrachte „Vernunft“ lediglich im Wesen des Willens, der das Recht schafft, beruht. Alle die lebendigen Gestaltungen, die sich auf dem Rechtsboden erheben, die vom Recht selbst ausdrücklich gefordert, oder von ihm wenigstens anerkannt und geschützt werden, verdanken ihr Dasein nicht einer mit dem Rechte verbundenen „vernünftigen Idee“ oder dgl., nein, sie wachsen am Stamme des Willens selbst empor, der durch seine eigene Selbsterfassung und Fortbewegung die Kulturmächte erst ermöglicht, die man dem Recht nur an die Seite stellen zu können glaubt, wenn es als „bloße Macht“ aufgefaßt werde. Wohl ist es nur Macht, aber Macht des Willens. Und der Wille enthält in sich selbst die Keime des Guten, Wahren und Schönen, zu dem der Mensch auf der von ihm geschaffenen Rechtsgrundlage allmählich gelangt. Im Schutz, den das Recht der Gesellschaft gewährt, liegt keine besondere Zweckidee, keine höchste Vernunft und dgl.; es gibt überhaupt keinen neben dem Rechte befindlichen, über dasselbe hinausgehenden Zweck — und insofern ist der Titel des Iheringschen Buches: Der Zweck im Recht, irreführend und schief. Vielmehr ist alles Vernünftige, das vom Recht angeblich herbeigebracht werden soll, nur der Ausdruck des sich im Rechte offenbarenden Willens. Daß die Menschen des Rechtsschutzes genießen, daß sie unter den Gesetzen nicht verderben, sondern sich zu blühenden Gemeinwesen zusammenschließen, daß sie im Rechte die größte Schranke gegen die leidenschaftliche Ungebundenheit des Bösen erblicken und unter seinem unerbittlichen Regiment zu einer höheren Auffassung aller Dinge, namentlich aber ihres eigenen Lebens und Daseins gelangen — das alles ist nicht der „Zweck im Recht“, sondern mit dem Rechtswillen unmittelbar gegeben. Denn die Beherrschung der Triebe, das wahrhaftige Leben, die höchste Beurteilung des Seienden u. dgl. m. ist gerade das Wesen des Willens, nicht ein bloß neben ihm stehendes vernünftiges

Ideal, das durch ihn zu seinen höchsten „Zwecken" gelangt. Darin besteht die unmittelbare Vernunft unseres Daseins, daß wir selbst das Gute sind, daß Menschsein unmittelbar auch gutsein bedeutet.

Aber im Rechtswillen ist doch nur der Anfang zu dieser Erkenntnis gegeben. Er ist die Grundlage aller Kultur — aber nicht mehr. Das Recht durch das Mittel einer „ewigen Rechtsidee" bei sich selbst zurückhalten, verewigen zu wollen, ist Stillstand, Rückschritt, Sünde. Es ist eine transitorische Erscheinung, es vergeht. Wir kommen nicht zur Ruhe, bis wir im Unmittelbaren selbst zwanglos und frei erleben, was uns das Recht vorgeschrieben, aber nie geschenkt hatte; wir werden solange streben und leiden, bis wir die Mächte alle, die uns jetzt bestimmen, in die Regsamkeit unseres eigenen Selbst verwandelt haben. Das Recht ist nur der erste Schritt der Rückkehr zu uns selbst und deshalb das Element der Geschichte, der Ursprung und Quell der Gesittung, die entscheidende Tat, womit der Mensch sich von den bloßen Naturmächten losriß und die Schwelle zu seiner eigenen Bestimmung überschritt. Aber es vergeht. Nur der Mensch bleibt.

„Es ist eine falsche Voraussetzung, daß es innerhalb dieser Welt einen Zustand gebe, der, wenn er das Ideal, notwendig auch dauernd und ewig sein müsse, während wir gesehen, daß diese Welt als ein bloßer Zustand nicht bleiben könne; die gegenwärtige Ordnung ist nicht Zweck, sie ist nur um aufgehoben zu werden; Zweck also nicht sie selbst, sondern die Ordnung, welche an ihre Stelle zu treten bestimmt ist. Qualemcunque formam gubernationis animo finxeris, nunquam incommodis et periculis cavebis. (Schelling a. a. O. II. Abt. 1. Bd. S. 552 und Hugo Grotius de Jure B. et P. Lib. II, bei Schelling ibid.)

Diese Bewegung wollen wir uns nun kurz in den Hauptzügen vergegenwärtigen.

2. Das Recht in der Geschichte.

a) Das Altertum.

α) Die theokratischen Staatsverfassungen.

Die Geschichte des Rechts ist die Geschichte der Völker. Da wo noch keine Rechtsverfassung oder keine mehr die Geister der Menschen erfüllt und bestimmt, kann man auch nicht von

Geschichte reden. Die sog. Naturvölker haben keine Geschichte, weil sie keine oder doch nur so unvollkommene Staatsgebilde schaffen, daß die freie und zügellose Willkür individueller Interessen immer wieder jedes geordnete systematische Regiment unter ihrem Wellenschlage begräbt.

Der zu sich selbst kommende Wille — so haben wir uns oben die Tatsache erklärt — reißt den Umkreis der natürlichen Elemente, in die er gestellt ist, und von denen er sich noch gebunden fühlt, mit sich in den Drang des Geschehens empor, um sie aus ihrer bloß natürlichen Ordnung in die successive fortschreitende Bewegung hinüberzuleiten. Das ist die Geschichte. Die Geschichte ist der zeitliche Wechsel aufeinander folgender materieller Ordnungen, die der nach außen gekehrte Wille in seinem Bestreben, des Unmittelbaren sich zu bemächtigen, immer wieder aus sich erzeugt. Ohne Willen keine Geschichte — und ohne natürliche Elemente, ohne sichtbare Gestaltungen des Willens ebenfalls keine. Die Geschichte ist kein bloß inneres Geschehen, aber auch nicht nur ein äußeres. Wo die äußeren Faktoren ihr Schwergewicht so übermächtig auf die Regungen des Willens legen, daß er sich nur mühsam fortbewegt, da ist die Geschichte arm an Ereignissen, arm namentlich an wirklichen Fortschritten; aber ebenso: wo sich der Wille der natürlichen Mittel zu seiner Selbstoffenbarung entschlägt, wo er in sich verschlossen seinen bloß gedachten Idealen lebt, da steht die Geschichte still.

Das ist der Grund, weshalb durch das Erscheinen des Christentums die Möglichkeit der Geschichte prinzipiell aufgehoben worden ist, und wir, je mehr es sich der allgemeinen Stimmung bemächtigt, umsomehr einem geschichtslosen, aber diesesmal nicht ungeschichtlichen sondern übergeschichtlichen Zustand entgegengehen. Es lässt sich in der Tat im allgemeinen wohl aussprechen, daß seit dem Christentum eine reine Geschichte nicht mehr sich vollzogen hat. Es fehlte eben seither die ausschließlich staatliche Orientierung der in Betracht kommenden Menschen, wie sie für die Geschichte charakteristisch ist.

Nur wo die Staaten dominieren, gibt es Geschichte. Da wo Gemeinwesen eine mehr oder weniger vollkommene Harmonie zwischen dem treibenden Willen und der von ihm in Bewegung gesetzten äußern Faktoren hergestellt, wo der Wille weder bei sich selbst steht, noch an die Physis verloren ist, da ist jenes Fortschreiten möglich, das wir meinen, wenn wir von Geschichte reden. Die Geschichte ist die Tragödie des menschlichen Geistes. In ihr wird es offenbar, daß der Mensch ein Fremdling und Pilgrim auf Erden ist und seine bleibende Stätte erst noch sucht. Ruhelos durchwandert sein Geist ein Staatsgebilde nach dem andern, in immer neuen Schöpfungen sich versuchend, bis er aus seiner Äußerlichkeit ins Innere zurückgetrieben wird, und diese sich aus dem alles verzehrenden Zweck, den sie gebildet, in das bloße Mittel einer höhern, seinen eigenen Tiefen entstammenden Erscheinung verwandelt, um nicht mehr selbst zu sein, sondern einem andern die Materie des Seins darzubieten.

In voller Übereinstimmung mit dem gesagten finden wir nun wirklich die ersten in das Licht der Geschichte tretenden Völker noch ganz von den Elementen der Äußerlichkeit in Beschlag genommen, und deshalb mit einer andern als, jetzt träg dahinschlummernden, jetzt plötzlich leidenschaftlich ausbrechenden Zuständlichkeit so viel als unbekannt. Nicht ohne Grund wissen wir weder von den ägyptischen noch von den assyrischen oder babylonischen Staaten viel mehr zu sagen, als daß sie die phantastische Stabilität, die ihnen eigentümlich, dann und wann durch Kriege unterbrachen, in denen sich auch nichts anderes als eine verzehrende Eroberungslust geltend machte, während der chinesische sowohl als der indische Staat ganz und gar jener Starrheit und Bewegungslosigkeit anheimfiel, die es nicht mehr erlaubt, von einer Geschichte dieser Völker zu reden. Auch die Perser brachten es zu keiner vollen Geschichte. Nachdem sie das babylonische und das medische Reich zerstört, verfielen sie in eine so inhaltsleere, kraftlose Stagnation, daß deren trägem Anprall sogar das kleine Volk der Griechen standzuhalten vermocht hat. Blicken wir in die neuere Zeit, so weist die Türkei ganz dasselbe Schauspiel einer toten Zuständlichkeit auf, die gerade noch Kraft genug hat, die Völker, die ein grausames Geschick ihrem Szepter unterworfen, in ihrer Ausschließlichkeit aufzuzehren, daneben aber einem unaufhaltsamen Verfall und gänzlicher Auflösung entgegengeht.

Was den genannten Völkern allen gemeinschaftlich ist, das ist die sog. Theokratie, d. h. jene Staatseinrichtung, die auf den Willen der Gottheit selbst zurückgeführt und von deren unmittelbarer Gegenwart getragen gedacht wird. Das Gesetz stammt von der Gottheit selbst; wer sich gegen dasselbe auflehnt, ist ein

Lästerer ihrer Heiligkeit. — Es ist klar, daß eine solche, jeder menschlichen Freiheit von vornherein übergeordnete, alle individuellen Regungen in ihre Satzungen bindende Autorität der fortschreitenden Entwicklung der Menschen nur hinderlich sein kann. Da ist der Wille noch ganz von den Elementen natürlicher Unmittelbarkeit — denn das sind die orientalischen Naturgottheiten — in Beschlag genommen, und da muß er das bloße Werkzeug jener furchtbaren und schonungslosen Mächte werden, die sich in ihm zum Ausdruck drängen. Von freier eigner Regsamkeit kann da keine Rede sein. Wo der Mensch mit der Unmittelbarkeit jenes direkte Verhältnis eingegangen ist, wie wir es in den orientalischen Religionen wahrnehmen, ein Verhältnis, dem jedes selbständige Empfinden dienstbar gemacht werden muß, in dem der Mensch nur das Schattenspiel einer allgemeinen Gottheit ist, eine bloße Welle im Ozean des Ganzen, an das sich der Einzelne verloren, da hat der Wille sozusagen noch keinen Raum, in den er ausbrechen, noch keine Stätte, wo er seine Kräfte zur Entfaltung bringen könnte. Ein stumpfes Dahinbrüten, entweder unterbrochen von den rasenden Orgien der von der Gottheit geforderten oder erlaubten Sinnenlust, oder ausartend in die ebenso verderbliche wie heroische Selbstvernichtung, die keine Stufe der Entsagung scheut, welche in die völlige Auflösung ins göttliche Wesen zu führen verheißt, ist hier der gewöhnliche Zug der Geister, wenn sie es nicht vorziehen, den Traum ihres Daseins durch jene wüsten Unterjochungskriege zu unterbrechen, wie sie gerade den theokratischen Völkern eigen sind. Der Wille ist vorhanden, ja sogar eine oft beispiellose und glückliche Energie des Willens, wie die kunstvollen und riesenhaften Bauwerke dieser Völker noch heute verkünden, allein er kann sich nicht bewegen, nicht vorwärts kommen, er verschwendet seine Energie an die grausame Durchführung der theokratischen Forderungen oder an die gewaltsame und furchtbare Verwüstung des individuellen Glückes mit seinem unschuldigen Genusse. — Von dem wesentlich anders gearteten jüdischen Gemeinwesen reden wir später.

Nichts ist dem Fortschritt der Menschheit so verderblich wie die Theokratie. Auch da, wo sie, aus richtigen Motiven entsprungen, ein wahrhaftiges Verhältnis zum göttlichen Wesen herstellen möchte, wie das die mittelalterliche Kirche unternommen, muß sie erfahren, daß Gott nichts von einem solchen Verhältnis wissen will.

Das Christentum als bloße Religion, als der Kultus des allwaltenden, die Menschen unter seine theokratische Herrschaft in der Kirche rufenden Gottes hat den Fortschritt lediglich aufgehalten, den Fortschritt, den die lebendigen Mächte, die es in sich bewegen mußte, seinem eigenen Unverstand abgerungen haben. Deshalb ist auch das Christentum die einzige Religion, die durch die Wahrheit ihres eigenen Gehaltes durchbrochen worden ist, die als leere Hülse abgestreift werden kann, ohne den in ihren Sätzen treibenden Inhalt mit sich ins Grab zu nehmen. Aber solange es als Religion auf den Geistern lag, wirkte es in seiner Art gerade so verhängnisvoll, wie die heidnischen Religionen; solange es eine Theokratie sein wollte, war es nichts anderes als ein Fluch für die seinem Szepter unterworfenen Völker. Gott will keine gebundenen Menschen, am wenigsten an seine eigenen angeblichen Satzungen gebundene. Er läßt sie ihre eigenen Wege gehen. Sie sollen selbst, freiwillig und ungestört durch ein wie sehr auch ernst gemeintes, aber immer wieder doch nur heuchlerisches Verhältnis zu seiner Gottheit, aus ihrer eigenen Tiefe die Motive schöpfen, die sie zu jener wahrhaftigen Gemeinschaft mit ihm treiben, deren Leben das Leben überhaupt bilden wird.

Dann erst also, wenn der Wille sich von der theokratischen Bevormundung soweit freigemacht hat, daß er sich selbst erfassen und seine eigene Bewegung antreten kann, werden sich jene Staatsformen ausgestalten, die das Element der Geschichte bilden. Den occidentalischen Völkern, speziell den Griechen und den Römern sollte es vorbehalten sein, dies Postulat zu erfüllen. Man spricht, wenn man das Altertum namhaft macht, hauptsächlich von einer griechischen und von einer römischen Staatsgeschichte.

β) Der griechische Staat.

Aus den Händen der Götter nahmen die Griechen ihren Staat entgegen, aber nicht um sich von ihnen in jenes tatenlose Erdulden eines übermächtigen Ganzen weisen zu lassen, wie es die Orientalen kennzeichnet, sondern um in diesem Ganzen ihre dringendste Lebensaufgabe zu erblicken, in die sie sich mit der ganzen Aufbietung einer begeisterten und freiwilligen Hingabe vertieften, um bewußt und freudig ihre privaten Interessen der Gemeinschaft zu opfern und durch geheiligte Gesetze bis ins kleinste bestimmen zu lassen, um alle Triebe ihres individuellen Glückes in den erhabenen Gedanken auszuströmen, daß das Ganze allein vernünftig sei, das persönliche Wohl und Weh sich in bloß geduldete Bedeutungslosigkeit vor ihm zurückzuziehen habe.

Auch hier also erleben wir das den Modernen so seltsame und unverständliche Schauspiel eines über dem Leben, das einzig empfunden werden kann und deshalb auch allein wertvoll zu sein scheint, — über dem der Persönlichkeit — blind waltenden Staats-Ganzen. Allein hier ist diese auf den ersten Blick so unverständliche Staatsomnipotenz durch die freie und gewollte Anerkennung der Einzelnen verklärt; hier ist es der höchste Genuß des Einzelnen, nur im Ganzen zu leben und zu sein — kein größeres Glück für ihn, als wenn er die Mühe und die Qual eines im Dienst des Ganzen aufgeriebenen Daseins mit dem Lorberkranze karger aber umso bedeutungsvollerer Auszeichnung belohnt sieht. Es war den Griechen nicht bewußt, um wie große Güter sie sich durch dieses Aufgehen im Staate betrogen; sie waren unbekannt mit dem späteren so reizbaren Gegensatz zwischen Staat und Gesellschaft; die Erwägung, daß der Staat nur dafür da sei, der Gesellschaft die Grundlage für ihre individuellen, weit über dem bloßen Staatsleben liegenden Aufgaben zu bieten, wäre ihnen das Zeichen eines frevelhaften Unverstandes gewesen. Was Plato von seinem Staate einmal sagt, daß es nämlich nicht darauf ankomme, ob seine einzelnen Teile sich wohlbefänden, wenn nur das Ganze bestehe, das ist den Griechen gerade so aus der Seele gesprochen gewesen, wie es uns das Gerede eines der eigentlichen Lebensquellen unbewußten Doktrinarismus zu sein scheint.

Ein allgemeiner durch alle Klassen leidenschaftlich zuckender Wille. Und vermöge der durch die glückliche Beschaffenheit ihres Landes gegebenen Einschränkung eines unübersehbaren Horizontes, wie er das Bewußtsein des Orientalen verwirrt, auf mäßigen Umfang des politischen Gebietes, war die Gefahr materieller Massenhaftigkeit, die den Willen zu hemmen und schließlich in ihre zähe Überlegenheit zu binden vermocht hätte, abgehalten. Vor dem Blicke der Griechen lag alles klar da. Vor allem die Stadt selbst, der Mittelpunkt des Ganzen, lebendige Kräfte über alle Teile des Gemeinwesens ausströmend; angegliedert dann an sie die Landschaft, groß genug, um allen ihr materielles Leben zu gewährleisten, und wieder klein genug, um alle Triebe des gesellschaftlichen Lebens immer wieder auf das so leicht übersehbare Ganze zu richten. Ein leidenschaftliches Parteigetriebe der Klassen und, als sie später alle an der Regierung teilnahmen, der verschiedenen politischen Gruppen, aber von dem Gedanken beherrscht, daß das Wohl des Ganzen maßgebend sei, — daneben Muße genug, um die Klarheit des gemeinschaftlichen Bewußtseins in die Werke jener hohen Kunstfertigkeit hinüberzuführen, in welcher uns noch heute das sonnige Leben der Griechen entgegenlacht.

Lauter Handlung, lauter Tatkraft, wohin wir blicken. Bei langen Betrachtungen, die sich im bloßen Gedanken verlieren, bei jenem, den Modernen so beliebten Schwelgen in Geist und Gefühl blieb der Grieche nicht stehen. Mit sicherem Scharfblick erkannte seine Philosophie die Probleme des Daseins, die der geniale Griffel eines Plato maßgebend für alle Zeiten, aber mit glücklicher und müheloser Selbstverständlichkeit dem späteren Denken aufbewahrt hat. Auch Aristoteles, vor dessen umfassendem Blicke die damalige Welt offen dalag, verlor sich nicht in abgebrochene, das einzelne mit Leidenschaft diskutierende Grübeleien; auch ihm war es vergönnt, in wenige entscheidende metaphysische Gesichtspunkte, die noch in der Neuzeit das ernste Sinnen der größten Denker gefesselt, den Sinn des unendlichen Daseins zusammenzufassen. Denken und Sein sind noch in vollkommener Harmonie verbunden; die logischen Regeln, die eine spätere, weniger glückliche Zeit dem Wirklichen entgegensetzte, waren auch die des Geschehens — und so kam es denn, daß auch die höheren Gedankenflüge, die der Grieche wagte, nie etwas anderes sein wollten als eine Erzählung von dem, was im Reich der Dinge geschehen. Das griechische Denken ist Handeln; es ist synthetisch, systematisch im vollen und lebendigen Sinne dieses Wortes; es vermeint nie etwas anderes zu tun, als die Dinge in ihrer unmittelbaren Zusammengehörigkeit zu erschauen und darzustellen.

Handlung atmet auch die Kunst der Griechen. Ihre Architektonik beruht auf dem anschaulichen Prinzip harmonischer Kräfte-Ausgleichung. Was das griechische Bauwerk dem Auge des Beschauers so entzückend macht, ist das in die wundervolle Gruppierung seiner einzelnen Teile gebannte Spiel gegeneinanderstrebender Kräfte, die den Eindruck des höchsten, in aller Ruhe noch pulsierenden Lebens hinterlassen. Auf der schlanken nach oben eilenden Säule ruht das schwere Gebälk des Oberbaues, als wollte es dem aufschießenden Triebe Einhalt gebieten, aber gehalten und zurückgedrängt von der Kraft des unter seiner Last sich anmutig ausweitenden Strebens, schwebt seine wuchtige Masse leicht und frei in der Luft. Und das in beschränkten, leicht übersehbaren Formen, die den Blick nicht verwirren, sondern ihn sogleich auf den Sinn des Ganzen richten — ein Bild des griechischen Staates, mit unübertrefflicher Anschaulichkeit das sich zum Ganzen verbindende Leben seiner verschiedenen Strebungen darstellend.

Nicht Idee, sondern Handlung ist auch die griechische Skulptur, deren vollendete Erzeugnisse uns eben deshalb so unwiderstehlich anziehen, weil wir an ihren klaren, lauter Harmonie eines nach außen gerichteten, nur sich selbst unmittelbar vortragenden Daseins atmenden Gestalten sehnsüchtig die verworrene und drängende Ungeduld unseres von tausend Gefühlen zerrissenen Herzens, sehnsüchtig die tatenlosen Träume unseres überreizten Gedankenlebens zu Ruhe und Frieden, zum Frieden der angeschauten Tat emporführen.

Das Höchste ist den Griechen gelungen, weil sie es verstanden, die unberechenbaren, unendlichen Motive des Individuums unter die beschränkte aber klare Aufgabe am Ganzen zu bringen. Hier ist der sich selbst erfassende, aus sich selbst schöpfende, ungebundene Wille wirklich hervorgetreten, der Wille, der noch keine andern Ziele als die seiner eigenen Unmittelbarkeit kennt, die nach außen gewandte tätige Kraft, die, weil sie sich selbst gefunden hat, es auch sogleich zu den schönsten und glücklichsten Gestaltungen reiner Tat bringt.

Und doch ist hier alles vergänglich, wie momentan und zum Verschwinden bestimmt. Das griechische Leben ist der Silberblick des tätigen Willens, der nicht länger als einen Moment währen kann. Man hat es wunderbar und bedauernswert finden wollen, daß so glücklich organisierte Gemeinwesen in so unvergleichlich kurzer Zeit wieder dahinwelken sollten. Allein, was hier beklagt wird, das war gerade der große Vorzug des griechischen Genius. Er hat in vollkommenster Weise ausgestaltet, was eben an sich selbst eine nur vorübergehende Erscheinung ist — den nach außen gewandten Willen. Die ungeheure sich selbst aufzehrende Lebendigkeit, wie sie namentlich das athenische Staatswesen, das gleichsam lauter Geschichte gewesen ist, dargestellt hat, ist nichts anderes als der vorwärts eilende, der nach außen geworfene Wille, der umsomehr, je ungehinderter er sich entfalten darf, seine Äußerlichkeit abzustreifen und das, was in seiner Tiefe verräterisch aufzuckt, aufzusuchen eilt. Nur deshalb scheint ihm die Möglichkeit geboten worden zu sein, sich in eine glückliche Außenwelt zu ergießen, in unsterblichen nie wieder erreichten Schöpfungen — eben weil es nie wieder einen bloß äußerlichen Willen geben sollte — seine Kraft zu verherrlichen, damit er sogleich sich noch besser erkenne, sogleich in seine eigene Tiefe hinabsteige, wo die eigentlichen Abgründe seines Wesens verborgen sind.

Es kommt ihm zum Bewußtsein, daß eine eigene Welt in ihm schlummert, eine Welt grandiosester Kraft, der es nicht genug ist, in die Elemente der Außenwelt frohe und selige Spuren ihres Daseins zu zeichnen — nein, die diese Elemente alle aus ihrer bisherigen Harmonie reißen, sie zerbrechen und in tausend Trümmer zerschlagen wird, eine Welt, die neu und groß aus der Tiefe aufsteigt, um allein zu gelten, eine Welt, die den Frieden des Irdischen unheilbar zerstört, die lauter Verwirrung in eine harmonische Vergänglichkeit bringt, in unversöhnliche Gegensätze auseinanderspaltend, was bis dahin vereint gewesen: die Innenwelt des Geistes, ein Fluch zunächst für die Menschheit, aber schließlich durch ihr unendliches Vermögen alles in ein unmittelbares Leben sammelnd, zu dem das griechische doch nur das kindische Vorspiel gebildet.

Sobald die griechischen Gemeinden dieser Innenwelt sich eröffneten, sobald sie anfingen, in zweifelnden und grübelnden Gedanken über den Wert ihres bis dahin sozusagen unbewußten Daseins sich zu ergehen, sobald die sonnige Klarheit, die ihre Institutionen übergossen, sich zu verdunkeln begann, sobald namentlich der höchste Ruhm des Griechen, die Erhabenheit seiner Gesetze, in die urteilende Diskussion gezogen wurde — war es um sie geschehen. All diesen doch auch im Menschen schlummernden zersetzenden Geistespotenzen war ihre ebenso sorglose wie schöne Unmittelbarkeit nicht gewachsen. Es rächte sich nun schwer, daß sie die Bedeutung der menschlichen Persönlichkeit so vollständig verkannt, ihr nur so geringfügige Dienste anzuweisen gewußt hatten. Der Mensch, und wäre es auch der Grieche, ist nicht dazu da, einer bloßen Staatsidee, einem wie sehr auch ideal gedachten, im Grunde aber doch nur materiellen Ganzen zum Ausdruck zu verhelfen; in ihm selbst drängen die entscheidenden Motive, aus sich selbst hat er die letzten Gründe seines Lebens zu schöpfen.

Unendlich verworrener als sich der griechische Geist in glücklicher Blindheit gedacht, ist die Wirklichkeit, aber auch unendlich reicher. Wie eine längst zum Abfallen sich rüstende Frucht fiel das griechische Staatswesen dem ersten Angriff der römischen Macht in die Hände. Rom, nicht Athen war dazu bestimmt, den Staatsgedanken der Antike den neuen Impulsen, von denen wir sprachen, entgegenzuwerfen. Erst mußte der Versuch gewagt werden, die Tiefen der Menschenseele selbst an das antike Staatsideal zu binden, dem Rechte gerade durch die Motive, die der größeren Aufmerksamkeit auf das Wesen des Menschen abgewonnen werden, zu dauernder Giltigkeit zu verhelfen — bis es unwidersprechlich klar werden sollte, daß des Menschen Seele stärker ist als alles bloße Recht.

Aber noch schwebt der Geist Roms über uns, weil wir es immer noch nicht gewagt haben, selbst zu sein, was wir sind, Persönlichkeiten, deren absolute Bedeutung uns aus dem Kelche des Christentums emporgeschäumt ist.

γ) Das römische Recht.

War dem Griechen das Ganze eines Gemeinwesens wichtig gewesen, an dem regen Anteil zu nehmen der Einzelnen Aufgabe und Lust gebildet, so ruhte der nüchterne und praktische Blick des Römers auf dem Allgemeinen eines und desselben Rechtsverbandes. Hierin liegt eine so bedeutsame Verschiebung des klassischen Bewußtseins, daß wir nicht anstehen, aus ihr die unermeßlichen Wirkungen abzuleiten, die das römische Recht bis in die fernsten Zeiten ausgeübt. Diese neue Orientierung des antiken Geistes war es, die das Altertum für die Tendenz des Christentums aufschließen und den Weg bereiten sollte, auf welchem dessen universelle Bestimmung zunächst in der damaligen gesitteten Welt Eingang fand.

Im Verständnis für das Allgemeine, für allgemeine Regeln, allgemeine Gesichtspunkte und Werte, wie es das römische Bewußtsein auszeichnete, lag vor allem eine zwiefache Konsequenz, die sich auch sogleich geltend machte, sobald Rom sich zu eigener Größe erhoben. Einmal ließ der Römer die Neigung, in einem beschränkten Kreise sich auszuleben, zufrieden mit der Hingabe an ein Ganzes, durchaus und für immer fallen. Die Augen Roms richteten sich bald auf den Umkreis der damaligen Welt, zu deren

Eroberung nicht nur seine exponierte, von allen Seiten angreifbare Lage notgedrungen neigte, sondern vor allem der dem Allgemeinen zugewandte Genius des Römers selbst. Die Weltherrschaft, die Rom mit Bewußtsein anstrebte, war etwas ganz anderes als jene planlosen mit der rohen Wucht bloßer Massenhaftigkeit auf die umliegenden Völker fallenden Unterjochungskriege, womit der schrankenlose Geist der asiatischen Staaten nutzlose Schrecken verbreitet hatte, sie war das Ziel langsamer und zäher Ausdauer eines Willens, der sich selbst zum Gesetz aller Dinge zu erheben trachtete. Damit ging natürlich jenes schöne Maßhalten, wie wir es bei den Griechen wahrnehmen, verloren, und war es den Römern unmöglich gemacht, sich zu deren unvergleichlichem, die Harmonie eines abgeschlossenen Daseins genießendem Ganzen zusammenzuschließen. Ebenmaß und Schönheit darf man bei diesem Volke am wenigsten suchen, das, seine universelle Mission leidenschaftlich bewegend, nur Sinn und Begeisterung für eine allgemein anerkannte unbestrittene Herrschaft zu haben schien. Hier handelt es sich nicht mehr um die Erfüllung eines naheliegenden Zweckes, wie bei den Griechen, sondern um die unermeßliche Aufgabe, über sich selbst hinaus in ein Allgemeines zu streben, dem man selbstlos und selbstvergessen jeden Augenblick bereit sein mußte, die Scholle der ursprünglichen Heimat aufzuopfern. Das ist der nicht nur zu sich selbst kommende, in den Elementen der Außenwelt sich spiegelnde Wille, nein, sondern der sich ausbreitende, alles Äußere seiner eigenen unmittelbaren Wirksamkeit dienstbar machende und deshalb rücksichtslos und bewußt alles selbständige Leben unterjochende Wille: der Wille des römischen Rechtes.

Aber zu diesem Rechtswillen gehörte unmittelbar auch das andere, von dem wir reden wollen. Hatte der griechische Staat die Interessen des Einzelnen zu Gunsten seiner eigenen Selbstherrlichkeit verkürzt und verachtet, so stieg im Gegensatz dazu das römische Recht zu diesen Interessen mit wohl überlegter Absicht hinunter, um durch ihre Wahrung und sorgfältige Berücksichtigung in einer immer vollkommener werdenden Rechtstätigkeit erst die Grundlagen eines soliden Rechtsganzen zu sichern. Von „diesen beiden Momenten, welche Rom bilden: die politische Allgemeinheit für sich und die abstrakte Freiheit des Individuums in sich selbst“, spricht auch Hegel (Vorles. über d. Philos. d. Geschichte III. T. d. römische Welt S. 339—349).

Rom vermied also den Fehler, an welchem Hellas zu Grunde gegangen. Durch die Ausbildung eines ausgezeichneten Privatrechtes verlegte sein einsichtiger Geist den Schwerpunkt des Daseins wieder dahin, wo er von Natur hingehört: in die Sphäre des Individuums, wodurch es ihm gelang, an Stelle der hohen, aber in die Luft gebauten Ideale des griechischen Gedankens die weniger schönen, aber umso dauerhafteren Schöpfungen rechtlicher Existenz zu vollziehen, Schöpfungen, die durch die unmittelbare Anteilnahme am Recht, zu der sie den Einzelnen durch Wahrung seiner privaten Interessen zwangen, sich selbst ein unvergleichlich solideres Bestehen sicherten, als es der griechische Staat mit seinem fast ausschließlich politischen Rechtswillen getan hatte.

Es ist ewig denkwürdig, daß die antike Welt selbst, die sonst so wenig Verständnis für das Private bekundet, in Rom dazu gelangte, ein Privatrecht auszuarbeiten, vor dem sogar die ihrem Geiste doch näher liegende Staatsrechtslehre, wenige verworrene Ansätze ausgenommen, in den Hintergrund trat. Wir mögen über das römische Privatrecht denken, wie wir wollen — und wir haben allerdings Grund genug, nur mit sehr gemischten Gefühlen auf seine Herrschaft unter uns zurückzublicken! — daß überhaupt ein selbständiges Privatrecht geschaffen worden, daß die Einsicht zur Reife gekommen ist, wie wenig einem Staatswesen geholfen sei, das nur seine eigene Idee den Gemütern einprägt, daß die Fingerzeige endlich verstanden worden sind, womit die Natur selbst bis dahin vergeblich auf das persönliche Leben des Menschen hingewiesen, mit einem Worte: daß man die Wahrheit begriffen hatte, die nicht in einer Idee, sondern in den greifbaren und wägbaren Elementen des materiellen Daseins, wie es der Einzelne führt, das Geheimnis des Lebens zu erfassen hieß — das ist doch der größte Fortschritt innerhalb der antiken Welt, vor dem auch die schönsten Leistungen des griechischen Geistes erblassen.

Davon konnte freilich keine Rede sein, daß Rom die Bedeutung der Persönlichkeit nach ihrem unendlichen Gehalte auch nur annähernd zu schätzen verstand. Die Wahrheit, daß der Mensch selbst unvergleichlich erhaben über alles bloße Recht sei, blieb dem römischen Geist schlechterdings verschlossen, wie sehr auch gerade auf seinem Boden die stoische Philosophie zu ihrer Höhe strebte. Das Privatrecht blieb ein Sachen- und Besitzrecht fast durch alle Bestimmungen seines weitverzweigten Inhaltes.

Lediglich die sachlichen Beziehungen der Einzelnen untereinander wollte es in das sichere Gefüge seiner Gesetze einreihen; was diese selbst, abgesehen von ihrem gegenseitigen Güterverkehr, zu bedeuten haben, oder die Frage gar, ob die gegenwärtige Stellung des Menschen zu den Gütern überhaupt des Menschen würdig sei, dies lag dem Römer vollständig fern. Fremd, teilnahmlos stellt das römische Recht die Menschen einander gegenüber. Sie sind nicht mehr als die lebendigen Anwendungsfälle, die sich ein um seiner selbst willen geltendes Recht gibt, oder in welchen es die Konsequenzen seiner scharfsinnigen Pedanterie zur Entfaltung bringt.

Wenn wir uns heute noch nur schwer dem Gedanken erschließen, daß wir selbst und unsere Nächsten mehr als bloße Sachenzentren sind, daß wir uns gegenseitig wertvollere Rücksichten schulden als die strikte Erfüllung unserer Rechtspflichten, daß wir größeres zu tun haben, als unsere materiellen Interessen reinlich und gerecht voneinander abzugrenzen — so empfinden wir noch immer römisch. Und der Eigentumsbegriff, um welchen der entfesselte Kampf der spät erst zu einer bessern Einsicht gelangten Geister der Neuzeit tobt, ist kein anderer als der des römischen Rechts.

Eben dieser brutale Zug des römischen Privatrechts ist es, in welchem wir den Grundcharakter des Rechts überhaupt wiedererkennen, der uns von Anfang an beschäftigt hat. Auch hier wieder die Macht einer allgemeinen Größe über die Einzelnen, nur daß hier diese Allgemeinheit aus den Interessen der Einzelnen selbst erwuchs, aber deswegen doch nicht weniger schwer auf ihnen lastete. Im Gegenteil. War die Knechtung des Einzelnen unter den Staat, wie sie der griechische Geist verlangte, durch den idealster Begeisterung fähigen Gedanken einer Hingabe an das Ganze kompensiert und verklärt, so dankte dem römischen Bürger, wenn er die Gesetze gehalten, kein über diesen Gesetzen stehendes Allgemeinwesen mehr, weil sie nicht zum Dienste des Staates sondern zum Dienst einer abstrakten Gerechtigkeit ausgebildet waren, die dadurch, daß sie alle Privatinteressen in den Bereich ihrer Aufmerksamkeit zog, sich ihrerseits die Menschen zu verpflichten glauben konnte, während sie, vermöge ihrer nüchternen Prosa und der Strenge, womit sie die Einzelnen in ihre Interessensphären bannte, ohne ihnen zugleich den Blick auf ein durch diese Interessen gewahrtes Allgemeinwohl aufzutun, schwer und dumpf auf den Gemütern lastete. Das ist der zum Allgemeingesetz erhobene Wille, das Recht, das sich den Menschen selbst untertan machen will, das den Anspruch erhebt, in seinen doktrinären, wie sehr auch gerechten Bestimmungen den letzten Sinn des Daseins überhaupt vorzutragen, das Recht, das nichts anderes als Recht sein will. Hier erst also erhebt sich das Recht als souveraine Macht, während es im griechischen Staate seiner schönen Umkleidung mit äußeren, harmonisch gestalteten Elementen mehr als seiner abstrakten Idee gelebt hatte. Jetzt bricht der Rechtsgedanke, seitdem er sich in der Brust des Einzelnen heimisch gemacht, mit ausschließlicher Herrschaft hervor, jetzt erst im Denken der römischen Juristen gestaltet sich jene ideale Rechtswelt, die die ersten höheren und so gerne in das Licht der Ewigkeit gerückten Rechtsgrundsätze, Rechtszwecke und Begriffe ausbildete und — ein Geschenk zweifelhafter Güte — einer unbesehen darnach greifenden Nachwelt überlieferte.

Mit viel längerer, wenn auch nie unbestritten beherrschter Dauer hat sich das römische Recht festgesetzt, als es dem griechischen möglich gewesen. Der Rechtswille, wie ihn Rom ausgebildet, ist als bloßer Rechtswille natürlich auch dem Verschwinden anheimgegeben. Allein, weil er seine Betätigungen so tief in die Interessen des Menschen selbst hineinverlegt, weil in ihm der Mensch zu einem selbständigen, wie sehr auch noch gedrückten Dasein erwacht, bleibt er solange unüberwunden und stabil, als diese Selbständigkeit nicht zu ihrer vollen Ausbildung gelangt ist. Über das römische Recht, das in gewissem Sinne das Recht überhaupt ist, hinaus gelangt nur der souverain gewordene persönliche Wille. Prinzipiell ist diese letzte und reifste Gestalt des Willens durch das Christentum gegeben. Wenn dasselbe aber, statt sich auf seine innersten Impulse zu besinnen, in bloßen Äußerlichkeiten oder in einer Frömmigkeit sich ergeht, die, statt zur Erhebung, zur Erniedrigung und Verwirrung der Persönlichkeit dient, so darf es sich nicht verwundern, daß es den Geist des römischen Rechts mit seiner ungeheuern Energie nicht los wird. Hierin liegt der Grund, weshalb derselbe auch unter der christlichen Gesellschaft eine solange unbestrittene Herrschaft ausüben wird, bis ihm dieselbe nicht eine neue Rechtsorientierung zwar — denn eine solche ist nicht mehr zu gewinnen — sondern die aus ihrem ureigensten Bewußtsein stammende souveraine Geltendmachung der menschlichen Persönlichkeit selbst entgegenstellen wird — wozu sie sich gerade in unseren Tagen nach langem Traume anzuschicken scheint. Dann erst wird der endgiltige Entscheidungskampf zwischen dem antiken und dem durch das Christentum geoffenbarten und großgezogenen Geist der Menschlichkeit ausgefochten werden, zwischen der Allgemeinheit des bloßen Rechtswillens und der Allgemeinheit der persönlichen Gemeinschaft, zwischen dem Gesetz und dem Evangelium.

Nach dem oben gesagten könnte es scheinen, als habe der römische Staat als solcher, als Verkörperung der Rechtsgemeinschaft seiner Bürger, im Bewußtsein derselben keine Bedeutung gehabt. Dem ist nun freilich nicht so. Wir dürfen nicht vergessen, daß wir uns immer noch auf antikem Boden befinden, wo das Ganze stets die dominierende Stellung vor den einzelnen Teilen eingenommen hat. Mit ungemischtem Stolze schaute der Römer zu seiner ewigen Roma empor, in deren Glanze sich zu sonnen, nach deren Name genannt zu werden, deren Herrschaft in die entferntesten Länder zu tragen, die leidenschaftlich empfundene Freude seines Daseins war. Auch hier war jene begeisterte Hingabe möglich, von der wir sprachen, wie denn die römische Geschichte Beispiele heroischer Aufopferung genug der bewundernden Nachwelt überliefert hat. Der Staat blieb trotz aller zentrifugalen Tendenzen, die er in sich aufgenommen — einerseits durch seine riesige Ausdehnung, in welcher eine einheitliche, an den Mittelpunkt des Ganzen gebundene Orientierung der Untertanen nicht mehr möglich war, anderseits durch die geschilderte Ausbildung eines abstrakten Privatrechtes doch die imposante, durch keine kräftigen Gegenströmungen gehinderte, willig oder unwillig anerkannte Macht. Das gesellschaftliche Element war wenig oder gar nicht ausgebildet, die Stände in schroffer Trennung nebeneinander, die auch durch die privatrechtlichen Bestimmungen so wenig wie durch die gute Absicht des Privatrechtes: omnibus, summis infinisque jura exaequare", aufgehoben wurde. Nur etwa die Verbände der Handwerker, ein Vorspiel der späteren Zünfte, in späterer Zeit die sog. Kollegia zu gewissen gesellschaftlichen Zwecken, mochten in engen Schranken die sonstige Ungleichheit der Lage einigermaßen ausgleichen. Von einer eigentlichen sozialen Orientierung dagegen im Sinne des römischen Privatrechtes selbst, das dringend auf sie hinweisen mußte, indem es namentlich die Frage brennend machte, ob mit seinem abstrakten Gerechtigkeitsprinzip der Unterschied der Stände vereinbar sei, merken wir durchaus nichts. Schwer, unerträglich lastete die Hand Roms auf den unterjochten Völkern, deren etwa stehen gelassene Rechtsgewohnheiten man argwöhnisch bewachte, um sie beim ersten Anstoß niederzuschlagen. Das allgemeine Element, das im römischen Geiste dominierte, diente also doch nur dazu, alles selbständige Leben unter einer Uniformität niederzuhalten, bei welcher es nur kümmerlich gedeihen konnte.

Der Mensch war noch nicht erwacht. Aber er schickte sich an dazu. Gerade in der Periode, in welcher Rom die Größe seines Staates in einem sichtbaren Oberhaupte zusammenfassen zu müssen glaubte, als hätte es eine Ahnung von der vorhandenen Gefahr, brachen, nicht nur durch das seither erschienene Christentum geweckt, sondern auch aus eigenem Impulse jene zentrifugalen Mächte an die Oberfläche, die das römische Recht in seinem Schoße getragen. Wir erinnern an die damalige, die Gebildeten beherrschende Philosophie, die aus ihrer prinzipiellen Indifferenz gegen den Staat kaum mehr ein Hehl machte, ja die im kynischen, noch mehr im stoischen Ideal des Weisen, vornehmlich aber im stoischen Weltbürgertum zu einer Erkenntnis herangereift war, die der ausschließlichen Majestät des römischen Staates direkt zuwiderlief. Rom mußte auf seinem eigenen Boden den Weg jenem Stärkeren bereiten, mit dem es bald den Entscheidungskampf ausfechten, von dem es überwunden werden sollte — freilich nicht ohne durch den Fersenstich dem übermächtigen Bezwinger den verderblichen Saft seines Wesens ins Blut zu spritzen — dem Christentum.

b) Das Christentum und das Recht.

Das Christentum hebt prinzipiell jedes Recht auf. Das Recht ist der nach außen gewendete, sich selbst zur Geltung bringende, die Welt sich dienstbar machende Wille. Sobald der Wille aber diese seine Einseitigkeit, bloße Macht zu sein, einsieht und überwindet, wird auch das Recht hinfällig. Das ist prinzipiell im Christentum geschehen. Das Christentum ist das Erwachen des Menschen. Es offenbart eine neue Welt, die Innenwelt des Geistes, die in ihm nicht nur Ideal oder Ahnung bleibt, sondern eine bis dahin ganz unbekannte Wirklichkeit erhält.

Wir wissen, daß diese prinzipielle Neuschöpfung, wie man die

Erscheinung des Christentums auch nennen darf, in der Praxis garnicht, in der Idee dagegen umso eifriger und leidenschaftlicher bis zum heutigen Tage hervorgehoben worden ist. Die Folge dieses Zwiespalts innerhalb des christlichen Bewußtseins selbst mußte eine ungemeine Verwirrung aller Verhältnisse mit sich bringen. Auf der einen Seite theoretisch nicht weniger als alles in Frage gestellt, was bis dahin gegolten und weiter gelten wollte, auf der andern in Wirklichkeit die alten Mächte und Erkenntnisse fortbestehend, die ein tausendjähriges Vorrecht für sich geltend machten und deshalb nicht gewillt waren, einer bloß gepredigten Neuordnung zu weichen. Zwischen Idee und Wirklichkeit hineingestellt das unberechenbare Menschenherz, das heute der einen, morgen der andern sich zuneigt, jetzt die brutalen Gewalten gegen die Schwachheit des christlichen „Ideals“, jetzt wieder die unvergleichliche Hoheit des letzteren gegen alles bloß „äußere“ ausspielt, oder endlich beide vermischt und eines für das andere in Anspruch nimmt — man vergegenwärtige sich, welch' grenzenlose Unsicherheit auf allen Gebieten des Lebens dadurch einreißen mußte!

Nicht weniger als alle bisherigen Motive zum Leben, und sie wieder alle durcheinandergeworfen von dem neuen christlichen, machten sich abwechselnd oder in toller Vereinigung geltend, die Welt wurde in ungeheure Gegensätze gespalten, nirgends etwas Fertiges, Ganzes, weder in Wissenschaft, Kunst und Philosophie, noch in den Fragen unmittelbarer praktischer Dringlichkeit. Hier die Kirche, zum Staat im Staate erwachsend, und mit Erfolg sich anschickend, ein längst vergessenes, aber durch das ungeheure Mißverständnis der Lehre Christi wieder wach gewordenes theokratisches Regiment aufzurichten, in welchem die Strebungen der Menschen aufs neue gefesselt wurden — da der mehr und mehr zum eigenen Bewußtsein erstarkende Staat, schließlich im Todeskampf mit der Kirche, bis ihn die Reformation der tödlichen Umarmung entriß. Hier der himmlische Fanatismus der Priesterschaft, kompensiert vielfach durch ein umso wüsteres Schwelgen roher Genußsucht — da die brutalen Rücksichten der feudalen Herren, umschlagend oft in die zerknirschten Abbüßungen in stiller Klosterzelle; mitten drin ein von beiden geknechtetes Volk, das sich mühsam die ersten Elemente der Freiheit erringen mußte. Dann wieder die herrlichsten Motive, wunderbare Aufopferungsfähigkeit, herzliche, innige

Liebe zum Verlornen — abwechselnd mit dem infernalen Hasse gegen Andersgläubige. Alles das in buntem unaufhörlichen Durcheinanderwogen eine Welt reichster aber auch unklarster Tiefe, von welcher nur gesagt werden kann, daß sie in ihrem Schoße die Kräfte neuer Zeiten barg, in ihrer absoluten Verwirrung aber selbst keine bleibenden Gebilde zu schaffen vermochte. Keine Geschichte mehr, sondern nur das leidenschaftliche Drängen und Stoßen der verschiedenen Mächte unter den Impulsen der wohl gespürten aber nicht erkannten Wahrheit — ein unter dem blendenden Eindruck des neuen Lichts tappendes Vorwärtshasten.

Und dennoch! Durch dieses Chaos rufend die unsterbliche, ununterdrückbare, durch alle Verwirrung immer deutlicher hörbare Stimme Jesu Christi, nicht nachlassend, bis ihre gewaltige ewige Melodie durch alle Kreise des Daseins dringen wird. Wir reden auf dem Boden des Christentums besser von Fortschritt als von Geschichte. Die bloße Geschichte ist hier einem höheren Gedanken dienstbar geworden, dem Gedanken, daß des Menschen Seele mehr wert ist als die ganze Welt. Jeder weiß es unmittelbar: alle Staatsentwicklungen sind nichts gegenüber der Frage: wie helfen wir dem Geringen und Verlornen? Trotz aller Verderbnis bleibt dem Christentum die Botschaft Jesu unverloren: den Armen wird das Evangelium gepredigt! Nur was dieser Predigt dient, nur was sie fördert, ist wichtig. Das ist der Fortschritt, im Unterschied zur Geschichte, die Entwicklung des Menschen selbst, im Unterschied zu seiner äußeren Lage, das Erwachen der Gesellschaft, im Unterschied zum bloßen Staat.

Werfen wir nach dem gesagten noch kurz einen Blick auf die germanischen Rechtszustände.

Germanischen Boden betretend begrüßen wir eine neue Welt. Von jenem übermächtigen Staatsganzen, das alles einer einzigen Idee oder einem einheitlichen Rechte untertan gemacht, sehen wir hier nichts mehr. Was uns vielmehr frappiert, ist die Ungebundenheit und die Ruhelosigkeit verschiedener Gesellschaftsgruppen, deren drangvolle Wechselwirkung sich umsonst in die Harmonie eines abgestuften Gemeinwesens auszugleichen, umsonst die überall emporquellenden, unendlichen Kräfte in die Ordnung eines allseitig anerkannten Ganzen zu bannen sucht. Wohl gelingt es schließlich einer zentralen Gewalt, wenigstens die Idee des allgemeinen deutschen Reiches dem wilden Antagonismus der verschiedenen

Herrschaftsgelüste entgegenzusetzen; aber es bleibt jahrhundertelang bei dieser bloßen Idee, unter welcher die partikularistischen Tendenzen immer und immer wieder mit unermüdlichem Ungestüm hervor an die Oberfläche dringen. Endlich glättet sich der fessellose Wildbach zum beruhigten Strome, aber doch sind dem schärferen Auge alle die Wirbel und unruhigen Wellenschläge noch wohl bemerkbar, die sein Dahinfluten mit sich führt. Eine imposante Einheit, in dem entscheidenden Waffengang mit dem gallischen Gegner zur Liebe des gemeinsamen Vaterlandes erstarkt, stehen heute die Deutschen groß und bewunderungswürdig da — aber wer will alle die partikularistischen Neigungen leugnen, die im stillen wie ein schlecht verhaltener Groll weiterleben?

Es ist mit einem Wort das gesellschaftliche Element, das wir jedes bloße abstrakte Recht im deutschen Staatsleben überwuchern sehen. Wir haben oben darauf aufmerksam gemacht, daß Rom sowohl wie Hellas am Mangel einer gesellschaftlichen Gliederung ihrer Bürger untergegangen sind; wie dürfen deshalb auf die Wahrnehmung gerüstet sein, daß in dem Reichtume gesellschaftlicher Triebe und Kräfte, wie sie das germanische Recht darstellt, die Garantie bleibender Dauerhaftigkeit gegeben sei. In der Tat: es war nicht der deutsche Staat — streng genommen gab es gar keinen solchen — sondern die verschiedenen Stände und gesellschaftlichen Gruppen, die schließlich den deutschen Namen emporgebracht haben. Während sich die Kaiser durch das Trugbild des heiligen römischen Reiches deutscher Nation ihrem zunächst liegenden Arbeitsfelde entfremden ließen, und durch einen ungleichen Kampf mit dem Papsttume ihre Macht im Ansehen der Menschen und materiell untergruben, erzwangen die Reichsfürsten eine Selbständigkeit nach der andern, erwachte in den Städten eine Bürgerschaft, die zum erstenmale den Genuß des individuellen, freien gesellschaftlichen Daseins zu kosten bekam. Es erwachten mitten im Lärm um eine geträumte Weltherrschaft alle jene unscheinbaren aber unendlich lebensvollen sozialen Regungen, in welchen man sich auf die eigentlichen Güter des Daseins zu besinnen begann, und die endlich, im Innern erstarkt, der obersten Gewalt die wertvollste Stütze bieten sollten für das Bestreben, alle partikularen Herrschaftgelüste dauernd unter ihre überlegene Kraft zu beugen.

Von einem Rechte in dem von uns gemeinten Sinn der allgemeinen gesetzlichen oder staatlichen Machtsphäre kann man hier kaum mehr reden. Es gab verschiedene partikulare Rechte, d. h. jede gesellschaftliche Korporation machte sich so rücksichtslos als möglich geltend und nannte, was sie einem zähen Gegner abzutrotzen oder, gestützt auf das Herkommen, entgegenzustellen vermochte, ihr Recht. Und als schließlich das wiedererwachte römische Privatrecht diesem wüsten Durcheinander wenigstens notdürftig die allgemein giltigen Maximen für den gegenseitigen Verkehr entgegenstellte, da kam es zum Vorschein, daß die neuere Zeit eben nicht mehr rechtlich orientiert, sondern, um sich überhaupt halten zu können, ein Recht zu kopieren genötigt war, das zwar seiner Anlage nach universell, aber doch in den vielen Einzelbestimmungen ein Hemmnis, nicht ein Segen für die über das abstrakte Gerechtigkeitsprinzip des Römers für immer hinausgewachsene neue Zeit bedeutete.

Ein germanisches Gerechtigkeitsprinzip im Unterschied von dem römischen ließe sich nur so denken, daß die verschiedenen Gruppen der gesellschaftlichen Erscheinungen sich in dem kraftvollen Gedanken unmittelbarer Zusammengehörigkeit ausglichen. Erst dann, wenn die Stände und Klassen in der Selbstbehauptung zugleich die Harmonie des Ganzen zu wahren trachten, kann von einem neuen Rechtsprinzip, im Unterschied von dem römischen, auf germanischem Boden geredet werden. Allein ein solches Rechtsprinzip weist unmittelbar über sich selbst hinaus auf ein höheres: das der persönlichen Gemeinschaft — zum Beweis dafür, daß auf dem Boden der Neuzeit das bloße Recht nur eine nebensächliche Rolle zu spielen vermag.

Die Sache ist zu bedeutsam, als daß wir nicht noch einmal auf die Quelle dieser neuen Orientierung hinweisen sollten — auf das Christentum.

Im allgemeinen läßt sich der Satz ohne weiteres aussprechen, daß das Christentum da, wo es nicht als geschlossene theokratische Institution, sondern als moralisch-religiöse Macht die Gemüter berührte, den starren Rechtswillen, jene blinde Überordnung einer allgemeinen Norm über die Beweglichkeit des individuellen Lebens, durchbrochen und die Grundlage für eine ganz neue Ordnung geschaffen hat — wie wenig wir auch verkennen wollen, daß gerade die germanischen Lande ihm dafür die wertvollsten Anknüpfungspunkte darboten. Aber abgesehen von dieser „Disposition der

Deutschen für das Christentum", von der man so gern sprach, birgt es selbständige Momente genug in sich, um als vornehmste Ursache der so bedeutsamen, von der antiken prinzipiell verschiedenen geistigen Orientierungen der Germanen gelten zu können.

Das Christentum ist die einzige Religion, die nicht Staatsreligion, nicht einem bloßen Staatswesen dienstbar werden kann, wie dies noch in so ausschließlicher Weise mit der römischen der Fall gewesen war, daß wir, den Geist Roms schildernd, auf sie gar nicht Bezug nehmen zu müssen glaubten. Es ist zu universell und wieder zu individuell dazu. Es ist die Religion der Persönlichkeit und deshalb Weltreligion. Denn was den einzelnen Menschen ganz zu erfüllen vermag, das muß auch das Gemeingut der Menschen überhaupt werden.

Dies mußte sich sofort in der tiefgehendsten Weise geltend machen. Gewiß sind die Germanen von Natur zum Partikularismus geneigt. Allein das gilt von den stammverwandten Griechen in gleicher Weise. Und doch brachten es die Griechen zu geschlossenen, wie sehr auch beschränkten Staatsgebilden, denen die germanischen Sippschaften und Korporationen nicht einmal entfernt als Analogie an die Seite gestellt werden können. Gewiß ist es ferner richtig, daß der Unterschied des Ackerbau treibenden Flächenstaats, wie ihn Deutschland bildete, vom Stadtstaat der Griechen für die gesellschaftliche Gliederung des deutschen Volkes schwer ins Gewicht fiel. Allein dies alles erklärt doch nur, daß man auf deutschem Boden leichter als anderswo zu den vom Christentum nahe gelegten Konsequenzen gelangen konnte — nicht aber die Sache selbst. Auch Rom hat in seiner späteren Entwicklung auf ein unendlich reiches Material einer möglichen gesellschaftlichen Gliederung seiner Untertanen geblickt, ohne es auch nur zu versuchen, die verschiedenen Kräfte in freiem Wettbewerb gewähren zu lassen. Emporbilden lassen sich die gesellschaftlichen Triebe nur dann, wenn sie sich ihrer Berechtigung bewußt geworden sind. Eben dieses Bewußtsein fehlte ihnen im antiken Staatswesen, das alle partikularen Regungen entweder ausschließlich für sich selbst zu interessieren verstand, oder ohne weiteres niederschlug. Es ging ihnen erst auf, als sie im Christentum eine ihren innersten Tendenzen entgegenkommende, sie von der Omnipotenz des Staates lösende und mit ihnen die prinzipielle Geringschätzung des Staates teilende göttliche Autorität kennen lernten.

Das Christentum stellte sich von Anfang an in einen zunächst passiven, dann aber, nachdem die mehr und mehr erstarkende Papstgewalt sein alleiniger Interpret geworden war, in einen prinzipiellen, bewußten und aufs höchste aktiven Gegensatz zum Staate. Und indem es in den Herzen von Kaiser und Bauer, Feudalherrn und Leibeigenem die neue Welt überirdischer ewiger Ideale anbaute, vertiefte es die Interessen derselben, indem es sie aus jener nivellierenden Äußerlichkeit löste, die trotz aller Reize im einzelnen den rauhen Charakter des Altertums ausgemacht hatte. Es gab den Menschen sich selbst zurück und pflanzte ihm durch den Ausblick in die himmlische Heimat, den es ihm gab, jene grundsätzliche Verachtung alles Irdischen ein, die sich namentlich gegen alle imposante Machtentfaltung desselben sträubte.

Darin aber, daß nun der Mensch nur des Himmels froh werden sollte, liegt nicht, wie man mit seltsamer Verkennung dieses neuen Bestrebens gemeint hat, ein Rückschritt, sondern im Gegenteil ein nicht hoch genug zu veranschlagender Fortschritt. Wohl hat die Spekulation mit den himmlischen Gütern von seiten einer nur sich selbst lebenden, ihrer Aufgabe vergessenden Priesterkirche dem Gewissen der Christenheit schwer zu heilende Wunden geschlagen, allein es darf nicht verkannt werden, daß im unmittelbaren Kontakt mit der Kirche, aber innerlich ihrer theokratischen Institution entwachsen (wir erlauben uns hier auf den diesbezüglichen Nachweis in unsrer Schrift: Wilhelm von St. Thierry, zu verweisen), eine so reine Quelle individueller Frömmigkeit aus der Erwartung himmlischer Vollendung emporsprudelte, daß aus ihr alle späteren dem Fortschritte dienenden Männer — die Reformatoren voran — zu schöpfen nicht verschmäht haben. Gerade weil die Sehnsucht nach der Ewigkeit die Herzen durchzitterte, wurden sie frei von den „Mächten, Fürstentümern und Gewalten“, in deren Überwindung schon der Apostel Paulus den Triumph des christlichen Glaubens erkannt hatte. Nun stand der Mensch ohne Bevormundung, ohne Rücksicht auf untergeordnete Zusammenhänge, der obersten Gewalt, Gott, gegenüber, nun erkannte er das Eine, was nottut, um sich in der Freiheit des neugewonnenen Bewußtseins über alles andere zu erheben.

Hier also haben wir den Grund für die neue Orientierung der christlichen Völker zu suchen. Daß sie gerade eine vorwiegend soziale wurde, ist allein dadurch befriedigend zu erklären, daß das

Christentum, vermöge seiner energischen und prinzipiellen Lösung des Menschen aus den bisherigen Verbänden, dessen eigene persönliche Interessen in den Vordergrund rückte — eine Tat von unberechenbarer Tragweite, wie wehtuend und leidenschaftlich auch diese Interessen, eben gerade weil sie nur persönliche, private oder Standesinteressen waren, aufwallen mußten — wofür wir in einem späteren Abschnitt noch nähere Gründe anzugeben haben werden. Aber daß die verschiedenen Stände überhaupt eine eigene Berechtigung ertrotzten, daß sich nacheinander die Fürsten vom Kaiser, die Städte von den Fürsten, das Bürgertum vom Adel emanzipierten, und in der neusten Zeit sich der vierte Stand von allen übrigen zu emanzipieren anschickt — diese leidenschaftliche Bewegung läßt sich ohne die fundamentale Bedeutung, die das Christentum der menschlichen Persönlichkeit verliehen hat, nicht verstehen.

Recht eigentlich zersetzend hat das Christentum von jeher gewirkt. Entrüsten wird sich hierüber aber nur der, der keinen Fortschritt im Menschenleben anzuerkennen vermag und es nicht glauben will, daß sich die große gesellschaftliche Orientierung, zu der uns das Christentum mehr und mehr erzieht, nicht anders als unter den schmerzlichsten Entwicklungen vollziehen kann.

3. Die prinzipielle Erkenntnis des Rechts in der Philosophie Kants und Fichtes.

Was das Christentum durch seine neuen Impulse geschaffen, was vermöge seiner Vermischung mit den alten Elementen des Lebens jene chaotischen Zustände hervorgebracht, die wir im vorigen Abschnitt betrachtet haben, was sich in seiner prinzipiellen Differenz vom alten stärker und stärker geltend machte — das kam in der epochemachenden Philosophie Kants und seines großen Nachfolgers Fichte zum entscheidenden Ausdruck. Die Rechtsdefinitionen bei beiden sind nichts anderes als die Erkenntnis von der Relativität des Rechtes, und im Grunde nicht weniger als eine grundsätzliche Überwindung desselben. Nach langem geschichtlichen Halbdunkel, das nur dann und wann — wir erinnern an die bedeutsamen Aufstellungen eines Hobbes und Spinoza — aufgehellt wurde, tritt hier das Recht in das Licht einer höhern Macht, in dem es seine Schranke erkennt und seiner Herrschaft definitiv und ausdrücklich sich begibt.

Damit ist die moderne Epoche der menschlichen Entwicklung eröffnet. Durch die prinzipielle Überwindung des Rechtes in der moralischen Autonomie des Willens, wie sie Kant ausgesprochen, Fichte auf ihre höchsten Konsequenzen gebracht hat, bricht sich die Neuzeit Bahn. Es ist schwer, wenn nicht unmöglich, die unendlich zahlreichen Motive, von denen diese bewegt wird, auf ihren einheitlichen Ausdruck zu bringen; aber die Freiheit des Bewußtseins, aus der sie alle quellen, läßt sich mit Sicherheit auf die prinzipielle Erkenntnis der neuen Philosophie zurückführen. Die moderne Welt ist fast ausschließlich gesellschaftlich und fast gar nicht mehr staatlich orientiert, was sie auch trotz der energischen Trompetenstöße eines Treitschke in seiner „Politik" nie mehr werden wird. Man darf ruhig sagen: das Alte ist vergangen, es wird alles neu. Die aber dem neuen den ersten bewußten Ausdruck gegeben, die Propheten der neuen Zeit sind Kant und Fichte.

Es hat ihnen zwar nicht an energischer Bestreitung gefehlt. Man kann auch manches an ihren Definitionen aussetzen. Allein das sind Streitigkeiten um des Kaisers Bart. Das Entscheidende ist nicht die Form, sondern der Inhalt, nicht wie sie Recht und Moral voneinander abgrenzten, sondern daß sie es taten, nicht die wissenschaftliche Darstellung, die immer fehlerhaft bleiben muß, namentlich für Gebiete, für die uns die Sprache überhaupt nur sehr mangelhaft zu Gebote steht, sondern die prinzipielle Großtat, womit sie den Menschen selbst in der Autonomie seines moralischen Bewußtseins zum Mittelpunkt einer Geister-Welt emporgehoben. Was sagen sie?

„Das Recht ist der Inbegriff der Bedingungen, unter denen die Willkür des Einen mit der Willkür des Andern nach einem allgemeinen Gesetze der Freiheit zusammen vereinigt werden kann."

„Es folgt hieraus auch: daß nicht verlangt werden kann, daß dieses Prinzip aller Maximen selbst wiederum meine Maxime sei, d. i. daß ich es mir zur Maxime meiner Handlung mache; denn ein jeder kann frei sein, obgleich seine Freiheit nur ganz indifferent wäre, oder ich im Herzen derselben gerne Abbruch tun möchte, wenn ich nur durch meine äußere Handlung ihr nicht Eintrag tue. Das Rechthandeln mir zur Maxime zu machen ist eine Forderung, die die Ethik an mich tut."

„So wie nämlich das Recht überhaupt nur das zum Objekte

hat, was in Handlungen äußerlich ist, so ist das strikte Recht, nämlich das, dem nichts Ethisches beigemischt ist, dasjenige, welches keine anderen Bestimmungsgründe der Willkür als bloß die äußeren fordert; denn alsdann ist es rein und mit keinen Tugendvorschriften vermengt. Ein striktes (enges) Recht kann man also nur das völlig äußere nennen. Dieses gründet sich nun zwar auf dem Bewußtsein der Verbindlichkeit eines jeden nach dem Gesetze, aber die Willkür darnach zu bestimmen, darf und kann es, wenn es rein sein soll, sich auf dieses Bewußtsein als Triebfeder nicht berufen, sondern fußt sich deshalb auf dem Prinzip der Möglichkeit eines äußeren Zwanges, der mit der Freiheit von jedermann nach allgemeinen Gesetzen zusammen bestehen kann" (Im. Kants Sämtl. Werke herausgeg. von K. Rosenkranz und F. W. Schubert IX. Teil Metaphysik d. Sitten. I. Metaphysische Anfangsgründe d. Rechtslehre, Einl. § B. C. und E).

Und Fichte:

„Ich beschränke mich selbst in meiner Zueignung der Freiheit dadurch, daß ich auch für andere Freiheit übrig lasse. Der Begriff des Rechts ist sonach der Begriff von dem notwendigen Verhältnisse freier Wesen zueinander."

„Es findet sich, daß man in Gedanken jedes Mitglied der Gesellschaft seine eigene äußere Freiheit, durch innere Freiheit, so beschränken lasse, daß alle andern neben ihm auch äußerlich frei sein können; dies nun ist der Rechtsbegriff."

„Das endliche Vernunftwesen kann nicht noch andere endliche Vernunftwesen außer sich annehmen, ohne sich zu setzen, als stehend mit denselben in einem bestimmten Verhältnisse, welches man das Rechtsverhältnis nennt."

„Das deduzierte Verhältnis zwischen vernünftigen Wesen, daß jedes seine Freiheit durch den Begriff der Möglichkeit der Freiheit des andern beschränke unter der Bedingung, daß das erstere die seinige gleichfalls durch die des andern beschränke, heißt das Rechtsverhältnis; und die jetzt aufgestellte Formel ist der Rechtssatz."

„Der deduzierte Begriff hat mit dem Sittengesetze nichts zu tun, ist ohne dasselbe deduziert, und schon darin liegt, da nicht mehr als eine Deduktion desselben Begriffes möglich ist, der faktische Beweis, daß er nicht aus dem Sittengesetz zu deduzieren sei. Auch sind alle Versuche einer solchen Deduktion gänzlich mißlungen. Der Begriff der Pflicht, der aus jenem Gesetze hervorgeht, ist dem des Rechts in den meisten Merkmalen geradezu entgegengesetzt. Das Sittengesetz gebietet kategorisch die Pflicht, das Rechtsgesetz erlaubt nur, aber gebietet nie, daß man sein Recht ausübe. Ja, das Sittengesetz verbietet sehr die Ausübung eines Rechtes, das dann doch, nach dem Geständnis aller Welt, darum nicht aufhört, ein Recht zu sein. . . . . . Auf dem Gebiete des Naturrechts hat der gute Wille nichts zu tun. Das Recht muß sich erzwingen lassen, wenn auch kein Mensch einen guten Willen hätte; und darauf geht eben die Wissenschaft des Rechtes aus, eine solche Ordnung der Dinge zu entwerfen. Physische Gewalt, und sie allein, gibt ihm auf diesem Gebiete die Sanktion. . . . — Beide Wissenschaften — Recht und Moral — sind schon ursprünglich und ohne unser Zutun durch die Vernunft geschieden, und sind völlig entgegengesetzt.“ (J. H. Fichte a. a. O. II. Abt. A zur Rechts- und Sittenlehre I. Bd. Grundl. d. Naturrechts. Einleit. II.2, S. 8; II.2, S. 9. Erstes Hauptstück § 4 dritter Lehrsatz und S. 41 und 52. Coroll. 2. S. 54—55.)

In diesen epochemachenden Sätzen beider Philosophen liegt ausgesprochen, daß das Recht ein bloß äußerliches Verhältnis durch das alleinige Mittel des Zwanges zwischen den Individuen herstellt, daß es also die Tatsächlichkeit der Gemeinschaft selbst, noch ganz abgesehen und im prinzipiellen Unterschied von der Gesinnung, womit die Einzelnen diese Gemeinschaft bereichern, in ihrer reinen Äußerlichkeit bedeutet. Das Recht ist die gegenseitige Einschränkung zum Zweck der Freiheit. Es ist bloße conditio sine qua non eines höhern Verhältnisses, nicht Selbstzweck, und deshalb von der Moral grundsätzlich zu trennen. Hier ist also zum erstenmal die bis dahin so wenig verstandene Differenz von Recht und Moral klar erkannt — und eben hierin liegt das Epochemachende dieser Philosophie; denn nicht weniger, als die prinzipielle Erkenntnis der vom Christentum postulierten, aber seitdem nur im verborgenen treibenden Rückkehr der Menschheit zu sich selbt, ist in ihr enthalten.

Man sagt dagegen: die Trennung von Recht und Moral sei eine doktrinäre und gemachte; Recht so gut wie Moral sei ein Grundphänomen der menschlichen Sittlichkeit; ohne beklagenswerte Spaltung der menschlichen Persönlichkeit also lasse sich ihre Trennung nicht durchführen. Wir antworten, daß dieser Einwand eben auf derselben Grundlage sich aufbaut, die er angreift, auf der Erkenntnis Kants und Fichtes. Gerade weil Kant die Autonomie des menschlichen Willens im Sittengesetze, gerade weil er in der Freiheit des Menschen sein Wesen erkannte, konnte er innerhalb dieser, eine eigene Welt, die Innenwelt des Geistes, mit sich führenden Autonomie die bloße Bedingung, die sie sich gibt, von ihr abgrenzen. Die Unterscheidung zwischen Recht und Moral, die er und noch nachdrücklicher Fichte geltend macht, ist orientiert an der gemeinschaftlichen Geisteswelt dieser Erscheinungen; es sind nicht zwei nebeneinander, sondern zwei nacheinander hervortretende aus einer und derselben Größe stammende Erscheinungen, von denen sie reden. Gerade weil sie erkennen, daß das Recht nicht ein bloß empirischer Begriff ist, sondern eine Funktion des Willens selbst, gelingt es ihnen, dieselbe von einer noch höhern des Willens abzugrenzen.

Gewiß: Recht und Moral — wir haben davon schon früher geredet — gehören zueinander; aber eben deshalb, weil man ihre metaphysische Zusammengehörigkeit in der Autonomie des Willens verstanden und sie daher von allem empirischen streng gesondert hat, muß und kann man sie nun auch in ihrer gegenseitigen Beziehung aufeinander prinzipiell — aber innerhalb einer und derselben Größe — voneinander scheiden. Im Rechte stellt sich der Wille seine Autonomie nur erst her. In der Moral ergreift und vollzieht er sie. Deshalb ist das Recht wirklich von der Moral geschieden, so gut als die gesuchte Autonomie noch nicht die gefundene ist. Innerhalb eines und desselben Willens ist wirklich und unbestreitbar das Recht nur äußerlich, die Moral innerlich bestimmt, das Recht der äußerliche, die Moral der innere Wille.

Wir wiederholen es: Nicht wie die genannten Philosophen diesen Gegensatz formulierten, sondern daß er sich in ihrer Erkenntnis überhaupt zum Ausdruck brachte, daß sie die geschichtlichen Träger dieser für die Zukunft so bedeutsamen Krisis waren, — das ists, was ihre Namen unsterblich macht.

Wenn Trendelenburg (a. a. O. S. 17—18) gegen die kantische Fassung des Rechts geltend gemacht, daß „im vorigen Jahrhundert von den Rechtslehrern in dem Begriff der Gerechtigkeit, inwiefern er in die Rechtswissenschaft gehöre, die Übereinstimmung der äußeren Handlungen mit dem Gesetz hervorgehoben“ worden sei, „während die alten römischen Rechtslehrer anders verfahren und im Gegenteil sagen: justitia est constans et perpetua voluntas jus suum cuique tribuendi (Digest. I. 1,10 aus Ulpian)" — so liegt gerade in der Einschränkung der voluntas auf das Moralische, die in seiner Geltendmachung des römischen Rechtsgrundsatzes zu Tage tritt, die Einseitigkeit, aus welcher seine Protestation gegen den kantischen Rechtsbegriff — und hier allerdings mit Notwendigkeit — folgt.

Es wird Trendelenburg ohne weiteres zugestanden werden müssen, daß im Recht auch der gute Wille zur Rechtsvollstreckung in Mitleidenschaft gezogen werden kann. Der Wille des Einzelnen, seinen Rechtspflichten nachzukommen, ist im allgemeinen nichts anderes, als der von ihm ins eigene Bewußtsein aufgenommene Allgemeinwille des Rechts selbst, moralisch bestimmt, wenn er die freiwillige Zustimmung zum Gesetze ist, juridisch, wenn diese freiwillige Zustimmung fehlt oder nicht dominiert. Allein die moralische Bestimmtheit des Willens ist doch nur eine Begleiterscheinung des Rechtes, die von diesem nicht gefordert wird und nicht gefordert werden kann. Auch die freiwillige Unterwerfung unter das Gesetz kann lediglich den Entschluß bedeuten, dem nun einmal bestehenden Gesetz gehorchen zu wollen aus Furcht vor Strafe, oder um einer aussichtslosen Auseinandersetzung mit dem Gesetze zu entgehen, und hört dann auf, eine moralische im eigentlichen Sinne des Wortes zu sein. Gewiß darf vom Gesetze der Anspruch erhoben werden, in der Gesinnung der Bürger eine Stätte zu finden, aber es kann diese Gesinnung zu seinen Gunsten niemals direkt verlangen und ist eben deswegen grundsätzlich von der Moral getrennt. Vor allem aber ist auch dann, wenn das Recht von der Gesinnung der Menschen getragen wird, in keiner Weise gegeben, daß sich die Gesinnung in dieser Funktion zu erschöpfen habe. Trendelenburg spricht immer nur von der am Rechte selbst orientierten Gesinnung. Er hält seine Aufmerksamkeit nicht auf die Wahrnehmung gerichtet, daß die „Gesinnung" selbst eine Welt für sich zu bedeuten, daß sie aus ihrer eigenen Tiefe Bestimmungen zu schöpfen vermag, die in der Tat über das bloße Recht hinaus liegen. Die Gesinnung kann eine bloße moralische Begleiterscheinung sein — und hiervon spricht Trendelenburg — sie kann aber auch Prinzip des menschlichen Daseins werden — und dann wird jene Abgrenzung vom Rechte eintreten müssen, die Kant eingeführt. Im Lichte der moralischen Gesinnung als Prinzip erkannte dieser Philosoph die untergeordnete Bedeutung des Rechts, nicht aber stellte er, wie T. anzunehmen scheint, Recht und Moral wie zwei bloß äußerlich verbundene Teilgrößen des menschlichen Geistes nur nebeneinander.

Gerade auf der von Kant und Fichte gelegten Grundlage war die Möglichkeit der bei den neuern Rechtslehrern so beliebten „ethischen" Auffassung des Rechts gegeben. Erst wenn der moralische Wille sich erhoben und souverän geworden ist, kann von seiner hohen Warte herab ins Reich des Rechts zurückgeblickt, können in ihm alle moralischen, das Recht umspielenden Motive hervorgehoben werden, während dies da, wo das Recht selbst die dominierende Macht des Bewußtseins ist, nicht oder nur so möglich ist, daß die moralischen Gesichtspunkte von vornherein zum Recht gezählt oder seiner Herrschaft unterworfen werden, wie das wirklich in dem mit einem moralischen Prinzip unbekannten Altertum der Fall gewesen ist, und von T. z. B. wie folgt ausgedrückt wird: „Die Trennung des Juridischen und Ethischen, des Legalen und Moralischen ist modern; Plato und Aristoteles behandeln beides in dem Gedanken der Einheit" (a. a. O. S. 22).

Es dürfte sonach für die Behauptung allgemeine Zustimmung erwartet werden, daß, sobald der moralische Wille, die Gesinnung, zum Prinzip der menschlichen Gemeinschaft geworden ist, das Recht eine untergeordnete Stellung einnehmen muß. Das hat schon der Apostel Paulus in seinem prägnanten Erkenntnisprinzip des Verhältnisses zwischen dem alten und dem neuen Testamente ausgesprochen: die Liebe ist des Gesetzes Erfüllung. (Röm. 13).

Vergegenwärtigen wir uns hier kurz die bisherigen Auseinandersetzungen, so finden wir unsere anfängliche These, daß das Recht eine transitorische Erscheinung ist, bestätigt. Es bewegt sich in immer energischerer Zuspitzung von den theokratischen Staatsordnungen an durch die griechische Staatsomnipotenz hindurch zu seiner Selbsterfassung im römischen Recht; strebt dann, vom Christentum prinzipiell durchbrochen, im Ringkampf der Kräfte, die diese neue aber nicht herrschend gewordene Erscheinung entfesselte, zu nochmaliger, wenn auch nicht mehr unbestrittener, Herrschaft, bis es in der grundlegenden Erkenntnis Kants von der Autonomie des moralischen Willens im Sittengesetz in seine grundsätzlich untergeordnete, zu völligem Verschwinden bestimmte Stellung gelangt.

4. Der Rechtsinhalt.

Das Recht ist die äußere Gemeinschaft der Menschen untereinander. Mag es aus dem Willen einer Gottheit, oder aus den Interessen eines Staatsganzen, oder endlich aus den unmittelbaren Beziehungen der Menschen untereinander herstammen, immer bewahrt es diesen Charakter der Äußerlichkeit. Man nehme irgend einen Rechtsfall, vielleicht am besten aus dem in der modernen Zeit so besonders lebhaft erörterten Gebiete des „geistigen Eigentums“ oder des „Urheberrechts“ etc., um sich sofort von dieser an sich übrigens naheliegenden Tatsache zu überzeugen. Nur wenn mein „geistiges Eigentum“ von andern angegriffen oder mein Name laut und vernehmbar geschmäht worden ist, tritt das Recht auf diese ideellen Dinge in Kraft. Das Recht will nichts anderes tun, als sie vor den willkürlichen Eingriffen anderer schützen. Es kann unmöglich gebieten, daß die Menschen sich gegenseitig respektieren, es kann nur die irgendwie öffentlich werdende Mißachtung des Respektes strafen. Was nicht in der Sphäre der Außenwelt, vor Zeugen etc geschehen ist, darauf nimmt es gar keinen Bezug.

Wenn es wahr ist, wie man von Rechtsphilosophen so oft versichern hört, daß es in der Intention des Rechts selbst liege, die gesellschaftlichen Güter der Menschen zu erhalten, so läßt sich nicht einsehen, warum dann das Recht nicht alles das gebieten sollte, was zur Förderung derselben dient. Es muß dann nicht nur die Beeinträchtigung dieser Güter verhindern, indem es jeden Angriff auf sie straft, sondern ausdrücklich auch befehlen, daß man alles tue, um sie zu erhalten — was aber nur dann einen Sinn hat, wenn es die Gesinnung der Menschen gegeneinander bestimmen kann. Der Umstand aber, daß es die Gesinnung als solche niemals zum direkten Objekte seiner Behandlung macht, sondern sie nur nebenbei berücksichtigt, ist so entscheidend für die Erkenntnis des Rechts als einer äußern Macht, daß man über das Wesen desselben nie zweifelhaft hätte sein sollen.

Ist also die Äußerlichkeit die Sphäre des Rechts, so resultiert daraus eine doppelte Konsequenz, eine historische und eine sachliche. Einmal nämlich die Tatsache, daß die Rechtsbestimmungen von den mächtigeren Gliedern der Gemeinschaft ausgehen, daß die Geschichte des Rechtes innerhalb eines zusammengehörigen Ganzen die Geschichte der successiven Zugeständnisse der Optimaten an die Volksmenge, oder umgekehrt die der successiven Unterjochung der Menge unter eine aufstrebende Adelsklasse, oder endlich die der gegenseitigen Zugeständnisse ist, je nachdem gerade eine durch die momentane Lage gegebene Konstellation der gesellschaftlichen Gruppierung auf die eine oder auf die andere Seite neigt. Die Mächtigen haben eine größere Sphäre äußerer Mittel, und sind deswegen im stande, an diese schon gegebene Situation die lediglich an der Äußerlichkeit orientierten Rechtsbestimmungen anzuknüpfen. Rechte sind bis auf den heutigen Tag Vorrechte. Es bleibt bis heute, wenn man will, eine traurige, jedenfalls aber eine unbestreitbare Tatsache, daß die Reichen dem Rechte zugänglicher sind als die Armen, ja daß das Recht in sehr vielen Fällen geradezu für sie allein gemacht zu sein scheint. Das hat einfach darin seinen Grund, daß dem Armen das eigentliche Rechtsgebiet, die Äußerlichkeit, fehlt; er hat keine Rechtssphäre, für welche sich das Recht sozusagen erwärmen, in welcher es sich ausbreiten könnte. Der Mächtige hat recht, weil er die äußeren Mittel, in welchen sich das Recht betätigt, besitzt.

Damit ist die zweite Konsequenz, die wir oben aus der Äußerlichkeit des Rechts gefolgert, die sachliche, auch schon gegeben. Das Recht ist ausschließlich ein Besitzrecht. Das sog. Personenrecht ist nur das Recht der Personen auf gewisse Dinge oder hergestellte Beziehungen, in deren Besitz sie sich wissen, und die dazu dienen, ihre nach außen fallende Bedeutung zu schützen oder zu vermehren. Ja im Worte Personen-Recht liegt ein contradicto in adjecto von vornherein. Die Personen haben keine Rechte, sie haben sich selbst. Die persönliche Gemeinschaft ist die Gemeinschaft der Liebe; die Liebe aber hebt das Recht als Recht auf. Denn sie ist „des Gesetzes Erfüllung". „L'esprit des lois", sagte ein geistreicher Franzose zu Montesquieu, „c'est la propriété."

Wir sind hier an der folgenschweren Frage nach dem Inhalt des Rechtes angekommen und müssen deshalb unseren Gegenstand fest ins Auge fassen.

Hegel (Grundlinien d. Philosophie des Rechts I. Teil 1. Abt.

§ 41) sagt: „Die Person muß sich eine äußere Sphäre ihrer Freiheit geben, um als Idee zu sein. Weil die Person der an und für sich seiende unendliche Wille in dieser ersten noch ganz abstrakten Bestimmung ist, so ist dies von ihm Unterschiedene, was die Sphäre seiner Freiheit ausmachen kann, gleichfalls als das von ihm unmittelbar Verschiedene und Trennbare bestimmt.“ § 42: „Das von dem freien Geiste unmittelbar Verschiedene ist für ihn und an sich das Äußerliche überhaupt — eine Sache, ein unfreies, unpersönliches und rechtloses.“ § 45: „Die Seite aber, daß Ich als freier Wille mir im Besitze gegenständlich und hiemit auch erst wirklicher Wille bin, macht das Wahrhaftige und Rechtliche darin, die Bestimmung des Eigentums aus“ . . . vom Standpunkte der Freiheit aus ist das Eigentum das erste Dasein derselben, wesentlicher Zweck für sich. § 46: „Da mir im Eigentum mein Wille als persönlicher, als Wille des Einzelnen objektiv wird, so erhält es den Charakter von Privateigentum . . . . die Vorstellung von einer frommen oder freundschaftlichen und selbst erzwungenen Verbrüderung der Menschen mit Gemeinschaft der Güter und der Verbannung des privateigentümlichen Prinzips kann sich der Gesinnung leicht darbieten, welche die Natur der Freiheit des Geistes und des Rechtes verkennt und sie nicht in ihren bestimmten Momenten erfaßt.“

Darnach ist also das Privateigentum der eigentliche und unmittelbare Gegenstand des Rechts. Wenn wir uns daran erinnern wollen, daß das Recht der nur nach außen gewandte, die Außenwelt sich dienstbar machende und in ihren Elementen erst zu sich selbst kommende Wille ist, so wird es uns nicht schwer fallen, die Hegelsche These in ihrer ganzen Tragweite zu verstehen. In der Tat: das Eigentum kann nichts anderes sein als die vom Rechtswillen ergriffenen und in eine bestimmte Aneignung gebrachten Elemente der Außenwelt. Und in unmittelbarer Verbindung hiemit steht das andere, daß das Eigentum wesentlich Privateigentum sein muß, indem es der Charakter der äußern Güter mit sich bringt, den äußerlich orientierten Willen in die Zersplitterung zu treiben und so die Allgemeinheit des Rechtswillens durch die atomistische Zerbröcklung in eine Menge nur neben-, nicht ineinander stehender, privater Willensströmungen zu kompensieren. Der Rechtswille ist nur der die Gesamtheit der

Einzelwillen unter dieselbe Regel ihres gegenseitigen Verkehres stellende Wille, der aber die privaten Willensdarstellungen zu seinem grundsätzlichen Gegenstande hat. Er ist die Gemeinschaft der Einzelnen als Einzelner. Daher ist allerdings, wie Hegel mit aller wünschenswerten Deutlichkeit ausführt, das Privateigentum der eigentliche Inhalt des Rechts. Kein Privateigentum kein Recht. Die Römer sagten: „qualiscunque possessor hoc ipso quod possessor est, plus juris habet, quam ille qui non possidet.“ Der rechtliche Wille ist der noch nicht bei sich selbst seiende Wille, der deshalb die äußern Elemente zu seiner Betätigung nötig hat. Wenn Hegel sagt: „Die Person muß sich eine äußere Sphäre ihrer Freiheit geben“, so ist darunter keine andere Person verstanden als „der an und für sich seiende unendliche Wille in dieser ersten noch ganz abstrakten Bestimmung“, der abstrakte Wille also, der nur sich selbst will und deshalb erst in einer äußern Sphäre zu seiner Freiheit gelangt.

Es ist demnach ein müßiges Unternehmen, den Egoismus im Rechte mit allen seinen grausamen Ausartungen, wie sie im Laufe der Geschichte sich ereignet, beklagen oder gar anklagen zu wollen. Der Privatbesitz liegt nun einmal in der Idee des Rechtes selbst. Der Grundsatz: summum jus, summa injuria, d. h. was dem einen als sein höchstes Recht erscheint, ist das größte Unrecht für den andern, läßt sich nicht aus dem Wesen des Rechts streichen. Hier wird es klar, warum auf seinem Boden die moralische Forderung der Gerechtigkeit so wenig realisiert werden kann, wie die Quadratur des Zirkels. Diese auf den ersten Blick so verwunderliche Tatsache verliert alles Auffallende, sobald wir uns die Wahrheit vergegenwärtigen, daß im bloßen Rechtswillen der Mensch noch garnicht sein eigentliches Wesen erfaßt hat, also am wenigsten von einer Erscheinung, die nicht bis zu dieser Tiefe durchgedrungen ist, dessen volle, von der Gerechtigkeit postulierte Würdigung verlangen kann — vom Rechte. Die Gerechtigkeit will dem Menschen selbst gerecht werden, das Recht kennt ihn noch garnicht, es kennt nur seine Sachen. Deshalb ist in der Sphäre des Rechts schon nur die Frage nach der Forderung der Gerechtigkeit eine durchaus aussichtslose, wie sie denn hier auch nur verwirrend und aufregend gewirkt hat. Innerhalb der als normal angesehenen Besitzverhältnisse des Rechtes von „Gerechtigkeit“ reden ist aus dem einfachen und entscheidenden Grunde ein Ding der

Unmöglichkeit, weil das Recht selbst — ungerecht ist. Eben dies, daß es nur sachliche und äußerliche Interessen mit der menschlichen Person verknüpft, ist seine prinzipielle Ungerechtigkeit gegen dieselbe. Es widerspricht durchaus der Idee des Menschen, seine Bedeutung erst aus dem mehr oder weniger großen Umfang seiner Güter zu schöpfen — aber gerade das ist es, was das Recht tut.

Hier also erkennen wir die transitorische Bedeutung des Rechtes mit besonderer Lebhaftigkeit. Es ist eine zum Verschwinden bestimmte Erscheinung, weil es das Wesen des Menschen in seiner vollen Tiefe noch gar nicht erfaßt hat. Wie töricht und aussichtslos ist es demnach, wenn man auch heute wieder dem bloßen Rechte das Wort reden möchte, um den entfesselten Gewalten des Tages die überlegene Spitze bieten zu können, wie gefährlich und verwirrend, „ewige Rechtsideen“ geltend zu machen, auch da noch, wo wir uns anschicken, aus unsern eigenen innersten Tiefen die Kraft einer neuen Gemeinschaft, die nicht mehr rechtlich orientiert sein wird, emporzubilden!

Es wird nach dem Gesagten kaum mehr nötig sein, das summum jus summa injuria der Weltgeschichte noch besonders nachzuweisen. Daß sich der Höhepunkt der Rechtsentwicklung, das römische Privatrecht, erst allmählich im harten Kampfe zwischen Patriziern und Plebejern ausgebildet hat, ist bekannt genug, und auch das andere, daß es unvermögend gewesen ist, in seinen abstrakten Bestimmungen den Unterschied der Klassen verschwinden zu lassen oder wenigstens abzuschwächen. Der römische Staat blieb immer eine so oder anders geartete Aristokratie, die sich ihrer Vorrechte auch da bewußt blieb, wo sie nicht mehr viel andere als dekorative Bedeutung für sich in Anspruch zu nehmen vermochte. Das römische Privatrecht, das den Menschen seinem Mitmenschen direkt gegenüberstellt, ohne nach Abkunft oder Stellung zu fragen, war eine auf dem Rechtsboden nur als Idee mögliche Antizipation der höheren moralischen Gesichtspunkte, die daher auch nur ideell, nicht aber tatsächlich Eindruck machen konnte. Es war immerhin großes erreicht, daß sich seit dem römischen Privatrechte wie eine gerade Linie durch die stets wechselnde Willkür der tatsächlichen Verhältnisse hindurch eine wie sehr auch abstrakte Rücksichtnahme auf den Menschen selbst, abgesehen von seiner historischen Beschaffenheit, hindurchzog — allein diese Linie wurde doch nie wirkliche Richtschnur auf dem Boden des geschichtlichen und tatsächlichen Rechtes — ein Mangel, für den sich die Juristen durch ihre doktrinären Auslegungen des römischen Rechtes schadlos halten mochten.

Ganz besonders heftig tobte der Kampf der Klassen um das Vorrecht, wie wir gesehen haben, auf dem Boden der Christenheit. Das „System der erworbenen Rechte", von dem Lassalle redet in seinem so betitelten Buche, hat namentlich hier seine ergibigste Betätigung gefunden. Wir haben als Grund dafür die konstante Vorherrschaft der gesellschaftlichen Triebe, die im Altertum nie mächtig genug gewesen, ein darüber gebreitetes gesetzliches Ganzes zu durchbrechen, erkannt und diese gesellschaftliche Orientierung, in welcher der Mensch sich selbst einem bloßen Gesetz gegenüber geltend zu machen strebt, auf die Impulse des Christentums zurückgeführt. Wir verwiesen damals neben dem Gesagten auf besondere, später namhaft zu machende Gründe für die Tatsache, daß gerade auf diesem vom Christentum in Beschlag genommenen Staatenkomplex der Kampf um die verschiedenen Vorrechte nicht nur ein besonders aussichtsreicher sein mußte — wofür ja in der Tat bei der Abwesenheit eines überlegenen Zentralregiments die Ursachen nahe genug liegen — sondern vor allem ein so grausamer und leidenschaftlicher, ein so prinzipieller wurde, daß er uns in der Neuzeit die mehr als alle andern unsere Herzen aufwühlende soziale Frage eingebracht hat. Diese Gründe liegen in dem namhaft gemachten Inhalt des Rechts selbst: in seinem Eigentumsbegriff, bezogen auf und verbunden mit den andern vom Christentum erzeugten, von vornherein gesellschaftlich gearteten Potenzen.

Um es gleich auszusprechen: Der Eigentumsbegriff des Rechts ist von der christlichen Gesellschaft prinzipiell überwunden. Wir haben also da, wo er mit den christlichen Motiven zusammenstößt, einen Antagonismus der Kräfte zu gewärtigen, der um so leidenschaftlicher ausbrechen muß, je weniger die genannten Motive vermöge ihrer eigenen Unklarheit über sich selbst den Widerstand des bloßen Rechtsbewußtseins zu verdrängen vermögen, je mehr sie vielmehr selbst in totaler Verblendung der zähen Realität des Rechtsinhaltes untertan werden, um das ganze Ungestüm ihrer prinzipiell gegen den bloßen Privatbesitz gerichteten Kräfte ausdrücklich nun diesem selbst zur Verfügung zu stellen. Da gerade, wo eine Gesellschaft innerlich über alte Zustände hinweggehoben, aber äußerlich noch an sie gebunden ist, entsteht jene Leidenschaftlichkeit ihrer Geltendmachung, in welcher sich nur die Unsicherheit spiegelt, die das gesellschaftliche Bewußtsein dem Alten gegenüber empfindet. Die christliche Gesellschaft wurde im Grunde von ganz andern als bloß rechtlich gearteten Gedanken bestimmt; aber weil sie sich darüber keine Rechenschaft zu geben vermochte, und noch heute nicht zu geben vermag, stürzte und stürzt sie sich mit umso größerem Ungestüm auf die Besitzfrage, deren prinzipielle Überwindung doch gerade das Motiv ihrer leidenschaftlichen Unruhe ist.

Sie vermag es nun, schöpfend aus dem größeren Reichtum ihrer zur Offenbarung drängenden Innenwelt, im Gegensatz zu der nüchternen Prosa des römischen Rechtes die Besitzfrage mit dem üppig rankenden Blätterschmuck ihrer „Prinzipien", „Rechtsideen", „Vernunftgründe", „Zwecke" etc. zu umgeben, denen sie in den Büchern ihrer Philosophen und Rechtsgelehrten einen oft ebenso phrasenhaften wie überzeugungstreuen Ausdruck zu geben versteht. Nun spricht sie von der „Idee des Besitzes", davon, daß der Besitz „zur unveräußerlichen Sphäre des Menschen" gehöre u. dgl., unbekümmert darum, daß der größte Teil der Menschen diese, von der „Idee" des Menschen geforderte Sphäre nur in der allerprimitivsten Form kennt. Sie bringt es fertig, den römischen Begriff des Privatbesitzes mit allerhand aus ihrer bessern, aber nun unterdrückten Erkenntnis geschöpften Argumenten zu rechtfertigen, von dem Vorurteil befangen, oder dasselbe absichtlich unterhaltend, als sei dieser Begriff auch vom Christentum postuliert. — Indessen aber macht es ihr die soziale Frage, in deren Getriebe wir heute alle stehen, mehr und mehr und immer unwidersprechlicher klar — also daß sie keine Entschuldigung mehr hat — daß ihre eigenen gesellschaftlichen, vom Christentum entwickelten Triebe über das bloße Recht hinauszuwachsen streben — der anschwellenden Flut vergleichbar, die die noch eben an der Sonne glänzenden Felsklippen unter ihrem Wellendrange zu begraben sich anschickt.

5. Die Rechtsidee.

Wir haben im I. Teile unsrer Untersuchung die fundamentale Bedeutsamkeit jener wissenschaftlichen Begriffe, die eine Reihe identischer oder ähnlicher Erscheinungen in die Gemeinschaft eines und desselben Grundgedankens zusammenzufassen den Anspruch erheben, aufgezeigt. Zum Willen darauf übergehend, trafen wir dieses Allgemeine nicht nur in der Form ideeller Begriffe, sondern in der einer reellen und tatsächlichen Größe wieder. Während dort der Allgemeinbegriff in ruhiger Majestät über seinen konkreten Anwendungsfällen zu schweben schien, trat uns hier das Allgemeine als jene unmittelbare, der Willkür des Einzelnen gebietende Macht entgegen, deren verschieden entwickelte Energie wir im geschichtlichen Verlauf des Rechts zu beobachten Gelegenheit hatten. Dort ist das Allgemeine ein Gedanke, hier ein Wille; dort ein Sein, hier ein Müssen; dort eine Betrachtung, hier ein Zwang. Den Grund dieser Verschiedenheit fanden wir in der Wahrnehmung, daß die Erscheinung des Willens nichts anderes bedeute, als die Reaktion des menschlichen Geistes gegen die verkehrte und in Verbindung damit seine Rückbewegung zur wahrhaften Unmittelbarkeit, daß also die aus dieser Bewegung entstehende Allgemeinheit den ursprünglichen Zustand reell widerspiegle. Der Unterschied der bloß begrifflichen und dieser reellen, in der Rechtsgemeinschaft offenbar werdenden Allgemeinheit bestand für uns dann noch näher darin, daß der Wille dort auf dem Wege der Reflexion, hier dagegen direkt und ohne Zwischenglieder der Unmittelbarkeit zustrebe. In der Rechtsgemeinschaft sahen wir dieselbe in ihrer Wirklichkeit durchschimmern, während sie uns im bloßen Denkbegriff zum unwirksamen Schattenspiel ihres eigenen Wesens verblaßt war. Erschien uns doch der Wille selbst — der sich im Rechte erstmalig wieder findet — als das Element der Unmittelbarkeit, das Denken dagegen als ein bloßes Spiel, das nie ein ernstliches Verhältnis zum Unmittelbaren einzugehen vermöge. In der Unbedingtheit der Rechtsforderungen endlich erkannten wir nichts anderes als den Pulsschlag des Unmittelbaren im Organismus des isolierten Willens. Und so wurde uns klar, weshalb wir es in den Willensfunktionen mit einem Allgemeinen zu tun haben, das nicht erst auf dem Wege des Begriffs, sondern direkt gewonnen wird, das sich nicht bloß als ein zusammenfassender Gedanke, sondern als die alles bestimmende, alles in ihre Unbedingtheit einschließende Macht zur Geltung bringt.

Dürfen wir nun das Gesagte voraussetzen, so werden wir es nicht mehr verwunderlich finden, wenn sich uns die nun ihrerseits ins Denken aufgenommenen Rechtsmomente zu lebendigen, tätigen, sich bewegenden, nicht — wie dies bei den logischen Allgemeinheiten der Fall ist — zu ruhenden und unbeweglichen Allgemeinbegriffen verwandeln; wenn wir da von „Zwecken“, „Prinzipien“, „Vernunftpostulaten“, „absoluter Vernunftbewegung“ etc. zu hören bekommen, wenn, um es kurz zu sagen, an die Stelle des starren Begriffs nun der sich entwickelnde Begriff, die Idee tritt. Aber ebenso klar wird uns dabei auch das andere, daß dieser „bewegliche“ Begriff viel weniger „vernünftig“ ist als jener starre und fertige eines bloßen Seins. Wirklich ist denn auch die Definition von Recht und Moral mit eigentümlichen Schwierigkeiten verbunden, ja bis heute trotz aller Anstrengungen nicht gelungen, ohne daß man sich freilich gestehen will, daß sie, näher gesehen, überhaupt nie gelingen wird.

Rümelin (Reden und Aufsätze II. S. 321) hat von diesen Schwierigkeiten geredet in seiner bekannten Abhandlung: „Eine Definition des Rechts“. Hier wird unumwunden zugegeben, daß es eine „genügende Definition“ des Rechts überhaupt noch nicht gebe, und daß deshalb „die ganze Rechtswissenschaft ihres Fundaments entbehrt, solange sie für den Begriff, nach dem sie sich benennt, diese letzte und oberste Formel noch nicht gefunden hat“. Nur ein neuer, vielleicht beachtenswerter, jedenfalls aber nicht maßgebender Versuch soll seine eigene Formel sein, die fragliche Definition zu liefern, deren endgiltige erschöpfende Formulierung er in nicht allzulanger Zeit doch herannahen sieht. Sie lautet:

„Das Recht ist für eine, durch geschichtliche Tatsachen abgegrenzte und verbundene Gruppe der Menschheit eine durch das Institut einer gemeinsamen herrschenden Gewalt befohlene und auszuführende Ordnung des Zusammenlebens, welche den Zweck hat, die Glieder der Gesellschaft in der Erlangung der sittlich zuläßigen, durch den menschlichen Gattungscharakter geforderten Güter des individuellen und genossenschaftlichen Lebens, soweit es durch allgemeine, für das Gleiche gleiche Regeln von befehlendem Charakter geschehen kann, und soweit die Kräfte der Einzelnen hierfür der Verstärkung durch Zusammenwirken bedürfen, zu schützen und zu fördern.“

Indessen, wie aufmerksam und vollständig hier Rümelin auch alle mit dem Recht verbundenen Elemente des menschlichen Lebens aufzählen mag, er erreicht doch nichts, indem seine Zuspitzung des Rechts auf einen „Zweck“ eine bloße Behauptung ist, die solange bestritten werden muß, als die Vorstellung von einem

„Zweck im Recht“ überhaupt eine unvollziehbare, unmögliche ist. Definieren läßt sich alles leicht, in dessen Wesen man eben das hineinträgt, was man zu definieren beabsichtigt — wie hier den Zweck im Recht — nur kann dann von einer wirklichen Definition der Sache selbst nicht mehr die Rede sein. Eben das ist gerade die Schwierigkeit des Rechts, daß es keinen „Zweck“ hat, und daß alle die Erscheinungen, die auf seinem Boden entstehen, nur als Begleiterscheinungen sich geltend machen können, nicht aber in das Wesen des Rechts selbst hineingehören. Mit einer solchen Definition, wie sie Rümelin geliefert, ist also nicht mehr erreicht, als die Vertauschung eines an sich nicht zu erklärenden Tatbestandes mit Elementen, die ihn umspielen, die von ihm angeregt und zur Tätigkeit gebracht werden, die aber nicht aus seiner eigenen Tiefe fließen.

Immerhin sucht Rümelin auf rein empirischen Boden zu bleiben und die faktische Erscheinung des Rechts allein ins Auge zu fassen. Was soll man aber dazu sagen, wenn Trendelenburg in folgenden Auslassungen sich ergeht: „In der organischen Weltbetrachtung wird der Begriff, wenn er die letzte Bestimmung des inneren Zweckes in sich aufnimmt, zur Idee. In diesem Sinne handelt es sich um die Idee des positiven Rechtes, d. h. um den ursprünglichen Gedanken, der als Grund und innerer Zweck das positive Recht bestimmt oder bestimmen soll. Das positive Recht erscheint in verschiedenen Rechtsgemeinschaften verschieden; und es ist eine historische Untersuchung, welche Idee, oder eigentlich welche Stufe der Idee den einzelnen Gesetzgebungen, z. B. der jüdischen, der römischen zu Grunde liegt; aber eine philosophische, welche überhaupt bestimmt ist, allen gemeinsam zu Grunde zu liegen.“ (a. a. O. § 5.) Was sollen wir uns unter einem Begriff denken, der „die letzte Bestimmung des inneren Zweckes in sich aufnimmt“, und so „zur Idee wird“? Was ist eine „Idee des positiven Rechts“, die „als Grund und innerer Zweck das positive Recht bestimmt oder bestimmen soll?“ Und was stellt sich Trendelenburg unter der „philosophischen Idee“ vor, welche allen Erscheinungen des positiven Rechtes „zu Grunde liegt“? Das alles kann in der Tat gar nichts bedeuten und ist nur ein sprechender Beleg für die namentlich in der deutschen Sprache oft bis zum völligen Unverstand getriebene Gedankenmythologie, die das Schattenspiel ihrer Begriffe für die wirkliche Bewegung der Dinge selbst hält. Es mag für das begriffliche Denken unerläßlich sein, bildlich von Bewegungen, Äußerungen, Bestimmungen der Idee etc. zu reden; nur bleibe es sich dabei dieser bloß bildlichen Redeweise bewußt und fange nicht — wie bei Trendelenburg — von einer Bestimmung der realen Welt durch die Begriffe zu reden an, am wenigsten in einer Weise, die diese imginäre Bestimmung zum punctum saliens der ganzen Erörterung macht. Sonst begeht es jenen ebenso gefährlichen wie törichten Fehler, dem wir die ganze phrasenhafte Verwirrung so vieler Auseinandersetzungen auf allen Gebieten verdanken — und über den ein Marx nicht ohne Grund seinen beißenden Spott ausgegossen hat.

Weiter kommen wir auch bei Ahrens nicht (Recht und Rechtswissenschaft; rechtswissenschaftliche Einleitung zur Encyklopädie der Rechtswissenschaft herausgeg. v. R. Fr. von Holtzendorff 3. Aufl. S. 4). „Die Rechtsidee ist keine bloße Volks- oder Geschichtsidee, sondern eine allgemeine Menschheitsidee.... Idee und positive Erscheinung, Gehalt und Form sind die beiden Bestandteile alles Rechts; die Idee bleibt aber immer die urbildende Macht alles positiven Rechts.“ Auch hier können wir uns schlechterdings nichts vorstellen unter einer „Volks- oder Geschichtsidee“, noch weniger unter einer Idee, die als „urbildliche Macht“ die Formen des Rechts bestimmen soll. Ahrens möge uns einmal sagen, wo denn diese Idee ihren Sitz und Wohnort hat, und wie er sich eine Idee, losgelöst von einem Geiste, der sie denkt, rein als Idee für sich selbst und auf sich selbst gestellt, vorstellt. Daß Ideen eine Macht und noch dazu eine ungeheure Macht sein können, ist ja leider nur zu wahr, aber sie üben diese Macht nicht selbständig aus, sondern bekommen sie dadurch, daß sie von einem Geiste oder von einer Menge Geister gedacht werden. Immer sind es also die Geister, deren lebendige Betätigung den sog. Ideen Kraft verleihen, nie die Ideen selbst, die sich in eigener Machtvollkommenheit dieser Geister zu bemächtigen die Fähigkeiten hätten. Und es ist nur die Schwächedes Menschen, wenn er, der in ihm drängenden Potenzen nicht Herr werdend, sie sich als außer und über ihm tronende, mit unbedingter Gewalt ausgerüstete Ideen interpretiert, um von „Volks-“, „Geschichts-“, „Rechts-“ und anderen Ideen zu reden, wo doch nur seine unfertige Natur ihre eigene immanente, dem letzten Ziele entgegeneilende Bewegung zur Offenbarung bringt.

Wer kann ferner mit der Behauptung etwas anfangen: „das Recht ist nicht ein bloßes Mittel für den Staatszweck, sondern hat in sich selbst, in der Rechtsidee, seinen eigenen selbständigen Grund?“ (Burns, Das heutige römische Recht § 4 bei Holtzendorff S. 339). Wer wird aus Sätzen klug, wie der folgende: „Während die Rechtssätze sichtbar auf der Oberfläche liegen, während die Rechtsinstitute und Rechtsbegriffe durch ihre praktische Anwendung sich fast von selbst dem Bewußtsein aufdrängen, ruhen jene treibenden Kräfte des Rechts im tiefsten Innern, wirken höchst allmächtig, durchdringen zwar den Organismus, aber treten regelmäßig an keinem einzigen Punkte so deutlich hervor, daß man sie notwendigerweise wahrnehmen müßte. Kein praktisches Bedürfnis zwingt dazu, sich ihrer bewußt zu werden, denn sie sind nichts praktisches, keine Rechtssätze, sondern nur qualitative Charakterzüge der Rechtsinstitute, allgemeine Gedanken, die als solche gar keiner Anwendung fähig sind, sondern nur auf die Gestaltung der praktischen Sätze des Rechts einen bestimmenden Einfluß ausgeübt haben.“ (Ihering, Geist des röm. Rechts I. S. 45.) Wie total irreführend und dem Wesen des Menschen direkt widersprechend ist es doch, wenn Treitschke ohne weiteres behauptet: „Aus dem Begriff der freien Persönlichkeit (!) ergibt sich von selbst die Anerkennung des Einzelnen als Rechtssubjekt“ (Politik I S. 167), entsprechend der noch schieferen Behauptung von Burns: „Das Grundprinzip für den gesamten Inhalt des Privatrechts liegt in der Durchführung der freien Persönlichkeit des Menschen“ (a. a. O. S. 340).

Darnach wird man sich nicht mehr wundern, wenn abwechselnd alle Rechtszustände der Völker, alle Wandlungen ihrer Geschicke von seiten der Rechts- und anderer „Vernunftswissenschaften“ auf irgend eine Idee oder einen Zweck zurückgeführt werden — mögen sie in Wirklickkeit noch so schrecklich und empörend aussehen. In der Gliederung der Stände z. B., die so unendlich viel Haß und Gemeinheit zu Tage fördert, und die gerade in der am bloßen Besitze orientierten Bevorzugung der einen Klasse vor der andern eine wahrhafte unsittliche „Idee“ repräsentiert, erblickt ein Treitschke so gut wie ein Trendelenburg die schöne „Idee der gegenseitigen Ergänzung“ des notwendigerweise in viele Glieder abgestuften „Organismus“ u. dgl. So ist ferner „das scheinbare Unrecht, das die angelsächsische Rasse in Amerika gegen die eingebornen Indianer verübt, vom Standpunkt der Weltgeschichte aus ein Recht." (Ihering, Geist d. röm. Rechts I. S. 7.) Mit derselben „Wahrheit" wird auch einmal vom Standpunkte der „Rechtsidee" demonstriert werden, daß die Buren nur einem höheren Zweck dienstbar geworden, als sie, müde ihres heldenhaften Ringkampfs mit einem brutalen Gegner, den Engländern ihre Unabhängigkeit aufopferten.

Ja, es bleibt dabei: Der Stärkere hat recht und der Stärkere wird sein Benehmen immer der „Idee" entsprechend finden. Hinter der ganzen hochgeschraubten Vorstellung einer obersten Rechtsidee — mit der man ein so tiefsinniges Spiel treibt, um sich eine überflüssige Schamröte zu ersparen — ruht nichts anderes als — die Macht des Stärkeren! Das ist der Sache ganzes brutales Geheimnis. Man sehe, wie die nackte Staatsgewalt mit ihren oft geradezu entsetzlichen Maßregeln Gegenstand schwärmerischer Bewunderung im Munde eines Treitschke wird, der in seinem zitierten Buche „Politik" eine flammende Beredsamkeit zu ihrer Verherrlichung entfaltet. Hier wird unumwunden behauptet, daß z. B. „das Recht auf Arbeit im allgemeinen Bewußtsein nicht anerkannt sei", daß es vielmehr „gebildete Menschenklassen gibt, die sich dagegen sträuben" — das Recht auf Arbeit, das dringendste, was es überhaupt gibt! Aber dieses Recht ist, wie mit wünschenswerter Offenheit bekannt wird, eben „nur ein werdender Begriff"; denn „alles Recht ist in einem ewigen Werden" (a. a. O. I. S. 171 bis 172.) Der Privatbesitz gehört — so haben wir oben vernommen — zum „Wesen der freien Persönlichkeit"; das Recht auf Arbeit dagegen ist erst im „Werden". Welch bezeichnende Verschiebung klarer Tatsachen! Daß aber diese Verschiebung allein darin ihren Grund hat, daß bis heute das Recht von den Bevorzugten gemacht wird, die denn ein sehr natürliches Interesse daran haben, auf der einen Seite den Privatbesitz zum Wesen der „Persönlichkeit" zu rechnen, auf der andern das Recht auf Arbeit, das ja nur die Proletarier angeht, mit der leichtfertigen Entschuldigung eines nur „werdenden Begriffes" abzuweisen — das freilich macht sich Treitschke nicht klar. Nach ihm gehört es vielmehr zur Idee des Menschen von vornherein, daß die Mehrzahl arm und abhängig bleiben muß. „So gebrechlich und bedürftig ist von Natur unser Geschlecht, daß auch auf höheren Kulturstufen die ungeheure Mehrzahl der Menschen immer und überall der Sorge um das Leben, der materiellen Arbeit ihr Dasein widmen muß, oder, um es trivial auszudrücken, die Masse wird immer Masse bleiben müssen, damit einzelne Tausende forschen, malen und dichten können . . . . . der Jammer (darüber) entspricht auch nicht der Menschenliebe, sondern dem Materialismus und dem Bildungsdünkel unsrer Zeit" (a. a. O. S. 172).

Man muß gestehen: das ist eine Brutalität, der es wenigstens nicht an Ehrlichkeit fehlt. Die Rechtsidee mag sich bei einem Treitschke beklagen, daß wir nun ein für allemal wissen, wessen wir uns von ihren „Zwecken" zu versehen haben, wenn sie einmal aus dem geheimnisvollen Dunkel der Phrase sich hervorwagen, und ihr unverständliches Geflüster gegen sein grobes aber ehrliches Wort austauschen! Wie kann man von „Rechtsideen" und dgl. sprechen, wenn diese Ideen zu nichts anderem gebraucht werden, als zur Legitimation von Zuständen, die einer gerade herrschenden Anschauungsweise angenehm sind, es sich also gefallen lassen müssen, in alle Wechsel dieser Zustände hinabzusteigen, während wir doch sonst mit dem Wort „Idee" eine über aller Erfahrung stehende Größe verbinden zu sollen glaubten?

Hätte sich Rümelin an dieser so nahe liegenden, aber eben so gerne übersehenen Bedeutung des Rechtes orientiert, er würde die „auffallende Tatsache, daß eine Wissenschaft wie die vom Recht und Staat, welche so tief und allseitig in die menschlichen Lebensverhältnisse eingreift und bei verschiedenen Kulturvölkern Jahrhunderte hindurch so viele tüchtige Kräfte für ihre Pflege und Weiterbildung in Anspruch genommen hat, in ihren Grundbegriffen und in ihren wesentlichen Beziehungen zu verwandten praktischen Wissenschaften noch keineswegs festgestellt ist" (a. a. O. Bd. I. S. 317) — nicht mehr so auffallend gefunden, und sich nicht mit jener nichtigen Erwägung getröstet haben, daß, „wenn es mit dem Rechte nicht besser stehe, das doch nur darin seinen Grund haben könne, daß das Recht eben auch zu jenen höhern und idealen Begriffen gehöre, die in der Wirklichkeit niemals einen adäquaten Ausdruck finden, die, auf ein Unendliches, auf die letzten Ziele des Menschengeistes hindeutend, in stetiger Entwicklung vorschreitend, sich nicht gleich den empirischen Zweckbegriffen in fertige und abgeschlossene Formeln fassen lassen" (a. a. O. S. 318). Es ist eben nicht so, wie Rümelin, wie die Rechtsphilosophen überhaupt meinen, daß das „inadäquate Verhältnis" der Rechtsidee zu den konkreten Verhältnissen in der „Idealität“ und „Hoheit“ ihres Begriffes seinen Grund habe; es ist nicht wahr, daß eine Rechtsidee „stetig vorschreitet“ und „auf die letzten Ziele des Menschengeistes hindeutet“, nicht wahr, daß es überhaupt sich selbst bewegende Ideen gibt. Dieser Unklarheit muß mit aller Entschiedenheit entgegengetreten werden. Es gibt keine Rechtsideen, die sich gestalten, keine Zwecke, die sich realisieren, es gibt jene konstant behauptete, aber eben so konstant ohne Erklärung gelassene „Entwicklung“ der Ideen einfach nicht. In Wahrheit bewegt sich nur der Rechtswille selbst, darnach strebend, sich in die verlorene und nun wieder erstrebte Unmittelbarkeit aufzulösen.

Das Recht ist eine transitorische Erscheinung. Alle jene sog. Bewegungen seiner „Idee“ sind nichts anderes als der Reflex, welchen diese immanente, innerhalb des Willens selbst sich vollziehende Übergangserscheinung im Intellekt des Menschen erzeugt. Das unbedingte Müssen des Rechts, in welchem sich der Drang des vorwärts eilenden Willens Ausdruck gibt, reflektiert sich im Intellekt als die Notwendigkeit einer „Idee“. Hier allein haben wir den Ursprung der Ideen und Zwecke zu suchen. Die Idee ist der Reflex der Willensbewegung im Intellekt; sie ist das vom Intellekt angeschaute Müssen des Willens, und infolgedessen die als ewige Vernunft gedachte Unbedingtheit einer ihrer eigenen Auflösung entgegeneilenden lediglich immanenten Geistestätigkeit. Der Intellekt weiß sich die Unwiderstehlichkeit des Rechtswillens nicht anders zu erklären als durch Zurückführung auf ewige Ideen, die sich hier namentlich zur Offenbarung drängen. In Wahrheit aber handelt der Wille nie aus einer „unvordenklichen“ Vernunftidee heraus, sondern stets unmittelbar, rein aus sich selbst. Nur der Intellekt interpretiert sich seine Handlungsweise als Idee durch das Medium seiner eigentümlichen bloß begrifflichen Abstraktion, in deren Rahmen alle Erscheinungen zu stellen von vornherein das Bestreben seiner aus dem unmittelbaren Leben gefallenen, isolierten, lediglich formalen Tätigkeit ist. Vom unbedingten Drange des Willens verleitet, unternimmt er es, zwischen der Regellosigkeit der empirischen Rechtszustände und der allgemeinen Idee des Rechts selbst zu unterscheiden, indem er sich das Müssen des Rechtswillens nicht anders als durch einen sein müssenden, nicht bloß seienden Begriff zu erklären vermag: durch die Idee. Jetzt steht er auf dem Boden des Willens, dessen Bewegung sich in seiner formal-abstrakten Anschauungsweise der Dinge nun zum sich entwickelnden, vorwärts schreitenden, kurz zu jenem Begriff verwandelt, dessen Undenkbarkeit auch durch den neuen Namen, den er hier erhält, den der „Idee“, nicht weggewischt werden kann.

Die „Zwecke“, „Prinzipien“, „Vernunftspostulate“ der Rechtsidee sind also nichts anderes als intellektuell angeschaute Willenstätigkeiten und — fügen wir hinzu — in dieser Eigenschaft ebenso falsche wie gefährliche Begriffe. Falsche — denn wie ist es möglich, eine bloße Übergangserscheinung des Geistes in eine „Idee“ zu verwandeln, und etwas, das dem Verschwinden anheimgegeben ist, in das Licht der Ewigkeit zu rücken? Gefährliche — weil sie auf der einen Seite vermöge ihrer Idealität jeden gerade vorhandenen und geltenden Rechtszustand zu legitimieren die Fähigkeit haben, und auf der andern die Menschen durch ihre vermeintlich so ideale Herrschaft in einer Abhängigkeit und Unmündigkeit erhalten, die nicht weniger als die gesamte Einbuße ihres unmittelbaren Lebens und Empfindens bedeutet.

Wir sehen also: Die Definition des Rechts kann deshalb niemals geliefert werden, weil sie bei der transitorischen Beschaffenheit des Rechts überhaupt unmöglich ist. Aber der Mensch, so sehr er sonst von der Vergänglichkeit aller Dinge überzeugt ist, sucht sich durch die Unterscheidung von Idee und Wirklichkeit für den beständigen Wechsel, dem er ausgeliefert ist, schadlos zu halten. Die Tatsache, daß er sich entwickelt und über seine jedesmaligen Zustände hinauszugelangen strebt, ist eine von ihm selbst noch immer nicht zugestandene Wahrheit. Wir wissen uns von tausend Rätseln umgeben; aber wir wollen ihnen nie ruhig ins Gesicht sehen, sondern geben uns immer wieder der leichtfertigen Erwartung hin, ihre verworrenen Fragen durch die Trennung zwischen „Idee“ und „Wirklichkeit“ lösen zu können oder doch weniger dringlich zu machen. Allein die Erscheinungen sind nicht deshalb rätselhaft, weil sie ihrer Idee nicht völlig oder gar nicht entsprechen, sondern deshalb, weil sie einen an sich selbst unmöglichen Zustand repräsentieren. Dies gilt vor allem von den Erscheinungen des menschlichen Geisteslebens. Um bei unserm jetzigen Gegenstande stehen zu bleiben, so ist das Recht eine unverständliche Erscheinung an sich, die durch Subsumierung unter eine angeblich vollkommene Rechtsidee nichts von ihrer Unverständlichkeit verliert, sondern im Gegenteil nur noch unverständlicher wird. Das seltsame Unternehmen, von einer „Rechtsidee“ zu reden, würde schon lange in seiner absoluten Torheit erkannt worden sein, wenn es nicht dem zunächstliegenden und daher unmittelbar dringlichen Bedürfnisse, sich die empirische Tatsache des Rechts um jeden Preis zurechtzulegen, dienstbar geworden wäre.

Wir wiederholen es: Was sollen wir uns unter einer „Rechtsidee“, unter einem „Zweck“ im Recht u. dgl. vorstellen? Wie sollen wir es glauben, daß es eine absolute Idee einer Erscheinung geben soll, deren Wesen gerade eine ausgesprochene Unfertigkeit ist? Es war die unglücklichste Auskunft, auf die man gelangen konnte, von der Unvollkommenheit des Rechts auf eine vollkommene Rechtsidee zu schließen, statt in ihm ein bloßes Übergangsstadium innerhalb des menschlichen Geisteslebens zu erblicken. Es handelt sich nicht darum, die Erscheinung des Rechts von seiner Idee zu trennen, sondern darum, diese Erscheinung als eine transitorische Größe überhaupt zu begreifen.

Aber eben das ist's, wie gesagt, wogegen sich der Mensch mit allen Kräften sträubt. Ist es doch das Eigentümliche des menschlichen Geistes, seine jedesmalige Entwicklungsphase immer wieder ins Licht einer absoluten Größe zu rücken und lieber mit Darangabe jeden Verstandes sich ein imaginäres Reich von Ideen und obersten Zweckursachen vorzustellen, in welchem es ihm gelingen solle, die auf Erden vergeblich gesuchte Stabilität zu verwirklichen, als an die Tatsache zu glauben, daß er ein altes Wesen dahinten zu lassen und ein neues zu ergreifen habe. Gegen nichts sträubt er sich so sehr wie gegen das Göthesche Wort: „Jenes stirb und dieses werde“. Deshalb greift er da, wo sich ihm die Unfertigkeit eines Zustandes aufdrängt, zur Phrase einer sich durch ihre Erscheinungen hindurchbewegenden Idee u. dgl., wie wenig er sich auch nur einigermaßen von dieser Bewegung Rechenschaft zu geben vermag. Auf diese Weise verstrickt sich seine Rechts- und sonstige Philosophie in jene gespreizten und seltsam phantastischen Gedankengebilde, denen der scharfe aber nicht unberechtigte Spott Schopenhauers galt: „Die schlechten Köpfe sind es nicht bloß dadurch, daß sie schief sind und mithin falsch urteilen, sondern zunächst durch die Undeutlichkeit ihres gesamten Denkens, als welches dem Sehen durch ein schlechtes Fernrohr, in welchem alle Umrisse undeutlich und wie verwischt erscheinen und die verschiedenen Gegenstände ineinander laufen, zu vergleichen ist. Die

Forderung der Deutlichkeit der Begriffe, vor welcher der schwache Verstand solcher Köpfe zurückbebt, machen diese daher selbst nicht an ihn, sondern sie behelfen sich mit einem Halbdunkel, in welchem sich zu beruhigen sie gern nach Worten greifen, zumal nach solchen, die unbestimmte, sehr abstrakte, ungewöhnliche und schwer zu erklärende Begriffe bezeichnen, wie z. B. Unendliches und Endliches, Sinnliches und Übersinnliches, die Idee des Seins, Vernunft-Ideen, das Absolute, die Idee des Guten" etc. . . . mit dergleichen werfen sie getrost um sich, meinen wirklich, das drücke Gedanken aus, und muten jedem zu, sich damit zufrieden zu stellen" (Ges. Werke Bd. III. S. 159) — wobei freilich zu sagen ist, daß dies von Schopenhauer gerügte Verfahren nicht das der „schlechten Köpfe" sondern im Gegenteil oft das der besten, weil es das des wissenschaftlichen Denkens, wie wir es kennen, überhaupt ist, auch bei Schopenhauer.

Gefährlich, sagten wir, nicht nur falsch ist die Rechtsidee. Gefährlich vor allem um der Knechtung willen, in die sie den menschlichen Geist bindet und womit sie ihn zwingt, sein reiches unmittelbares Leben abstrakten Mächten zum Opfer zu bringen, deren ebenso verzehrender als falscher Ernst die eigentliche Tragik des menschlichen Daseins bildet. Die Ideen sind es immer wieder gewesen, die ein Volk gegen das andere geworfen, eine Klasse der andern in unauslöschlicher Feindschaft gegenübergestellt, den einzelnen Menschen von seinem Nächsten entfremdet; die Ideen, Prinzipien, Zwecke und Notwendigkeiten sind es, die namenloses Leid bis zum heutigen Tage über eine ihrer vermeintlichen Heiligkeit wehrlos überlieferten Menschheit gebracht haben. Sie haben jene seelenlosen und pedantischen, jene abergläubig verehrten „Maximen" in die frohe Ungebundenheit des menschlichen Zusammenlebens getragen, deren Herrschaft den Menschen den Sinn seines Daseins nicht mehr in sich selbst, sondern in Allgemeinheiten suchen ließ, die ihn beständig um sein Glück betrogen, in Abstraktionen, die ihm die Zertrümmerung seines unmittelbaren Lebensgenusses als die höchste Pflicht sowohl wie als den größten Tiefsinn vor Augen stellten. Immer wieder lassen sich die Menschen um der Ideen willen, von denen sie getrieben werden, zu dem Wahnwitz verleiten, als könnten sie in den stets wechselnden Gebilden ihrer rastlosen Tätigkeit einer vermeintlichen höchsten Vernunft näher und näher kommen — mögen dabei auch Ströme von

Blut vergossen, unsinnige Greuel und Schandtaten verübt werden. Wir haben es bis heute nicht verlernt, bloße Abstraktionen über die doch allein empfindbare und genießbare Lust unseres unmittelbaren Daseins zu stellen, uns an imaginäre Zwecke unwürdig und nutzlos zu verlieren. Das ist die große Torheit unseres Lebens, die erst dann aufhören wird, wenn wir uns selbst wieder ergriffen und den Mut gefaßt haben werden, aufs neue unsere Persönlichkeit zur Herrin und einzigen Schöpferin der Ideen, in deren usurpierter Herrschaft sich jetzt ihre Schwachheit spiegelt, zu erheben.

„Die menschliche Gesellschaft ist nicht da, nur Sprichwörter aufzuführen oder lebende Bilder zu stellen, an deren symbolischem Sinn sich Zuschauer auf andern Sternen zu erfreuen hätten; das menschliche Leben mit der Unendlichkeit von Bestrebungen, Leidenschaften, Schmerzen und Sorgen, die es einschließt, ist viel zu ernst, um dazu verwendet zu werden.“ „Es ist völlig unerträglich, wenn auch das gesellige und politische Leben in Formen gepreßt werden soll, die irgend etwas bedeuten, aber dem Leben nichts helfen“ (Lotze Mikrokosmus III. S. 424 u. 422.). Wir sträuben uns dagegen, in unseren geistigen Tätigkeiten nur einer Idee Ausdruck geben zu sollen, wir wollen nicht — und gerade da am wenigsten, wo wir uns selbst ausleben — der nichtssagende Spielball in den Händen einer abstrakten Macht sein, die sich mit ihm nichts als ihre eigene unendliche Langeweile zu vertreiben hat! Es ist ein unerträglicher Gedanke, daß der Mensch sein hartes und schmerzvolles Leben nur darum führen solle, damit eine „Idee“ durch seine Schmerzen leuchte; schrecklich ist der Wahn, daß wir, die lebendigen, das Dasein selbst zu seiner höchsten Bedeutung emporführenden Menschen, den Sinn unserer durchgekosteten Augenblicke außerhalb unsrer selbst, in einer empfindungslosen Idee suchen und den bunten Reichtum unseres Daseins von einer Macht zu Lehen tragen, die, selber unpersönlich und unmenschlich, nicht einmal teilzunehmen vermag an dem doch nur um ihres „Vernunftzweckes“ willen inszenierten Schattenspiele von Leben. Wann wird das schreckliche Schauspiel aufhören, in welchem Menschen von Fleisch und Blut danach trachten, durch die qualvollen Martern am Organismus ihres Lebens die vermeintliche „Idee“ desselben herauszubringen, wann wird endlich die Erde aufhören, der blutgetränkte Schauplatz jener phantastischen „Ideenentwicklungen“ zu sein, die alles blühende Leben in ihren grausenhaften Umschlingungen ersticken?

Und doch liegt in dieser Herrschaft der Ideen der einzig mögliche Fortschritt der Geschichte! — Welch sinnloser Widerspruch!

Ja, es ist unbestreitbar, daß die Ideen allein die Menschen vor jener dumpfen Apathie bewahren, die wir an den bloßen Naturvölkern oder an jenen theokratisch regierten Gemeinschaften wahrnehmen, von denen wir gesprochen; daß sie vermöge der Unerbittlichkeit, womit sie von einer Stufe des Fortschreitens zur andern treiben, alle toten Zuständlichkeiten immer wieder in neue, bedeutsame Erlebnisse auflösen, um so die Menschen unter grausamen Rutenschlägen unaufhaltsam ihrer letzten Bestimmung entgegenzuführen!

Aber eben dies, daß die größte Sinnlosigkeit zugleich den größten, den unentbehrlichsten Segen bedeutet, legt die Wahrnehmung zwingend nahe, daß wir uns hier überhaupt in einem dem Verschwinden bestimmten Übergangsstadium befinden, dessen Charakter es von selber mit sich bringt, unverständlich, rätselhaft und verworren zu sein.

II. Die Moral.

1. Das Wesen der Moral.

a) Der moralische Wille.

„Daß moralische Untersuchungen ungleich wichtiger sind, als physikalische und überhaupt als alles andere, folgt daraus, daß sie fast unmittelbar das Ding an sich betreffen, nämlich diejenige Erscheinung desselben, an der es vom Licht der Erkenntnis unmittelbar getroffen sein Wesen offenbart als Wille“ (Schopenhauer, Ges. Werke III. S. 676).

Mit diesen Worten Schopenhauers treten wir über die Schwelle des Heiligtums auf dem Gebiete des Willens. Erst jetzt gelangt der Wille ganz zu sich selbst, ergreift er sich als die allem Äußeren diametral gegenüberstehende Innenwelt des Geistes, aus deren Reichtum er die Elemente eines ganz neuen Reiches schöpft. War es im Recht sein Bestreben, die zähe Widerstandskraft der Außenwelt unter seine gewaltsame Hand zu beugen, so zieht er sich nun in der Moral ganz von der Außenwelt zurück in den stillen Frieden seiner eigenen innersten Regungen, um hier, ängstlich und beglückt zugleich, abgeschlossen nach außen, aber voll unerschöpflicher Tiefe im Innern ein Leben zu beginnen, das ihm erst die im Recht vergeblich angestrebte Überwindung der Welt einbringen wird. Jetzt will er nichts mehr von einer Herrschaft über das Sichtbare wissen, jetzt erhebt sich laut und lauter sein elementarer und leidenschaftlicher Protest gegen dasselbe, womit er sich allmählich zur Erkenntnis seiner prinzipiellen Geschiedenheit von ihm hindurchringt. Er zwingt und drängt, beugt und unterjocht nicht mehr, aber er setzt an die Stelle dieses brutalen Zwanges, wie er ihn als Rechtswille ausgeübt, jene selbstredende stille, aber umso unwidersprechlichere Macht der unbedingten Verpflichtung, die als Sollen im Unterschied vom bloßen Müssen überhaupt das letzte ist, was gefordert werden kann; denn die Anerkennung oder Mißachtung dieses letzten von seite der Menschen entscheidet von selbst auch über dessen Würde und Wesen. Der moralische Wille trägt die letzten Entscheidungen für den Menschen in seinem Gebote vor, und zwar umsomehr, als er sich der äußeren Machtmittel zu ihrer Verwirklichung gänzlich entschlagen hat. Er hat keine Gewalt zu seiner Verfügung, und doch ist seine Herrschaft viel unbedingter, anerkannter und gefürchteter als die des Rechts. Er ist die zarteste und kindlichste Erscheinung im Geistesleben der Menschen, und doch gebietet und befiehlt er Dinge, an die der Rechtswille sich nie herangewagt. Der Rechtswille mit all seiner rücksichtslosen Machtvollkommenheit darf das Gute nicht befehlen, er steht machtlos da vor den innersten Triebfedern der Menschen; der moralische, so entblößt von aller Macht er ist, verfügt kühn und sicher über diese Triebfedern, die, wenn sie ihm nicht gehorchen, sich selbst das Urteil sprechen. „Du sollst das Gute um seiner selbst willen wollen“ — was ist schwächer und hilfloser als dieser Satz, und hinwiederum, was ist stärker als er? Was glauben die Menschen mehr verachten zu dürfen als ihn, und zu was zieht es sie immer wieder unwiderstehlicher als zu ihm? Was ist schrecklicher als die Verletzung seines Gebotes, was seliger als der Gehorsam gegen dasselbe? Gibt es unheilbarere Wunden als die, welche die friedliche Moral schlägt, unzerbrechlichere Ketten als die, die ihre zarte Hand schlingt?

Und hier, so scheint es, darf nun doch von eigentlichen Gesetzen, von moralischen Verpflichtungen, von einer ewigen moralischen Vernunft gesprochen werden, deren Herrschaft wir soeben für das Rechtsgebiet rundweg leugnen zu müssen glaubten — hier, wo wir uns so deutlich der Inkongruenz zwischen Sollen und Tun — und so schmerzlich alle Tage bewußt sind! Wohl gelangt der Wille in der Moral in seine innersten Tiefen, aber doch nur — so möchten wir glauben — um hier endlich jene obersten Vernunftgesetze zu entdecken, die ihm auf dem Rechtsgebiete vielleicht streitig gemacht werden können. Auf keinem Gebiete wie auf dem moralischen sprechen wird denn auch so gerne von Gesetzen und Prinzipien, von Zwecken und Ideen. Veranlaßt uns schon die Regelmäßigkeit der Naturerscheinungen, von Gesetzen zu reden, trotzdem hier weder eine bindende Verpflichtung noch ein Wille vorhanden ist, der ihr nachzukommen hätte, so muß es uns natürlich scheinen, nachdem wir auf heterogenem Gebiete bildlich von einer Verpflichtung gesprochen, da das Bild im eigentlichen Sinne zu nehmen, wo wir wirklich von einem Gesetz und einem Willen, der es vollzieht, reden können — auf dem Gebiete der Moral. Hier lasse sich deutlich der Weg verfolgen, den das moralische Gebot von der Unbedingtheit seiner absoluten Machtvollkommenheit an bis zu den empirischen Äußerungen zurücklege, in welchen es der Gehorsam des Willens zur momentanen Offenbarung bringe. Etwas anderes sei doch die Heiligkeit des Gebotes selbst, die, unberührt von der Unreinheit konkreter Einzelfälle ihrer Geltung, in erhabener Ruhe sich selbst genüge, etwas anderes die wechselnde Unruhe des Willens, dem es nur mühsam und allmählich gelinge, dem Gebote gerecht zu werden. Was das moralische Gesetz befehle, sei an sich klar, auch wenn nie ein Wille seinen Geboten gelauscht, unklar sei immer nur die jeweilige Stellung des Willens und seine jedesmalige Fähigkeit, dem Gesetze den entsprechenden Ausdruck zu geben. Alle jene Ideale, zu welchen sich die moralischen Gebote dem unverdorbenen Gemüte verklären, seien mehr als leere Einbildungen oder Abstraktionen, seien wirkliche Mächte, um deretwillen allein das Leben wertvoll und lebenswert genannt werden könne. Zu deutlich dränge sich doch hier eine vom Willen unabhängige, ihm unbedingt gebietende Größe in seine an sich so unlustigen Bewegungen, um nicht die Berechtigung, ja die Verpflichtung aufrecht zu erhalten, von sittlichen Idealen zu reden, deren Unerreichbarkeit ja gerade die nun einmal nicht zu leugnende Differenz zwischen dem Willen selbst und seinem Gesetze offenbaren.

In der Tat: Auf dem Boden der Moral erblühen erst in ihrer vollen Kraft alle die Ideale, von denen schon das Recht geredet, ohne sie freilich deutlich zu erkennen. Man konnte es schließlich begreiflich finden, daß Ideale, oberste Zwecke, Vernunftpostulate etc. da nur eine sehr problematische Rolle spielen, wo das harte Leben mit seiner materiellen Dringlichkeit jede höhere Rücksicht niederzuschlagen droht — im Recht; aber da, wo der Wille, ohne an einer realistischen Umgebung orientiert zu sein, unmittelbar die Stimmen der Wahrheit zu vernehmen vermag, da ist es Vermessenheit — so möchten wir glauben — ihm den Zugang zu dieser Stimme dadurch zu verschließen, daß man ihn in den Idealen bloße Gebilde seines müßig spekulierenden Intellektes anzusehen zwingt. Wer wüßte nicht davon zu sagen, daß er eine über alles Irdische erhabene Welt der Wahrheit kenne, unter deren Gebot den widerstrebenden Willen zu beugen gerade den Reiz seines sonst so trivialen Lebens ausmache; wer hat sich nicht schon auf dem Versuche ertappt, der gehässigen Enge des täglichen Geschehens die unendliche Weite der moralischen Ideale entgegenzuhalten, die wie Sterne vom Himmel heruntergrüßen, verheißungsvoll und unerreichbar zugleich, wer sich nicht schon den verworrenen Aufgaben einer kleinlichen Umgebung mit dem Bewußtsein entzogen, im Gehorsam gegen die ewige Welt der moralischen Gesetze eine Bedeutung zu erhalten, die jeden Staub von sich zu schütteln berechtigt sei? Es ist namentlich das herrliche Vorrecht der Jugend, für die Majestät dieser Gesetze mitten in einer Gesellschaft ihre Lanzen zu brechen, die ihrer spotten zu können glaubt, einzustehen für die Ausnahmslosigkeit von Idealen, die nur das feige und abgestumpfte Auge nicht mehr zu ertragen vermag. Aber auch in späteren Jahren verbirgt das sichere Können und die ruhige Besonnenheit des Mannes nur jenes glühende Feuer, das einst hell emporgelodert. Trifft uns eine moralische Schandtat, wie z. B. die Niedermetzelung der Armenier oder die Unterjochung der Buren, die während der letzten Jahre die Aufmerksamkeit der zivilisierten Welt in schmerzlicher Spannung gehalten, dann spüren wir es alle, ob alt oder jung, mit elementarer Sicherheit, daß zwischen uns und der Schlechtigkeit eine unüberbrückbare Kluft gähnt. Tief in der Seele trägt noch der Greis jene sittlichen Ideale, an deren Verwirklichung wir nur deshalb nie glauben zu können wähnen, weil wir unseres eigenen Willens träge Natur im Unterschied zu der Vollkommenheit der Ideale nur zu gut zu erkennen vermeinen! Und so scheiden wir schließlich aus dem Leben, unversöhnt mit seinen harten, gemeinen Seiten, die stille Hoffnung im Herzen tragend, in einer „höhern Welt“ zu erschauen, was unseren Blicken die, wie es scheint, unvermeidliche Unvollkommenheit des irdischen „Jammertales“ mißgönnt hatte.

Und diesen überzeugungsfreudigen Ergüssen wollen wir nun mit dem Anspruch entgegentreten, trotz all ihrer Proteste doch in den Willen selbst zu verlegen, was gerade nur in der Überlegenheit über jedes bloße Wollen, in einem idealen Sollen die Beweggründe der warmen Begeisterung, der wir soeben gelauscht, zu enthalten scheint? Wenn wir diese bange Frage nicht anders als mit einem entschiedenen Ja beantworten können, so tun wir es doch nur, um ihr eine andere entgegenzuwerfen, die die Scheinbarkeit jener Ideale, von denen man so gerne spricht, und die ganze Bedenklichkeit dieser Idealität überhaupt ans Licht stellen soll. Wir fragen: Was ist das für eine Begeisterung, die sich bewußt sein will, für „unerreichbare Ideale“ zu schwärmen? Was haben Gesetze zu bedeuten, die immerdar bloße Gesetze bleiben, was sollen wir mit einer Welt anfangen, die wir nur inbrünstig verehren, nie aber besitzen, nur glauben, aber nie in den Bewegungen unseres eigenen Selbst vorzutragen und zum Ausdruck zu bringen vermögen? Sollen wir es noch einmal aussprechen, was ein Lotze unermüdlich dem menschlichen Bestreben, das Große nur über sich, nicht in sich zu erschauen, entgegenhält, daß „es kein anderes wahrhaftes Subjekt, keine andere Substanz, keinen andern Ort gibt, in welchem irgend ein wertvolles oder heiliges Gut Wirklichkeit hätte, als das einzelne Ich, das persönliche Gemüt; über das innere Leben des subjektiven Geistes hinaus mit seinem Bewußtsein von den Ideen, seiner Begeisterung für sie, seinem Streben nach ihrer Verwirklichung, gibt es kein an sich höheres Gebiet eines sogenannten objektiven Geistes, dessen Gestaltungen und Gliederungen durch ihr bloßes Bestehen wertvoller wären als jenes“ (Mikrokosmus III S. 425).

Wie verwunderlich ist doch diese Bereitwilligkeit der Menschen, das „Unerreichbare“ zu verherrlichen, und diese Hast, sich selbst im Lichte desselben das Verdammungsurteil zu sprechen! Ist er so selbstlos, der ritterliche Minnedienst, den wir den Idealen leisten? Ist er nicht vielmehr die eilfertige Beflissenheit, womit wir die

Größe unseres eigenen Selbst zu umgehen suchen, für etwas schwärmend und uns entzückend, das wir in den unmittelbaren Regungen unseres eigenen Geistes ergreifen und festhalten sollten? Ist die Verehrung für das Ideal nicht das Bestreben, durch Bewunderung in einer legitimen Ferne von sich zu halten, was man von vornherein nicht zu tun gewillt ist, das sicherste Mittel also, um unter dem Scheine der feurigsten Bejahung jene Verneinung auszusprechen, um die es einem allein zu tun gewesen? Warum reden wir denn so gerne von der „Trägheit des Willens" im Gegensatz zu der Hoheit des sittlichen Ideals, wenn nicht deswegen, weil wir eine geheime Vorliebe für diese Trägheit besitzen? Warum anders sind wir sogleich bereit, alle sittlichen Ideale zuzugeben, als deshalb, damit uns niemand zumute, ernstlich an ihre Verwirklichung zu denken? Begeistern wir uns nicht deshalb so unbedingt für sie, weil sie uns in ihrer Absolutheit den unschätzbaren Dienst leisten, uns mit unsrer Unvollkommenheit entschuldigen zu können? Ist also unsere Idealität nicht im Grunde jene Heuchelei, womit sich der Mensch immer gerade im Gegenteil einer ausgesprochenen Wahrheit bestärken will?

Noch mehr! Durch die Schranke, die wir zwischen uns und den Idealen aufrichten, berauben wir uns von vornherein des Verständnisses für die doch so dringlich und unmittelbar sich ankündigende Identität beider Größen: unseres Willens und seiner vermeintlichen Gesetze, um uns nun für die Befolgung dieser Gesetze auf allerhand, der Willenssphäre von Natur fremde Motive zu besinnen, die schließlich nur der „Trägheit des Willens" selbst zu gute kommen. Aus der Unbedingtheit des Sittengesetzes wird jene Glückseligkeitstheorie, die seine erhabenen Gebote sich nicht mehr anders zu deuten versteht, als durch den Hinweis auf das Glück und die Wohlfahrt dessen, der ihm gehorsam ist. Man tut das Gute — weil es glücklich macht. Das ist jener Eudämonismus der Moral, der vor Kant allgemein geherrscht, aber auch nach ihm und trotz seiner energischen und prinzipiellen Proteste dagegen in allen möglichen Erscheinungen den Boden unsrer modernen Kultur überwuchert — das bedenkliche und verderbliche Geschenk der „Idealität", die, weil sie das im Menschen selbst und allein Geltende in eine unerreichbare Höhe gerückt, in ihr eigenes Gegenteil umschlägt, in jenen „Realismus", in dessen Atmosphäre sich der Mensch die „Ideale" nur noch im Dienste seines Strebens nach

Glückseligkeit vorzustellen vermag. Das also ist das Fundament jener Begeisterung, die sich so entrüstet geberdet, wenn man ihre Ideale nicht hoch genug hinaufzurücken scheint, das das Resultat ihres dithyrambischen Hochfluges, daß der von der „Idealität“ gezogene unendliche Abstand zwischen Wille und Sittengesetz sich durch jenen „Utilitarismus“ ergänzt, der gerade den Trieben huldigt, die man den Idealen so bereitwillig zu opfern gestand: den egoistischen!

Verdeckte schon auf dem Rechtsboden die Annahme von obersten Zweckgedanken nur die Sucht, einer bevorzugten Klasse als berechtigt im Lichte einer „ewigen Idee“ erscheinen zu lassen, was doch nur ihr momentaner Vorrang ist, so tritt uns hier das Verderben der „allgemeinen Ideen“, wo wir uns tiefer als im Recht in das Wesen des menschlichen Willens versenken, in noch viel dringlicherer und zugleich allgemeinerer Gestalt entgegen. Je mehr der Wille sich selbst erfaßt, desto größer wird einerseits seine Unbedingtheit und anderseits sein Irrtum, wenn er nun diese seine eigene Unbedingtheit in der Form allgemeiner Ideen sich zu vergegenwärtigen sucht. Bleibt doch dabei als sein eigentliches Wesen nichts anderes als ein bloßes Belieben zurück, das sich willkürlich für das Böse wie für das Gute entscheiden zu können vermeint, das nicht selbst bös oder gut ist, sondern indifferent und neutral zwischen beiden steht, während alles Unbedingte und Unwiderstehliche, das wir doch schon im Rechte als des Willens Eigentümlichkeit erkannten, in das Ideal übergegangen ist, dem dieser zur Willkür gewordene Wille sich untertan zu machen erst anschicken muß. Eben das ist das Verderben, von dem wir reden wollen, daß nach der unseligen Trennung zwischen Ideal und Willen das Wesen des letzteren nur in einer nichtssagenden Indifferenz, wie zum Hohne „Willensfreiheit“ genannt, erkannt wird, als wäre er nur das leere Gefäß, in welches abwechselnd ein guter und ein böser Inhalt gelegt werden könnte, und nicht vielmehr der unendliche Drang des Guten selbst, das sich selbst um so mehr versteht, je mehr es seine Identität mit dem Willen erkennt. Das Gute und der Wille sind ein und dasselbe. Es gibt kein Gutes über dem Willen, das ihn bestimmte und von außen beherrschte, es gibt keine „sittlichen Ideale“, denen der Wille nur zu gehorchen hätte, nein — noch viel weniger als auf dem Rechtsboden dürfen wir auf dem moralischen die Ideale zugeben; der Schaden, den sie hier anrichten, ist noch größer als dort, wie sehr sie auch gerade hier ihre eigentliche Heimat zu haben scheinen. Denn hier bedeuten sie nicht weniger als die völlige Entfremdung des Willens von seinem eigenen Wesen, eine Entfremdung, die den Gegensatz zwischen Gut und Böse schließlich als ein ewiges Verhängnis hinzunehmen gezwungen ist. Nichts tut unsrer Zeit so not, als die Besinnung darauf, daß wir selbst das Gute sind, daß es geschehen muß, weil dadurch unsre eigene Würde festgestellt wird, und daß wir deshalb gegen alles uns zu sträuben haben, das uns das Gute nur wie ein unerreichbares Ideal vorhalten möchte!

Der Wille ist das Gute. Hören wir, was die berufensten Geister darüber sagen: „Das Gute ist überhaupt das Wesen des Willens in seiner Substantialität und Allgemeinheit, der Wille in seiner Wahrheit." „Das Gute hat zu seinem besondern Subjekt das Verhältnis, das Wesentliche seines Willens zu sein, der hiermit darin schlechthin seine Verpflichtung hat." (Worte Hegels in seinen „Grundlinien der Philosophie des Rechts" § 132 u. 133.) — Fichte erklärt, daß „unsre Sittlichkeit besteht in einem von allen äußeren Zwecken völlig unabhängigen Tun und Lassen, also in unserer absoluten, bloß durch sie bestimmten Selbsttätigkeit, d h in einem solchen Handeln, dessen alleiniges Gesetz der Begriff der Selbsttätigkeit ist . . . . . das Ich muß seine Freiheit zu seinem Gesetz machen, oder es wäre kein Ich, so notwendig das Ich, ebenso notwendig ist das Sittengesetz . . . . . . daher der Satz: ich finde mich selbst als mich selbst nur wollend" (bei Kuno Fischer a. a. O. S. 568). — Schelling behauptet in Übereinstimmung damit, wenn auch schon im Lichte einer höhern Erkenntnis, von der wir hier noch nicht reden können: „Soll die Sittlichkeit ein Verdienst des Menschen sein, so muß es in seiner Willkür gestanden haben, recht oder auch unrecht zu handeln, und Willkür ist auch alle individuelle Freiheit. Allein so lange der Mensch über das recht Tun- oder Nichttun eine Willkür hat, so lange kann er nicht im absoluten Sinn sittlich heißen; seine Handlung mag wohl recht sein, aber er selbst ist nicht sittlich im absoluten Sinn. Sittlich in diesem Sinn, nämlich tugendhaft, ist er auch nur durch eine absolute Gebundenheit seines Willens, vermöge der ihm das Gegenteil des Rechten unmöglich ist." (a. a. O. System der gesamten Philosophie I. Abt. 6. Bd. S. 560.) — Der jüngere Fichte fängt sein „System der Ethik" mit dem Satze an: „Die Ethik ist uns die Lehre vom Wesen des menschlichen Willens — von demjenigen, was als Grundwille, als eigentlich Gewolltes und Angestrebtes die unmittelbaren und darum unter sich widerstreitenden Wollungen der Einzelnen innerlich bestimmt, was zugleich daher als wahrhaft Einigendes und Gemeinschaft Stiftendes im Menschengeschlecht sich wirksam zeigt". (a. a. O § 1.)

Wenn dagegen Lotze der rigoristischen Moral Kants gegenüber die Motive des Sittengesetzes nicht in dessen unbedingtem Sollen, sondern in dem Wertgefühl des Subjekts, womit dieses sich das unbedingt Wertvolle als ein Sollen interpretiere, finden will, so hat ihn dabei zwar die richtige Erkenntnis geleitet, daß das Sollen, wenn es überhaupt etwas bedeuten will, aus dem unmittelbaren Leben selbst verstanden werden muß, aber er hat im Bestreben, das als abstraktes Gesetz unverständliche Sollen durch das unmittelbare Wertgefühl verständlich zu machen, übersehen, daß dieses Wertgefühl hierzu unmöglich ausreichen kann. Einem bloßen Gefühl kann der kategorische Imperativ sein Dasein nicht verdanken. Daß wir das Gute so lebhaft als ein bloßes Sollen empfinden, diese von allen Gefühlen losgelöste Tatsache hätte viel eher auf eine Unfertigkeit unseres gegenwärtigen Willenszustandes führen sollen, als auf den abschwächenden Versuch, sie mit den Elementen eines bloßen Gefühles auszugleichen. Das Rätsel des Sollens wird nicht dadurch gelöst, daß wir in ihm den moralischen Ausdruck eines unmittelbar nur im Gefühl des Individuums wurzelnden „Wertvollen" erblicken, sondern nur dadurch, daß wir in ihm eine vorübergehende Spannung des Geistes erkennen — wovon wir gleich des nähern zu reden haben werden. Lotze bringt die Schwierigkeit, der er begegnen will, doch nicht fort, denn auch bei seiner psychologischen Erklärung bleibt fraglich, warum sich denn das Wertgefühl des Subjektes für dasselbe trotz aller Versicherung, nur sich selbst vorzutragen, in jenes qualvolle Sollen verwandle, dem es sich blindlings zu unterwerfen gezwungen ist. Erst wenn das Sollen in das unmittelbare Erlebnis ausgeströmt sein wird, tritt das Postulat Lotzes in Kraft, daß auch die sittlichen Gesetze unseres Daseins aus einer unmittelbaren, nur noch gefühlten Welt stammen; aber dann wird es überhaupt keine als „Gesetze" empfundenen sittlichen Verpflichtungen mehr geben.

Der Wille ist das Gute. Wäre er von demselben getrennt, so könnten ihm seine Impulse wohl erhaben und verehrungswürdig vorkommen, aber nicht selbstverständlich, wie es doch der Fall ist. „Man muß das Gute um seiner selbst willen tun", das will doch nicht sagen: erst wenn man das Gute ohne Nebenrücksichten tue, werde man seinem vielleicht an sich dem menschlichen Willen zuwiderlaufenden, jedenfalls aber heiligen und erhabenen Inhalte gerecht, sondern vielmehr, daß das Gute nicht anders als getan werden könne, daß es mit seiner Betätigung unmittelbar identisch sei, daß man es tun müsse, weil sich dies ganz von selbst verstehe. Aber diese Selbstverständlichkeit hat nur darin ihren Grund, daß der Wille auch das Gute ist. Der Mensch tastet sein eigenes Wesen an, wenn er das Gute mit Füßen tritt; das Böse ist deshalb so hoffnungslos, weil es die Natur des Menschen verkehrt, das Gute deshalb so unzerstörbar, weil es das Wesen des menschlichen Willens, das Gewissen deshalb so unerbittlich, weil seine Stimme die des Menschen selbst ist.

Von hier aus gesehen ist der alte Streit, den der angeführte Gemeinplatz von der Uneigennützigkeit des Gutes-tuns im Auge hat, müßig und sinnlos. Man hat sich nie klar gemacht, daß es eben die im Gewande besonderer Bedeutsamkeit auftretende Selbstverständlichkeit seines Inhaltes ist, die durch diese unnötige Ausstaffierung die Gemüter verwirrt und langweilt zugleich. Es ist langweilig und verwirrend, ein Postulat als besonderen Tiefsinn geltend gemacht zu hören, das sich von selbst versteht, langweilig, weil sich in dieser Geltendmachung ein wohlfeiler Pharisäismus spreizt — verwirrend, weil man sich noch einmal und extra auf eine Wahrheit besinnen soll, die man schon lange gewohnt gewesen, vorauszusetzen. Der fragliche Gemeinplatz wird so lange ein aussichtsloses Postulat bleiben, als der Mensch nicht versteht, daß dasselbe nur aus der ganz unberechtigten Zertrennung eines in Wahrheit unzertrennlichen, einheitlichen Wesen stammt — des menschlichen Willens selbst. Man wird nie verstehen, warum das Gute um seiner selbst willen getan werden müsse, wenn man nicht vor allem die Unmöglichkeit der Vorstellung verstanden hat, die den Willen vom Guten trennen zu sollen meint — den Willen, der ja selbst in seinem innersten Wesen das Gute ist. Gerade weil er im Guten seine eigene Natur erkennt, wird er durch die Reflexion auf eine angebliche Selbstherrlichkeit des Guten verwirrt und sich selbst entfremdet, was von den verhängnisvollsten Folgen begleitet ist. Weigern wir uns doch nur deshalb, das Gute zu tun, weil man es von unserem Willen getrennt und ihm als doktrinäre Macht übergeordnet hat — das Gute, das wir selbst sind! Wir sträuben uns, etwas als Gebot entgegenzunehmen, was im Grunde in unserm eigenen Wesen lebt. Gerade weil wir selbst es sind, was man in die Paragraphen ebenso langweiliger wie dringlicher Sätze zerlegt, wollen wir nichts von diesen Paragraphen wissen; denn von nichts wird der Mensch so abgestoßen wie von seiner eigenen Natur, wenn sie ihm als fremde gebieterische Macht entgegengestellt wird.

In dieser Eigentümlichkeit des Guten hat auch die Unbedingtheit des moralischen Gewissens ihren Grund. Der Abfall des Willens vom Guten ist der Abfall des Willens von seiner eigenen Natur. Der Mensch zerteilt sein eigenes Wesen, wenn er das Gute sich gegenüberstellt und so in die Versuchung kommt, es von sich zu weisen. Das böse Gewissen auf dem Boden der Moral ist daher nichts anderes als die unmittelbar empfundene Selbstzersetzung des Willens — so unbedingt und so unerbittlich, weil es die Aufhebung einer durch den Willen selbst in seinem eigenen Wesen angerichteten Zerstörung verlangt.

Ebenso beruht auch die Tragik der menschlichen Schuld auf der gestörten Unmittelbarkeit des Willens. Ist es wahr, daß das Gute eine über dem Willen tronende Macht ist, welcher sich dieser blindlings zu unterwerfen habe — so hat der Mensch recht, wenn er sich gegen das Gute erhebt. Denn wie sollte er sich einer Macht unterwerfen, die ihm nur von außen gebietet — und wäre sie auch die des Guten selbst? Aber eben, weil dies nicht wahr ist, weil im Gegenteil das Gute das Wesen des menschlichen Willens selbst bildet, so rächt sich die scheinbar gerechteste Empörung gegen seine Herrschaft durch umso größeres Leid, für das der Geschlagene noch dankbar sein muß, weil es ihm die Erkenntniß eben dieser unwandelbaren Identität zwischen seiner eigenen Natur und dem Guten einbringt. Er würde nicht so leiden, wenn sich in seinem Leiden nicht eben diese Identität Ausdruck geben würde, er würde unbehelligt und unangefochten dastehen, wenn nur nicht seine eigene Natur das von ihm verschmähte Gute wäre! Daß er sich selbst im Wege steht und daß er dies nicht weiß, daß er nicht sieht, wie er nur vor dem Lichte sich verbergen möchte, das aus seinen eigenen Tiefen bricht — eben das ist die Tragik seines Lebens, von der wir reden, die Tragik, in der sein Recht zugleich sein Unrecht ist.

Tragisch ist überhaupt das Leben der Menschen zu nennen, weil sie Idealen nachjagen, Idealen des Guten und Wahren, und im schroffen Wechsel dazu Ideale mit Füßen treten, ohne zu sehen, daß sie dabei nur ihrem eigenen Schatten nachlaufen oder auf ihm herumtreten, daß die ganze Pein ihres in äußerste Gegensätze auseinandergerissenen Daseins mit seiner „Wirklichkeit“ und seinen „Idealen“ nur die gestörte Harmonie ihres eigenen Willens ist.

Aber — so lautet nun der schon lang verhaltene Einwand — wenn der Wille selbst das Gute ist, warum steht es ihm denn als ein bloßes Sollen gegenüber? Und woher stammt dieses Sollen, wenn es keine dem Willen gebietenden Ideale des Guten gibt? — Das führt uns zu unserem folgenden Abschnitt.

b) Das Sollen in der Moral.

Das Gute ist selbstverständlich und doch drängt es sich uns als Sollen auf. Das Selbstverständliche ein Sollen — hierin liegt eine Schwierigkeit, die schon die geübtesten Denker beschäftigt hat, die aber noch immer ihrer endgiltigen Lösung harrt. Um nur einen zu nennen, so sagt Schleiermacher in seiner „Abhandlung über den Unterschied zwischen Naturgesetz und Sittengesetz“ (Werke III Abt. 2. Bd. S. 401, bei Reimer, Berlin 1838): „Das Sollen geht ursprünglich immer auf eine Anrede zurück; es setzt einen Gebietenden voraus und einen Gehorchenden .... Wer soll nun aber in diesem sittlichen Sollen der Anredende sein und wer der Angeredete? Mancherlei zu diesem Behuf gebrauchte Gegensätze treten uns hier vor Augen, aber keiner will sich recht angemessen zeigen. Die praktische Vernunft oder das obere Begehrungsvermögen redet an; dann aber muß angeredet werden das untere Begehrungsvermögen oder die Sinnlichkeit, aber dann auch ihr nichts zugemutet, was sie nicht wirklich vollziehen kann. Kann aber wohl die Sinnlichkeit darauf angeredet werden zu vollziehen, was z. B. in dem kantischen kategorischen Imperativ enthalten ist? Unmöglich .... Ebenso ist es mit dem Fichteschen Prinzip der Sittlichkeit, sowohl dem formalen Ausdruck desselben, sich die absolute Selbständigkeit zum Gesetz zu machen, als auch dem realen, die Dinge gemäß ihrer Bestimmung zu behandeln .... Oder soll die Vernunft anreden, und das obere Begehrungsvermögen angeredet werden? ....

Will man aber beide unterscheiden, so muß doch die praktische Vernunft nicht begehren, sofern sie nicht soll das Begehrungsvermögen sein .... Oder ist es die Vernunft überhaupt und an sich, welche anmutet der Vernunft des Einzelnen? .... Aber wenn es auch einer ist, so spricht doch der Einzelne die Pflicht aus in sich selbst und für sich selbst, und das Begehren, selbst etwas zu tun, ist nur ein Wollen, kein Sollen.“ Ebensowenig könne, fährt er fort, das sittliche Soll in der Differenz der richtigen wissenschaftlichen Einsicht vom momentanen Handeln liegen. Schließlich gelangt er zu folgender eigentümlichen Lösung des Problems: „Als nun unter eben dieser Form“ — nämlich des mosaischen Gesetzes als göttlichen Gebotes — „die Festsetzungen des Sittlichen auch in den christlichen Unterricht aufgenommen wurden, so entstand die Gewöhnung, mit der sittlichen Erkenntnis das Soll zu verbinden, und diese erhielt sich hernach auch, seitdem man angefangen hatte, die sittliche Erkenntnis in eine allgemeine Gestalt zu bringen, wobei auf einen äußerlich bekannt gemachten göttlichen Willen nicht mehr gesehen, sondern die menschliche Vernunft selbst als gesetzgebend gedacht wurde. Wie viel nun aber von der ursprünglichen Bedeutung des Soll bei dieser Übertragung übrig bleibt? Wohl nur dieses: Das Soll des bürgerlichen Gebots ergeht an alle, die unter derselben anmutenden Autorität stehen. Sofern ich also etwas will, und mir dabei bewußt bin, daß dieser Wille ein allgemeiner Akt der menschlichen Vernunft ist, unter deren anmutendem Ansehen alle stehen, so drücke ich ihn durch Soll aus, weil alle andern mir dasselbe anmuten können, so gut als ich ihnen.“ (a. a. O. S. 404—405.) — Das Soll sagt nichts anderes aus als „die Allgemeinheit der sittlichen Bestimmung“.

Wie schwierig, ja aussichtslos die Erklärung des Sollens auf einem Standpunkt ist, der mit ihm wie mit einer fertigen, unveränderlichen Größe rechnet, das zeigen uns gerade die angeführten Worte Schleiermachers. Sein Versuch, dasselbe ursprünglich aus der jüdischen Vorstellung eines göttlichen Gesetzgebers abzuleiten, ist ebenso verfehlt wie originell, und seine ganze Ausführung überhaupt scheitert daran, daß wir es im Sollen mit einer unwillkürlichen, unmittelbaren Regung des Willens zu tun haben, die erst durch den Intellekt in die von Schleiermacher ohne weiteres vorausgesetzte Form des verpflichtenden Gebotes gebracht wird. Es handelt sich im Sollen nicht um eine gesetzgebende Stimme innerhalb oder außerhalb der menschlichen Vernunft, sondern um ein unmittelbares Geschehen im Willen selbst, das den „Vernunftpostulaten“ „sittlichen Gesetzen“ u. dgl., wovon der Intellekt spricht, selbst zu Grunde liegt und sie aus seinen ursprünglichen Regungen entläßt. Hier müssen wir anknüpfen, wenn wir uns nun der fraglichen Erscheinung zuwenden.

Wir erinnern uns daran, daß der Wille das Element der Unmittelbarkeit ist. Im Abfall von dieser seiner Unmittelbarkeit wird er der reflektierte, isolierte, nur sich selbst kennende und anerkennende Wille, ohne doch die Potenzen der Unmittelbarkeit, die sich in ihm ursprünglich gesammelt und gefunden, von sich abzustreifen. Aber weil er nur der auf sich selbst gestellte, von allem Lebensverbande gelöste, einsam gewordene Wille ist, so verwandelt sich die Regsamkeit dieser Potenzen in jene dem isolierten Willen charakteristische Gesetzlichkeit, von der wir schon öfters zu reden Gelegenheit hatten. Die Unmittelbarkeit als bloßer Wille — das ist das Gesetz. So trat uns das Rechtsgesetz entgegen, so — nur mit noch viel größerer Deutlichkeit — steht nun auch das moralische Gesetz vor uns.

Je mehr nämlich der Wille sich selbt erfaßt, desto näher kommt er einerseits der verlorenen Unmittelbarkeit, desto schärfer schließt er sich aber andererseits von ihr ab. Und ebenso: Je mehr er nur sich selbst anerkennt, je reflektierter und von der Unmittelbarkeit abgeschlossener sein Dasein wird, desto mehr schimmert sie gerade durch dasselbe hindurch. Es ist dies ein offener Widerspruch, dessen Bedeutsamkeit uns indessen bald klar werden soll.

Der moralische Wille zieht sich ganz von der Außenwelt zurück. Ausdrücklich und prinzipiell will er mit einer Welt nichts zu tun haben, deren materielle Elemente immer nur störend und verwirrend in sein Wesen eingegriffen, die zu bemeistern und in einen Willensverband zusammenzuschließen ihm stets nur unvollkommen gelingen wollte. Diese prinzipielle Schranke, die der Wille zwischen sich und der Außenwelt aufrichtet, ist nun aber gerade das Mittel, durch welches er die ursprüngliche Unmittelbarkeit wieder entdeckt, die ihm — so wunderlich dies auch klingen mag — erst da aufzuleuchten beginnt, wo er sich ganz auf sich selbst stellt, also sich von jeder Unmittelbarkeit ängstlich und peinlich abschließt. Gerade weil er von Natur zur Unmittelbarkeit gehört, muß er in dem

Maße, wie er sich selbst findet, auch die Unmittelbarkeit finden, sich immer mehr ihr entgegenbewegen, je mehr er sich von ihr zu entfernen scheint. Je abstrakter seine Gesetzlichkeit wird, desto unmittelbarer ist sie, je peinlicher und doktrinärer in ihrer Form, desto wahrer und selbstverständlicher in ihrem Inhalt. Denn je mehr der Wille zu sich selbst kommt, desto mehr entwickeln sich die beiden seit seinem Abfall auseinandergezerrten, aber ursprünglich zusammengehörenden Elemente: Das Leben des Unmittelbaren selbst, und die seine Potenzen ordnende und beherrschende Kraft des Willens — zunächst im Gegensatz zueinander, um schließlich ihre Zusammengehörigkeit wieder zu erkennen und zu vollziehen. Der Wille tritt mit der Unmittelbarkeit in immer stärkeren Konflikt und schickt sich eben dadurch immer dringlicher an, sich in sie aufzulösen. Ganz Reflexion auf der einen Seite, ganz unmittelbar auf der andern — das ist das Charakteristische des moralischen Imperativs. Ein Schritt noch und der Unmittelbarkeit lebendige Wellen schlagen wieder um den kahlen Felsen der Gesetzlichkeit, ein Letztes und Endgiltiges noch, und diese Gesetzlichkeit verwandelt sich wieder in die Ordnung und Systematik der ursprünglichen Welt, in deren Regungen sie sich wieder auf ihre Aufgabe besinnt, sozusagen das bloße Knochengerüst eines lebendigen Organismus zu bilden!

Der genannte Widerspruch offenbart sich nun im Sollen des moralischen Willens. Kann das Müssen des Rechts durch die Rücksicht auf eine doch irgendwie zu ordnende Außenwelt, abgesehen von seinem eigenen metaphysischen Gehalte, wenigstens für den oberflächlichen Blick genügend erklärt werden — so versagt diese Auskunft auf einem Gebiete, das mit der Außenwelt in prinzipiellem Gegensatz stehen will: auf dem moralischen. Das Sollen ist der Widerspruch, in welchem des Menschen Geist zu sich selbst steht, ein Widerspruch, der die Erkenntnis gebieterisch aufdrängt, daß wir es hier mit einer transitorischen, nicht mit einer in sich selbst vernünftigen Erscheinung zu tun haben — was zugleich begreiflich macht, weshalb bei der Voraussetzung einer absoluten Vernunft jede Erklärung des Sollens notwendig fehlschlagen muß. Oder ist es nicht ein Widerspruch, daß das Selbstverständliche, die Moral, in der Form eines bloßen Gebotes auftritt, des Sollens? Was von selbst gilt und ist, das soll doch wieder nur sein! Ein Sein also, das nur Sollen ist, und ein Sollen, das nur sein kann, während doch gleichzeitig beide: Sein und Sollen, einander ausschließen! Ein Sein, das, weil es nur Sollen ist, nicht sein kann; das sein soll, aber gerade darum nicht sein kann, das, weil es sein soll, notwendig ist, und doch, weil es nur sein soll, notwendig nicht ist. Das ist der Widerspruch!

Sehen wir näher auf die Elemente dieses Widerspruchs, so erkennen wir in ihnen jene zwei oben namhaft gemachten Mächte wieder: hier das Unmittelbare selbst, und da seine ursprüngliche, aber nun zur bloßen Gesetzlichkeit erstarrte Systematik. Unmittelbar ist sein Inhalt, reflektiert seine Form. Das Sollen ist der ganz verschlossene, ganz zu sich selbst gelangte, aber eben darum die warmen Pulsschläge des Unmittelbaren wieder in sich bewegende Wille; und ebenso: es ist das Unmittelbare in der bloßen Form des reflektierten Willens — ein an sich unmöglicher und deswegen nur im Übergang zu einer höhern Daseinsform befindlicher Geisteszustand. Derselbe Wille, einerseits im extremen Gegensatz zum Unmittelbaren und andrerseits direkt vor seinen Pforten lagernd, einerseits im äußersten Gegensatz zu der Willkür der verkehrten Unmittelbarkeit, andrerseits im innigsten Kontakt mit der sich in der unbedingten Dringlichkeit seines Sollens ankündigenden wahrhaften. — Das Sollen ist die letzte Bewegung des der Unmittelbarkeit zustrebenden Willens, und sein immanenter Widerspruch findet darin allein seine Erklärung, daß sich in ihm ein transitorischer, nicht aber ein stabiler, fertiger Wille Ausdruck gibt.

Es ist demnach das Sollen nicht eine über dem Willen schwebende gebietende Vernunftmacht, sondern im Gegenteil dessen eigenes innerstes — nur auf sich selbst gestelltes — Wesen. Was dem Willen im Sollen fehlt, ist nicht die Kraft zur Erfüllung hoher von außen an ihn herantretender Gesetze, sondern die Fähigkeit, das, was er in seiner Beschränktheit nur als Gebot zu verstehen vermag, in zwangloser Selbstverständlichkeit darzuleben. Seine eigene Leere tritt ihm im Sollen entgegen, auf dessen inhaltlose Formalität er deswegen allein angewiesen ist, weil er nur sich selbst kennt, nur in seiner isolierten Gesetzlichkeit das Unmittelbare zu fassen vermag. Das Sollen ist sein eigener von der Unmittelbarkeit wohl getragener, aber nicht gesättigter Drang, nicht — wir wiederholen es — das über ihm stehende Gebot einer sogenannten objektiven Vernunft; und das Sittengesetz die Selbstverständlichkeit und Wahrheit des Unmittelbaren selbst, aufgenommen in den Formalismus des isolierten Willens. Die Unmittelbarkeit schlägt in dem zu sich selbst gekommenen Willen mit jenem siegreichen Ungestüm durch, die es ihr ermöglicht, ihre Natur — das Selbstverständliche — zur Offenbarung zu bringen — wenn auch nur in der Form des auf sich selbst beschränkten Willens.

Von hier aus gesehen, wird es begreiflich, daß wir gerade auf dem Boden der Moral so gerne von der Unbedingtheit angeblicher Vernunftgesetze reden. Je näher der Wille der Unmittelbarkeit kommt, desto unbedingter muß die Form werden, in welcher sich sein Intellekt ihren Inhalt interpretiert: das Vernunftgesetz. Der „sittliche Zweck", die „oberste Zweckidee", die „objektive Vernunft" — das alles ist nichts anderes als das Produkt des auf die Gesetzlichkeit des isolierten Willens reflektierenden Intellektes, der dieselbe nicht anders als in der Form einer Vernunftidee vorzustellen vermag. Der Intellekt ist es, der das unmittelbare Sollen des Willens zu „vernünftigen" Abstraktionen ausweitet, um in ihrem doch nur gedachten Inhalte ein angeblich ewiges, über der Beweglichkeit des Willens stehendes Vernunftgesetz zu erschauen, seiner eigenen vom Willen getrennten, abstrakten Natur Genüge leistend, der es unmöglich ist, andere als begriffliche, in erhabener Höhe tronende, unbewegliche und absolute Geistesmächte zu denken.

Das ist der Grund, weshalb uns die doch so unwillkürlichen Regungen des Willens zu Abstraktheiten verblaßt sind, in denen wir fälschlich und in seltsamer Verkennung unsres eigenen Wesens selbständig über unser Innenleben waltende Ideen erkennen zu müssen glauben — als hätte es überhaupt einen Sinn, daß der Mensch die Impulse seines Lebens und Seins von Abstraktheiten zu Lehen trage. Es ist ein totales Mißverständnis, daß das Sollen des Willens, in welchem sich nur das Streben nach Ausgleichung mit der Welt des Unmittelbaren spiegelt, zum Sollen einer absoluten Idee wird — der Idee des Guten — und der Wille selbst, aus dem es stammt, zum Gehorsam gegen die angebliche, nicht mehr in, sondern über ihm waltende Herrschaft dieser Idee — das Mißverständnis des abstrakten Gedankens, von dem unsre Untersuchung immer und immer wieder zu reden hat.

c) Das Recht und das Unrecht der Moral.

Der moralische Wille ist der Indifferenzpunkt, in welchem sich die verkehrte und die wahrhafte Unmittelbarkeit klar und für immer auseinander trennen, der Nullpunkt gleichsam, der das negative Leben vom positiven scheidet. Er steht gerade in der Mitte zwischen den Mächten des Lebens, auf der einen Seite den Wogenandrang der schrankenlosen Begierden mit der harten Unerbittlichkeit seiner Felsennatur zurückschlagend, auf der andern hinabschauend in das gelobte Land jener seligen und harmonischen Ungebundenheit, aus welcher das große Rätsel seines eigenen Wesens ihn vertrieben. Er steht dem irdischen Leben unempfänglich für seine lockeren Reize, doktrinär und pedantisch gegenüber, aber er bewegt, unerkannt vom oberflächlichen Blicke der Menschen, ein Reich in sich, aus dem sich eine neue Welt, die Welt des Geistes, entwickeln wird. Ängstlich und in angespanntester Reflexion hält er die Elemente von sich fern, die ihm das bunte Spiel der Sünde immer wieder mit neckischer Verführungskunst vor die starren Blicke zaubert; denn eben das ist nun seine undankbare Aufgabe, dieser reizenden, aber ziel- und vernunftlosen Ungebundenheit die festen Schranken eines gesetzmäßigen, geordneten und geregelten Verhaltens entgegenzustellen. In einem ebenso unvermeidlichen wie langweiligen und gefürchteten Proteste gegen alle Willkür — so steht er da, ein starrer Rettungsfelsen für alle vom Sturm des Bösen dahingetriebenen Schifflein kühn strebender, ins Ungemessene wagender, aber ebenso rasch strandender Sinnenlust. Die Moral hat immer recht — und eben das ist die große Tragik unseres Lebens, daß es schließlich einer Macht zum Opfer zu fallen bestimmt ist, die nur tadeln, strafen, ermahnen kann, die ihr ganzes Geheimnis in ein ödes Sollen zusammenfaßt und die die unendlichen Triebe des Lebens in den Formalismus einer bloßen Korrektheit bindet, deren feierliche und sinnlose Selbstgenügsamkeit den Aberwitz zum eigentlichen Gesetz des Daseins zu erheben scheint.

Die Moral hat recht. Es ist so, wie ihr Doktrinarismus lehrt: der Mensch muß gut sein und das Böse meiden. Nichts wahrer, als die triste Phrase, daß jede Unmäßigkeit zu fliehen sei, und das Maßhalten in allen Dingen die einzige Garantie der Wohlfahrt bilde. Es ist einleuchtend, wenn uns die Moral triumphierend nachzuweisen unternimmt, daß sich das Böse immer selbst strafe, daß die Redlichen allein schließlich ans Ziel gelangen, während die Unredlichen ihre eigene Schande zu schmecken bekommen. Leidenschaftslos und gerecht, freundlich und hilfreich nach allen Seiten dahinzuleben, acht zu haben auf die geringen Aufgaben des Tages, treu im kleinen, wer wüßte es nicht, daß dieser goldene Mittelweg an lauter blühenden Rosen vorbeiführt, während die gekrümmten Pfade der Leidenschaft, des raschen, unberechenbaren Aufwallens, des Trotzes, der kühn seine Stirne einer ganzen Welt entgegenwirft, jetzt steil bergauf gehen, jetzt in Abgründen sich verlieren und immerdar das lauernde Verderben zu ihrer Seite bergen? — Ja, sie haben recht, alle die vorsichtigen Tugendsamen, wenn sie es sich tausendmal überlegen, bevor sie einen außergewöhnlichen Schritt tun, wenn sie alle Für und Wider eines gewichtigen Entschlusses mit dem bedächtigen Ernste der Klugheit besprechen — wie viele haben ihre Unbesonnenheit schon schwer zu büßen gehabt! Das strenge Leben ist denen nicht hold, die vermessen und stolz ihre eigenen Bahnen wandeln, unbekümmert um der Beratung sichere Leuchte, es stürzt die Gewaltigen und Tollkühnen und schüttet den Braven, die sich vor seinen tückischen Überraschungen fürchten und seine tyrannischen Launen respektieren, seine vollen Segnungen in den Schoß. Sie haben recht, die Tadler und Sittenprediger alle, die der genialen Willkür ein böses Ende voraussagen und mit schmunzelnder Genugtuung am Ruin der Gefallenen stehen bleiben, den unwidersprechlichen Tiefsinn auf den Lippen: So mußte es kommen! — Die Moral hat recht — —

Und doch wenden wir uns, solange noch ein Tropfen wirklichen Lebens durch unsere Adern rollt, schaudernd von ihr ab, und will es uns vorkommen, als seien ihre Worte Worte eines Toten, ihre Geberden das Schattenspiel eines Gerippes. Dann wieder stehen wir vor ihrem unerbittlichen Angesicht still, in dessen ehernen Zügen Antwort auf die schwersten Fragen unseres Lebens suchend — vergeblich! Gerade sie weiß es in ihrem unbekümmerten Doktrinarismus am wenigsten, warum unser Dasein einem bloßen Gesetze unterworfen sein muß, warum der schneidende Gegensatz unser Herz zerreißt: hier das warme, sonnige Genießen, das keine Schranken anzuerkennen als das köstlichste Vorrecht seines Lebens preist — hier das Gericht, das mit unerbittlicher Sentenz jener

Ungebundenheit tolles Spiel zur Hölle verdammt. Warum läßt es sich so köstlich träumen in den Armen der Lust, und warum ist das Erwachen, das Erwachen im Licht der Moral so unsagbar traurig?

Die Moral hat recht, aber dieses ihr Recht ist zugleich ihr Unrecht. Das Gute ist ihr Recht, aber daß sie es nur in der Reflexion, nur als Gesetz bei sich bewegt, ihr Unrecht. Daß sie das Gute kennen will, ihr Recht; daß sie es nur äußerlich kennt, so viel von ihm nur zu sagen weiß, es so bewußt und absichtlich hervorstellt, ihr Unrecht. Sie tut wohl daran, daß sie der Willkür des Bösen die Schranken ihrer soliden Grundsätze entgegenstellt, aber übel, daß sie sich damit genuggetan zu haben glaubt, übel, daß sie das Gute nur als Schranke, nicht als die siegreiche und frohe Kraft, die eine neue Welt aus sich gestaltet, geltend macht. Daß sie ihre unerbittlichen Forderungen der Ungebundenheit des Lebens nur entgegenstellt, als hätte die Zerspaltung seiner Elemente in Gut und Böse überhaupt einen Sinn; daß sie aus dem Gegensatz zur Welt die Kraft ihres Daseins schöpft, statt aus dem Reichtum ihrer eigenen Natur die Gewalten zu entlassen, in denen alle Gegensätze zu einer neuen Welt sich ergänzen; daß sie nur tadeln, kritisieren, schelten und verdammen kann, daß sie sich nicht auf ihr verborgenes schöpferisches Wesen besinnen will, daß sie auf halbem Wege stehen bleibt — das ist ihr Unrecht.

Ja, die Moral hat unrecht. Sie hat unrecht, wenn sie das Gute nur in einzelnen zusammenhangslosen Satzungen über des Lebens Drangsal wirft, anstatt quellende, erquickende Kräfte aus dem Felsen ihrer Unerbittlichkeit zu schlagen; sie hat unrecht, wenn sie der Leidenschaften grandiose Willkür am kurzen Lineal ihrer langweiligen Korrektheit mißt, als wäre das Brave und Biedere das einzige Geheimnis des Lebens; sie hat unrecht, tausendmal unrecht, wenn sie den Kräften des Bösen, nicht die Kräfte sondern nur die Maximen und Gesetze des Guten entgegenstellt! — Ihr Tugendhelden alle, woher kommt es, daß ihr so wenig waget für das Gute, so wenig von seiner Unbedingtheit, die ihr so beredt zu schildern wisset, in eurem Leben merken lasset, so furchtsam und behutsam, so feig und halbherzig seid, wenn es gilt, der Welt des Guten selbst emporzuhelfen, nicht nur einzelnen, ebenso unmöglichen, wie ungefährlichen Postulaten — während euch die verfehlten Wagnisse und Tollkühnheiten der Sinnenlust täglich Anlaß zu gespreizten Verdammungsurteilen geben? Ist das ein Recht oder ein Unrecht? Warum füllt ihr nicht Herz und Sinn mit der Glut des Guten, warum lodert eure Seele nicht ebenso stürmisch im Guten auf, wie es die Flamme des Bösen vermag? Warum anders, — als weil ihr hinter eurer moralischen Ruhe ein Unrecht verberget? Oder gibt es kein Gutes, für das man sich entflammen könnte, ist es gar des Guten eigenes Wesen, alle Flammen zu löschen, alle Leidenschaften zu tilgen, alle Extreme zu meiden? Aber warum findet denn bei dieser Art des Guten auch der Feige und Selbstsüchtige seine bequeme Rechnung, warum kann sich auch der Heuchler in das Gewand eines solchen Guten kleiden — wenn hier nicht ein Unrecht, das Unrecht des auf halbem Wege stehen gebliebenen Guten vorliegt? Die Moral, die nicht weiß, warum das Gute geschehen soll, weil sie von keiner Macht des Guten getragen wird, und die deshalb dasselbe Motiv in ihre Regungen aufzunehmen imstande ist, das sie am Bösen verdammt, das der Selbstsucht — kann niemals recht haben. Es besteht zwischen Inhalt und Form der Moral ein unlösbarer Gegensatz: die unendliche Geisteswelt im engsten Gehäuse, die unmittelbare Wahrheit angebunden im Kerkerraum des Gesetzes! Was sie sagt und gebietet, das sollte zum Flammenmeer sich entfalten, in dem eine alte Welt vergeht und eine neue aus den Schlacken geschmolzen wird, emporwachsen zum unmittelbaren Erlebnisse höchster Daseinsfreude! Aber unbekümmert darum, daß sie Schätze der seligsten Wonne in ihren kalten Vorschriften birgt, spricht und tut sie, als handle es sich nie um etwas anderes als um das Alltäglichste, das man lückenlos und brav zu erfüllen habe, erfüllen *könne* mitten in einer vom geraden Gegenteil getriebenen Welt! Sie sieht die Gegensätze nur als tote Theorie; sie spricht vom Wahren wie von einer Verhaltungsmaßregel, vom Guten wie von einer Klugheit, vom Höchsten wie von einer Nützlichkeitsmaxime. Das ist ihr Unrecht. Ihr Unrecht, daß sie es nicht verstehen will, die Tiefen der Welt zu erschließen, der sie im Sittengesetze Ausdruck gibt, daß sie achtlos an dem großen und umfassenden Sinne der Gebote vorübergeht, die sie selbst aufstellt, daß sie sogar nichts von der Unendlichkeit sich träumen läßt, die hinter ihrer Larve hervorblickt — mit einem Wort: daß sie sich selbst nicht erkennen will, das ist ihr Unrecht, das Unrecht des Sollens, des isolierten, nur auf sich selbst beschränkten, reflektierten Willens.

Und dagegen erhebt sich nun das Böse. Hier reden wir — so seltsam es klingen mag — von einem Recht des Bösen, wenn es sich gegen ein bloß befohlenes, in bloße Satzungen und Gesetze gekleidetes Gute empört. — Das Recht des Bösen? Hat das Böse nicht immer unrecht? Fragt sie, die Opfer alle, die die Leidenschaft zu ihrem Altare geschleppt, fragt sie, die Unglücklichen, die der Schrankenlosigkeit grausen Ritt mitgemacht — schaudernd und erbleichend wenden sie sich ab, die Hände über das tränenüberströmte Angesicht deckend. Fragt sie, alle jene zu harten Steinen erstarrten Mammonsdiener, die keine anderen Reize mehr kennen, als das lang und schlau vorbereitete Verderben ihrer Mitmenschen; alle die herz- und seelenlosen Bösewichter, denen Gift statt Blut in den Adern rollt, jene Gleichgiltigen, die für die Tränen der Armut nur Achselzucken und Gemeinplätze übrig haben — ob sie recht haben! Mit entsetzlichen Flüchen, mit grimmigem Hohngelächter werden sie auch das grauenhafte indirekte Geständnis ihrer Schuld ablegen.

Und doch, das Recht des Bösen! Das Recht jener leidenschaftlichen Ungebundenheit, die der moralische Wille böse nennt! Hier haben wir uns daran zu erinnern, daß der Gegensatz von Gut und Böse, wie ihn die Moral ausspricht, von der Reflexion des nur gesetzlich orientierten, isolierten Willens aufgestellt ist. Die an der Schranke des postulierten Guten, des Gesetzes, sich brechende Schrankenlosigkeit, heißt „Böse“, und „Gut“ heißt der Inhalt des Gesetzes. Aber beides, Gut und Bös, sind nichts anderes, als die auseinander getrennten Lebenselemente der ursprünglichen Unmittelbarkeit selbst; es gibt keine absoluten Gegensätze zwischen Gut und Böse, sonst müßte man dem Manichäismus recht geben, der dem Reich des Guten ein ebenso altes Reich des Bösen gegenüberstellt. Vielmehr offenbart sich in dem von der Moral streng formulierten und in ihrem Lichte als unversöhnlich erscheinenden Gegensatz, von dem wir reden, nur die Zertrennung ursprünglich zusammengehöriger Bestandteile des Lebens — und das ist nun der Grund, weshalb wir von einem Rechte reden, das die vom moralischen Gesetze (vom Guten) abgestoßenen, nur noch schrankenlos sich betätigenden Lebenspotenzen (das Böse) diesem einseitig als alleinige Wahrheit geltend gemachten Gesetze gegenüber haben: das Recht des Lebens.

Gewiß, die Leidenschaft ist ein verzehrendes Feuer; aber ein

Feuer des Verlangens, der Sehnsucht, der qualvollen Begierde nach Leben. Wohl tönt die Stimme des Gewissens warnend an ihr Ohr, wohl blitzt über dem dunkeln Abgrund ihrer schäumenden Wasser die Reue wie ein zuckender Strahl — vergeblich! Sie will nicht. Sie will die süße Qual des Ungehorsams, die wilde Lust an der verbotenen Frucht bis zum Ermatten auskosten, mag nachher um die kranken Gliedmaßen des gequälten Leibes des Verderbens Fessel sich legen. Sie erträgt die Schranken und Gesetze nicht — warne sie, so trotzt sie dir, stelle dich ihr in den Weg, so flammt sie über deinem Haupte empor, suche sie einzudämmen — zornig schäumt sie auf und ergießt mit doppeltem Ingrimm ihre unbändigen Fluten über die Gefilde des Lebens. — Und dieses Ungestüm nennt ihr das Recht zum Leben? — Siehst du nicht, wie in ihm jenes köstliche Lebenselement aufwallt, das, mißhandelt von der kurzsichtigen Pedanterie der Moral, sein Genießen ins Ungemessene dehnt, um lieber genießend zu sterben, als sein Dasein einem genußlosen Gehorsam verdanken zu müssen. Es will genießen, denn es will leben. Was Leben ist, das wird uns doch immer nur in den Reizen der Ungebundenheit klar, nicht in den pedantischen Satzungen der Moral. Ist es nicht ein erschütterndes Verhängnis, daß das Leben seinen unmittelbaren Genuß nur noch in der Schrankenlosigkeit zu finden vermeint, während ihm auf Schritt und Tritt ein doktrinäres Gebot entgegentönt? Und ist es nicht sein Recht, gegen die Zumutungen bloßer Satzungen sich aufzulehnen, liegt in seinem wilden Trotze gegen allen Gesetzeszwang nicht jene bedeutsame Reaktion gegen das Unternehmen, jede blühende Lebendigkeit in ein Rechenexempel zu verwandeln, eine Reaktion, die in ihrem Kerne die tiefste Wahrheit selbst, die Wahrheit der Unmittelbarkeit, birgt?

Daß eine Macht, die das warme Leben unter ihren Formalismus beugt, die in jede unwillkürliche Empfindung sofort die öde Frage nach ihrer moralischen Berechtigung hineinträgt, die alles am Maßstabe ihrer ängstlichen Besorgtheit mißt, die lauernd dem bunten Spiel des Lebens aufpaßt, um jeden Augenblick hemmend und störend in seinen Frohmut einzugreifen, unmöglich recht haben kann, das ist die Wahrheit, die die gegen die bloße Moral sich empörende Leidenschaft für sich in Anspruch nehmen darf. Das Leben in seiner unglückseligen Unbändigkeit hat ein unabweisbares Recht, zu verlangen, daß man seinen drängenden und sich überstürzenden Kräften ein entsprechendes Arbeitsfeld anweise, nicht bloß mit dem Stock in der Hand entgegentrete; zu verlangen, daß man ihm das Gute in großen Zügen vor Augen male, damit es an seiner Überlegenheit zu einem neuen Dasein erwache und in der unendlichen Wirklichkeit des Guten seinen eigenen einzigen, unteilbaren Sinn zurückerhalte. Solange man der Leidenschaft nicht die Wunder und Kräfte des Guten entgegenzustellen vermag, so lange hat sie recht, wenn sie im Munde ihres Interpreten Prometheus trotzt:

> Wer half mir
> Wider der Titanen Übermut,
> Wer rettete vom Tode mich,
> Von Sklaverei?
> Hast du nicht alles selbst vollendet,
> Heilig glühend Herz?
>
> Ich dich ehren? Wofür?
> Hast du die Schmerzen gelindert
> Je des Beladenen?
> Hast du die Tränen gestillet
> Je des Geängsteten?
>
> Wähntest du etwa,
> Ich sollte das Leben hassen,
> In Wüsten fliehen,
> Weil nicht alle
> Blütenträume reiften? (Goethe.)

d) Die negative Bedeutung des Gesetzes.

Es wird nach dem oben ausgeführten nicht mehr verwunderlich sein, wenn wir der Moral keine positive Aufgabe im Geistesleben der Menschheit zuzuweisen vermögen. Im einzelnen mag sie viel Gutes stiften, im ganzen wird sie stets unfruchtbar bleiben. Wenn man dies nicht begreifen zu können gesteht, und zum Beweise ihres gesegneten Waltens auf die große Zahl tüchtiger Menschen aufmerksam macht, die ihrer Zucht allein, was sie geworden, verdanken wollen — so wird man bei näherem Zusehen bald erkennen, daß dabei die Moral nur eine sehr bescheidene, höchstens korrigierende und orientierende Rolle gespielt hat, während die entscheidenden Impulse doch allein von der so gering geschätzten Willkür des Lebens selbst ausgegangen sind. Es wird doch wohl ohne weiteres zugegeben werden, daß niemand fleißig ist, nur um fleißig zu sein, oder wahrhaftig, nur um den Regeln der Wahrhaftigkeit zu genügen. Gerechtigkeit oder Mäßigkeit haben keinen Sinn da, wo keine materiellen Verhältnisse zu ihrer Betätigung auffordern — moralisch um der bloßen Moral willen ist niemand. Auch hier wieder müssen wir einer sich selbst mißverstehenden Gesetzlichkeit gegenüber betonen, daß die Dinge nicht dafür da sind, um einem Gesetz zum Ausdruck zu verhelfen, die Menschen nicht deswegen sich abmühen, um einem bloßen Ideal die Anwendungsfälle seiner Absolutheit zu liefern. Das Leben trägt seine Zwecke in seinen eigenen Regungen — daß neben oder über seinem unmittelbaren Genusse die Moral steht mit dem Anspruch, ihn unter ihr Gesetz zu binden, damit man nicht nur lebe, sondern recht und brav lebe, das ist's ja gerade, was es so beklagenswert, so inhaltleer, so arm macht.

Der moralischen Zucht das Beste zu verdanken zu haben, kann demnach nur heißen, durch ihr Gebot auf ein Verhalten aufmerksam gemacht worden zu sein, das eigentlich von selber nahe gelegen und nur dem ängstlichen und blöden Auge verschlossen geblieben war. Immer ist es der Mensch selbst — nie ein bloßes Moralgesetz — der aus unmittelbaren Impulsen vollbringt, wovon ihm die Moral nur den äußeren Rahmen, das gesetzliche Schema vorgestellt hatte. Denn eben dies ist ihr Wesen, das bloße Schema, der Grundriß sozusagen, des Lebens zu sein. Wie man durch einen Blick auf die schematische Vorlage jene Sicherheit gewinnt, die zur Ausführung einer Aufgabe erforderlich ist, so verleiht der Gehorsam gegen die Moral das geschärfte Verständnis für das, was zu tun nicht die Moral, sondern das Leben selbst von jedem verlangt. Die Moral beherrscht das Leben nicht, sie schattet es nur ab. Ihre Gesetze sind nur gleichsam die Bleistiftzeichnung all jener Gebilde, die das Leben aus seiner eigenen Tiefe entläßt. Weil es Leben gibt, gibt es auch Moral, weil das Leben von selbst Ordnung entfaltet, kann die Moral auf eine wohlgeordnete, systematische Summe gesetzlicher Vorschriften blicken, wobei sie freilich nur zu leicht vergißt, daß diese Vorschriften eben dasselbe

Leben abschatten, dem sie durch ihre Bekanntgebung imponieren will.

Und aus alledem folgt, daß dieser schattenhafte Doppelgänger des Lebens, das Moral-Gesetz, total verschwinden muß, wenn wir wieder zu der ursprünglichen Daseinsfreude erwachen sollen, zu der uns Gott geschaffen. Solange — bildlich gesprochen — der Körper noch einen Schatten wirft, zeigt er an, daß die Sonne noch nicht über seinem Scheitelpunkt steht — wann wird unser Leben diese Sonnenhöhe erreichen, die alle Schatten, alle Schemata, alle Gesetze, alle bloß neben ihm stehenden Zwecke und Ideale in das einheitliche Erlebnis unmittelbarer Wahrheit zurücktreibt?

Die Moral ist eine negative, nicht eine positive Größe im Haushalt des Lebens. Ist das schon da der Fall, wo man sich willig in ihre Bahnen treiben läßt, wie viel mehr da, wo sich die Leidenschaft gegen ihre Gesetze erhebt! Man schweigt im Lobpreise der Moral davon, daß tausende von Menschen an ihren Vorschriften sich für das Laster entscheiden lernen, man gedenkt jener schweren, drückenden Lasten nicht, die das moralische Gesetz auf die Herzen der Menschen legt. Wohl mögen wir in Momenten besonderer Weihe, im Enthusiasmus des begeisterten Gemütes die erhabenen Gedanken bewegen, die das Sittengesetz in unsre Seele legt, wohl mögen wir mit seinem Propheten Kant der Unendlichkeit gedenken, die in seinem Inhalt ruht — wir haben Augenblicke, in denen uns diese Unendlichkeit schwer und bang auf dem Gewissen lastet, und wir den ganzen Fluch eines in den Gegensatz von Gut und Böse gebannten Lebens empfinden. Nicht weil wir sie lieben, preisen wir die Moral, nein, weil wir sie fürchten, weil sie uns niederschmettert — denn nichts preist unsre Sklavenseele so sehr, als die Ketten und die Peitsche des Peinigers!

Wie richtig hat diesen Fluch wieder eben das Buch erkannt, dem man so viel Finsternis zutraut, und das doch so licht ist — die Bibel, wenn sie sagt: „Das Gesetz ist neben eingekommen, auf daß die Sünde mächtiger würde." „Da wir im Fleische waren, da waren die sündlichen Lüste, welche durch das Gesetz sich erregten, kräftig in unseren Gliedern, dem Tode Frucht zu bringen." „Was wollen wir denn nun sagen? Ist das Gesetz Sünde? Das sei ferne! Aber die Sünde erkannte ich nicht, ohne durch das Gesetz.

Denn ich wußte nichts von der Lust, wo das Gesetz nicht hätte gesagt: Laß dich nicht gelüsten. Da nahm aber die Sünde Ursache am Gebot und erregte in mir allerlei Lust. Denn ohne das Gesetz war die Sünde tot. Ich aber lebte etwa ohne Gesetz. Da aber das Gebot kam, ward die Sünde wieder lebendig. Ich aber starb, und es befand sich, daß das Gebot mir zum Todc gereichte, das mir doch zum Leben gegeben war" (Römerbrief Kap. 7). Wahrlich ein Paulus ist nicht so schnell bereit, wie die Rigoristen der Moral, die Sünde der Schuld der Menschen allein aufzubürden, er gibt dem gefährlichen, von jedem Moralkodex ängstlich gemiedenen Satz Ausdruck, daß das Gesetz, und vor allem das moralische (c. f. sein Verfahren, gerade mit dem 10. Gebot des Dekalogs zu exemplifizieren) die Sünde steigere, indem es sie zu umso stärkerer Leidenschaft entflamme, je direkter und offenkundiger es ihr Widerstand leiste. Sonach anerkennt der Apostel ausdrücklich nur den negativen Wert des Moralgesetzes. Und ein Blick auf die Geschichte der Moral auch unter den christlichen Völkern, die das Evangelium wieder zum Gesetz gemacht haben, lehrt mit erschütternder Evidenz, wie recht er mit dieser seiner großen, aber zunächst so wenig tröstlichen Konzeption hatte. Die Moral muß so lange bloß negativ wirken, als sie ihr eigenes Wesen nicht in seiner ganzen Tiefe erfaßt hat, so lange sie nur Begleiterscheinung, nicht Geist und Kraft des Lebens ist!

2. Die Moral in der Geschichte.

a) Allgemeines.

Wir sprachen im ersten Abschnitte von der Sittlichkeit, vom Guten, von allgemeinen Gesetzen und Verbindlichkeiten, von der Erhabenheit eines durchsichtigen und über jeden Zweifel gestellten Ideales, ohne uns die Frage vorzulegen, ob das Leben selbst mit seiner mannigfaltigen Erfahrung, ob die Geschichte damit einverstanden sei, oder ob sie nicht ein ganz anderes Bild der moralischen Welt entwerfe, von dem sich der abstrakte Verstand wieder einmal nichts träumen ließ. Spricht die Geschichte nicht von einer sehr deutlichen Entwicklung der moralischen Begriffe, zeigt sie uns nicht ein buntes wüstes Gemenge der verschiedensten Moralitäten, aus deren zum Teil entsetzlichen Verirrungen nur allmählich ein einigermaßen geordnetes Regiment der obersten sittlichen Begriffe sich herausgestellt, und verhältnismäßig sehr spät jene Sicherheit des Sittengesetzes sich gebildet habe, die die moderne Welt als ihren besonderen Vorzug rühmt?

Wenn wir nun daran gehen, dieser bis dahin vernachläßigten Stimme gerecht zu werden, so möchten wir einer nur empirisch verfahrenden und alle Moral allein aus der gesellschaftlichen Entwicklung ableitenden Wissenschaft sofort zu bedenken geben, daß sie selbst soeben von einer allmählichen Klärung der sittlichen Begriffe geredet hat und überhaupt eine Entwicklung und Ausbildung des Höchsten so wenig leugnet, daß sie vielmehr auf diese Entwicklung energisch hingewiesen zu haben sich zu ihrem besonderen Verdienst anrechnet. Entwickeln läßt sich aber nur, was die Anlage dazu in sich trägt, eine generatio aequivoca ist auf dem sittlichen Gebiete ebenso unzuläßig, wie auf dem physischen. Gibt man zu, daß z. B. der kategorische Imperativ Kants das autonome Wesen der Sittlichkeit entdeckt und zur allgemeinen Anerkennung gebracht habe — so ist nicht einzusehen, was für unsre Sache durch den Umstand in Frage gestellt werden sollte, daß diesem Gipfelpunkt der sittlichen Entwicklung eine Zeit trostlosester Verwirrung, ungeschicktester und widersprechendster Aufstellungen vorangegangen sei. Was kümmert uns die Tatsache jener primitiven Anfänge, in welchen die düstern Züge menschlicher Leidenschaften fast nur durch einzelne Strahlen einer noch dazu sehr fraglichen Familienliebe durchbrochen werden — wenn zugestanden wird, daß die Menschheit in der Schule der Erfahrung zu jenen allgemeinen Normen der Moral emporgeführt werden kann, die das Gemeingut aller gesitteten Völker ausmachen? Langsam und allmählich steigt nach der naturalistischen Auffassung die Menschheit aus ursprünglich tierischen Zuständen zum unzerstörbaren Besitz bleibender Sittlichkeit empor. Es gibt also doch eine autonome sittliche Welt, die ihre Gewißheit nur so lange von der Erfahrung zu Lehen tragen muß, bis sie sich selbst erkennt — ähnlich wie das Kind so lange an der Mutterhand geht, bis es seiner eigenen Fähigkeit bewußt wird und sich von den Banden der Heimat löst. Das allein ist es, worauf es uns jetzt ankommt; wie recht oder unrecht die empirische Betrachtung hat, werden wir sogleich weiter unten sehen.

Steht dies fest, so geben wir unbedenklich zu, was Lotze

sagt: „Gute und böse Regungen hat es immer in den menschlichen Herzen gegeben, und immer auch eine solche Kritik des Gewissens, durch die im Ganzen und Großen doch wenigstens die vollendet blinde Unvernunft tierischen Begehrens von dem menschlichen Leben abgehalten und durch die sinnliche Leidenschaft mindestens einige feste Linien anerkannter Pflichten und Rechte gezogen wurden.... Aber das alles blieb doch eine Sitte, ebenso schwankend wie die Naturerkenntnis; von den stärkeren oder schwächeren Nerven, der sinnlichen Glut oder Apathie des Naturells hing es ab, wie man den Satz anwandte, dem Andern so zu tun, wie man sich selbst getan wünscht. In Blut und Greuel und Grausamkeit läßt sich in gewisser Weise Treu und Glauben und Gerechtigkeit ebensogut formell üben, wie in aller Weichlichkeit friedlichen Genusses, in Schmutz und Wollust. Der eine Teil unseres Gewissens, der nur von unseren wechselseitigen Pflichten spricht, ist bald befriedigt, und umso leichter, je geringer die Ansprüche sind, die alle Beteiligten zusammengenommen an das Leben und seinen Genuß machen. Aber der andere Teil, der uns eben befiehlt, an dies Dasein sehr hohe Ansprüche zu machen, kann seine Stimme nur in dem Maße erheben, als die Einsicht in die Bestimmung der Menschheit und in ihre Stellung zu dem Ganzen der Natur wächst.“ (Mikrokosmus II. S. 339f.)

Es kann nicht unsere Aufgabe sein, die moralischen Begriffe der einzelnen Völker auch nur jener flüchtigen Betrachtung zu unterziehen, die oben bei der Entwicklung des Rechts nötig war. Der Grund dieses unsers Verzichtes liegt in der Natur der Moral selbst. Von einer plastischen Darstellung der Moral in der Geschichte kann man schon deshalb nicht reden, weil sie selbst jede Ausgestaltung flieht. Was von ihr in den Allgemeinbesitz eines Volkes überging, wurde von der Rechtsbildung aufgegriffen; daneben blieb es bei den so unendlich verschiedenen Abstufungen der Tugend, wie wir sie innerhalb eines und desselben Volkes immer wieder wahrnehmen, wenigstens da, wo die rohe Naturkraft, die eine feinere Abstufung des Sittlichen nur schwer aufkommen läßt, der Gesittung eines geordneten Gemeinwesens platzgemacht hatte. Neben sittlichen Charakteren von hoher und herrlicher Ausbildung stand zu jeder Zeit die Häßlichkeit jener unsittlichen Triebe, die nichts lernen, nichts vergessen, und an welchen die erzieherische Aufgabe der Gesellschaft spurlos vorübergegangen zu sein scheint.

Eine gewisse Sitte — von Ihering nicht übel die Polizei der Moral genannt — bildet sich allenthalben aus, um wenigstens in der Gesellschaft die Ausbrüche tierischen Wesens zu verhindern und dem Schwachen hilfreiche Handreichung zu leisten; aber hinter und oft dicht an den Schranken dieser gesellschaftlichen Normen schäumt die sich selbst überlassene Sinnlichkeit ärger oft als da, wo gar keine Schranken sind, ihr schmutziges Wasser aus, feiert die Grausamkeit raffinierter als da, wo sie mit der Waffe in der Hand sich geltend macht, ihre entsetzlichen Orgien. Wir wollen nicht davon zu reden anfangen, ob unsere moderne Kultur der antiken in jenem schönen Maßhalten gleichkomme, in welchem diese mit Recht glänzen wollte, nicht die Frage aufwerfen, ob die Moral, abgesehen von der Geltendmachung gewisser allgemeiner Grundprinzipien, denen sich niemand entziehen darf, überhaupt sich entwickelt hat und nicht vielmehr — von der Erhabenheit des christlichen Glaubens gereizt und übersättigt — jenen verhängnisvollen Rückzug anzutreten beginnt, die immer das Kennzeichen eines untergehenden Gemeinwesens ist. Den Fortschritt brauchen wir deshalb nicht zu leugnen; aber er liegt doch nur in jenen allgemeinen Prinzipien, nicht in ihrer bewußten und gewollten Anwendung aufs Einzelleben.

In unserm Zusammenhang gilt es nur dem Gedanken Ausdruck zu geben, daß von einem klaren Fortschritt der moralischen Fertigkeit nicht gesprochen werden kann. Die Moral ist auf der einen Seite zu einleuchtend, um nicht in frühen Anfängen der Menschheit schon vollkommene Charaktere zu zeitigen, wie sie uns das graue Altertum reichlich vor Augen stellt — und andrerseits zu doktrinär und gesetzlich, um nicht immer wieder und gerade da am meisten, wo sie sich am aufdringlichsten geltend macht, jene schauerlichen Reaktionen der Leidenschaft zu veranlassen, von denen uns auch die Neuzeit mehr zu berichten hat, als uns lieb ist. Es ist nicht so, wie der Naturalismus glaubt, daß aus rohen Anfängen wildester Unbändigkeit in allmählichem Fortschritte sich die Gesittung entwickelt, die, ihrerseits wachsend und sich veredelnd, nicht anstehen werde, ins goldene Zeilalter der Sittlichkeit auszumünden — was uns die Geschichte zeigt, ist vielmehr das Zusammensein jener Gegensätze, die wir so gerne durch eine lange Entwicklungszeit auseinanderhalten möchten. Neben der Grausamkeit des Wilden steht sein Edelmut, neben dem hohen Adel der christlichen Gesinnung ihre Verfolgungssucht. Was über den Anfängen der Menschheit wie ein dunkles Verhängnis schwebt, die Roheit, sie ist noch heute in höherem Grade, als man glauben sollte, das Element vieler sonst so fein erzogener Kreise. Daneben ist es zu jeder Zeit möglich, den beliebigen Menschen, wähle man sich ihn unter den Buschmännern oder unter den feinen Hindu, in den Spelunken des Lasters oder im Salon der vornehmen Gesellschaft, für jene Hauptstücke der Moral aufzuschließen, deren Kenntnis zur Weltbildung gehört. Was der Mensch tun soll, das weiß er bald — eine andere Frage ist die, ob ihm die Gesellschaft auch immer die Kräfte zur Verfügung stellt, die ihm die Ausführung des Gesollten ermöglichen, oder ob ihre Beschaffenheit nicht oft dazu angetan ist, sein erwachtes Gewissen so bald als möglich im Strudel der Genüsse zu ersticken. Die Veredlung der Sitten ist ebenso oft von Einzelnen wie von der Gesellschaft ausgegangen; daneben hat die Gesellschaft bis zum heutigen Tage Gewohnheiten ruhig passieren lassen, die eine geradezu vernichtende Kehrseite ihres glatten Anstandes und eine furchtbare Anklage gegen sie bilden.

So zeigt uns die Geschichte auf allen Entwicklungsstufen das verwirrende Bild durcheinanderliegender sittlicher Gegensätze, nicht ihre reinliche und allmähliche Trennung. Die Gesellschaft, auf welche man die Entstehung der Sittlichkeit so gerne zurückführen möchte, duldet das Laster auch und ist überhaupt nicht vermögend, mehr als eine gewisse uniforme Sitte, und auch sie nur in ganz äußerlicher Weise, aufrecht zu erhalten. Wäre die Moral aus dem Utilitarismus der Gesellschaft entstanden, ein Gebilde ihres Selbsterhaltungstriebes, wie uns Ihering unter Berufung auf einen Locke und Bentham wieder glauben machen möchte, so wären in der Tat die großen und entsetzlichen Ausnahmen, welche sie sich immer wieder abdingen lassen muß, einfach unbegreiflich. Wenn die Moral und ihre Polizei: die Sitte, der Gesellschaft, dem Zwecke ihrer Erhaltung etc. dienen, so müssen sie eo ipso das die Gesellschaft bedrohende Laster auflösen, oder wenigstens dessen wirksamstes Gegengift bilden. Das ist aber so wenig der Fall, daß im Gegenteil das Laster gerade an der Moral sich entzündet, und es in der Tat kein besseres Mittel geben kann, die Leidenschaften zu entfesseln, als eine grundsätzlich moralisch sein wollende Gesellschaft.

Aber ganz abgesehen von diesem amphibolischen Charakter

der Moral — wie denkt sich denn **Ihering** überhaupt ihre von ihm postulierte gesellschaftliche Entstehung? Wenn er sagt, daß „nicht die Natur, sondern die Geschichte die Urheberin des Sittlichen und zwar nicht bloß der sittlichen **Grundsätze**, Ideen, sondern selbst des sittlichen **Gefühls** ist, welches nur die Form der unmittelbaren, unbewußten Beherrschung derselben darstellt, ja sogar des sittlichen **Willens**“ (Der Zweck im Recht II. S. 109), so soll er uns den Zeitpunkt angeben, in welchem die Geschichte jenes vorher nicht dagewesene sittliche Gefühl zur Ausbildung brachte, soll uns berichten, wann die Geschichte überhaupt angefangen, und die Frage beantworten, ob zur Bildung der Geschichte nicht schon sittliche Triebe notwendig gewesen, ob nicht die primitivste Familien- und Hordengemeinschaft wenigstens alle Keime der Moral schon enthalten muß — und wie man daher von der Geschichte als der Urheberin der Sittlichkeit reden könne?

Es ist ein handgreiflicher Irrtum, wenn **Ihering** behauptet: „Die Geschichte allein ist es, welche aus dem Menschen die sittliche Gesinnung hervorbringt . . . der Intellekt wie der Wille des Menschen bringen für das Sittliche nicht die mindeste Empfänglichkeit mit“ (S. 115 a. a. O.). Es wird immer ein aussichtsloses Unternehmen bleiben, die Grundbedingungen unseres Daseins selbst aus empirischen Momenten herleiten zu wollen, denn immer muß man dabei gerade alles das wenigstens im Keime voraussetzen, was man beweisen will. So wenig als man den Raum aus der Erfahrung abzuleiten vermag, weil bei dieser angeblichen Ableitung eben dieselben räumlichen Vorstellungen schon mitwirken, zu denen man gelangen will, gerade so wenig kann man aus der Geschichte die Tatsachen ableiten wollen, die ihr zu Grunde liegen: die Tatsachen der **Sittlichkeit**. Von **Kant** wäre zu lernen gewesen, daß die sittliche Anlage des Menschen mit ihm selbst steht und fällt, das Fundament also für alle menschliche Entwicklung bildet, selbst aber keiner Entwicklung ihr Dasein zu verdanken hat; zu lernen wäre von ihm gewesen, daß alle Erfahrung überhaupt metaphysischen Gründen ihre nur scheinbar so selbstverständliche Erscheinung verdankt. Man macht sich doch in der neueren Zeit die Überwindung der **Kant**schen Philosophie etwas zu leicht; näheres Zusehen würde bald davon überzeugen, daß dem großen Manne jene Leichtigkeit, womit man ihn glaubt umgehen zu können, nur zu sehr bekannt war — so bekannt, daß er gerade um ihretwillen zu seinen klassischen Entdeckungen gelangte.

Lotze hat auch hier recht, wenn er diesem übelberatenen Empirismus gegenüber betont „daß nicht die Erfahrung und ihr noch so mannigfaltiger Inhalt durch seine Entwicklung uns diese Fähigkeit (des Unendlichen innezuwerden) anerzogen hat, sondern daß sie, unmittelbar in der Natur unseres Wesens begründet, nur zu ihrer Entfaltung die begünstigenden Bedingungen der Erfahrung bedurfte" (Mikrokosmus II S. 342). Es wäre doch höchst merkwürdig und dem Empirismus eines Ihering nur als Spiel des sonderbarsten Zufalls verständlich, daß die verschiedenen menschlichen Gemeinwesen überall, wo sie sich die zu ihrer Selbsterhaltung nötigen Normen und Grundsätze gebildet, unter den verschiedensten äußeren Einflüssen zu den einen und selben sittlichen Gesetzen gelangt wären, zu denen sie sich alle bekennen. Diese Tatsache spricht entscheidend dafür, daß die Erfahrung wohl die Keime der Sittlichkeit zu entwickeln, niemals aber sie selbst den Menschen einzupflanzen im stande ist.

Was uns die Geschichte lehrt, ist einmal die Tatsache, daß alle Völker den bestimmten Eindruck eines verpflichtenden Sollens aufs lebhafteste empfinden und zum Teil auch in wenige eindrucksvolle Sätze zusammenzufassen verstanden haben — man denke nur an die so überaus reiche Sprichwörterliteratur — dann die andere umso trostlosere, daß es die Menschheit zu keiner Zeit vermochte, dem erkannten Guten mehr als eine sehr oberflächliche Praxis angedeihen zu lassen. Von einer einigermaßen moralischen Gestaltung eines größern Volksganzen kann nie und nirgends geredet werden. Wenn z. B. Ihering zugibt, daß heute noch die weiblichen Dienstboten den ärgsten Versuchungen ausgesetzt sein müssen, und daß man das gar nicht ändern könne, so verbirgt sich hinter dieser Wahrnehmung eine moralische Ohnmacht unserer Gesellschaft, die zu den größten Bedenken Veranlassung gibt (a. a. O. II S. 250). Wie verworren die sittliche Welt im Bewußtsein der Menschen sich spiegelt, sieht man z. B. an der Tatsache, daß die Neupythagoräer und Stoiker des 1. und 2. Jahrhunderts n. Chr. Geburt ihre erhabene und vom reinsten Geiste getragene Moral mitten in einer faulenden Gesellschaft gewannen — wieder ein Beweis dafür, daß die Sittlichkeit durchaus nicht auf Rechnung des gesellschaftlichen Utilitarismus zu setzen ist.

Wollen wir wahr und offen sein, so müssen wir das Geständnis ablegen, daß von allen Erscheinungen des menschlichen Geisteslebens die Moral stets am wenigsten klar erfaßt worden und besonders am wenigsten zur Durchführung gelangt ist. Es lastet ein seltsamer Fluch auf den moralischen Gesetzen. Einerseits ist nichts so leicht, als allgemeine Zustimmung zu ihren rigorosen Bestimmungen zu erhalten, und andrerseits wird nichts so gründlich mißachtet, wie gerade sie. Sie gleichen dem Sonnenstrahl, der blendend über die Gefilde der Erde streicht, den man aber nicht festhalten, nicht sich aneignen kann. Wenige haben sich ihrem Dienste mit der ganzen Hingabe ihrer reinen Herzen zugewandt, und auch diese gestehen es offen, daß der Abgrund zwischen ihren Forderungen und der menschlichen Fähigkeit, ihnen gerecht zu werden, immer größer werde, je redlicher der Gehorsam sich mühe — die meisten treten sie mit Füßen, jetzt in unbändiger Sinnenlust, jetzt in listigem Eigennutze — „So war es und so wird es bleiben"!

Man könnte über diese Tatsache erschrecken, wenn man nicht wüßte, daß die Moral selbst ihrem ganzen Wesen und Charakter nach eine transitorische und daher sich selbst widersprechende Erscheinung ist. Es ist einfach ein Widerspruch stärkster Art, als Gebot halten zu sollen, was vermöge seiner herrlichen Selbstverständlichkeit nur freiwillig und unmittelbar vollzogen werden kann, es ist ein prinzipieller Irrtum, zu befehlen, was nur erlebt zu werden vermag. Je näher der Wille der Unmittelbarkeit kommt, desto unfruchtbarer und drangvoller wird seine Darstellung — das ist der Grund, weshalb die moralische Welt so wenig klar und einheitlich ist, viel weniger als die des Rechts. Aber was hier als Nachteil erscheinen könnte, das ist gerade der größte Vorzug: die Moral weist über die harte Notwendigkeit dieser Welt in eine andere — deshalb ist sie so unpraktisch und verworren in der gegenwärtigen! — Stehen wir nun trotzdem nicht an, von einem sittlichen Fortschritt zu reden, so haben wir uns darüber noch näher zu erklären.

b) Der moralische Fortschritt im Christentum.

Wir glauben nicht an einen Fortschritt der sittlichen Virtuosität — die meisten unserer Zeitgenossen dürften froh sein, die sittliche Größe eines Sokrates oder Plato auch nur zu verstehen, von ihrer Nachahmung zu schweigen — aber wir reden von einem Fortschritt der sittlichen Orientierung. Was die christliche Gesellschaft von der antiken unterscheidet, ist nicht die größere Fertigkeit innerhalb der sittlichen Praxis selbst — sonst würden wir nicht das seltsame Schauspiel erleben, daß ein Kirchenvater wie Ambrosius in seinen moralischen Anweisungen das Buch Ciceros „De officiis“ so ziemlich ausschreibt — sondern die Neugestaltung des moralischen Prinzips. Man kann kaum behaupten, daß das Christentum ein Glück für die moralische Bildung des Menschengeschlechts gewesen ist, im Gegenteil: durch die Fülle religiöser Motive, die es dem Gemütsleben einpflanzte, wurde die sittliche Tatkraft ebenso sehr verwirrt wie gehoben. Allein das läßt sich ohne weiteres sagen, daß hinter aller sittlichen Verwirrung, in welcher wir gerade die christlichen Völker erblicken, eine ganz neue Orientierung der Moral sich geltend macht, eine Orientierung, welche dazu bestimmt war, das antike Leben überhaupt aus den Angeln zu heben. Der Fortschritt liegt also hier nicht in den zunächst liegenden praktischen Aufgaben der Moral, sondern sozusagen in der ganzen geistigen Atmosphäre, die das Christentum ausströmte. Die Christenheit selbst hatte keine Ahnung davon, daß sie über das antike Sittlichkeitsideal hinweggeschritten war, sie mühte sich, als wäre nichts geschehen, an dem seltsamen und vergeblichen Versuche ab, die jede bloße Moral überfliegende evangelische Erkenntnis einer individuellen Vollkommenheit dienstbar zu machen, die noch ganz das Ideal des edleren Heidentums geblieben war. Eben deswegen ist vielleicht das Bild der christlichen Gesellschaft ein so wenig anziehendes: der Gährungsprozeß, den das Evangelium in die Entwicklung der Menschheit gebracht, hat alle ihre moralischen Kräfte gewaltsam durcheinander geworfen, hier wundervolle Leistungen höchster Sittlichkeit großziehend, da furchtbare Taten leidenschaftlicher Verblendung wachrufend. Die beständige Beziehung auf die angebliche Innewohnung des heiligen Geistes selbst in den Gemütern der Christen ließ es zu keiner klaren Sittlichkeit mehr kommen und verdarb schließlich auch das einfachste sittliche Empfinden in seinen ersten Regungen.

Und dennoch: Der Fortschritt, den das Christentum der Moral eingebracht, ist nicht nur quantitativ, sondern auch qualitativ ein ganz unberechenbarer. Um es kurz zu sagen: in der christlichen Moral pulsiert ein ganz neues Leben. Sie ist davon durchdrungen, daß die Gebote des Guten auch einem Reich des Guten entsprechen und aus einem solchen geflossen sind. Das Christentum stellt dem Reiche der Sachen mit ihrer harten und verworrenen Materialität ein Reich des Geistes gerade gegenüber, in welchem es nicht mehr auf einzelne Fälle moralischer Fertigkeit ankommt, sondern auf ein Ganzes, das sich von selbst in tausend Einzelheiten, von keinen materiellen Gesichtspunkten gehemmt, zur Geltung bringt; das seine Herrschaft nicht mühsam einem entgegenstrebenden irdischen Sachenkomplex abzuringen hat, sondern das denselben ihrem Szepter vollständig unterwirft. Es ist die Zusammenfassung aller moralischen Interessen zu jener selbständigen, abgeschlossenen Einheit, die sich ihrer eigenen Bedeutung unmittelbar bewußt ist, in der der Einzelne von vornherein sich einer beherrschenden Allgemeinheit eingegliedert weiß. Kein künstliches Produkt des philosophischen Individualismus wie im Altertum, schreibt hier die Moral allem Individuellen selbst den Umkreis seiner Wirksamkeit vor, um im Spiel der individuellen Kräfte nur ihr eigenes Leben zur Darstellung zu bringen.

Wie energisch der Geist der christlichen Moral die sprödesten Hemmnisse sich dienstbar zu machen strebt, erkennt man daran, daß er allein daran ging, die zwei Zentralfragen unseres Lebens: Ehe und Besitz, auf ihre endgiltige Lösung zu bringen, nachdem sie bis dahin aller Moral in ihrer elementaren Sinnlichkeit gespottet. Das Christentum erst war es, das die Frau zu jener prinzipiellen Stellung erhoben hat, in welcher sie nicht mehr als bloßes Naturwesen, sondern als ebenbürtige Persönlichkeit dem Manne zur Seite steht, das Christentum, das auf seinem Boden die soziale Frage groß gezogen hat, durch welche es sich anschickt, auch des Besitzes verworrene Verhältnisse endgiltig zu ordnen. Diese beiden Fragen überhaupt in Angriff genommen zu haben, ist das unermeßliche Verdienst der christlichen Moral vor der heidnischen, welch' letztere auch in ihren edelsten Erscheinungen fast ausschließlich individuell gerichtet war und von vornherein sich damit begnügte, mitten in den Unabänderlichkeiten des irdischen Geschehens sich so gut es eben gehen wollte einzurichten, um durch gute und erhabene Gebote den Weisen für die Unbill der Außenwelt zu entschädigen. Für die Menge gestand sie nichts übrig zu haben. Schon Origenes erkannte den charakteristischen Unterschied des Christentums von dem Griechentum darin, daß während dessen Philosophen, ein Plato, ein Aristoteles u. a., nur einem auserwählten Jüngerkreise zugänglich seien, das Christentum sich an die Geringen zuerst wende — wie sehr er auch diese prinzipielle Erkenntnis durch die Behauptung der Identität der christlichen und der heidnischen Sittlichkeit wieder abschwächte (contra Celsum).

Ein Fortschritt ist also unverkennbar, nur, wie gesagt, nicht ein Fortschritt der Tugend, des sittlichen Vermögens selbst, das in allen Zeiten so ziemlich sich gleich geblieben ist, wohl aber ein Fortschritt, ja ein prinzipieller Wandel innerhalb der sittlichen Orientierung.

Man mag von der Tugendhaftigkeit des menschlichen Geschlechtes denken, wie man will, eines ist — wenn man den Blick von dem verwirrenden Schauspiel der empörenden Einzelheiten hinweg auf das große Ganze selbst richtet — jedenfalls richtig und sofort erkennbar: es gibt eine Ära der Moral im Gegensatz zu der des bloßen Rechtes, und dementsprechend eine gesellschaftliche Orientierung der Menschheit im Unterschied von der staatlichen — die christliche.

Wie hoch auch im Altertum die individuelle Sittlichkeit in Theorie und Praxis ausgebildet gewesen sein mochte, von einem moralischen Prinzip kann man dort eigentlich nicht reden. Auch die Moral war ein Glied am Organismus des Staatsganzen. Von einer über die Interessen des Staates hinausgehenden moralischen Welt, die um ihrer selbst willen gilt, wußten auch die edelsten Vertreter des Altertums nichts, ein Plato sowenig wie ein Aristoteles, die Stoiker sowenig wie die Neupythagoräer, wie sehr auch die ersteren ihrer individuellen Tugendlehre die Rücksicht auf die Gemeinschaft der Menschen untereinander ergänzend an die Seite stellen und damit eine schüchterne Ahnung von dem verspüren mochten, was die christliche Moral als Prinzip aussprechen sollte. Und auf der andern Seite: Wie gering immer die Tugendhaftigkeit der christlichen Völker zu veranschlagen ist — vielleicht noch geringer als die der antiken — das Christentum bringt eine ganz neue Auffassung der Dinge dadurch in die Welt, daß es die Persönlichkeit des Menschen, nicht den Staat, und dementsprechend das moralische Gemeinwesen, nicht das des Rechts, zum Prinzip erhebt.

Daß bei dieser prinzipiellen Neuheit mitten in alten Zuständen die Moral ihr inneres Gleichgewicht verlor, daß sie im Kampf mit diesen Zuständen das größte und das kleinste zusammenwarf und so das Schauspiel entsetzlicher Verirrungen mehr als einmal auf dem Boden des Christentums entfaltete, das darf uns nicht verwundern. Das Christentum hat es ein für allemal klar gemacht, daß die Moral nur solange ein freundliches und harmonisches Dasein zu führen vermag, als sie, unbekümmert um den Schauplatz des großen Lebens, ihren kleinen individuellen Aufgaben sich hingibt, während sie, zu sich selbst gerufen und das große Gemeinschafts- und Persönlichkeitsprinzip in sich selbst entdeckend, jener Unmittelbarkeit mit aller Macht zustrebt, in welche überzugehen ihre einzige Bestimmung ist. Jetzt muß sie mit der alten Welt in heftigste Konflikte geraten und gegen sich alle Triebe aufregen, die ohne Berührung mit ihrem Gebote in friedlicher Trägheit schlummerten -- entsetzen darüber wird sich nur der, der den Sinn des Lebens in jener süßen Spießbürgerlichkeit wiedererkennt, die sich bei ihrer selbstzufriedenen, um große Gedanken unbekümmerten „Moralität" nichts von den eigentlichen Springquellen der Moral träumen läßt. Wahrlich, jene Menschen, die, weil sie nie aus einem aller Gewichte doch so ledigen „Gleichgewicht" kommen, ein Musterbild für alle Welt abgeben zu können wähnen, haben überhaupt nicht mitzureden! Wenn das Christentum vom moralischen Standpunkt aus gesehen die Probe nicht bestehen kann, so wissen wir, daß dies gerade sein großer Vorzug ist, indem es dem moralischen Standpunkt überhaupt erst noch zustrebt, auf welchem es eine eigene Welt sich erbauen wird. Unmöglich können die großen, entscheidenden Gedanken, die es in die Welt gesetzt, ruhig und friedlich dahingleiten; unmöglich kann es ohne Gewaltsamkeit die zähe Lüge einer mit der alten Welt sich abfindenden Moralität offenbar machen. Das Christentum hat es dargetan, daß die Moral als bloße Moral überhaupt unmöglich ist, daß sie, recht verstanden, über sich selbst hinaus einem neuen Reich entgegentreibt, und deshalb im Laufe nach diesem letzten Ziel jenen Staub aufwirbeln muß, dessen Wolken ihm oberflächliche Tadler aus allen Lagern so gern zum Vorwurf machen. — So drangvoll ist das christliche Leben, weil hier die Moral sich ihres transitorischen Charakters bewußt geworden ist und nun, von der Unmittelbarkeit getroffen, keine Ruhe mehr findet, bis sie ihre Wellen im Ozean des ewigen Lebens ausströmt!

Auf unseren ersten Abschnitt zurückgreifend, können wir hier nun aussprechen, daß alles, was wir dort über das Wesen der Moral, der zu sich selbst gekommene Wille zu sein, gesagt, auf dem Boden des Christentums seine dringliche und folgenschwere Wahrheit enthüllt. Man darf, ohne die Hegelsche Verirrung einer rein logischen Entwicklung des geschichtlichen Geschehens zu wiederholen, die Behauptung aufstellen, daß das Altertum die klassische Zeit der Rechtsbildung, des sich suchenden Willens ist, das Christentum dagegen die Zeit der Unruhe, des zu sich selbst gekommenen und eben deshalb nun leidenschaftlich der Unmittelbarkeit zustrebenden Willens; der erwachten und darum über sich selbst hinausweisenden Moral; der letzten Entscheidungen im Unterschied von der Selbstgenügsamkeit des Altertums; die Zeit, in der der moralische Wille dicht vor der Unmittelbarkeit angekommen ist und sozusagen nichts anderes mehr zu tun versteht, als mit inbrünstiger Sehnsucht sich ihr entgegenzubewegen. Die gemachte Unterscheidung gilt natürlich nur im großen und ganzen, für das einzelne wissen wir das unmittelbare Zusammensein von Recht und Moral zu allen Zeiten wohl zu würdigen. Wir glauben aber nicht fehlzugehen, wenn wir — entsprechend den von uns namhaft gemachten „Bewegungen" des Willens — sagen, das Altertum sei rechtlich, die Neuzeit moralisch orientiert. Die Neuzeit mag noch so sehr ein Recht ausbilden, im Grunde sind ihr immer wieder andere Dinge wichtiger als das Recht, wie ja gerade sie von dem Worte: summum jus, summa injuria, in ganz anderem Grade als das Altertum bewegt wird. Das Altertum seinerseits mochte sich noch so sehr für moralische Fragen interessieren, es schlug ihre drängende Unruhe immer wieder mit dem Postulate nieder, daß der Staat und sein Recht den letzten Zweck aller Dinge zu bilden habe. Je näher nun — so sagten wir eben — der sich selbst erfassende Wille der Unmittelbarkeit gekommen, desto unfertiger und eilfertiger stellt er sich dar, desto mehr fühlt er, daß er zum Verschwinden gelangt, desto drangvoller ist daher der Fortschritt, den er erlebt. Sobald die Moral sich selbst erkennt, erkennt sie auch, daß sie nicht bei sich selbst bleiben darf — und das ergibt dann jene verworrenen Kämpfe einer sich selbst nie genug tun könnenden Geistesmacht, wie das Christentum sie uns vor Augen stellt. Mit einem Wort: Das Christentum hat die Potenzen des aus der ursprünglichen Unmittelbarkeit gefallenen Lebens auf die Spitze getrieben und dadurch jenen Umschlag vorbereitet, der mit der Wiedergewinnung der Unmittelbarkeit enden wird. Das ist zugleich sein Vorzug, wie sein Mangel, seine Vollendung wie sein Wirrsal.

3. Das autonome Sittengesetz bei Kant und das Ich bei Fichte.

„In der sittlichen Welt soll die Person nicht bloß Glied, sondern zugleich Oberhaupt sein: sie ist Glied der sittlichen Ordnung, wenn sie deren Gesetz erfüllt, sie ist Oberhaupt, wenn sie das Gesetz selbst übt. Der Gehorsam gegen das Gesetz macht die Person zum Glied im Reich der Zwecke, die Autonomie macht sie zum Oberhaupt. Es ist daher die Autonomie des Willens, welche die Moralität der Gesetzeserfüllung bedingt und darum das eigentliche Prinzip der Sittlichkeit und der Sittenlehre ausmacht. Ist die Vernunft autonom, ist sie die einzige und alleinige Quelle aller praktischen Gesetzgebung, so folgt von selbst, daß ihre Gesetze unbedingte Allgemeinheit haben und unbedingten Gehorsam fordern, daß sie, kurz gesagt, kategorisch gilt." (Kuno Fischer, Geschichte der neuen Philosophie, 3. Aufl. IV. Bd. S. 77.)

Mit diesen entscheidenden Sätzen tritt Kant aus der bisherigen Sittenlehre in eine ganz neue Auffassung hinüber, die das Christentum zwar anfangs gegeben, aber erst im Genius dieses Philosophen zur vollen Reife gebracht hat. Erst jetzt tritt die Moral in ihr eigentliches Licht, erst jetzt erhebt sich ihr Sollen aus der Fülle vieler Einzelgesetze zu dem einen einzigen Gesetz, sammelt sich der Wille aus der Zersplitterung einzelner Entschlüsse zu der Einheit seines Wesens. Was man früher nie gesehen, das ist jetzt klar: die moralischen Vorschriften sind nicht nur Gebote, sondern das Leben des Willens selbst, der seine Autonomie in ihnen zum Ausdruck bringt. Der Mensch ist nicht bloßes Glied einer Ordnung, sondern deren lebendige Quelle. Hören wir Kant selbst:

„Es ist nun kein Wunder, wenn wir auf alle bisherigen Bemühungen, die jemals unternommen worden, um das Prinzip der Sittlichkeit ausfindig zu machen, zurücksehen, warum sie insgesamt haben fehlschlagen müssen. Man sah den Menschen durch seine Pflicht an Gesetze gebunden, man ließ es sich aber nicht einfallen, daß er nur seiner eigenen und demnach allgemeinen Gesetzgebung unterworfen sei, und daß er nur verbunden sei, seinem eigenen, dem Naturzwecke nach aber allgemein gesetzgebenden Willen gemäß zu handeln." (Grundlegung zur Metaphysik der Sitten, 3. Aufl. S. 73. Riga bei Hartknoch 1792.) „Autonomie des Willens ist die Beschaffenheit des Willens, dadurch derselbe ihm selbst (unabhängig von aller Beschaffenheit der Gegenstände des Wollens) ein Gesetz ist. Das Prinzip der Autonomie ist also: nicht anders zu wählen als so, daß die Maximen seiner Wahl in demselben Wollen zugleich als allgemeines Gesetz mitbegriffen seien" (a. a. O. S. 87). „Der schlechterdings gute Wille, dessen Prinzip ein kategorischer Imperativ sein muß, wird also, in Ansehung aller Objekte unbestimmt, bloß die Form des Wollens überhaupt enthalten, und zwar als Autonomie, d. i. die Tauglichkeit der Maxime eines jeden guten Willens, sich selbst zum allgemeinen Gesetze zu machen, ist selbst das allgemeine Gesetz, das sich der Wille eines jeden vernünftigen Wesens selbst auferlegt, ohne irgend eine Triebfeder und Interesse derselben als Grund unterzulegen" (a. a. O. S. 95).

Wir verzichteten oben (S. 183) darauf, das fragliche Sollen des Sittengesetzes in seiner letzten Tiefe zu erfassen, um seine Wirksamkeit innerhalb einer nun einmal gegebenen empirischen Wirklichkeit sozusagen bloß empirisch zu betrachten, in welcher es als das Gebot der gewöhnlichen Moral einem widerstrebenden Leben, ebenso mühsam und pedantisch wie vergeblich, sich aufzudrängen unternahm. Hier ist nun der Ort, die Moral mit ihrem vielverzweigten, auf Einzelfälle des Lebens beschränkten Imperativ in ihrer letzten und tiefsten Wurzel zu erfassen, und die große fundamentale Wahrheit, die ihrem Doktrinarismus zu Grunde liegt, ans Licht zu stellen.

Man versteht die Moral nicht, wenn man sie nur als eine Erscheinung des menschlichen Geisteslebens betrachtet — man versteht sie erst dann, wenn man in ihrem Sollen die geschlossene und einheitliche Tätigkeit eines „Prinzips" erkennt, das nicht nur befehlen und ordnen, sondern das einer um ihrer selbst willen geltenden Macht Ausdruck geben will. Der in der Moral zu sich selbst kommende Wille ist nur so lange der ausgesprochene Feind des Lebens, als er in seiner Selbsterfassung nicht zugleich die Pforten einer neuen Welt erschließt, jener Welt, in der seine peinlichen, dem Leben nur entgegengestellten Moralgesetze in die

Regungen und Bewegungen des Daseins selber sich verwandeln — mit einem Worte, solange die Persönlichkeit des Menschen sich im Sittengesetze nicht selbst wieder erkennt und deshalb energisch und entscheidend durch dasselbe zur Alleinherrschaft strebt. Das Sollen der Moral ist der Mensch selbst. Darum war seine Herrschaft unerquicklich, hemmend und verwirrend solange, als sich diese leuchtende und klärende Wahrheit nicht Eingang, nicht Anerkennung zu verschaffen wußte, sondern gleichsam nur schüchtern an der Türe anklopfte — wo sie denn als unerträglicher Ruhestörer immer wieder von der Schwelle gewiesen wurde.

Es war der unvergleichlichen Stärke Kants beschieden, die Pforten für die Autonomie des Sittengesetzes zu öffnen, um durch sie den lange verkannten Menschen selbst, den Menschen in der Herrschaft seines gesetzgeberischen Willens, und im Gefolge damit eine neue Ära, die Ära der Persönlichkeit, einzulassen.

Das Sittengesetz will nie nur sagen: tue das, sondern immer: sei, lebe, erkenne dich selbst, denn du bist der Herr der Welt, nicht nur ihr vornehmstes Glied! Eben weil man dies nie verstanden, ließ man ihre dringenden Imperative zu allgemeinen, abstrakten Gesetzen sich verflüchtigen, statt sie als das unmittelbar Dringliche auf dem Boden des konkreten Lebens geltend zu machen. Aus demselben Grunde tastete man nach allerhand empirischen Beweggründen, um die Herrschaft jener Gesetze dem Belieben der Menschen zu empfehlen, und unterwarf man die Souverainität einer zum alleinigen Regiment geborenen Macht jenem schon oben namhaft gemachten Eudämonismus, der die moralischen Untersuchungen der Vorgänger Kants so übel berüchtigt gemacht hat.

Man hat Kant's Rigorismus und vermeintlichen Formalismus oft getadelt. Man sagt mit den Worten eines seiner berufensten Kritikers: „Ohne Zweifel war es eine lobenswürdige Strenge der praktischen Philosophie, die sittlichen Gebote von dem schielenden Hinblick auf den eigenen Vorteil des Handelnden zu befreien; aber mit Unrecht suchte dieser Rigorismus die klare und unabweisbare Verbindung zu lösen, in welcher nichtsdestoweniger der verachtete und in seinen meisten Anwendungen verächtliche Begriff der Lust zu dem andern Begriffe des Wertes überhaupt steht. Als Kant den Zwecken des Eigennutzes gegenüber eine allgemeine Formel des sittlichen Verhaltens gefunden zu haben glaubte, war er aufrichtig genug, zu gestehen, daß er in ihr den eigentlichen

Grund ihrer verpflichtenden Würde für uns nicht mit entdeckt habe. Und in der Tat, wie verstände es sich denn von selbst, daß unsere Maximen im Handeln sich zu einer allgemeinen Gesetzgebung eignen müßten? Und welches sind denn diejenigen, die sich dazu nicht eignen? Offenbar die, aus deren allgemeiner Befolgung die Vereitelung aller Bestrebungen, allgemeine Unordnung entspringen würde. Aber dieses Interesse für Ordnung und für die Möglichkeit eines Erfolgs unsers Wollens, was ist dies anders, als entweder ein großartiges umfassendes Utilitätsprinzip anstatt der kleinen und einzelnen, oder das Zugeständnis, daß andere Maximen, als jene verlangten, zu allgemeinem Übelbefinden führen würden und deswegen zu verwerfen seien?" (Lotze, Mikrokosmus II S. 316—317.)

Dies alles wäre unbestreitbar, wenn es sich beim autonomen Willen Kants wirklich nur um „eine allgemeine Formel des sittlichen Verhaltens" oder darum gehandelt hätte, „die sittlichen Gebote von dem schielenden Hinblick auf den eigenen Vorteil des Handelnden zu befreien". Allein man darf Kant doch nicht nur für diese wieder bloß empirischen Zwecke in Anspruch nehmen. Es muß freilich von vornherein zugegeben werden, daß die von ihm postulierte Willensautonomie von ihm selbst als bloße Maxime für ein allgemeines Verhalten oft genug, ja zu oft geltend gemacht worden ist, um nicht den Gedanken nahezulegen, als wolle auch er nur wieder ein neues Prinzip für die Moral selbst aufstellen, nicht aber in diesem Prinzip die Selbstherrlichkeit der menschlichen Persönlichkeit, für die keine Prinzipien gelten, die selbst das Prinzip schlechthin ist, aussprechen. Es herrscht auch in den Ausführungen Kants eine sehr bemerkenswerte Unsicherheit; man muß seine eigentliche Tendenz fast nur zwischen den Zeilen lesen; er spricht viel zu sehr von einem „Gesetz" des Willens, von einer „Autonomie" des Sittengesetzes, einer „praktischen Vernunft", als daß man nicht versucht sein sollte, ihn in der genannten Weise zu verstehen. An entscheidender Stelle indessen läßt er uns doch keinen Zweifel darüber, was er unter dieser Autonomie verstanden wissen will. Er sagt:

„Nun folgt unstreitig, daß jedes vernünftige Wesen, als Zweck an sich selbst, sich in Ansehung aller Gesetze, denen es nur immer unterworfen sein mag, zugleich als allgemein gesetzgebend müsse ansehen können, weil eben diese Schicklichkeit seiner Maximen zur allgemeinen Gesetzgebung es als Zweck an sich selbst auszeichnet, imgleichen, daß diese seine Würde (Prärogativ) vor allen bloßen Naturwesen es mit sich bringe, seine Maximen jederzeit aus dem Gesichtspunkte seiner selbst, zugleich aber auch jedes andern vernünftigen als gesetzgebenden Wesens (die darum auch Personen heißen) nehmen zu müssen. Nun ist auf solche Weise eine Welt vernünftiger Wesen (mundus intelligibilis) als ein Reich der Zwecke möglich, und zwar durch die eigene Gesetzgebung aller Personen als Glieder." (Grundlegung z. Metaphysik d. Sitten a. a. O. S. 83.) Und dies ist nur die Exposition des vorangehenden entscheidenden Satzes: „Handle so, daß du die Menschheit, sowohl in deiner Person, als in der Person eines jeden andern jederzeit zugleich als Zweck, niemals bloß als Mittel brauchest." (a. a. O. S. 66.)

Hier ist es ausgesprochen, daß in der Autonomie des Sittengesetzes der Mensch als Selbstzweck sich erhebt, und daß sich seine eigene absolute Würde im Sittengesetz zur Darstellung bringt. Das Sittengesetz verliert im Lichte dieser Erkenntnis alle Nebenrücksichten bloßer Verhaltungsmaßregeln u. dgl., es erscheint hier nicht nur als Maxime, als objektives Gesetz etc., sondern als die unmittelbare Region, als die Regsamkeit der menschlichen Persönlichkeit selbst, in welcher sich der Zweck des Daseins überhaupt geltend macht.

Damit ist aber der Einwand Lotzes: „wie verstände es sich denn von selbst, daß unsre Maximen im Handeln sich zu einer allgemeinen Gesetzgebung eignen müßten?" (a. a. O. S. 316—317) erledigt. Gewiß versteht sich dies von selbst, nicht zwar für eine Welt, in welcher der Mensch nur dienendes Glied ist, wohl aber für jene, auf deren Schauplatz er seine nur in ihm selbst liegenden Zwecke entfaltet. Es versteht sich von selbst, weil „unsre Maximen im Handeln" zugleich das Geheimnis unsrer autonomen, eine neue Ordnung der Dinge mit sich bringenden Persönlichkeit bilden. Es ist daher der Rigorismus Kants so wenig übertrieben, daß er vielmehr gerade das charakteristische Merkmal der neuen Erscheinung bildet. Der Mensch selbst, der sich aus allen Relativitäten, gewordenen Vorurteilen, Halbheiten und Unklarheiten erhebt, alte Bande sprengend, verschlossene Pforten öffnend, süße Trägheiten aufschreckend und einer neuen endgiltigen Gestaltung der Dinge rufend — das ist der Kantsche Rigorismus, in welchem Sollen und Sein eins geworden sind: das Sollen der Persönlichkeit, die soll, weil sie ist.

Einer alten Welt freilich erscheint das Aufleuchten des Neuen immer rigoros — wie sollte ihr auch etwas erträglich vorkommen, das ihr den Untergang zu bereiten bestimmt ist? Die Klage über „Rigorismus“ versteht eben nicht, daß es sich um ganz andere Dinge handelt, als um bloße relative Härten innerhalb eines schon bestehenden und maßgebenden Ganzen, um Härten nämlich, die nicht nur anstoßen, sondern umstoßen, um Tatsachen, die alle Klagen durch Umschmelzen eben der Zustände zum Verstummen bringen, in deren behaglichem Gewohnheitsrecht sie gründen. Jede Zeit hält sich selbst für die normale. Kündet sich das Neue an, so bietet sie ihre letzten Kräfte dagegen auf, bis sie, von seinem Geist ergriffen, selbst sich anschickt, neu zu werden.

Das hat keiner so verstanden, wie Fichte, der Prophet der modernen Zeit, in welchem der Kantsche Imperativ zur Persönlichkeit sich erschlossen und dessen flammendes Wort dem Reiche der Persönlichkeit entgegenführt.

Wie Posaunenstöße tönen seine Worte: „Welche Einheit und Vollendung, welche Würde der menschlichen Natur! Unser Denken ist nicht in sich selbst unabhängig von unsern Trieben und Neigungen begründet; der Mensch besteht nicht aus zwei nebeneinander fortlaufenden Stücken, er ist absolut eins. Unser gesamtes Denken ist durch unsern Trieb selbst begründet; und wie des Einzelnen Neigungen sind, so ist seine Erkenntnis. . . . . Ich soll sonach, und werde unter jener Voraussetzung notwendig mir meine Denkart selbst bilden. Absolut selbständig, und durch mich selbst vollendet und fertig, stehe ich dann da. Die Urquelle alles meines übrigen Denkens und meines Lebens, dasjenige, aus dem alles, was in mir und für mich und durch mich sein kann, herfließt, der innerste Geist meines Geistes, ist nicht ein fremder Geist, sondern er ist schlechthin durch mich selbst im eigentlichen Sinne hervorgebracht. Ich bin durchaus mein eigenes Geschöpf. Ich hätte blind dem Zuge meiner geistigen Natur folgen können. Ich wollte nicht Natur, sondern mein eigenes Werk sein; und ich bin es geworden dadurch, daß ich es wollte“. (Die Bestimmung des Menschen III: Der Glaube. Sämtliche Werke I. Abt. 2. Bd. S. 255—256.) „Kurz, es gibt überhaupt kein bloßes reines Sein für mich, das mich nicht anginge, und welches ich anschaute, lediglich um des Anschauens willen; nur durch seine Beziehung auf mich ist, was überhaupt für mich da ist. Aber es ist überall nur eine Beziehung auf mich möglich, und alle andern sind nur Unterarten von dieser: meine Bestimmung, sittlich zu handeln. Meine Welt ist — Objekt und Sphäre meiner Pflichten, und absolut nichts anderes" (a. a. O. S. 261).

„Also nicht die Entwicklung vermeinter Dinge außer uns, welche ja für uns, und für welche wir ja nur insofern sind, inwiefern wir schon von ihnen wissen: ebensowenig ein leeres Bilden durch unsere Einbildungskraft und unser Denken, deren Produkte ja wirklich als solche Produkte, als leere Bilder erscheinen würden — nicht diese sind es, sondern der notwendige Glaube an unsre Freiheit nnd Kraft, an unser wirkliches Handeln, und an bestimmte Gesetze des menschlichen Handelns ist es, welcher alles Bewußtsein einer außer uns vorhandenen Realität begründet. . . . . Die Handelsgesetze für vernünftige Wesen sind unmittelbar gewiß: ihre Welt ist gewiß nur dadurch, daß jene gewiß sind. Wir können den ersteren nicht absagen, ohne daß uns die Welt, und mit ihr wir selbst in das absolute Nichts versinken; wir erheben uns aus diesem Nichts und erhalten uns über diesem Nichts lediglich durch unsere Moralität" (a. a. O. S. 263).

Alles Wirkliche auf einen unendlichen Punkt zusammengezogen, alles lebend und webend nur im Ich, in der Persönlichkeit. Nur die Persönlichkeit lebt, wirkt und handelt; aus dem Sittengesetz, in welchem sie sich selbst unmittelbar erfaßt, treibt sie jenen unendlichen Schauplatz hervor, auf welchem sie dem Ziele ihrer rastlosen Sehnsucht entgegeneilt. Nichts totes, nichts an sich selbst seiendes gilt hier; alle Erscheinungen werden aus dem Ich geboren, bedeuten und sind nichts anderes, als die in immer weitere Kreise entfalteten Regungen seiner Unendlichkeit. Das Sittengesetz ist die absolute Autonomie, das, was absolut ist und handelt; denn es gibt kein anderes Sein als die Handlung, die Tathandlung, die aus sich selbst gestaltet, was ein oberflächlicher Blick Dinge, Materie nennt.

Was die Intelligenz sich zur Welt vielgestaltiger Wechselwirkungen auseinander legt, das ist im letzten Grund immer nur die Wechselwirkung innerhalb des Ich selbst, die immer neue Überwindung, die das Ich sich selbst abgewinnt. Das Ich ist das absolut Freie und eben dadurch auch das absolute Gesetz. Seine Freiheit stößt sich nicht an den Schranken einer entgegenstehenden Notwendigkeit, nein, indem es seine Freiheit in absoluter Weise will, setzt es sie zugleich als das allein Giltige, das absolut Seinsollende, das Gesetz, das nichts anderes als sie selbst ist. Das ist das Freiheitsgesetz, aus dessen absolut identischem Inhalt sich jene vom Ich getragenen und durchleuchteten Gegensätze entwickeln, Gegensätze nur deshalb, weil sie die Regsamkeit des Ich nach seinen zwei Seiten zum Ausdruck bringen: Freiheit und Notwendigkeit, die, nebeneinander geschaut, je ihren eigenen Weg zu verfolgen scheinen, während sie doch nur den einen und selben Sinn des Sittengesetzes selbst offenbaren. Aus der Freiheit gestaltet sich die Selbsttätigkeit, das Subjekt; aus der Notwendigkeit der Stoff und das Objekt. Aber da gibt es kein Subjekt im bloßen Unterschied zum Objekt, keine Selbsttätigkeit, die sich an einem gegebenen Stoffe abmühte. Sie selbst gibt sich ihren Stoff, oder vielmehr ist dieser Stoff — sozusagen von der Rückseite angesehen. Das Bewußtein erst ist es, welches ein Reich der Dinge zum Zwecke einer geordneten Wirkungssphäre für das Sittengesetz auseinander spaltet. Dem Denken allein scheint die Welt der Objekte einem Subjekt entgegenzustehen, in Wahrheit kommt in diesem Gegensatz die bewußtlose Produktion des Ich zum Vorschein, das sich im Streben nach seinem unendlichen Ziele sich selbst entgegensetzt, um so durch beständige Überwindung eigener Gegensätzlichkeit seine „Tathandlung“ zu vollziehen. Alles ist Ich, alles die unendliche Regsamkeit seines Wesens; die Welt scheint nur in Gegensätze gespalten; es gibt keine trägen Punkte im Weltall, ein Sinn, ein Gesetz, ein Sollen durchglüht Alles — das Ich!

In der Begeisterung dieser neuen Erkenntnisse ruft Fichte aus: „Der Nebel der Verblendung fällt von meinem Auge; ich erhalte ein neues Organ, und eine neue Welt geht in demselben mir auf. Sie geht mir auf lediglich durch das Vernunftgebot, und schließt nur an dieses in meinem Geiste sich an. Ich umfasse diese Welt — ich muß wohl, durch meine sinnliche Ansicht beschränkt, das Unnennbare so benennen — ich umfasse diese Welt lediglich in dem Zwecke und unter dem Zwecke, den mein Gehorsam haben muß; sie ist ganz und gar nichts anderes, als dieser notwendige Zweck selbst, den meine Vernunft dem Gebote hinzufügt.“ (Die Bestimmung des Menschen a. a. O. S. 281).

Es ist klar, daß in einer solchen Welt dem Ich keine unlösbaren Aufgaben mehr entgegenstehen. Es kann keine Gesetze geben, die dem Streben des Ich Halt geböten, keine Verhältnisse, an deren Schranken sich sein Wellenschlag brechen müßte. Was so erscheint, ist in Wirklichkeit nicht da, oder eine vom Ich selbst verschuldete träge Zuständlichkeit, die bei energischer Selbstbestimmung dahinschwinden wird. Alle Rätsel, alle Schwierigkeiten sind nur die unberechtigten Ruhepunkte, die sich das Ich gestattet, ein Rückfall auf seine niederen Triebe, niemals aber Ausdruck einer an sich außerhalb des Ich stehenden Notwendigkeit; denn nur das Ich ist notwendig. Wenn die Welt nichts anderes ist, als das Produkt des Ich, wie sollten auf ihrem Boden Probleme entstehen, denen es nicht gewachsen wäre?

Hier ist nun der Punkt, auf welchem die Fichtesche Philosophie jene unmittelbare Bedeutung erhält, wodurch sie so gewaltig in das Bewußtsein ihrer Zeit eingegriffen hat. „Überall wird der Mensch dazu aufgerufen, das Dasein in seine eigene Tat zu verwandeln, alles Mannigfache fest zusammenzuschließen, alle Verworrenheit in Klarheit aufzulösen. Das ganze Leben wird ein Kampf zwischen Freiheit und Knechtschaft; kein rechtes Wirken nach außen ist dabei möglich ohne eine Vertiefung nach innen, in alle Leistung wird das eigene Wollen, der eigene Charakter hineingelegt.“ (Rudolf Eucken „Die Lebensanschauungen der großen Denker“. 2. Aufl. S. 449.) Nun ist's der Mensch selbst, der aus der Tiefe seines eigenen Wesens die lösenden Kräfte schöpft, womit er tote Zustände belebt und aus sich heraustreibt, die Motive nimmt, denen er den Reichtum seines Lebens verdanken will, das Reich gestaltet, das ihm erst lebenswert und dauerhaft erscheint. Er gibt sich nun selbst den Sinn seines Daseins, er gewinnt ihn nicht mehr einer massiven Dinglichkeit ab, die seinem Streben ein kurz bemessenes Arbeitsfeld nur anwiese. Nein, alle Dinglichkeit verwandelt er in den Spielraum seiner Tätigkeit — so weit dieselbe reicht, so weit muß sich auch das Material bilden lassen, womit er ihr Ausdruck gibt. Er müht sich nicht mehr ab, einem widerstrebenden Stoff fragliche Möglichkeiten eines geträumten Glückes abzuringen, gemachten Verhältnissen, unbeweglichen Überlieferungen mit dem schüchternen Anspruch entgegenzutreten, in ihrer Entwicklung auch ein Glied bilden zu wollen. — Nein! Die Möglichkeiten sind nicht mehr fraglich, die Verhältnisse nicht mehr unbeweglich, alles, was er will, das geschieht. Es geschieht das von vornherein, was seinem Lebensgefühl unmittelbar förderlich ist, und das, was ihm in einer bis dahin nur geduldeten, niemals aber berechtigten Widerspenstigkeit gefährlich zu werden droht, wird aufgelöst und abgetan. Eben das ist ja der Sinn des Daseins, daß es nichts gebe, was der Mensch nicht will. Es ist nicht denkbar, daß etwas anderes sei und gelte, als sein Machtgebot, denn es gibt überhaupt kein anderes Leben als das des Willens. Leben heißt wollen und wollen heißt leben.

Spricht man sonst so gerne von den Schranken der menschlichen Natur, von den Hemmnissen, die nun einmal ihrer Entwicklung gesetzt sind, so läßt die zum Dasein und zur Selbsterkenntnis erwachte Persönlichkeit diesen Kleinglauben nicht mehr gelten. Man braucht sich nur auf sich selbst zu besinnen, um zu erkennen, daß man kann, was man will, weil man dann nur das will, was zum Menschen gehört, das deshalb auch möglich werden muß. Jede Zeit blieb vor Schranken stehen, die eine spätere doch abbrach — das beweist, daß es für den erwachten Willen keine Schranken geben kann, weil jene Dinge, denen die Schranken galten, recht verstanden, die Verirrungen des Willens, nicht seine Taten waren. Der Wille will nur das Vernünftige, das Menschliche. Und das kann er auch, weil nur das Vernünftige ist. „Ihr habt", ruft Fichte seinen Gegnern im kühnen Trotze zu, „von jenem Inneren eines Willens auch nicht die leiseste Ahnung. Die ganze Tiefe eures Wesens reicht nicht bis dahin, sondern nur bis zum historischen Glauben; und euer Geschäft ist, die Überlieferungen dieses Glaubens raisonnierend weiter zu zerlegen. Ihr habt in eurem Leben nicht gewußt, und wißt daher gar nicht, wie Einem zu Mute ist, der da weiß." (Sonnenklarer Bericht; Nachschrift an die Philosophen von Profession a. a. O. II. Abt. 2. Bd. S. 44.)

Ein stolzes Wort, aber kein ungerechtes. Empirische Daten aneinanderzureihen, zersprengte Einzelheiten gedächtnismäßig zusammenzustellen, das alles, was die Menschen so gerne „Wissenschaft" nennen, kannte er nicht, Wissenschaft war ihm einzig nur das Erfassen der letzten Tatsachen, aus welchen die Fülle der Einzelheiten fließt. Wissen — so versichert er — ist nicht der bloße beschauliche Blick, an dem die Menschen ein Reich der Dinge vorbeiziehen lassen, sondern jene Erkenntnis, die das Wirkliche dem bloß Gedachten endgiltig entrissen hat, um nie mehr in die

Halbheit zurückzufallen, deren Schatten so breit auf den Prinzipien der gewöhnlichen Wissenschaft liegen. Das Wissen stößt sich an keinen Hindernissen mehr, die es nicht kennt — eben jene unter Schwierigkeiten und Rätseln erlahmende, bloß grübelnde Wissenschaft der zünftigen Meister schien ihm das Kennzeichen ihrer Impotenz, ihrer Unwissenheit an der Stirne zu tragen. Das, was der Wille soll und vollbringt, das allein ist Wissen.

Das wollen seine Gegner nicht verstehen, wenn sie das Einzelne und Empirische allein für real halten. Von seinem Zeitalter urteilt Fichte: „Es hat vor dem Zeitalter der Wissenschaft (das nach ihm erst im Anbruch begriffen ist) den großen Vorteil, daß es alle Dinge weiß, ohne je etwas gelernt zu haben, und über alles, was ihm vorkommt, sofort und ohne weiteren Anstand urteilen kann, ohne jemals der vorhergehenden Prüfung zu bedürfen. Was ich durch den unmittelbar mir beiwohnenden Begriff nicht begreife, das ist nicht, sagt die Wissenschaft." (Die Grundzüge des gegenwärtigen Zeitalters 2. Vorlesung a. a. O. III. Abt. 2. Bd. S. 22.)

Und diese Wissenschaft, die ihren Stoff zugleich selbst hervorbringt und weiß, bleibt, wie gesagt, nicht auf halbem Wege stehen, sie sieht das Vernünftige auch unmittelbar als möglich und bevorstehend an. Darum redet Fichte von den verschiedenen Zeitaltern, die einander folgen, um schließlich in das der Vernunftherrschaft auszumünden; darum will seine eigene Weckstimme mit der Unwiderstehlichkeit aus dem innersten Herzen dringender Beredsamkeit dazu beitragen, daß sein Volk seiner Bestimmung eingedenk werde und sich nicht von scheinbaren Hindernissen einschüchtern lasse: „Alle Zeitalter", ruft er am Schlusse seiner Reden an die deutsche Nation, „alle Weise und Gute, die jemals auf dieser Erde geatmet haben, alle ihre Gedanken und Ahnungen eines Höheren, mischen sich in diese Stimmen und umringen euch und heben flehende Hände zu euch auf; selbst, wenn man so sagen darf, die Vorsehung und der göttliche Weltplan bei Erschaffung eines Menschengeschlechts, der ja nur da ist, um von Menschen gedacht und durch Menschen in die Wirklichkeit eingeführt zu werden, beschwöret euch, seine Ehre und sein Dasein zu retten. Ob jene, die da glaubten, es müsse immer besser werden mit der Menschheit, und die Gedanken einer Ordnung und einer Würde derselben seien keine leeren Träume, sondern die Weissagung und das Unterpfand der einstigen Wirklichkeit, recht behalten sollen, oder diejenigen, die in ihrem Tier- und Pflanzenleben hinschlummern und jedes Auffluges in höhere Welten spotten: — darüber ein letztes Endurteil zu begründen, ist euch anheimgefallen.“ (a. a. O. III. Abt. 2. Bd. S. 498.)

Es muß geschehen, was menschenwürdig ist, denn nur das Menschenwürdige ist wirklich; alles andere hat ihm nur zu dienen. Daraus folgt sofort, daß die Welt, wenn sie noch nicht an diesem Punkte angelangt ist, wenn sie noch mit sogenannten Naturgesetzen, Schicksalen u. dgl. rechnet, mit aller Absicht, energisch und ohne Zaudern an ihn herangebracht werden muß, zum Verständnis gezwungen werden muß, daß die sogenannten Gesetze, Zwecke und Prinzipien, die die Menschen niederbeugen, alle bloßen Verhältnisse und Zuständlichkeiten, alle rechtlichen, moralischen oder religiösen Überlieferungen, die sie knechten und entehren, nicht wirkliche Gesetze sind, sondern Phantome, die dahin fallen müssen, und sollte es dabei einer alten Welt das Leben kosten. Vorrechte und Privilegien, Klassenunterschiede und soziale Spaltungen dürfen nicht gelten, dürfen die Menschen nicht an ihre gewordenen und unwahren Maßstäbe binden, nein, sie müssen aufhören, die Persönlichkeiten zu verwirren, die ihren Wert nicht von äußeren Dingen, von bloß gemachten Zuständen zu Lehen tragen, sondern ihn aus ihren eigenen Gründen schöpfen. Was nur eine empirische, historische Bedeutung hat, darf keine absolute Berechtigung verlangen, weil der Mensch selbst unendlich mehr ist, als seine historische, staatliche und soziale Lage, in der er geboren.

Mit Ungestüm verlangt Fichte das „Interesse schlechtweg für die Freiheit aller und ihre Bildung dazu; in jedem eine Liebe, die ihn aus seiner Individualität heraustreibt, und mit der er die ganze Menschheit, als solche, umfaßt“. (Staatslehre oder Über das Verhältnis des Urstaates zum Vernunftreiche a. a. O. II. Abt. 2. Bd. S. 473.) Mit dem Enthusiasmus, der seiner Sache gewiß ist, sagt er kühn voraus, daß „irgend einmal irgendwo im Reiche des Christentums die hergebrachte Zwangsregierung allmählich einschlafen wird, weil sie durchaus nichts mehr zu tun findet. Was der gute und wackere Mann schon jetzt kann, und wovon es unter uns nicht an Beispielen fehlt, dem Richter, der Polizei, und aller nötigenden Gewalt mit sich gar kein Geschäft zu machen, das werden sie dann alle so halten, und so wird dann die Obrigkeit jahraus jahrein kein Geschäft finden . . . . . So wird der damalige Zwangsstaat ohne alle Kraftanstrengung gegen ihn an seiner eigenen, durch die Zeit herbeigeführten Nichtigkeit ruhig absterben, und der letzte Erbe der Souveränität, falls ein solcher vorhanden, wird eintreten müssen in die allgemeine Gleichheit, sich der Volksschule übergebend, und sehend, was diese aus ihm zu machen vermag. Zum Troste, falls etwas von dieser Weissagung vor ihnen verlauten sollte, läßt sich hinzusetzen, daß sie weichen werden nur Gott und seinem Sohne Jesu Christo" (ibid. S. 599).

Was aber noch mehr als diese Weissagung bedeuten will, ist, daß er klar der bis dahin verkannten Pflicht des Staates Ausdruck gibt, allen seinen Angehörigen prinzipiell das durch Arbeit erworbene Eigentum zu sichern. „Von dem Augenblick an, da jemand Not leidet, gehört keinem derjenige Teil seines Eigentums mehr an, der als Beitrag erfordert wird, um einen aus der Not zu reißen, sondern er gehört rechtlich dem Notleidenden an. Es müßten für eine solche Repartition gleich im Bürgervertrage Anstalten getroffen werden; und dieser Beitrag ist so gut Bedingung aller bürgerlichen Gerechtsame, als der Beitrag zum schützenden Körper, indem diese Unterstützung der Notleitenden selbst ein Teil des notwendigen Schutzes ist. Jeder besitzt sein Bürgereigentum nur insofern und auf die Bedingung, daß alle Staatsbürger von dem Ihrigen leben können, und es hört auf, inwiefern sie nicht leben können, und wird das Eigentum jener . . . . Jeder muß von seiner Arbeit leben können . . . . Wie nach dem obigen Satze kein Armer, so soll nach dem gegenwärtigen auch kein Müssiggänger in einem vernunftmäßigen Staate sein." (Grundlage des Naturrechts § 18 a. a. O. II. Abt. A. 1. Bd. S. 213 u. 214.)

Es sind dies unmittelbar in unsere gegenwärtigen Zustände eingreifende Forderungen, denen wir weiter unten wieder begegnen werden, Forderungen von brennendstem Interesse!

Man hat Fichte so gerne abstrakten, alles verständige Denken verwirrenden Idealismus vorgeworfen, man hat es bis zum heutigen Tage als das Zeichen eines überspannten Kopfes hingestellt, daß alle Dinge nur die idealen Produkte eines in der Wirklichkeit gar nicht vorkommenden Ich sein sollten — hier kann man sich davon überzeugen, daß Fichte zu den allerrealsten Forderungen kam gerade deshalb, weil er ein „Idealist" war, weil er den unvergleichlichen Mut hatte, die Dinge in ihrer unmittelbarsten Verbindung mit dem Menschen selbst zu schauen, während der gewöhnlich sogenannte aber falsche „Realismus“ seine Ergänzung an jenem ebenso falschen Idealismus findet, der, weil er den Menschen nur als Teil eines über ihm waltenden Ganzen sieht, von allgemeinen *Ideen* und *Zwecken* zu reden anfängt da, wo es sich um Tatsachen des Willens selbst handelt. Es ist nicht so, daß neben dem Reiche des Geistes ein Reich der Dinge steht, und daß beide nur zufällig oder nach einer prästabilierten Harmonie ineinandergreifen; vielmehr besteht ein direkter Zusammenhang zwischen beiden und können die Dinge durchweg für die Bewegungen des Geistes aufgeschlossen werden. Erst so gibt es in Wahrheit wieder reale Fragen[1], Fragen der unmittelbaren Dringlichkeit, während bei der Voraussetzung einer mysteriösen Selbständigkeit angeblicher Naturgesetze u. dgl. die Wissenschaft nur zu leicht sich auf jene sogenannten „idealen Zwecke“ innerhalb der Natur zurückzieht, die vermöge ihrer Oberherrschaft auch den Menschen an eine höhere überlegene Ordnung binden sollen. Darum spricht gerade die Wissenschaft so gerne von allgemeinen „Gesetzen“, von einem „Zweck“ in der Natur, von einer „natürlichen“ Beschaffenheit der Dinge. Sie bleibt an den bloßen Naturerscheinungen haften, ohne sie für den beherrschenden Gebrauch des Menschen aufzuschließen. Sie vergißt, daß „Gesetze“ nur das Gebilde des denkenden Geistes selbst sind, daß also schon mit diesem Worte der Mensch seine Herrschaft über die Natur betätigt, eine Herrschaft, die nur ganz und ausschließlich anerkannt zu werden braucht, um jene angeblichen und unpersönlichen Allgemeinheiten in der Energie des menschlichen Geistes selbst verschwinden zu lassen.

Das ist der Realismus *Fichtes*, der deshalb so unbedingt ist, weil er nur die Kehrseite zu seinem ebenso unbedingten Idealismus bildet. Auf überraschende und einleuchtende Weise offenbart hier die alte Wahrheit ihre Tiefe: Erkenne dich selbst! Erkenne dich, dann wirst du auch die Dinge erkennen. Je mehr du aus dir selbst die Kräfte des Daseins schöpfst, desto mehr treibst du die Dinge in die ihnen gebührende Ordnung, desto mehr bist du ihr Herr; denn sie sind für dich und deine Mitmenschen und *nur* für euch da, sie geben keinen allgemeinen Zwecken und Gedanken Ausdruck, sie sind der Schauplatz eures Willens — beherrschet sie!

In diesem Zusammenhange verstehen wir, wie *Fichte* zu Forderungen gelangen konnte, die erst der „Materialismus“ unserer

Zeit in ihrem ganzen Schwergewicht gewürdigt hat. Ewig denkwürdig wird es bleiben, daß die dringenden materiellen Postulate der modernen Gesellschaft zuerst von einem Manne ausgesprochen wurden, der im Rufe des seltsamsten Idealisten steht, den je die Erde getragen. Fichte hat die Bedeutung der menschlichen Persönlichkeit wieder erkannt — das ist sein Idealismus und zugleich sein Realismus, zusammengefaßt in der „Tat", wie Goethe es ausdrückt: Im Anfang war die Tat! „Die Philosophie lehrt uns alles im Ich aufsuchen. Erst durch das Ich kommt Ordnung und Harmonie in die tote formlose Masse. Allein vom Menschen aus verbreitet sich Regelmäßigkeit und um ihn herum bis an die Grenze seiner Beobachtung — und wie er diese weiter verrückt, wird Ordnung und Harmonie weiter vorgerückt. Seine Beobachtung weist dem bis ins unendliche verschiedenen — jedem seinen Platz an, daß keines das andere verdränge; sie bringt Einheit in die unendliche Verschiedenheit, durch sie halten sich die Weltkörper zusammen, und werden nur ein organisierter Körper; durch sie drehen die Sonnen sich in ihren angewiesenen Bahnen. Durch das Ich steht die ungeheure Stufenfolge da von der Flechte bis zum Seraph; in ihm ist das System der ganzen Geisterwelt, und der Mensch erwartet mit Recht, daß das Gesetz, das er sich und ihr gibt, für sie gelten müsse, erwartet mit Recht die einstige allgemeine Anerkennung desselben . . . Das ist der Mensch; das ist jeder, der sich sagen kann: Ich bin Mensch. Sollte er nicht eine heilige Ehrfurcht vor sich selbst tragen und schaudern und erbeben vor seiner eigenen Majestät!" (Über die Würde des Menschen a. a. O. 1. Bd. S. 412—413. 415.)

Und doch stehen wir mit alledem noch nicht am letzten Ende! Die von Fichte geltend gemachte Persönlichkeit, das Ich, steht nur erst vor den Schranken der Unmittelbarkeit, aber sie ist noch zu isoliert, zu sehr ein bloßes Sollen, ein lebendiges Sollen zwar, aber noch nicht das unmittelbare Leben selbst, zu viel Gesetz, Drang und Unruhe, zu wenig sich selbst genügende Wonne des Daseins: der Wille, auf den die Strahlen der Unmittelbarkeit wohl fallen, der sie in sich wie in einem Brennpunkt sammelt, der sie aber noch nicht zwanglos aus sich selbst gestaltet — der Blick erst ins gelobte Land, noch nicht sein Besitz.

Fichte selbst fühlt dies, denn er sagt: „Weiß der Mensch, was diese Pflicht, der er alle Augenblicke sein ganzes Sein aufopfert, an sich selber sei, und was sie eigentlich wolle? Er weiß dieses so wenig, daß er laut erklärt, es solle sein, schlechthin weil es sein solle; und daß er gerade diese Unwissenheit und Unverständlichkeit selber, diese absolute Abstraktion von der Bedeutung des Gesetzes und den Folgen der Tat zu einem Hauptkennzeichen des echten Gehorsams machen muß. . . . Dieses eine, klar erkannte Leben hält nun im Religiösen in sich selber zusammen, und ruht auf sich, sich selber genügend und in sich selig, mit unaussprechlicher Liebe: mit unnennbarem Entzücken taucht sein Auge in den Urquell alles Lebens und fließt, von ihm unabtrennlich, mit ihm fort im ewigen Strome. Was der moralische Mensch Pflicht nannte und Gebot, was ist es ihm? Die geistige Blüte des Lebens, sein Element, in welchem allein er atmen kann . . . Wie vor der Moralität alles äußere Gesetz verschwindet, so verschwindet vor der Religiosität selbst das innere; der Gesetzgeber in unserer Brust schweigt, denn der Wille, die Lust, die Liebe, die Seligkeit hat das Gesetz in sich aufgenommen. . . . Die Religion eröffnet dem Menschen die Bedeutung des einen ewigen Gesetzes, das als Pflichtgebot dem freien und edlen, und als Naturgesetz dem unedleren Werkzeug gebietet. Der Religiöse begreift dieses Gesetz, und fühlt es in sich lebendig als das Gesetz der ewigen Fortentwicklung des Einen Lebens.“ (Die Grundzüge des gegenwärtigen Zeitalters a. a. O. III. Abt. 2. Bd. S. 232. 233. 234.)

Davon werden wir in unserm III. Abschnitt zu reden haben. Jetzt wenden wir uns unserem nächsten Gegenstande zu — der modernen Gesellschaft.

4. Die moderne Gesellschaft.

a) Allgemeiner Charakter.

Zwei Strömungen begegnen sich in der modernen Gesellschaft: eine rückwärts laufende und eine vorwärts drängende, deren gegenseitige Reibung jene Wirbel verursachen, die das Schifflein unseres Lebens nach allen Seiten drehen und wenden. Ein altes Leben wird zu Grabe getragen, und ein neues steht auf. Es ist offenbar, daß wir mitten im Kampfe dieser Gegensätze uns befinden, täglich werden wir daran erinnert, daß wir gestoßen werden, jeden Augenblick sind wir Zeuge davon, daß das Festeste und scheinbar Unerschütterlichste sich im Strome der neuen Ereignisse auflöst. Gut ists, sich ein starkes Herz zu bewahren und einen fröhlichen Glauben, sonst ist man bald verloren. Was heute steht, kann morgen schon im Strudel verschwinden. Nicht nur das stets bewegliche Glück rast von einem Extrem ins andere, jetzt den einen mit willkürlichem Griffe hoch emporhebend, jetzt den andern mit unmerklichem Fußtritt in die Tiefe schleudernd — auch das, was unbeweglich geschienen, verliert seine Geltung, schwankt und weicht.

Die Klassenunterschiede sind schon lange durchbrochen. Der Adel hat seine kulturelle Bedeutung zum großen Teil eingebüßt, oder ist mit ängstlicher Beflissenheit bestrebt, die wenigen Auszeichnungen, die ihm noch geblieben, mit jener ausschließlichen Härte festzuhalten, die immer das Kennzeichen einer untergehenden Klasse gebildet hat; das Bürgertum weiß schon lange von keinen Privilegien mehr, sondern steht mit offenen Pforten da, durch welche ununterbrochen die verschiedensten Elemente hin und her fluten. Da drängen sich energische Talente, Leute, die ihr Glück in ihrer eigenen Kraft tragen, aber auch Glücksritter der schlimmsten Sorte, Emporkömmlinge und Streber, da sieht man Bürger mit unbescholtenem Namen, an denen ein ganzes Gemeinwesen emporschaut, ihre Stellung verlassen und in die tiefsten Regionen hinuntersinken, da wieder Vertreter eines herabgekommenen Geschlechtes mit der gefüllten Börse des Mittelstandes kokettieren, und auf der anderen Seite Männer und Frauen des letztern sich in die adeligen Vorrechte drängen: Ein buntes Gewimmel von Menschen, die sich in früheren Zeiten spröde voneinander abgeschlossen hatten, aber nun durch den Sturmwind der Neuzeit erbarmungslos zusammengeworfen werden.

Von einer gesellschaftlichen Gliederung und dementsprechend von der sittlichen Idee gegenseitiger Ergänzung der verschiedenen Klassen, wovon die Bücher der Kulturgeschichte und der Ethik so viel schönes reden, kann man da immer weniger reden. Die Zeiten der „harmonischen Ergänzungen“ sind vorbei und die der erst unfreiwilligen und dann der freiwilligen Verbrüderungen kommen zur Geltung. Und schließlich wird es klar, daß, was man noch eben als unersetzlichen, nur der „Unbill der Zeit“ geschuldeten Verlust beklagte, bald vergessen, und das Neue, dem man sich nur widerstrebend anvertraut, nicht so schlimm ist, wie man sich gedacht — vielleicht viel weniger schlimm als das Alte, das ein grausames Dasein hinter gefälligen Formen äußerer Standesehre verborgen gehalten.

Im Zusammenhang mit der Auflösung alter Gesellschaftsklassen steht die auf den ersten Blick viel bedenklichere Preisgabe der Ideale, für die man früher in sicherer Stellung geschwärmt. Seitdem die oberen Klassen mit eigenen Augen in das tiefe Elend der unteren, das sie bis dahin nur aus den Büchern gekannt, blicken, seitdem dieses Elend angefangen, an ihrem eigenen Bestande emporzuzüngeln, und es nicht mehr zu den Seltenheiten gehört, daß Menschen von „guter“ ja „bester Herkunft“ Schaufel und Pickel mit ihren zarten Händen umfassen — seitdem haben sich die Ideale verflüchtigt, ist das unbesehene frohe Gewissen der Bevorzugten jener grübelnden Ängstlichkeit gewichen, die wohl noch lärmende Feste, rasende Lustbarkeiten inszenieren, aber nicht mehr sich freuen kann. Und diese Ideenlosigkeit geht durch alle Kreise geistigen Schaffens hindurch.

Die Wissenschaft kennt keine großen, durchschlagenden Gesichtspunkte mehr. Von der verwirrenden, unübersehbaren Fülle der Einzelforschung gedrückt, hat sie jener hohen Flüge vergessen, die sie früher in fröhlichem Wagemut unternommen. Heute muß alles bewiesen, gemessen und gebucht werden können. Nicht mehr sich selbst zu genügen und den großen Zielen idealer Gedanken, die für die Unexaktheit im einzelnen mit der Weite des Gesichtskreises im großen entschädigten, ist sie da, nein, sie ist die bescheidene Arbeiterin im Reiche der Materie geworden, deren tyrannische Herrschaft alle Ideale als unfruchtbares Gedankenspiel vom Schauplatz verdrängt. Immer mehr verlieren wir den Sinn für jene zusammenfassende, zusammenschauende Geistestätigkeit, in welcher unsere Vorfahren das vornehmste Stück der Wissenschaft erkannten, immer tiefer bohrt sich unsre Forschung in der Einzelheiten unvermittelte Härte, immer größer wird die Masse der Kenntnisse, die wir wohl aufzuhäufen, aber nicht mehr zu beherrschen verstehen. In das zarte Alter der aufstrebenden Jugend schon wird diese Zersplitterung getragen. Lange bevor der Knabe etwas vom Wechselgeschäft, vom Diskontieren etc. wissen sollte, in der köstlichen Zeit, die seine Seele für alles Große, Gute und Schöne schwellen machen, sein Herz mit Begeisterung füllen sollte für die Taten ruhmreicher Helden, wird sein Geist angefüllt mit der Zahlen lebloser Formalistik, lernt seine Aufmerksamkeit alle Schliche jener öden Geschäftsmacherei, zu welcher ihn das unerbittliche Schicksal bestimmt zu haben scheint. Ist es da zu verwundern, wenn aus unseren Schulen, die keine großen Gedanken mehr zu bewegen und kein größeres Geheimnis hinter ihrem geräuschvollen Apparate zu bergen scheinen, als ihre Zöglinge zu möglichst guten Rechnern und glücklichen Strebern auszubilden, Knaben und Mädchen mit müdem Gehirn, kranken Augen und übersättigtem Geiste hervorgehen, um sich, den Schulstaub von den Gliedern schüttelnd, für die lang erlittene Unbill in jener ausgelassenen Vergnügungssucht zu entschädigen, welche das Merkmal der modernen Jugend ist?

Die Kunst ihrerseits verdient ihren Namen schon lange nicht mehr. Die häßlichsten Motive werden heutzutage für Entdeckungen des Genius gehalten, die geschmacklosesten Stilarten für ganz besondere Tiefsinnigkeiten ausgegeben. Von einem idealen Zuge kann hier, wo doch der Ideale heiliger Herd steht, fast noch weniger geredet werden als bei der Wissenschaft. Während dieser wenigstens ein redliches Wollen, ein beharrlicher, rastloser Fleiß nicht abgesprochen werden kann, treiben Malerei und Plastik ein frivoles Spiel, Schamlosigkeiten und Trivialitäten dem Publikum für die Erzeugnisse idealen Schaffens anbietend, während die Musik in süßlicher Geistlosigkeit sich gefällt oder in jener ebenso wüsten wie grandiosen Massenwirkung harmonischer Effekte, in welchen jeder musikalische Gedanke, jede naturwüchsige melodische Gestaltung der Töne untergehen muß.

Von jener den heutigen Markt beherrschenden Literatur gar, die auf die niedersten Instinkte der Menschen berechnet ist, die man nicht ohne Schamröte über eine derartige Früchte zeitigende Kultur erwähnen kann, des längern zu reden, würde nicht der Mühe verlohnen.

Wohl geben sich die Redlichsten Mühe, Tüchtiges und Wertvolles zu leisten, wohl dürfen wir mit Stolz auf eine Reihe von Männern und Frauen blicken, die uns die Neuzeit geschenkt — und dennoch bleibt es dabei: Unsere Zeit ist keine Zeit der Ideale mehr; nüchtern, grübelnd, forschend, suchend, den Blick zur Tiefe gewandt, der Materie vielgestaltiger Einzelheit hingegeben — so steht ihr Genius da. Was man auch tut, ihm Flügel zu verleihen, oder wenigstens seine Augen den Sternen zuzuwenden, ist umsonst und wird auch nicht mehr mit der Begeisterung der Überzeugung getan. Tragen wir doch alle eben die Realitäten in uns, die wir, alte „Ideale“ zu retten, nach außen bekämpfen. Unser Kampf ist lahm, unsere Waffen stumpf, denn unsre Überzeugung ist dahin! Wir verteidigen das Alte, aber wir glauben selbst nicht mehr daran; wir entrüsten uns über den Geist der Neuzeit mit seinen fast ausschließlich materiellen Interessen, aber wir liegen selbst in seinen Fesseln; wir raffen uns etwa auf, einen verzweifelten letzten Versuch zu wagen für erbleichende Ideale — vergeblich! Sie sind entschwunden, entschwunden nicht nur aus unserer Zeit, nein, auch aus unseren Herzen!

Wir wissen es, während unser Mund sich sträubt, es auszusprechen: Nichts ist uns mehr fest. Was Glaube und Religion ist — wir wissen es nicht; das Wesen des Guten — wir wissen es nicht; was unser Leben bedeutet — wir wissen es nicht! „Vielleicht“ und „Gewissermaßen“, „Bis zu einem gewissen Grade“, „Sozusagen“ und „Möglicherweise“ — das sind unsere Lieblingsworte geworden. Wir sind verwirrt und wissen uns nicht mehr zu helfen. Eins allein ist uns gewiß — das Geld! Das staatliche wie das soziale Leben orientiert sich allein noch nach seinem Schimmer. Es ist wahr, was ein deutscher Minister vor einiger Zeit ausgesprochen hat: Reichtum ist die Kraft der Nation. Es ist so, wie England es uns auf dem südafrikanischen Kriegsschauplatz vordemonstrierte: das Gold allein drückt uns noch die Waffen in die Hand. Für ideale Zwecke vergießen die Menschen von heute nicht mehr ihr Blut. Nicht einmal zu einem gemeinsamen Schutze wehrlos Hingeschlachteter — dafür legt der Verzweiflungsschrei der Armenier Zeugnis ab — bringen es unsere Regierungen.

Und doch liegt in dieser nüchternen, empörenden Prosa — so seltsam dies klingen mag — der Fortschritt der modernen Zeit! In der Tat, hier ist der Ort, die pessimistischen Töne, die wir soeben angeschlagen, durch jenen Optimismus zu ergänzen, der uns gerade durch die Ausschließlichkeit der materiellen Interessen unserer Zeit nahegelegt wird. Durch alle Düsterkeit und Schlechtigkeit derselben weht ein großer Geist, ein Geist, der einer neuen Gestaltung der Dinge entgegentreibt, ein Geist, nicht der Apathie, nicht der überreizten Sattheit, nein, des hoffnungsfreudigsten Schaffens, froher, begeisterter, glaubensstarker Energie, ein Geist, der sich bewußt ist, nur deshalb die materiellen Fragen so ausschließlich und leidenschaftlich zu bewegen, weil er sie endgiltig zu lösen unternommen hat. Wir meinen die sozialen Bestrebungen unserer Zeit, die Arbeit der Sozialdemokratie, zu welcher wir nun überzugehen haben.

b) Die Sozialdemokratie.

Es ist nicht von ungefähr, daß der Gründer der modernen Nationalökonomie, A. Smith, ein Zeitgenosse Kants und Fichtes gewesen ist. Aus einer und derselben Grundrichtung sind alle hervorgegangen, Smith auf philosophischem Gebiete nur ein mäßiger Dilettant, dafür aber auf dem Gebiete, auf dessen Gefilde der Genius der deutschen Meister die praktischen Konsequenzen seiner kühnen Gedankensysteme zu ziehen verlangte, auf dem der Neugestaltung der irdischen Verhältnisse, ein Bahnbrecher. Wir haben oben auf die Verbindung hingewiesen, in welcher die Kantsche und noch mehr die Fichtesche Philosophie mit den unmittelbarsten Interessen des Menschenlebens steht, wir haben als Kehrseite des Fichteschen Idealismus jenen überraschenden Realismus kennen gelernt, der die Grundfragen des Lebens nicht mehr nur zu berühren, sondern definitiv zu lösen sich vornimmt. Wir haben den kühnen Worten gelauscht, womit Fichte den Staat an seine dringenden materiellen Aufgaben erinnert und ihm eine Zeit voraussagt, die ihn selbst verschwinden lassen werde.

„In Smiths Lehre,“ so schreibt ein unverdächtiger Zeuge, „erlangt die moderne Fassung des wirtschaftlichen Lebens den reinsten Ausdruck und einen systematischen Abschluß. Die ältere Anschauung, wie sie vom Altertum durch das Mittelalter bis in die Neuzeit reicht, gewährte dem wirtschaftlichen Leben keine Selbständigkeit, sondern unterwarf es unmittelbar ethischen Zwecken; sie faßte es auch nicht in ein Ganzes zusammen, sondern zersplitterte es in eine Fülle von einzelnen Erscheinungen. Auch fehlte hier der Gedanke der Volkswirtschaft, der Verbindung des wirtschaftlichen Lebens zu nationalen Einheiten. Die Voraussetzungen dieser Lehre traten namentlich bei Aristoteles deutlich zu Tage. Diese Voraussetzungen sind nun auf modernem Boden erschüttert und unhaltbar geworden. Die äußeren Güter wachsen hinaus über die Stellung bloßer Mittel, sie werden ein wesentliches Stück des Lebensprozesses, sie erwecken Kraft und treiben von sich aus die Bewegung weiter ins Unabsehbare, sie erhalten eine innere Erhöhung durch die Erhebung der Völker zu wirtschaftlichen Einheiten .... Aber alle bisherige Leistung der Art wird weit übertroffen von A. Smith; er erst behandelt das Problem in völlig universaler Weise und gibt der modernen Denkart einen durchaus angemessenen Ausdruck. Hier erst erlangt die ökonomische Betrachtung die volle Selbständigkeit, ja mehr als das, sie entwickelt einen eigentümlichen Typus, der das gesamte Leben beherrschen will; hier zuerst wird unser ganzes Dasein unter den Gesichtspunkt der materiellen Erhaltung und der Wirtschaft gestellt, wie sonst unter den der Religion, Kunst oder Wissenschaft.“ (R. Eucken, Die Lebensanschauungen der großen Denker. 2. Aufl. S. 397—398.)

Und in das Erbe dieser nationalökonomischen Wissenschaft ist mit Bewußtsein und unter konsequenter Weiterführung der bei Smith nur erst im Keime enthaltenen Probleme die Sozialdemokratie getreten, die Sozialdemokratie, die sich unter oft totaler Verkennung ihrer zentralsten Fragen bei Freund und Feind ihre Bedeutung und Stellung noch eben erkämpft. Die vielgescholtene, vielgepriesene, aber selten verstandene Sozialdemokratie — was will sie, was verspricht sie, welche Ziele stellt sie auf? Das wollen wir nun näher untersuchen.

α) Die sozialdemokratische Anklage.

Anklagen will sie vor allen Dingen, anklagen nicht weniger als die ganze bisherige Überlieferung in Sitte, Recht und Gedanke. Sie ist eine radikale Erscheinung, aus verborgenen Tiefen geboren und deshalb dem oberflächlichen Auge unverständlich. So radikal ist sie, weil sie allein den geradlinigen Fortschritt des gesellschaftlichen Werdens darstellt, der immer in grundstürzenden Neuerungen sich geoffenbart; alle sonstigen Bestrebungen sind ihr gegenüber im tiefsten Grunde reaktionär. Reaktionär in ihrem Lichte der Liberalismus so gut wie der Konservativismus, reaktionär das bisherige Christentum, so gut wie die zünftige Wissenschaft. Durch ihre energischen, weittragenden Vorstöße hat sie die stagnierenden Wasser in eine rücklaufende Bewegung gebracht — in der Mitte nur treibt sie selbst ihre vollen Fluten dahin.

Lassen wir die Hauptanklage zum Worte kommen, so lautet sie folgendermaßen: Die alte Gesellschaft hat es nicht verstanden, haltbare Zustände zu schaffen oder auch nur jene Zufälligkeiten des Lebenserwerbes in sichere Ordnungen zu verwandeln, welche die schwere Sorge der Mehrzahl unter den Menschen ausmachen. Sie hat sich unfähig bewiesen, die Grundfragen des Lebens auch nur annähernd zu lösen, sie hat im Gegenteil durch eine immer mehr gesteigerte Anarchie der Produktion ein Massenelend erzeugt, das heute die dunkle Folie jener in wenigen Händen konzentrierten Reichtümer bildet, die jede gesunde wirtschaftliche Entfaltung der Gesamtheit unmöglich machen.

Das ist eine schwere Anklage — aber wir wüßten nicht, was man ihr mit Recht entgegenzustellen vermöchte. Es ist eine seltsame und widerliche Ironie, wenn ihr gegenüber Leute den „Materialismus" der sozialdemokratischen Lebensanschauung für Zustände, denen sie selber teilnamlos gegenüberstehen, verantwortlich machen. Es ist eine furchtbare, sich selbst richtende Unwahrheit, daß in den sozialdemokratischen Gedanken bloß die Emanzipation des Fleisches gepredigt werde, und alle tierischen Instinkte im Menschen wachgerufen. Wer spricht so? Sind es nicht gerade die, welche an einer Lösung der sozialen Frage achtlos oder geringschätzig vorbeigehen und unter dem Vorwand, daß diese Frage doch immer eine offene bleibe, jenes Chaos sittlicher Ausartung, wie sie innerhalb aller Gesellschaftsklassen, seitdem es überhaupt eine Gesellschaft gibt, geherrscht hat, mit dem Lächeln der blasierten Bildung hingehen lassen — der Bildung, die darin ihren Ruhm sucht, vor der „Unerbittlichkeit" nun einmal bestehender „Naturgesetze" sich zu beugen? Sind es nicht gerade die, die es für ein Zeichen mangelhafter Erziehung halten, über die Entsetzlichkeiten der sozialen Zustände wärmer als im kühlen Tone der „Objektivität" sich zu ergehen, die, welche die Höhe ihres doch so niedrigen Daseins nach der Gelassenheit bemessen, womit sie zu „gesetzlichen Unvermeidlichkeiten" verwandeln, was jedem fühlenden Menschen das Blut in den Adern erstarren macht? Wer hat die Unrichtigkeit des Malthus'schen Gesetzes in ihrer ganzen Lüge dargetan? Waren es die, welche in ihm einen willkommenen Vorwand erhielten, über das Elend zur Tagesordnung zu schreiten? Und was wollen sie nun alle mit ihrem wohlfeilen, heuchlerischen Vorwurf der „sozialdemokratischen Vermaterialisierung der Massen"? Wie? Deswegen weil die Sozialdemokratie es wagt, in den von einer alten Gesellschaft aufgehäuften Schmutz hineinzustehen und ihn beim rechten Namen zu nennen, weil sie die grundlegende Wichtigkeit der materiellen Fragen laut vor dem gesamten Volke auszusprechen unternimmt, eine Wichtigkeit, die die Herren nur zum Scheine leugnen, privatim aber in einem Grade zu schätzen wissen, von dem sich der Hörer ihrer moralischen Entrüstungsreden nichts träumen lassen würde — deshalb soll sie beschmutzend auf die Massen wirken? Wer ist der eigentliche Materialist, der, welcher seine materiellen Gelüste hinter heuchlerischer Maske verbirgt, oder der, der das Materielle überhaupt auf seine endgiltige Form zu bringen trachtet? Muß nicht gerade jene hoffnungslose Resignation, die es aufgegeben, an die Lösung der materiellen Fragen heranzutreten, in die Arme des Materialismus, dieses so starken, übermächtigen Feindes treiben, während der hoffnungsfreudige Versuch, die Lösung doch zu wagen, vor aller materialistischen Ausgelassenheit bewahren muß? Wahrlich, hinter der sozialistischen Gedankenarbeit steht ein Idealismus so machtvoller, universeller Art, daß vor ihm die Raisonnements ihrer Gegner in nichts zerstieben, und das umsomehr, als sie doch oft nur der eigens dazu gewobene Deckmantel ganz gewöhnlicher, nicht selten gemeiner Begierden sind.

Anklagend erhebt die Sozialdemokratie ihre Stimme gegen die bisherige Wissenschaft. Sie habe es trefflich verstanden, in allgemeine Ideen verblassen zu lassen, was gerade den eigentlichen Lebensnerv geschichtlicher Erscheinungen gebildet habe. Und hinter diesen allgemeinen Ideen habe sie verborgen das hoffnungslose Chaos der Einzelfragen, das in voller Rätselhaftigkeit heute noch dastehe. Die Allgemeinheiten seien ihr nur der bequeme, stets bereite Vorwand jener nichtigen Erklärungen der eigentlichen Lebensprobleme gewesen, womit sie die Gemüter der Menschen von jeher verwirrt. Es sei nicht wahr, daß ethische oder religiöse Gedanken die Interessen der Menschen bestimmen, immer seien es die zunächst liegenden Fragen des wirtschaftlichen Lebens gewesen, die die Geschichte vorwärts getrieben, was sich die Wissenschaft umsonst durch ihre wohlfeilen Idealitäten zu verbergen suche. — Also ein bewußter und radikaler Kampf gegen alle Zwecke, Prinzipien und Allgemeinheiten, ein völliges Leugnen ihrer Bedeutung, und die offen ausgesprochene Behauptung, daß sich in ihrer scheinbaren und eingebildeten Vorherrschaft nur der jeweilige soziale Kampf der Unterdrückten gegen ihre Unterdrücker widerspiegle.

Das kommunistische Manifest, die magna charta der Sozialdemokratie, spricht es mit wünschenswerter Klarheit aus, daß „die Geschichte aller bisherigen Gesellschaft die Geschichte von Klassenkämpfen ist. Freier und Sklave, Patrizier und Plebejer, Baron und Leibeigener, Zunftbürger und Gesell, kurz Unterdrücker und Unterdrückte standen in stetem Gegensatze zueinander, führten einen ununterbrochenen, bald versteckten, bald offenen Kampf, einen Kampf, der jedesmal mit einer revolutionären Umgestaltung der ganzen Gesellschaft endete, oder mit dem gemeinsamen Untergang der kämpfenden Klassen." — In seinen Glossen zu Yves Guyots und Sigismond Lacroix' Schrift „Die wahre Gestalt des Christentums", versucht A. Bebel den Nachweis, daß alle geschichtlichen Erscheinungen, sogar die Philosophie eines Plato und Aristoteles dem sozialen Notstande des jeweiligen Gemeinwesens ihr Dasein verdanken. „Der Cäsarismus", sagt er Seite 12, „war das notwendige Resultat der materiellen Gegensätze der Gesellschaft. Das Christentum war das notwendige Resultat des sich aus diesen materiellen Gegensätzen ergebenden geistigen Zustandes." Und Seite 14: „Nicht bloß alle politischen Bewegungen, sondern auch ohne jede Ausnahme alle religiösen Bewegungen sind sozialer Natur, so unwahrscheinlich das häufig auch erscheint." Und endlich S. 26: „So sehen wir also, wie auch der „Kulturkampf" der Gegenwart kein religiöser, sondern ein eminent sozialer Kampf ist, und daß es die materiellen Interessen der herrschenden Klassen oder des unterdrückten Volkes sind, die alle geistigen Kämpfe und Ideenentwicklungen erzeugen. Das höchste Wohlbefinden der Gesamtheit schließlich herbeizuführen, das ist das Ziel, auf das die Bestrebungen der Menschheit hinauslaufen, aber dieses Wohlbefinden kann nur begründet werden, wenn die materiellen Mittel allen Gliedern der Gesellschaft eine gleiche und zugängliche Existenz bewahren; die materiellen Verhältnisse bilden die Grundlage aller Kulturentwicklung." — Der theoretische Begründer des Sozialismus selbst, Marx, läßt sich in einer Note zu seinem großen Werk „Das Kapital" (I. Bd. S. 48 4. Aufl.) gegen ein amerikanisches Blatt, das diese sozialistische These angegriffen, also vernehmen: „Es sagte, meine Ansicht, daß die bestimmte Produktionsweise und die ihr jedesmal entsprechenden Produktionsverhältnisse, kurz „„die ökonomische Struktur der Gesellschaft die reale Basis sei, worauf sich ein juristischer und politischer Überbau erhebe, und welcher bestimmte gesellschaftliche Bewußtseinsformen entsprächen"", daß „„die Produktionsweise des materiellen Lebens den sozialen, politischen und geistigen Lebensprozeß überhaupt bedinge"" — alles dies sei zwar richtig für die heutige Welt, wo die materiellen Interessen, aber weder für das Mittelalter, wo der Katholizismus, noch für Athen und Rom, wo die Politik herrschte. Zunächst ist es befremdlich, daß jemand vorauszusetzen beliebt, diese weltbekannten Redensarten über Mittelalter und antike Welt seien irgend Jemand unbekannt geblieben. Soviel ist klar, daß das Mittelalter nicht vom Katholizismus und die antike Welt nicht von der Politik leben konnte. Die Art und Weise, wie sie ihr Leben gewannen, erklärt umgekehrt, warum dort die Politik, hier der Katholizismus die Hauptrolle spielte. Es gehört übrigens wenig Bekanntschaft z. B. mit der Geschichte der römischen Republik dazu, um zu wissen, daß die Geschichte des Grundeigentums ihre Geheimgeschichte bildet."

Diese Sprache läßt an Deutlichkeit nichts zu wünschen übrig. Wir wissen zwar jetzt aus den neuesten Wandlungen der Sozialdemokratie, daß ihre diesbezüglichen Sätze von ihr selbst nicht mehr mit der Zuversicht aufrecht erhalten werden, wie sie die Häupter der neuen Bewegung aussprachen. Es wird immer ein unmöglicher Versuch bleiben, Erscheinungen wie das Christentum, und innerhalb desselben etwa die des Mönchtums aus ökonomischen Gründen abzuleiten. Allein mit dem wohlfeilen Nachweise der Unreife solcher Versuche, womit die Gegner sich genug getan zu haben glauben — als wäre die Sozialdemokratie eine wissenschaftliche Schule alten Stils, die man mit gelehrten Erörterungen bekämpft, — ist es wahrlich nicht getan. Mag sich die Sozialdemokratie über die Motive der geschichtlichen Bewegung schweren Täuschungen hingegeben haben, sicher ist vor allem, daß s i e es war, die den ökonomischen Faktor der Geschichtsentwicklung in seiner grundlegenden Bedeutung hervorstellte, sodaß allen Ernstes daran gedacht werden konnte, eine Kulturgeschichte vom sozialen Gesichtspunkt aus zu schreiben, wie dies Kurt Breysig in seiner Kulturgeschichte der Neuzeit getan hat.

Aber ganz abgesehen von dem: Wie bedeutsam ist doch diese neue geschichtliche Orientierung! Was anderes sehen wir in ihr, als die Tatsache, daß die Gesellschaft der Neuzeit über jede frühere emporzuwachsen und Fragen zu erörtern beginnt, die der Herrschaft der Begriffe, unter welcher die Welt bis dahin gestanden, ein Ende zu bereiten strebt. Denn man täusche sich nicht — wir alle sind der Gedanken, der Ideale herzlich müde, die eine doktrinäre Vergangenheit mit verschwenderischer Freigebigkeit uns zu erben hinterlassen. Wir sind der Versicherung überdrüssig geworden, daß unser Leben nur der Ausdruck einer „Idee" sei; wir wollen es nicht immer und immer wieder hören, daß „oberste Zwecke" über uns walten. Wir wollen das Leben ohne das einmal genießen, wollen leben, nur leben. Diese Sehnsucht ists, die sich in der sozialdemokratischen Geschichtsnivellierung leidenschaftlich noch und unklar, aber so zielbewußt zum Dasein drängt, daß wir nicht umhin können, ihr dafür dankbar zu sein. Es ist müssig, sich hierüber zu entsetzen. Wer die fundamentale Bedeutung dieses Gesichtspunktes nur als „banausische" und „materialistische" Anschauung zu verstehen vermag, der versteht sich selbst nicht, versteht nicht, daß gerade die Preisgabe der idealistischen Orientierung der Wissenschaft den köstlichen Ertrag all der schweren Kämpfe bedeutet, die die Menschen mit den Mächten der Einbildung geführt. Wer nicht sieht, daß die Befreiung von den Idealen die Erlösung aus langer, grausamer Kerkerhaft bedeutet, der hat umsonst der Neuzeit Morgenröte aufgehen sehen. Wahrlich, die haben kein Recht, hier mitzureden, welche nur die Wahl zwischen ihren Idealen und der rohen Genußsucht offen lassen und dafür halten, daß die Enttronung der Ideale und Zwecke sofort einem wüsten, ausgelassenen Treiben die Pforten öffnen werde. Sie sehen nicht, daß es ganz andere, entgegengesetzte und unendlich große Resultate sind, denen diese rufen wird. Sie vergessen, daß sie selbst eine Persönlichkeit hinter der feigen Wissenschaft ihrer Prinzipien verbergen, eine Persönlichkeit, die niemals von allgemeinen Ideen leben kann. Nicht der Untergang, nein der Sieg, der endgiltige entscheidende Sieg der Menschlichkeit wird aus jener Revolution hervorgehen, die den Vorrechten der Einbildung ein ebenso gründliches Ende bereiten wird, wie dies die politische Revolution Frankreichs denen des Adels gegenüber getan.

Anklagend steht die Sozialdemokratie vor dem „System der erworbenen Rechte". Es sei nicht so, daß eine sog. Rechtsidee sich in den staatlichen und gesellschaftlichen Zuständen der Vergangenheit zur Geltung bringe, vielmehr seien alle Rechte aus den tatsächlichen Verhältnissen entsprungen und hätten immer und ausnahmslos das Vorrecht der höheren Klasse vor den geringern zu ihrer Grundlage, auf welcher sie sich wieder nur im Munde der Bevorrechteten zu jener idealen Rechtsvorstellung entwickelten, womit man einer tatsächlichen Ungerechtigkeit den Schimmer einer Idee u. dgl. überziehe. — E. Dühring z. B., der von seinen sozialistischen Brüdern so arg mißhandelte Sozialist (cf. Engels: Dührings Umwälzung der Wissenschaft, und das Buch Friedländers: Die vier Hauptrichtungen der modernen sozialen Bewegung.) sagt: „Die bunte Mischung von Orts-, Provinzial- und Landesrechten, die sich in sehr willkürlicher Weise bald als Gewohnheitsrecht, bald als geschriebenes Gesetz, oft unter Einkleidung der wichtigsten Angelegenheiten in reine Statutarform, in den verschiedensten Richtungen kreuzen — diese Musterkarte von Unordnung und Widerspruch, auf welcher die Einzelheiten das Allgemeine und dann gelegentlich wiederum die Allgemeinheiten das Besondre hinfällig machen, ist wahrlich nicht geeignet, ein klares Rechtsbewußtsein bei irgend jemand . . . möglich zu machen“ (Bei Engels a. a. O. S. 109).

Man mag darüber denken, wie man will — daß das Recht eine wandelbare Größe ist, daß von einer Gerechtigkeit der geschichtlichen Zustände, wo die Geringen einfach zu dienen haben und die Reichen herrschen, nicht geredet werden kann, wenn dem Menschengeschlecht nicht die Widersinnigkeit zugemutet werden soll, jene das soziale Leben so schmerzlich berührenden Härten gründend in einer ewigen Idee ansehen zu müssen — das haben wieder die Sozialdemokraten ebenso überzeugend wie furchtlos nachgewiesen. In der Tat, wie will man im Ernste zu behaupten wagen, daß das Recht überhaupt ein Recht und nicht ein Unrecht sei, so lange die Menschen um bloßer sachlicher Differenzen willen in verschiedene Klassen abgeteilt werden? Erst wenn sich das Recht auf der Basis der prinzipiellen Gleichheit aller Menschen — die nicht nur theoretisch zugestanden werden soll, um in der Praxis sofort wieder vergessen zu werden — erheben wird, wird man von einer — wie sehr auch bescheidenen — Aufgabe des Rechts reden können. Herrscht eine ewige Rechtsidee über die Menschen, so liegt die Versuchung immer wieder nahe, gerade die Verhältnisse als ihr entsprechend anzusehen, die einem Teil von ihnen aus ganz andern Gründen lieb und unentbehrlich geworden sind.

Die Anklage der Sozialdemokratie richtet sich endlich gegen

alle Zumutungen einer überlieferten Moral und Religion. „Wenn wir“, sagt Engels (a. a. O. S. 88f.) „schon mit Wahrheit und Irrtum nicht weit vom Fleck kamen, so noch viel weniger mit Gut und Böse. Dieser Gegensatz bewegt sich ausschließlich auf moralischem, also auf einem der Menschengeschichte angehörigen Gebiet, und hier sind die endgiltigen Wahrheiten letzter Instanz grade am dünnsten gesäet. Von Volk zu Volk, von Zeitalter zu Zeitalter haben die Vorstellungen von Gut und Böse so sehr gewechselt, daß sie einander oft geradezu widersprachen. . . . Wie stehts aber heute? Welche Moral wird uns heute gepredigt? Da ist zuerst die christlich-feudale, aus früheren gläubigen Zeiten überkommne, die sich wesentlich wieder in eine katholische und protestantische teilt, wobei wieder Unterabteilungen von der jesuitisch-katholischen und orthodox-protestantischen bis zur lax-aufgeklärten Moral nicht fehlen. Daneben figuriert die modern-bürgerliche und neben dieser wieder die proletarische Zukunftsmoral. . . . Welche ist nun die wahre? Keine einzige im Sinn absoluter Endgiltigkeit. . . . wir können daraus nur den Schluß ziehn, daß die Menschen, bewußt oder unbewußt, ihre sittlichen Anschauungen in letzter Instanz aus den praktischen Verhältnissen schöpfen, in denen ihre Klassenlage begründet ist — aus den ökonomischen Verhältnissen, in denen sie produzieren und austauschen“.

Können wir uns auch hier mit einem Verfahren nicht einverstanden erklären, das die Moral aus empirischen Gründen abzuleiten sucht, so müssen wir doch die bloß relative Bedeutung der Moral, von der die Sozialdemokratie spricht, ohne weiteres zugeben, gehen aber, auf unsern obigen Abschnitt „Die Moral“ verweisend, nicht näher darauf ein. — Viel unbedingter noch, als ihrer moralischen, müssen wir dagegen ihrer religiösen Kritik zustimmen. Wenn sie das Christentum anklagt, die Schäden der Welt ebensosehr in Schutz genommen als weggeschafft zu haben, so erspart man uns hoffentlich den Nachweis dieser Anklage in den kirchengeschichtlichen Tatsachen von vornherein. Nichts ist so beschämend, denn nichts ist so wahr, wie sie. Hätte die Christenheit, dem Worte ihres Meisters getreu, mit dem Schlechten aufgeräumt, statt dasselbe als eine „unvermeidliche Notwendigkeit“ — fast hätte ich gesagt „Idee“! — hinzunehmen und mehr als nötig aufzunehmen in ihre eigene Lebensart, würde es dann noch eine soziale Frage geben? Wäre sie nicht ganz von selber in der nicht bloß geträumten, sondern wirklichen Nächstenliebe gelöst, für immer aus den Zweifeln der Menschheit gestrichen? Aber solange es in der Christenheit möglich ist, zweien Herren zu dienen: Gott und dem Mammon, solange es die offizielle Vertreterin des christlichen Glaubens, die Kirche, fertig bringt, vor dem Gelde auf dem Bauche zu liegen, fertig bringt, jene Männer zu brandmarken, welche sie auffordern, für eine tatsächliche, nicht bloß geglaubte Gerechtigkeit einzustehen, fertig bringt, im Bunde mit einer blasierten, die Barbarei kaum verdeckenden Kultur die Sozialdemokratie totschweigen zu wollen, die Sozialdemokratie, die einzig noch an die ursprünglichen Impulse Jesu Christi erinnert — so lange ist der Ingrimm des sozialdemokratischen Atheismus, der lieber keinen Gott will, als den einer solchen Gesellschaft, vollkommen im Recht. Und wenn des Unrates auch viel ist, den er zu Tage fördert, so vergesse man nicht, daß sein den Grund aufwühlender Wellengischt am harten Felsen einer widerstrebenden Kirche sich erregt, die Hand in Hand mit ihm dem großen Ziele des Evangeliums entgegenstreben sollte!

β) Die sozialdemokratische These: Die Besitzfrage.

„Fragen wir im einzelnen: Welches sind die Freiheiten der Persönlichkeit? so finden wir zunächst das Recht auf Schutz des rein physischen Daseins. . . . Es folgt weiter aus dem Begriff der Persönlichkeit, wie ihn die moderne Humanität versteht, das Recht, seine körperlichen und geistigen Kräfte zu allen wirtschaftlichen Erwerbszweigen frei zu gebrauchen, negativ ausgedrückt, der Anspruch darauf, daß niemand von Staats wegen verhindert werden soll, sein Brot auf jede ehrliche Art zu verdienen. . . . Das Recht auf Arbeit“ (Treitschke, Politik I. S. 100).

Es ist merkwürdig, wie die Spuren sozialdemokratischen Schaffens überall anzutreffen sind — sogar in den Zeilen eines Buches, das ihm diametral gegenübersteht. Das beweißt wieder, daß die Sozialdemokratie gar keine besondere — etwa die am meisten links stehende — Partei innerhalb unserer gesellschaftlichen Gegensätze ist, sondern daß sie das gesellschaftliche Denken überhaupt durchzieht und bestimmt, das nicht umhin kann, sich ihre Gesichtspunkte und Postulate, mit wie großer Reserve auch, anzueignen. Hinter dem vorsichtigen Zugeständnis Treitschkes liegt nicht weniger als die ganze sozialdemokratische These, ohne deren Impuls ein Mann wie Treitschke wohl nie zur Aussprache seines zitierten Satzes gekommen wäre. Damit sind wir an der Schwelle sozusagen des sozialdemokratischen Heiligtums angelangt, und zögern nicht, sie nun zu überschreiten.

Zwei grundlegende Neuerungen auf dem Gebiete des sozialen Lebens hat das Christentum der Menschheit gebracht: die Anerkennung der Frau als der ebenbürtigen Gefährtin des Mannes, und die prinzipielle Lösung der Besitzfrage. Wenn die Sozialdemokratie für beides, namentlich aber für das letztere sehr wenig Zustimmung zu haben bekennt, so ist das ein Unrecht, dessen Hartnäckigkeit an der Verwechslung des Christentums selbst mit dem Betragen seiner Bekenner eine allerdings naheliegende, aber dennoch nicht zu rechtfertigende Erklärung findet. Was würden die Sozialdemokraten dazu sagen, wenn man ihre große Aufgabe z. B. an der widerlichen Polemik messen wollte, die ein Engels sich gegen Dühring geleistet hat, oder gar an den leidenschaftlichen Ausfällen ihrer oft wenig berufenen Agitatoren? Alle Schlechtigkeit der christlichen Gesellschaft selbst kann die Tatsache nicht beseitigen, daß es das Christentum ist, das auf seinem Boden die endgiltige Lösung der Besitzfrage groß gezogen hat, das Christentum allein.

Wir dürfen zum Beweise dafür mit allem Rechte daran erinnern, daß schon die erste christliche Gemeinde ihre prinzipielle Neuheit an der Gütergemeinschaft illustrierte, die sie zwischen ihren Gliedern walten ließ. Es war dies das erste Aufleuchten einer total verschiedenen Lebensgestaltung, die prinzipiell vom Christentum nie wieder aufgegeben worden ist — man lese nur die betreffenden Auslassungen der Kirchenväter über das Eigentum — und die nur von einer schlaffen Auffassung des Christentums fallen gelassen wurde, um mit entscheidender Energie erst in der Neuzeit eben von der Sozialdemokratie wieder aufgenommen zu werden. Man weise zur Widerlegung dieser, wie man meint nur zufälligen, Analogie beider Erscheinungen nicht darauf hin, daß das Christentum die Besitzfrage völlig nur aus der Energie seines Liebeslebens, also aus einem sehr schwankenden Prinzip ableite, während es erst der Sozialdemokratie vorbehalten gewesen sei, sie zum articulus stantis et cadentis ecclesiae zu machen. Dieser im sozialdemokratischen Lager mit besonderer Stärke erhobene Einwand vergißt, daß es sich in unserer Frage nicht um Nebensachen handelt, nicht also darum, mit welcher Energie oder mit welcher Begründung sie aufgestellt wurde, sondern um ein absolutes Prinzip, das seine Wahrheit unmöglich von bloßen Äußerlichkeiten zu Lehen tragen kann — ein Prinzip, das mit aller wünschenswerten Deutlichkeit auch aus den Blättern des Neuen Testamentes hervorleuchtet. Auf der anderen Seite ist es ein wohlfeiler Triumph christlicher Autoren, wenn sie den Unterschied zwischen der christlichen und der sozialdemokratischen Auffassung der Besitzfrage mit dem Wortspiel erhellen zu können meinen, daß das Christentum sage: was mein ist, das ist dein, während die Sozialdemokratie umgekehrt postuliere: was dein ist, das ist mein! Mit solchen Gemeinplätzen verwirrt man die Frage bloß und fordert man eine wenig schmeichelhafte Kritik der vermeintlichen christlichen These ungeschickt genug heraus. Die Christen haben im großen Ganzen allen Grund, sich in der Besitzfrage nicht mit den Sozialdemokraten zu messen — denn wahrlich, es heißt das Evangelium direkt zum Gespött machen, wenn man sich in der Bedrängnis des Streites seine erhabenen Liebesgebote in der Form eines Wortspiels vergegenwärtigt, sonst aber tut, als wäre die Besitzfrage überhaupt nicht wichtig, geschweige denn die vom Evangelium selbst gestellte Probe auf die Liebeskraft der christlichen Gesellschaft.

Auf der anderen Seite hat die Sozialdemokratie in ihren Postulaten zu wenig die Größe ihres prinzipiellen Gedankens erkennen lassen, dagegen durch ihre oft über alles Maß hinausgehende Leidenschaftlichkeit in Vortrag und Presse das Verständnis dafür direkt erschwert, daß es sich um etwas anderes handle, als um ein Schlaraffenleben im neuen Zukunftsstaat. Während sie dringend Veranlassung gehabt hätte, ihre materiellen Prinzipien mit der Würde des menschlichen Wesens selbst in Verbindung zu bringen, gefiel sie sich oft in der Ausmalung einer Zukunft, deren farbenhelle Märchenpracht ein entnervtes und an keine Wunder mehr glaubendes Geschlecht zu einem unverdienten, aber nur zu nahe liegenden Spotte reizte, oder in der Gehässigkeit einer negativen Kritik, die wohl zum äußersten Widerspruch, nicht aber zur Überzeugung ihrer Gegner führen mußte. Trotz alledem steht sie groß und bewunderungswürdig da. Groß in der Sicherheit, womit sie ein Postulat geltend macht, das seit Jahrtausenden umsonst auf seine Herolde gewartet hat, bewunderungswürdig in dem Mute, womit sie althergebrachten, zum Gemeingut gewordenen Anschauungen entgegentritt.

Nicht einmal in den leisesten Strichen dürfen wir es uns hier gestatten, die sozialdemokratische Behauptung von der durch den Gang der wirtschaftlichen Entwicklung selbst nahegelegten Notwendigkeit, die Produktionsmittel in den Gemeinbesitz der Gesellschaft übergehen zu lassen, zu illustrieren. Was ihre Schriftsteller, ein Marx, ein Engels, ein Kautsky, ein Bernstein u. a. darüber sagen, mag in der Hauptsache wahr sein, allein wäre die Sozialdemokratie darauf angewiesen, ihre These geschichtlich belegen zu müssen, so würde es schlimm um die Wahrheit derselben stehen. Das durchschlagend Große derselben ist das Bestreben, die Besitzfrage überhaupt aus der Welt zu schaffen durch ihre endgiltige Lösung.

Man mag über die Zuversichtlichkeit lächeln, womit die Sozialdemokratie von ihrer „gesellschaftlichen Produktionsweise“ redet, als würden damit alle Wunden der Menschheit geheilt, man mag ihr in Einzelheiten auf Schritt und Tritt Unrichtigkeiten, gewaltsame Sprünge, unpsychologische Forderungen etc. nachweisen — das sind Nebensachen, an welchen sich zu stoßen nur dem vorbehalten ist, der ganz vergessen zu haben scheint, daß alles Große in der Welt eine „Narrheit“, daß also die Forderung platter Vernünftigkeit einer Erscheinung nicht gerade ein Zeichen von eigener Größe ist. Die Sozialdemokratie braucht sich von solchen Stimmen nicht aus dem Konzept bringen zu lassen. Mag der deutsche Reichstag das idealistische Bild des Zukunftsstaates, das ihm die glühende Beredsamkeit eines Bebel entrollt, noch so sehr zur Zielscheibe seiner Witze machen — damit ist es nicht getan. Merken denn die Herren nicht, daß man nur das Große verspottet, daß sich eine alte Gesellschaft eben dann in die Brust zu werfen anfängt, wenn sie im Begriffe ist, von einer neuen überwunden zu werden? Gerade die Unbehilflichkeit, die es der Sozialdemokratie nicht gelingen läßt, die Wahrheit ihres gesellschaftlichen Zukunftsgemäldes eindrücklich zu machen, beweist, daß ihre Erkenntnisse in die Miniaturformen einer zeitgenössischen Denkungsart nicht passen, daß das gewaltig Große, das sie will, in der Sprache der Gegenwart gar nicht ausgedrückt werden kann. Mit welchem Rechte heuchelt die Gegenwart mit ihrer Barbarei und Zwecklosigkeit Verständnis für eine Bewegung, die ihr selbst ein Ende zu machen bestimmt ist?

Womit legitimieren Menschen, deren höchste Leistung etwa in der Führung durchaus unhaltbar gewordener Parteien, oder in der Aufstellung ebenso wüster wie bequemer Pessimismusphilosophien, wenn nicht gar in der bloßen Geschäftmacherei besteht, ihre Einbildung, mit ein paar spöttischen Bemerkungen die Sozialdemokratie „abgetan" zu haben? Von der Fähigkeit nicht zu reden — woher nehmen sie das Recht dazu? Wo im ganzen Umkreise ihres satten Egoismus liegt ein Zug, ein Gedanke, ein Wollen, das dem sozialdemokratischen verwandt wäre? Wahrlich, dem Phrasenschwall unsrer Parteien, der Gewissenlosigkeit unsrer Börsen, der Blasiertheit und Lüsternheit unsrer Kulturhelden gegenüber, die für keine anderen Dinge als für Weiber, Pferde und Hunde ein Interesse besitzen, der absoluten Prosa unsrer Krämer und Händler gegenüber, die keine andern Gedanken als das Profitchen zu fassen vermögen, steht die Sozialdemokratie mit ihrem Idealismus wie ein Riese unter Zwergen da. Es ist komisch, im Munde derer, die keine anderen Interessen kennen als Geld, Geld in allen Formen und auf jedem Wege, über die sozialdemokratische „Genußsucht", über „ihre Tendenz, das Volk an Genüsse zu gewöhnen, die es verderben müssen", klagen zu hören — Genüsse, die man im Stillen für sich selbst reserviert.

Nicht komisch aber mehr, sondern empörend ist es, wenn die Gesellschaft der Sozialdemokratie die Verwirrung einer Frage vorwirft, deren totale Vernachlässigung ja gerade ihre eigene Schande ausmacht: der Besitzfrage. Ist es wahr, daß sie erst durch die Sozialdemokratie dem Bewußtsein der Menschen nahegelegt, ist es wahr, daß sie erst jetzt aus einer nebensächlichen Bedeutung ins Zentrum des Interesses gerückt worden ist? Ist sie nicht das treibende Motiv der Weltgeschichte? Man werfe nur einen oberflächlichen Blick in die geschichtlichen Entwicklungen, und dann frage man sich, wie man ein Gebahren beurteilen muß, das sich durch seine „moralische Entrüstung" über „Abschaffung des Besitzes" und dgl. eben die Schande zudecken will, die es dem Gegner zumutet! Das volle Gegenteil von dem ist wahr, was man der Sozialdemokratie vorwirft. Der Vorwurf der Genußsucht fällt mit ganzer Wucht auf eine Gesellschaft zurück, die kein schärferes Mittel gegen ihren unbequemen Gegner zu haben glaubt, als wenn sie ihm ihre eigenen innersten Absichten zutraut! Was soll man aber dazu sagen, wenn sie die Besitzfrage nichts anders als unter dem Sehwinkel der Genußsucht versteht? Und müssen, weil sie kein anderes Verständnis dafür hat, auch ihre Gegner es nicht haben? Warum soll man am Besitz nicht rühren? Etwa, weil er so nebensächlich ist, weil unsre Gesellschaft vor lauter Idealität gar nicht dazu kommt, ihres Besitzstandes zu gedenken?! Ist dem gegenüber das Zugeständnis, daß der Besitz der eigentliche Nerv des menschlichen Lebens sei, nicht beschämend genug, nicht Grund genug, die gefürchtete „Abschaffung" eines Privatbesitzes, der eine so schmerzliche Geschichte hat und immer noch eine so traurige Rolle spielt, für eine — die größte — Wohltat anzusehen? Will die Sozialdemokratie mit ihrem Postulate des Allgemeinbesitzes der Produktions- und Konsumtionsmittel nur den Privatbesitz abschaffen, oder das andere, die Frage des Besitzes so radikal lösen, daß die Menschheit nie mehr zu ihr zurückzukehren braucht? Darauf mögen uns sozialdemokratische Stimmen selbst Antwort geben.

„Mit der Besitzergreifung der Produktionsmittel durch die Gesellschaft ist die Warenproduktion beseitigt und damit die Herrschaft des Produkts über die Produzenten. Die Anarchie innerhalb der gesellschaftlichen Produktion wird ersetzt durch planmäßige bewußte Organisation. Der Kampf ums Einzeldasein hört auf. Damit erst scheidet der Mensch, in gewissem Sinn, endgiltig aus dem Tierreich, tritt aus tierischen Daseinsbedingungen in wirklich menschliche. Der Umkreis der die Menschen umgebenden Lebensbedingungen, der die Menschen bis jetzt beherrschte, tritt jetzt unter die Herrschaft und Kontrolle der Menschen, die nun zum erstenmale bewußte, wirkliche Herren der Natur, weil und indem sie Herren ihrer eignen Vergesellschaftung werden. Die Gesetze ihres eignen gesellschaftlichen Tuns, die ihnen bisher als fremde, sie beherrschende Naturgesetze gegenüberstanden, werden dann von den Menschen mit voller Sachkenntnis angewandt und damit beherrscht. Die eigne Vergesellschaftung der Menschen, die ihnen bisher als von Natur und Geschichte oktroyiert gegenüberstand, wird jetzt ihre eigne freie Tat. Die objektiven, fremden Mächte, die bisher die Geschichte beherrschten, treten unter die Kontrolle der Menschen selbst. Erst von da an werden die Menschen ihre Geschichte mit vollem Bewußtsein selbst machen, erst von da an werden die von ihnen in Bewegung gesetzten gesellschaftlichen Ursachen vorwiegend und in stets steigendem Maße auch die von ihnen gewollten Wirkungen haben. Es ist der Sprung der Menschheit aus dem Reiche der Notwendigkeit in das Reich der Freiheit". (Engels: Dühring's Umwälzung der Wissenschaft S. 305—306).

Ist es nicht, als hörten wir Fichtes ideale Sprache? Ist es nicht deutlich, daß hier dieselben Postulate erhoben werden, die die Brust eines Fichte geschwellt: die Postulate für die Freiheit der menschlichen Persönlichkeit? Von hier fällt ein helles Schlaglicht auf die sozialdemokratische Forderung des Allgemeinbesitzes: Sie ist nicht weniger als die Forderung der Menschenwürde selbst. Die letztere hatte sich in der Anarchie des überlieferten Privatbesitzes nicht zum Bewußtsein ihrer Alleinherrschaft aufzuschwingen vermocht. Nun aber, nachdem sie das Szepter ergriffen, ist ohne weiteres die Frage des Privatbesitzes entschieden, entschieden, daß es keine andere Macht geben darf, als die der Persönlichkeit, entschieden, daß keine materiellen Härten trennend und scheidend zwischen den Menschen stehen dürfen, entschieden, daß sie sich ihr Leben selbst gestalten müssen, ein Leben, das am Stoffe keine materiellen Schranken mehr, sondern im Gegenteil das Material selbst für seine eigene Ausgestaltung findet.

Deshalb also stehen die materiellen Fragen im Vordergrunde des modernen Interesses, weil das Erwachen der Persönlichkeit ihnen ruft, weil der Mensch sich anschickt, den Schauplatz seiner Tätigkeit endgiltig zu ebnen und seinen Zwecken dienstbar zu machen. Denn der Mensch, damit er seine Aufgabe erfülle, muß vor allem die Besitzfrage in einer Weise gelöst haben, die den Hunger und das Elend unmöglich macht. Soll die Persönlichkeit ihren Reichtum entfalten, ihr Leben auswirken, so müssen alle die Fragen, die nur seiner Vorbereitung gedient, auf eine reinliche und bleibende Lösung gebracht worden sein — mit andern Worten, muß die Besitzfrage aufhören, die Menschen in die Fesseln von Angst und Sorge zu schmieden. Soll der Mensch leben, so darf er sein Leben nicht mehr nur suchen, wie bisher.

Hier ist es klar, wie töricht der Vorwurf, den man gegen die Sozialdemokratie immer wieder erhebt, eigentlich ist. Gerade lösen und beseitigen, gerade nicht zum herrschenden Interesse machen will sie die Besitzfrage. Nur deswegen ist sie mit solcher Leidenschaft den wirtschaftlichen Gesichtspunkten zugewandt, weil sie sich bewußt ist, eine Aufgabe der allergrößten Bedeutung aufgenommen zu haben — und so wenig man Herkules den Schmutz vorwerfen will, den er sich bei der Reinigung des Augiasstalles zuzieht, so wenig wird man gewillt sein, der Sozialdemokratie den Unrat vorzuhalten, den sie durch ihre Postulate aufwühlt.

Man spricht davon, daß der Besitz ein unveräußerliches Recht der Persönlichkeit sei, daß er zur Persönlichkeit so unabtrennbar gehöre, wie die Schale zum Kern. So richtig dies auch ist, so dringlich stellt sich hier gerade die Frage ein, welche Persönlichkeit gemeint sei und welcher Besitz? Man darf eine unbestreitbare Wahrheit nicht auf alle Verhältnisse anwenden, wenn man sie nicht in ihr Gegenteil verwandeln will. Das letztere ist nun aber wirklich geschehen dadurch, daß man die ausgesprochene Bedeutung des Besitzes unbesehen auf seine gegenwärtige Gestalt, auf sein gegenwärtiges Verhältnis zum Menschen anwandte. Die Ethiker und Philosophen aller Schattierungen versichern uns immer wieder mit Emphase, daß der Besitz eine sittliche Idee und dgl. sei; aber sie bleiben regelmäßig die Antwort darauf schuldig, ob in der Wirklichkeit diese sittliche Idee sich auch realisiert habe. Wo ist denn die Persönlichkeit, die sich in ihrem Besitze harmonisch spiegelt, im Besitze nur sich selbst auslebt, wo ist dieser Besitz, dessen Fülle nur die Regungen und Bewegungen seines Herrn, wie das Kleid die Bewegungen der Glieder, wiedergibt? Etwa in der jetzigen Gesellschaft? Sind die ebenso geistlosen wie räuberischen Massenanhäufungen moderner Kapitalisten der „Besitz", für dessen sittliche Idee die Ethiker schwärmen?

Hören wir, was ein Treitschke hierüber zu sagen hat: Ein Vermögen, wie es das Haus Rothschild besitzt, ist unter allen Umständen eine öffentliche Kalamität. Von einer Zinsenverzehrung kann hier gar nicht die Rede sein, also vermehrt sich das Kapital rapide, und was noch schlimmer ist, diese ungeheuren Vermögen sind meistens kosmopolitisch und tragen zur Hebung eines Nationalwohlstandes sehr wenig bei"! — Und über die Börse, diesen besonders anziehenden Schauplatz der „sittlichen Idee" des Besitzes, sagt er: „Die schmachvollen Erfahrungen, die wir eben jetzt wieder in Berlin gemacht haben, genügen allerdings noch nicht, uns bei der tiefen Korruption der modernen Gesellschaft . . . die Notwendigkeit des Einschreitens darzutun." (Politik I. S. 394 u. 395.) Welch bezeichnendes Geständnis über eine Gesellschaft, die

Treitschke sonst mit so viel Eifer gegen den „Unsinn der Sozialdemokratie“ in Schutz nimmt!

Sind solche Besitzverhältnisse nicht das gerade Gegenteil der „sittlichen Idee“? Oder sind die Persönlichkeiten der von Treitschke geschilderten Gesellschaft jene sittlichen Centren, die um sich herum wohlgeordnet, wie es die „sittliche Idee“ verlangt, ein sittlich angeeignetes Eigentum kreisen lassen? Und gibt es eine bitterere Ironie als diese „sittliche“ Idee verglichen mit dem wirklichen Leben derer, die sie gläubig entgegennehmen?

Was die „sittliche Idee“ des Eigentums will, das wird ihr gerade durch die sozialdemokratische Sittlichkeit in einem Grade gewährleistet, von dem sich ihre Träger in ihrem Abscheu vor aller Sozialdemokratie heute noch nichts träumen lassen. Erst da, wo die Persönlichkeit selbst das Prinzip des Lebens geworden ist, erst da, wo die Menschen nicht mehr am Gelde, sondern an der Persönlichkeit ihre Gedanken messen, kann von einer „harmonischen“ Angliederung eines Besitzes an den Menschen geredet werden, während da, wo der Mensch nichts anderes als das pfiffige oder gewaltsame Vernunftcentrum eines bloßen Sachenkonglomerates und selbst ganz in die Wertung des Geldes eingeschlossen ist — wie dies gerade unter der Herrschaft der „Idee“ der Fall gewesen — die „Sittlichkeit“ des Besitzes wie Hohn klingt. Solange die Persönlichkeit selbst nicht autonom, so lange es nicht allgemeiner Grundsatz ist, daß des Menschen Seele im Werte unendlich höher stehe als alle Schätze der Erde, solange im Gegenteil eine sich ihrer „Kultur“ rühmende Gesellschaft den Menschen nach der Größe oder Kleinheit seines Mammons beurteilt, solange die Gelehrten mit „sittlichen Ideen“ Zustände zu legitimieren oder wenigstens sich und ihren Zuhörern vom Herzen weg zu reden vermögen, gegen welche die ganze Glut ihrer Beredtsamkeit aufflammen sollte — solange wird es auch keinen Ausgang aus dem entsetzlichen Labyrinthe geben, das uns der Besitz eingebracht hat.

Alle jene geistigen und ideellen Potenzen, „Prinzipien“, „Begriffe“ und „Zwecke“, mit welchen wir den Sinn des Daseins erfassen, des Lebens unendliche Fülle beherrschen zu können wähnen, bedeuten nichts als die Impotenz der Gesellschaft, die ihr gebieterisch entgegenkommenden Aufgaben in ihrer dringlichen Notwendigkeit auch nur zu verstehen. Wir verstehen es nicht, daß die materiellen Fragen, die Fragen des Besitzes, einfach gelöst werden müssen, weil wir uns selbst noch nicht verstehen. Wir verstehen es nicht, weil wir uns die Lösung aller dringlichen Probleme durch ihre Sublimierung ins „Ideelle“ ersparen!

Damit soll nun nicht gesagt sein, daß die sozialistische Vorstellung von der gemeinsamen Produktion der Lebensmittel das letzte Wort in unserer Frage, die Lösung aller Schwierigkeiten, das universale Heilmittel gegen alle Schäden bedeute. Wie viel oder wie wenig in den Allgemeinbesitz überzugehen, und wie man sich die Organisation der gemeinsamen Produktion zu denken habe, das ist verglichen mit der Größe der Sache selbst eine Frage der allergeringsten Bedeutung. Wie man sich ihre praktische Gestaltung auch denken möge — von einer zwangsmäßigen, die individuelle Freiheit zerstörenden, zuchthausartigen Beschaffenheit der neuen Gesellschaftsordnung kann in einer Welt am wenigsten gesprochen werden, die die Kräfte der Persönlichkeit so ausschließlich zur Entfaltung bringen will. Diese wenig verlockenden Aussichten — die man allen Ernstes dem Zukunftsstaat des Sozialismus voraussagt — sind es nur für solche, die sich eine „individuelle Freiheit“ nicht anders als in der Form unbeschränktester Willkür privater Güteransammlung zu denken vermögen, nicht aber für die, welche die Reize des privaten Lebens am Reichtum der Persönlichkeiten, nicht an dem der Sachen entwickeln. Der Autonomie persönlichen Lebens ist es durchaus gleichgiltig, ob die zur Erhaltung desselben nötigen Sachen durch gemeinsame Arbeit oder durch private erlangt wird — auf dem Fundamente des Persönlichkeitsprinzips wird die eine Art so wenig als die andere eine Gefahr oder umgekehrt einen Vorzug bedeuten.

Dies wird auch von der Sozialdemokratie mehr und mehr zugegeben, jedenfalls sind die hierauf bezüglichen Ausführungen eines Bernstein — mit andern Worten die Dühringsche Reaktion (siehe Friedländer) — von der Partei ausdrücklich nicht desavouiert worden. Ein sehr interessanter Aufsatz in den Sozialistischen Monatsheften (Februar 1902 S. 123) von E. Losinsky, betitelt „Das religiöse Problem im Sozialismus“, gesteht ganz offen, daß es sich im Zukunftsstaate nicht bloß um Essen und Trinken handeln werde. „Jetzt wird die soziale Wirkung der materialistischen Ideen nicht nur überflüssig, sondern sogar schädlich, indem diese sich in Wirklichkeit der Bildung jeder neuen positiv-religiösen Weltanschauung als hinderlich erweisen .... Es ist meiner

Meinung nach ein großes historisches Mißverständnis, daß der Sozialismus sich bis heute noch als grundsätzlich materialistisch proklamiert und in den Fetzen der fremden und unbrauchbar gewordenen Tracht kühn einhergeht. Für ihn paßt, meine ich, die materialistische Weltanschauung ebensowenig, wie die alte christliche Ideologie des finstern Mittelalters. Der Sozialismus ist seinem ganzen Charakter nach durchaus idealistisch und schon aus dem Grunde allein nicht verträglich mit den Ideologien, welche die ganze, schöne uns umgebende Welt in eine tote, gefühl- und ziellose Materie verwandelten .... Wie der Leser sieht, bereitet sich im geistigen Leben der modernen Gesellschaft ein großer revolutionärer Umschwung vor: der Sozialismus hört auf, materialistisch und atheistisch zu sein, er wird idealistisch und religiös". (a. a. O. S. 124. 125. 126). — Gewiß bezeichnende Stimmen, die unsere Behauptung von der idealen Bedeutung des Sozialismus direkt bestätigen.

Mag also noch viel Kopfzerbrechens nötig sein, um die Einzelheiten des sozialistischen Programms in die Wirklichkeit überzuführen — eine gewisse Menge von Privatbesitz hat die Sozialdemokratie immer zugegeben und vorausgesetzt — soviel ist gewiß, daß die grundlegende Neuerung nicht im Äussern liegt, sondern in der klar ausgesprochenen Tendenz, mit der Lösung der Besitzfrage die Menschheit selbst aus den unwürdigen Banden materieller Interessen, worin sie bis dahin geseufzt, zu erlösen, sich selbst wiederzugeben, und damit die Ära der Persönlichkeit heraufzuführen. Dann erst, wenn ein festes, unantastbares Gefüge wirtschaftlicher Ordnung das Hunger- und Sorgengespenst wirklich fernhält, beginnt der Mensch jenes höhere Dasein, das ihn endgiltig vom Tiere scheiden wird, wie dies Engels oben mit Recht behauptet. Mit nichten wird er dann jenes berüchtigte Schlaraffenleben beginnen, das Leute herankommen sehen, die sich keine andere Emanzipation von der Herrschaft der Sachen denken können als die, welche sie selbst zwischen den Perioden ihrer harten Pflicht im Stillen sich erlauben: die sinnliche Ausschweifung. Zur Ausschweifung neigt nur ein Dasein, das seine Sinnlosigkeit durch den Rausch leidenschaftlicher Genüsse wettzumachen sucht. Die Gier und Lüsternheit hört da auf, wo das Leben nicht mehr sinnlos, die Materie nicht mehr der Tagesgötze, sondern der selbstverständliche, stets vorhandene Schauplatz des Schaffens ist. Nein, dann wird der Mensch zu ungeahnten Leistungen gelangen, dann wird er den unerschöpflichen Reichtum seines freigewordenen Lebens in einer Art verwerten, wovon sich jetzt auch die kühnste Phantasie unseres am Boden dahinkriechenden Geistes nichts zu träumen vermag. Das ist der Idealismus der Sozialdemokratie, den sie stolz und mit steigendem Erfolge einem gesellschaftlichen Skeptizismus und Pessimismus entgegenhält.

Die schönen Worte Bebels werden ihre Wahrheit enthüllen, wenn ihre Spötter längst vergessen sind: „Die neue Gesellschaft kann, sobald sie ihren Nachwuchs bis zu dem Mündigkeitsalter nach den entwickelten Prinzipien erzogen hat, jeden Einzelnen seiner weitern Ausbildung überlassen. Sie darf sicher sein, daß jeder die Gelegenheit ergreifen wird, die in ihm zur Entwicklung gebrachten Keime weiter auszubilden. Jeder treibt und übt mit Gleichgesinnten, wozu Neigung und Anlagen drängen. Dieser ergreift einen Zweig der immer glänzender sich ausgestaltenden Naturwissenschaften .... jener die Geschichtswissenschaft, die Sprachforschung, das Kunststudium etc. Dieser wird aus Passion Musiker, jener Maler, ein dritter Bildhauer, ein vierter Schauspieler. Zünftige Künstler wird es künftig so wenig als zünftige Gelehrten und zünftige Handwerker geben. Tausend glänzende Talente, die bisher unterdrückt wurden, kommen zur Entfaltung und Geltung und zeigen sich der Gesellschaft in ihrem Wissen und Können, wo die Gelegenheit sich bietet. Wir haben also keine Musiker, Schauspieler, Künstler und Gelehrte von Profession mehr, aber wir haben um so zahlreichere aus Begeisterung, durch Talent und Genie. Und was diese leisten, dürfte die gegenwärtigen Leistungen auf diesen Gebieten eben so sehr übertreffen, wie die industriellen, technischen und agrikolen Leistungen der künftigen Gesellschaft die heutigen übertreffen werden.

Wir werden also eine Ära für Künste und Wissenschaften entstehen sehen, wie sie die Welt noch nie gesehen hat, nie erlebte, und dementsprechend werden auch die Schöpfungen sein, die sie erzeugt.“ (Bebel, Die Frau und der Sozialismus. 13. Aufl. S. 331.) Das führt uns zum folgenden Abschnitte — zum Kommunismus.

γ) Die sozialdemokratische Gesellschaft: der Kommunismus.

Die Besitzfrage muß gelöst werden — so haben wir im vorigen Abschnitt gehört. Sie kann es nur durch den Kommunismus, die gemeinschaftliche Produktion der Güter und Gemeinsamkeit des

Lebens überhaupt — fügt die Sozialdemokratie mit Bestimmtheit hinzu. Die Massenproduktion einerseits und die kapitalistische Aneignung der Gewinne anderseits hätten den schreienden Widerstreit zwischen den gewaltigen Arbeitsleistungen und ihren geringen, ja oft kaum über die Fristung des nackten Lebens hinausgehenden Erträgen deutlich jedermann vor Augen gestellt. Es sei klar, daß wir es mit einer Ausbeutung der Menge durch einzelne wenige Bevorzugte zu tun haben, von denen sie um die mühsam erworbenen Früchte ihrer Arbeit vermöge eines wirtschaftlichen Systems der Güterproduktion und -distribution betrogen werde, dessen Härte — möge man sie als Ungerechtigkeit verurteilen, oder als historische Entwicklungsphase der Menschheit begreifen — unerträglich zu werden anfange und deshalb dem Tage rufe, an welchem das Proletariat sich der gesellschaftlichen Vorherrschaft bemächtigen und den Kommunismus emporführen werde. —

Das sind die eindrucksvollen Sätze des klassischen, namentlich durch das überlegene Talent eines Marx zur Geltung gebrachten Sozialismus, Sätze, deren unmißverständliche Sprache jene gewaltigen Arbeiterheere ins Leben gerufen haben, die heute einem unentschlossenen und verwirrten Feinde zielbewußt und mit steigendem Erfolge Stellung um Stellung abringen.

Wir dürfen uns hier nicht näher auf ihr Programm einlassen. Es ist innerhalb des sozialistischen Lagers selbst schon von einem Dühring heftig angegriffen worden und bildet noch eben den Gegenstand erregter sozialistischer und nationalökonomischer Debatten. Mit Zuversicht seinerzeit aufgestellt, fängt es an, den konkreten Tagesfragen und den dringenden wirtschaftlichen Aufgaben einer weniger prinzipiell gerichteten Gegenwart ein Zugeständnis nach dem andern zu machen, um sich, wie es scheint, zu einer sozialpolitischen Auffassung niederzuschlagen, die, verständig und klug im einzelnen, wenig mehr von jenem revolutionären Ton der ersten Begeisterung spüren läßt. Wir erinnern zum Belege dieser bemerkenswerten Tatsache nur an die Publizistik eines Ed. Bernstein, dessen wissenschaftlicher Standpunkt eine Art Vermittlung zwischen der Sozialdemokratie selbst und dem Liberalismus bilden zu wollen scheint. Bernstein hat wohl den ganzen Unmut seiner Genossen zu tragen gehabt, eigentlich desavouiert ist er doch nie worden — gewiß ein nicht zu übersehendes Symptom veränderter Taktik von seiten der Sozialdemokratie.

Darüber läßt sich streiten, ob die Reform der wirtschaftlichen Güterverteilung durch den Kommunismus oder durch andere, näher liegende Faktoren sich vollziehen soll. Wir reden noch nicht davon, daß der Kommunismus selbst weit über die bloße Güterfrage hinausgeht und Konsequenzen in seine erhabenen Forderungen einschließt, die einer ganz neuen Welt rufen, sondern beschränken unsre Aufmerksamkeit zunächst auf die Frage, ob er zu einer gerechten, allen zugänglichen Produktion und Verteilung der Güter wirklich nötig sei. Sie läßt sich umsoweniger umgehn, als, wie gesagt, innerhalb der sozialdemokratischen Meinungen selbst charakteristische Wandlungen sich vollziehen, die den kommunistischen Zukunftsstaat in weite Ferne, wenn nicht gar ins Land der Träume verweisen — als wir namentlich aber das ebenso einfache wie einleuchtende Unternehmen des Amerikaners Henry George vor Augen haben, das wirtschaftliche Problem allein durch die Abschaffung der Grundrente zu lösen.

George ist leider von der sozialdemokratischen Literatur so gut wie unerwähnt geblieben. Er fängt aber doch an, namentlich durch sein Buch „Fortschritt und Armut“ die Aufmerksamkeit weitester Kreise auf sich zu ziehen, wie z. B. die bedeutsame, aufs wärmste für George Partei nehmende Publikation Friedländers beweist. Wir dürfen uns hier nicht erlauben, die Thesen Georges des nähern zu beleuchten. Es ist aber ohne weiteres klar, daß, wenn George recht hat, wenn es wahr ist, daß die Besitzfrage durch Abschaffung der Bodenrente gelöst wäre — indem sich nun die wirtschaftlichen Kräfte, nicht mehr durch die parasitische Aussaugung der Bodenrente lahmgelegt, ganz von selbst zu einem konstanten Gleichgewicht ergänzen würden, indem dabei namentlich die Arbeiter nicht mehr an jene von der Bodenrente diktierte Unerbittlichkeit der Unternehmer gefesselt wären, sondern im Gegenteil die durch ihre überlegene Macht erst wirklich gewordene Freiheit der Vertragschließung mit den Unternehmern jederzeit besitzen würden — wenn es ferner wahr ist, daß Kapital und Arbeit nur solange in gegenseitigen Antagonismus treten, als sie gemeinschaftlich von der Bodenrente gedrückt werden, beim Wegfall dieses Druckes aber in einer Weise aufeinander angewiesen sind, daß wohl die Arbeit ohne Kapital, nicht aber das Kapital ohne Arbeit leben kann, daß also das Kapital mit der Bodenrente seinen natürlichen Nährboden verliert und deshalb im Spiel der wirtschaftlichen Kräfte keine bevorzugte Rolle mehr einzunehmen imstande ist — mit andern Worten: wenn die grundlegenden Aufstellungen des Marxschen Hauptwerkes „Das Kapital", auf einem Mißverständnis beruhen, dann allerdings fällt auch der ganze zum Zwecke der Lösung der Besitzfrage aufgestellte Kommunismus dahin. Denn dann ist es bewiesen, daß wir nicht zu einer so radikalen Maßregel zu greifen brauchen, solange viel näher liegende Heilmittel vorhanden sind.

Um ein Bild zu gebrauchen: Die von der zu nahe stehenden Wand gehemmte Maschine muß nicht neu konstruiert werden, um einen ungehinderten Gang zu erhalten, man rücke sie nur ein wenig von der Wand fort, so wird sie von selbst wieder gehen! Ganz in derselben Weise ist — die Richtigkeit der Georgeschen Aufstellungen vorausgesetzt — der staunenswerte Scharfsinn eines Marx umsonst, wenn die Hindernisse der menschlichen Wohlfahrt nicht in den Bewegungen der Produktion ruhen, sondern in einem von außen auf dieselben wirkenden Drucke. Man mache, sagt George, die Bodenrente zum Eigentum der Gemeinde, so wird die ganze wirtschaftliche Maschinerie von selber laufen, und haben wir jenen „Hokuspokus" — wie George mit wenig Respekt die Marxsche Mehrwertstheorie nennt (bei Friedländer S. 319) — garnicht nötig. Marx hätte demnach — um bei unserem Bilde zu bleiben — bei der Maschine selbst den Fehler gesucht und den Druck der Wand mit einer in der Konstruktion der Maschine liegenden Unvollkommenheit verwechselt. In der Tat hat er die Bodenrente immer nur vom kapitalistischen Sehwinkel aus, nicht als eine selbständige Größe angesehen; sie war ihm bloß ein Teil des Mehrwertes, während sie bei George jene künstlichen Verhältnisse in die kapitalistische Produktion erst hineinträgt, die Marx zur alleinigen Ursache aller wirtschaftlichen Not macht.

Wir wollen zur Ergänzung des gesagten noch einmal darauf hinweisen, daß in der neuesten Zeit auch ein Bernstein an der Richtigkeit vieler Marxschen, im Zusammenhang mit seiner Hauptthese stehenden Aufstellungen zu zweifeln beginnt — um zu dem Satze zu gelangen, daß der Kommunismus der Sozialdemokratie auf die Beschaffung und Verteilung der Güter allein bezogen unnötig und untauglich ist, indem hiefür die Grundrententheorie eines George ausreichend sein dürfte. Ganz abgesehen davon aber — und damit kommen wir zu unserm eigentlichen

Gegenstand — der Kommunismus kann gar nicht auf die Besitzfrage allein eingeschränkt werden, sondern nimmt, einmal ausgesprochen und mit Entschiedenheit geltend gemacht, die Gemüter für seine immanente Wahrheit und selbständige Bedeutung in Anspruch.

Zu bedeutsam, sagen wir, sei der Kommunismus, als daß ihm nur die Lösung der Besitzfrage zugeschrieben werden könnte. Und das sagen wir mit vollem Bedachte. Auch hier ist die Sozialdemokratie nicht das, was sie zunächst scheint. Sie hat sich selbst ihren Gesichtspunkt verhüllt, sie hat namentlich ihren Gegnern willkommene Waffen immer und immer wieder in die Hand gedrückt dadurch, daß sie hartnäckig vorgab, lediglich eine wirtschaftliche Erscheinung zu sein, und zur Begründung dieser seltsamen Behauptung zu jener ebenso seltsamen materialistischen Geschichtsauffassung griff, wonach alle geschichtliche Bewegung nur ökonomischer Natur gewesen sein soll — eine Auffassung, die sie stillschweigend aufzugeben beginnt. Heute steht sie vor einem Scheidewege. Entweder muß sie an ihrer großen These von der allgemeinen Gleichheit der Menschen festhalten, und dann darf sie sich nicht länger der Einsicht verschließen, daß diese Gleichheit nicht ein bloßes wirtschaftliches Postulat bleiben kann. Oder aber sie gibt diese prinzipielle Stellung zu Gunsten näherliegender spezieller Wirtschaftsfragen, die sie mit Eifer fortfahren kann zu diskutieren, auf und bekennt sich damit offen zu dem, nach all den großen Anläufen etwas bescheiden geratenen, Resultat, daß sie sei und bleibe — nichts als eine soziale Partei.

Wir müssen gestehen, daß wir mit Schrecken diese letztgenannte Richtung ihre bestechenden Argumente in die allgemeine Diskussion werfen sehen. Bernstein mag für die konkreten Verhältnisse gegenüber einer summarischen und gewaltsamen Argumentationsweise recht haben — wer in gewissen Fragen recht hat, hat unrecht, und dies trifft für keine Erscheinung so schlagend zu, wie für die Sozialdemokratie. Sieht denn Bernstein nicht, daß die Unbehilflichkeit der sozialdemokratischen Postulate gerade ihr köstlichster Vorzug ist? Und sind seine Bemühungen, dieselben dem gegenwärtigen wirtschaftlichen Verstande der Gesellschaft anzupassen, wirklich so lohnend, wie sie es ihm selbst scheinen mögen? Bedarf die Sozialdemokratie einer Hilfe, die sie durch Preisgabe oder wenigstens Verschleierung ihrer wichtigsten Thesen eben dem

Gegner empfehlen möchte, mit dem sie in den fundamentalsten Fragen uneins ist, uneins bleiben muß? Was ist das für ein Unternehmen, großartige und prinzipielle Orientierungen, wie sie der Sozialdemokratie eignen, zu Gunsten des gegenwärtig erreichbaren in den Hintergrund zu stellen? Ist es nicht ein Beweis dafür, daß man im sozialdemokratischen Lager selbst jenen idealen Schwung einzubüßen anfängt, der ebensosehr den Ruhm wie den Spott der Sozialdemokratie gebildet hatte — den Ruhm gerade im Spotte ihrer verständnislosen Gegnerschaft?

Wenn Bernstein sagt, daß „der Sozialdemokratie ein Kant wohltut, der einmal mit der überkommenen Lehrmeinung mit voller Schärfe kritisch-sichtend ins Gericht geht, der aufzeigt, wo ihr scheinbarer Materialismus die höchste und darum am leichtesten irreführende Ideologie ist, daß die Verachtung des Ideals, die Erhebung der materiellen Faktoren zu den omnipotenten Mächten der Entwicklung Selbsttäuschung ist, die von denen, die sie verkünden, durch die Tat bei jeder Gelegenheit selbst als solche aufgedeckt ward und wird" (Die Voraussetzungen des Sozialismus S. 187) — so ist diese Behaftung der Sozialdemokratie bei ihrem materiellen Prinzipe angesichts vieler unmißverständlicher, nichts weniger als materiell gemeinter Auslassungen ihrer Führer — man denke nur an die begeisterten Prophetien eines Bebel in seinem oben zitierten Buche — eine Ungerechtigkeit, die man wohl einem Gegner zutraut, nicht aber im eigenen Lager anzutreffen gewohnt ist.

Gerade die materialistische Auffassung der Geschichtsentwicklung von seiten der Sozialdemokratie war, näher besehn, nur eine Unterströmung jener durchaus nicht materialistischen sondern im höchsten Grade idealistischen Forderung, die Besitzfrage aus der Welt zu schaffen, in welcher es sich nicht um Sachen, sondern um die Würde des Menschen selbst handelte. In dem leidenschaftlichen Postulate, die so verhängnisvolle Herrschaft bloßer Gedanken und Allgemeinbegriffe einmal zu stürzen und die Augen für die wirklichen Tatsachen des Lebens aufzuschlagen, Tatsachen, die nur von zwei Faktoren zu reden wissen, von den Gütern selbst und von dem sie genießenden Menschen, mußte der Nachdruck auf die Behauptung fallen, daß die materiellen Potenzen die für das Leben des Menschen ausschlaggebenden, daß dagegen jeder Rückgang auf „Ideen" und „Zwecke" eine bloße Täuschung sei.

Es ist ja in der Tat so, nicht zwar daß der Mensch von keinen andern als von ökonomischen Mächten getrieben wird — das ist der Irrtum der Sozialdemokratie — aber daß er von keinen andern lebt. Es handelt sich also in der sozialdemokratischen Geschichtsauffassung im letzten Grunde um das Postulat des Lebens selbst, das der Mensch nicht bei Ideen, sondern beim Brote suchen muß, darum also, daß er sich über die Herrschaft der Gedanken erhebe, zu sich selbst komme und seine Persönlichkeit nicht mehr von fremden Mächten zu Lehen trage.

Die Sozialdemokratie weiß es und hat es auch am unverdächtigsten Orte ausgesprochen, daß die Persönlichkeit des Menschen gerade in der brutalen Sachen- und Eigentumswirtschaft Schaden leidet — wie sollte also die Persönlichkeit nicht ihr höchstes Interesse sein? „In der bürgerlichen Gesellschaft", sagt das kommunistische Manifest, „herrscht die Vergangenheit über die Gegenwart, in der kommunistischen die Gegenwart über die Vergangenheit. In der bürgerlichen Gesellschaft ist das Kapital selbständig und persönlich, während das tätige Individuum unselbständig und unpersönlich ist. Und die Aufhebung dieses Verhältnisses nennt die Bourgeoisie Aufhebung der Persönlichkeit und Freiheit! ... Ihr gesteht also, daß Ihr unter der Person niemand anders versteht, als den Bourgeois, den bürgerlichen Eigentümer. Und diese Person soll allerdings aufgehoben werden." (Komm. Manifest S. 15 u. 16 Ausg. 1872.)

Angesichts einer solchen Auslassung ist es müssig, vom „Materialismus" der Sozialdemokratie zu reden. Mag man das Verhältnis des Menschen zu seiner natürlichen Umgebung nennen wie man will — so lange dieses Verhältnis und nicht irgend eine materialistische Theorie gemeint ist, steht der Mensch selbst und allein im Vordergrund, während der angebliche Materialismus dabei nur die Aufgabe hat, diese Präponderanz des Menschen allen Ideologien, Begriffen etc gegenüber rücksichtslos zur Geltung zu bringen, rücksichtslos dessen Recht zu wahren, den Schauplatz seines Lebens ohne ihre leitende Dazwischenkunft in die eigenen Hände zu nehmen, das Recht, zu leben, das ihm die Materie allein gewährleistet.

Macht man freilich aus dem Kommunismus wieder nur eine wirtschaftliche Doktrin, so hat man leicht — wie Bernstein u. a. getan — seinen „Materialismus" zu tadeln, und alle jene „Ideale" wieder vor „Verachtung" in Schutz zu nehmen, deren Wegschaffung gerade seinen Ruhm gebildet hatte, weil man die fundamentale Erkenntnis, die sich in sein rauhes Gewand gekleidet: die Bedeutung des Menschen selbst, nicht mehr anzuerkennen, oder wenigstens nicht mehr als die Hauptsache anzuerkennen gestehen muß. Als bloß wirtschaftliches Prinzip ist ja der Kommunismus nichts mehr als die geräuschvolle Aufbietung eines Apparates, dessen Schwerfälligkeit den klugen und leichtgeschürzten Vorschlägen ephemerer Tagespolitik zu weichen hat!

Nach dem gesagten stehen wir nicht an, gerade in den radikalsten und kühnsten Postulaten der Sozialdemokratie jenes kostbare Element wiederzuerkennen, das die Bewegung der modernen Gesellschaft der Vollendung entgegenbringt. Wenn eine neue Bewegung die Geister ergriffen hat, so scheint es immer, als wäre sie nur dazu bestimmt, die von ihr aufgewirbelten Bestandteile des Alten in eine bessere Ordnung zu bringen. Erst später sieht man ein, daß sie eine selbständige Bedeutung hat und einer ganz neuen Gestaltung der Dinge ruft. Gerade so verhält es sich mit der Bewegung der Sozialdemokratie. Sie mag es sich selbst gestehen oder nicht — jedenfalls bricht sie einer neuen Welt Bahn. Und alle die von ihr aufgewirbelten Fragen sind nur das Symptom ihres vorwärtsdrängenden Flusses, mögen sie eine augenblickliche Lösung finden oder nicht.

Es handelt sich in der Sozialdemokratie nicht in erster Linie um den Besitz. Vielmehr ist die „Besitzfrage“ nur ein Kennzeichen für die entscheidende Bedeutung und Wahrheit ihrer Ziele. Daß sich gerade an der Besitzfrage die Diskussion über ihre Bewegung entzündet, beweist nur, daß die Menschheit jetzt in der Tat den Punkt getroffen hat, dessen Vernachlässigung ihr die schweren Fieberträume eingebracht, die wir Weltgeschichte nennen. An der Besitzfrage kommt die Menschheit zu sich selbst. Das ists, was der Kommunismus verstanden hat. Es kann für Augenblicke scheinen, als sei er nur eine gewaltsame Lösung der wirtschaftlichen Probleme — schließlich stellt es sich umgekehrt heraus, daß er nur deshalb an diese Probleme sich bindet, weil er von vornherein die Einheit des Menschengeschlechtes selbst will. Nicht das Eigentum hat auf den Kommunismus geführt, sondern umgekehrt, der schon vorhandene, schon in den Herzen treibende Kommunismus hat die Besitzfrage aufgegriffen, um an ihrer Jahrhunderte alten Widerstandskraft die Realität und Endgiltigkeit seiner Postulate zu erproben. Niemals kann der Kommunismus bloß eine untergeordnete Rolle spielen, z. B. etwa einer bloßen Güterverteilung dienen, immer ist er souverain — wie der Mensch selbst unendlich höher ist als seine Nahrung. Dies geben wir — in Übereinstimmung mit ihrer eigenen Literatur — einer sich selbst nicht mehr verstehenden Sozialdemokratie zu bedenken.

Man muß in der Tat fragen, warum sich dem Scharfblick eines Marx immer wieder und nur der Kommunismus als einziges Heilmittel der sozialen Zustände empfahl. Wenn er von der geschichtlichen Betrachtung herkommt, daß eine abgelebte Gesellschaft von selbst mit der Sicherheit dialektischer Folgerichtigkeit in ihr Gegenteil umschlägt, wenn er diese Hegelsche Theorie auf die ökonomischen Wandlungen der Geschichte bezieht und zum Schlusse kommt, daß auch der heutigen kapitalistischen Produktionsweise der Umschlag in ihr Gegenteil drohe, so darf die Frage nicht abgewiesen werden, ob denn der von ihm postulierte Kommunismus wirklich das bloße Gegenteil des Kapitalismus sei, ob er sich nicht vielmehr gegensatzlos zu jedem Wirtschaftssystem verhalte, da er vermöge seiner umfassenden Bedeutung wohl alle wirtschaftlichen Systeme in seinen Rahmen zu binden vermag, selbst aber zu keinem derselben in Gegensatz steht.

Dagegen wird eingewendet: der Kommunismus sei wirklich der einleuchtendste Gegensatz zum Kapitalismus, und es lasse sich nicht einsehen, wie dies bestritten werden könne. Dieser Einwand hat recht, wenn er bloß von einer kommunistischen Produktion reden will. Man nehme aber nur irgend ein sozialistisches Werk zur Hand, um sofort darüber aufgeklärt zu werden, daß es sich im Kommunismus um einen viel umfassenderen Begriff handelt. Die charakteristischen Worte des kommunistischen Manifestes selbst haben wir oben angeführt; zu ihrer Bestätigung diene jetzt das erste beste sozialdemokratische Wort, wie wir es z. B. in der Flugschrift des Pfarrers Michel: „Für die Mißachteten des Volkes“ antreffen. Da heißt es: „In der Arbeit sind die untern Klassen vor, in der Begabung, im Menschentum sind wir eins. Wir sind eines Geschlechts! Möchte doch auch endlich jene Solidarität einer Gesinnung von oben bis unten zur tiefinnersten Überzeugung werden, welche alle trennenden Schranken niederreißt und die Menschen glücklich verbindet in jenem einen Geiste, den der Apostel in klassischen Worten bezeichnet: „hier ist weder Jude noch Grieche, hier ist weder Knecht noch Freier, hier ist weder Mann noch Weib, denn ihr seid allzumal eins in Christo Jesu, d. h. in der humanen, aufopfernden, kraftvollen, brüderlichen Liebe“ (S. 29).

Und wenn man diese begeisterte, biblisch fundamentierte Apostrophe auf Rechnung des die realen Faktoren unterschätzenden „Pfarrers“ setzen zu können meint, so gedenke man noch einmal jener hinreißenden Schilderungen eines Bebel, die auf dasselbe hinauslaufen, und denen wenigstens kein Sozialdemokrat enthusiastische Voreingenommenheit vorwerfen wird. Man beherzige Sätze Bebels wie: „Das menschenwürdige Dasein, das nunmehr für alle vorhanden ist, kann aber nicht die Daseinsweise bloß eines einzigen bevorzugten Volkes sein . . . . . Ein Volk lernt von dem andern, eins sucht dem andern im Wettstreit zuvorzukommen. Neben dem Austausch materieller Produkte der verschiedensten Art vollzieht sich auch der Austausch der Geisteserzeugnisse, sowohl in der Ursprache, wie in den Übersetzungen . . . . Die Nationen werden sich verbrüdern und sich gegenseitig die Hände reichen und darnach trachten, den neuen Zustand allmählich über alle Völker der Erde auszudehnen . . . . Der ewige Friede ist kein Traum, wie die in Uniformen einhergehenden Herren der Welt glauben . . . . Die letzten Waffen werden, wie so viele ihnen vorangegangene, in die Antiquitätensammlungen wandern, um zukünftigen Geschlechtern zu bezeugen, wie vergangene Generationen jahrtausendelang wie wilde Tiere sich zerfleischten — bis endlich der Mensch über das Tier in sich triumphierte (Der Sozialismus und die Frau, 13. Aufl. S. 359. 351. 352).

Immer und immer wieder begegnet man, von den stürmischen Assisenreden eines Lasalle an bis in die obskurste sozialdemokratische Broschüre, jenem dahinbrausenden Ingrimm über die moralische Verwerflichkeit der gesellschaftlichen Zustände, über die Ungerechtigkeit der kapitalistischen Ausbeutung, über die Unfähigkeit des Christentums, denselben ein Ende zu machen etc. Wahrlich, die Herren hätten sich ihre feurigen Apostrophen, ihre schwungvollen Dithyramben ersparen können, wenn es ihnen nur um den Nachweis zu tun gewesen wäre, daß die heutige Gesellschaft dem Kommunismus entgegengehe. Der ganze Ton des Marxschen Hauptwerkes wäre anders, sachlicher, ruhiger — ohne jene oft so gehässigen oder spöttischen Seitenhiebe und Anmerkungen — geraten, wenn sich nicht auch im Gemüt dieses unerbittlichen Denkers alle die Widersprüche vereinigt hätten, die er auszustreichen unternommen. In der Tat, was ist moralischer, als seine ergreifenden Schilderungen des Fabrikelendes, was ruft mehr der sittlichen Selbstbesinnung der Gesellschaft, als die rücksichtslose Offenheit, womit er die Praktiken des kapitalistischen Egoismus kennzeichnet? Und doch will Marx nichts von Moral wissen, doch stellt er seinen Kommunismus als das wohlverstandene Interesse des Egoismus selbst dar. Jetzt spricht er von dem Fatalismus der geschichtlichen Entwicklung, und jetzt vergißt er allen Fatalismus so vollständig, daß aus seinen flammenden Worten nur die Entrüstung des Bußpredigers zu sprechen scheint.

Wir kommen auf unsere Frage zurück. Was hat Marx bewogen, den sozialen Übeln nicht weniger als den Kommunismus selbst entgegenzustellen? Es wurde ja seither durch einen George, einen Dühring, einen Bernstein und zuletzt auch einen Friedländer der Nachweis geliefert, daß diese Übel durch viel weniger radikale, näher liegende, rein technische Hilfeleistungen aus dem Wege geschafft werden können. Hätte das ein Marx wirklich nur aus Voreingenommenheit und Unfertigkeit des Anfängers übersehen? Sind seine radikalen Sätze mit ihren kühnen „Irrtümern", die ihm eine nur zu früh aufatmende Gegnerschaft so gerne vorhält, wirklich bloß auf Rechnung seiner nationalökonomischen „Verbortheit" zu setzen? Spiegelt sich in dem Ingrimm, womit sein treuster Freund und Schüler Engels die Entgegnungen des bloßen verständigen Räsonnements im Munde eines Dühring abfertigt, wirklich nur die Diktatur eines Toren, der seiner Selbstherrschaft zuliebe nicht das Nächstliegende einsehen will? Zeugt mit einem Worte die Härte und Ausschließlichkeit, womit die sozialistischen „Alten" ihre Thesen verfochten, nur von ihrer ökonomischen Inferiorität — oder im letzten Grunde von einem ihnen selbst vielleicht nicht klar gewordenen, jedenfalls aber von ihren Gegnern niemals erkannten, geschweige denn anerkannten Recht, von einem Recht, das sein Dasein nicht den wirtschaftlichen Faktoren, sondern jenem höchsten Gute zu verdanken hat, welches in der Persönlichkeit des Menschen unmittelbar sich ankündigt?

Man versteht Marx nicht, wenn man seinen in der Tat wenig neuen Theorien über Mehrwert, Arbeit als Maßstab des Wertes etc. — nur die ausschließliche Reduktion dieses Maßstabes auf die für alle Arbeit gleichmäßig angenommene Arbeitszeit ist die originelle und zugleich die am meisten verfehlte Neuerung von Marx — die

Waffen für den sozialdemokratischen Kampf entnehmen zu können meint. Daß die Parteigenossen sein Buch fast nur in diesem Sinne verstanden haben, hat jenes verworrene und durchaus unbrauchbare Gemenge nationalökonomischer Weisheiten groß gezogen, demgegenüber allerdings eine Bernsteinsche Reaktion als Wohltat und dringende Notwendigkeit angesehen werden muß, so sehr die Sozialdemokratie selbst dabei ihre alte und prinzipielle Position einzubüßen droht.

Diesem Treiben gegenüber hat Kautzky in seinem Buche über das Marxsche „Kapital" sich von einem richtigen Gefühle leiten lassen, wenn er die entscheidenden Positionen seines Gewährsmannes schon auf den ersten Seiten des genannten Werkes niedergelegt sieht, die von der „Analyse der Ware" handeln. Freilich dürfte ihm dabei selbst die eigentliche Bedeutsamkeit dieser Analyse entgangen sein. Gehen wir etwas näher darauf ein.

Wirtschaftlich gesprochen ist das Wesen der Ware so unschuldig wie das Wesen des sie im allgemeinen Verkehr repräsentierenden Geldes. Nur was sich in demselben spiegelt ist wichtig, wichtig ist allein, daß sich in der Warenform der Güter wie nirgends so deutlich der Egoismus der kapitalistischen Produktionsweise Ausdruck gibt. Daß unter ihrer Herrschaft der Einzelne sich vor seinem Nächsten in jenes undurchsichtige Dunkel hüllt, das in der Ware vorliegt, daß es bei der Warenproduktion vollständig unmöglich geworden ist, die aller Produktion zu Grunde liegende Arbeit und — was unmittelbar damit verbunden sein will — die in der Arbeit sich spiegelnde Gemeinschaft der Menschen untereinander wiederzuerkennen, daß sich vielmehr das bloße Produkt der Arbeit störend zwischen Arbeit und Mensch hineindrängt, um dessen ausschließliche Aufmerksamkeit auf seine eigene Künstlichkeit zu richten, daß die Ware einen „Fetischcharakter" angenommen hat, womit sie den Menschen wie ein geheimnisvoller, sozusagen aus nichts entstandener „Wert" in ihre Verehrung zwingt und so den Verkehr von Mensch zu Mensch unter seinem materiellen Korrelat begräbt — kurz diese ganze in der Ware zum Vorschein kommende Verkehrung eines ursprünglichen Verhältnisses, das ists, was den Ausführungen von Marx ihre unmittelbare Bedeutung verleiht. Lange bevor er zu seinem Postulate der gesellschaftlichen Produktion der Güter gelangte, machte sich bei ihm, verschwiegen noch aber umso energischer, der Kommunismus geltend, in dessen

Lichte er seine drastische Färbung der kapitalistischen Produktionsweise gewann. Sein ganzes Buch ist schon vom Kommunismus diktiert, bevor er auch nur eine Zeile über dessen Notwendigkeit schreibt. Er gelangt nicht erst zum Kommunismus, nein, er geht von ihm aus. Er ist ihm kein bloßes Hilfsmittel, sondern das grundlegende, von vornherein feststehende Postulat, zu welchem er nicht durch eine Analyse der Gesellschaftszustände kommt, das ihm vielmehr diese Analyse selbst in die Feder diktiert.

In diesem Sinne haben wir es auch zu verstehen, wenn Marx die Arbeitskraft des einzelstehenden Arbeiters als das eigentliche Ausbeutungsobjekt der kapitalistischen Produktionsweise hinstellt. Die Zwangsarbeit und der ihr entsprechende Mehrwert ist ja so alt wie die sozialen Einrichtungen der Menschen selbst. Der Sklave der antiken Welt, der Hörige der feudalen Epoche, der Gesell im städtischen Zunftwesen mußte Mehrarbeit leisten so gut wie der moderne Arbeiter, und was die soziale Lage der genannten betrifft, so kann man darüber streiten, welche von beiden, die des industriellen Arbeiters oder die des mittelalterlichen Leibeigenen, von dem Durchschnittssklaven der alten Welt nicht zu reden, die glücklichere und würdigere genannt werden muß. Aber der „moderne Sklave", um mit Marx zu reden, ist von jedem gesellschaftlichen Verbande losgelöst, von keiner sozialen Überlieferung und Gewohnheit geschützt, weder einem Feudalherrn noch einem Handwerksmeister anvertraut, er genießt von vornherein die Vorzüge nicht, welche früher durch die Eingliederung in ein größeres Ganzes auch dem Geringsten geboten waren, nein, er steht mit leerem Bündel vogelfrei und schutzlos da — nur das eine Vorrecht ist ihm geblieben, daß er seine Haut aus freien Stücken zu Markte tragen darf. Eben das aber verschärft nach Marx die Leiden des „modernen Sklaven". Denn heute ist der Arbeiter — wenn auch z. T. wirksam durch die neuen Fabrikordnungen geschützt — der Willkür seines Brotherrn einerseits und der Produktionsanarchie andererseits schutzlos ausgeliefert — in der heuchlerischen Form der Freiheit doppelt ein Sklave!

„Die Sphäre der Zirkulation oder des Warenaustausches, innerhalb deren Schranken Kauf und Verkauf der Arbeitskraft sich bewegt, war in der Tat ein wahres Eden der angeborenen Menschenrechte. Was allein hier herrscht, ist Freiheit, Gleichheit, Eigentum und Bentham" (der englische Utilitäts-Moralistiker). „Freiheit! Denn Käufer und Verkäufer einer Waare, z. B. der Arbeitskraft sind nur durch ihren freien Willen bestimmt. Sie kontrahieren als freie, rechtlich ebenbürtige Personen. Der Kontrakt ist das Endresultat, worin sich ihre Willen einen gemeinsamen Rechtsausdruck geben. Gleichheit! Denn sie beziehen sich nur als Warenbesitzer aufeinander und tauschen Äquivalent für Äquivalent. Eigentum! Denn jeder verfügt nur über das Seine. Bentham! Denn jedem von beiden ist es nur um sich zu tun. Die einzige Macht, die sie zusammen und in ein Verhältnis bringt, ist die ihres Eigennutzes, ihres Sondervorteils, ihrer Privatinteressen. Und eben weil so jeder nur für sich und keiner für den andern kehrt, vollbringen alle, infolge einer prästabilierten Harmonie der Dinge, oder unter den Auspizien einer allpfiffigen Vorsehung, nur das Werk ihres wechselseitigen Vorteils, des Gemeinnutzens, des Gesamtinteresses." (Marx, Das Kapital. 4. Aufl. Bd. I. S. 138—139.)

Nichts ist bezeichnender, als dieser ingrimmige Hohn, womit Marx die angebliche Freiheit des Einzelnen persifliert. Daß die Menschen in diesem von allem gemeinsamen Interessenverbande losgelösten, lediglich privaten Verhältnis einander gegenüberstehen, vermöge dessen auch die vorübergehende Sklaverei des einen im eigennützigen Dienst des andern als ein ganz natürlicher, ja vorzüglicher Akt der Freiheit angesehen wird; daß unter diesen Umständen jede andere Rücksicht als die auf den eigenen Profit unmöglich geworden ist; dieses zusammenhanglose Konglomerat von Menschen, die keine andern Absichten mehr haben, als einander zu übervorteilen; dieses Beisammensein, das nur die Fundgrube für Privatgelüste bildet — das alles hat ihm das Herz aufgewühlt und ihm jene gallige Ironie in die Feder diktiert, deren Zeugen wir eben gewesen. Übervorteilung und Gewalttat war ja immer in der Welt, aber niemals scheint sie ihm einen so niedern Grad, eine so gemeine, unerträgliche Form angenommen zu haben, wie in der verlogenen „Freiheit" der Neuzeit. Sie scheint ihm den Gipfelpunkt ihrer Ausartung erst da zu ersteigen, wo die Menschen durch gar keine solidarischen Interessen mehr zu einer, wie sehr auch unvollkommenen und ungerechten, Gemeinschaft verbunden sind, sondern einander fremd und teilnahmlos gegenüberstehn. Diese lediglich privaten Strebungen der Einzelnen sind der Gegenstand seines schmerzlichen Abscheus, dessen Zorn er in jede Seite seines großen Werkes ergießt. Nicht sowohl die Ausbeutung überhaupt, als in der Form der egoistischen Privatinteressen war es, was ihm die Feder zu Abfassung seines berühmten Buches in die Hand drückte.

Nach dem gesagten ist es unmöglich anzunehmen, der Kommunismus habe sich Marx nur als Heilmittel empfohlen. Der Kommunismus steht dem Privatinteresse diametral gegenüber. Verwirft M. die Privatinteressen durchaus und ohne Vorbehalt, so wird er mit derselben Absolutheit den Kommunismus gutheißen. Was aber absolut zu gelten hat, das ist nicht nur ein Heilmittel, das hat ein Recht, um seiner selbst willen zu existieren. Gerade so schaut M. den Kommunismus an. Wohl entwickelt er ihn immer im bloßen wirtschaftlichen Gegensatz zur kapitalistischen Privatproduktion, wohl scheint er ihn nur wie ein nationalökonomisches Prinzip zu behandeln, allein das ist nur ein Schein, von dem man sich nicht bestechen lassen darf. Es ist nicht der private Betrieb als solcher, den M. verurteilt — es ließe sich in der Tat schwer einsehen, wie auch im Zukunftsstaat die wirtschaftlichen Funktionen anders als durch Einzelne ausgeübt werden sollten — sondern das Privatinteresse. Lasset die Früchte der gegenwärtigen industriellen Produktionsweise allen zu gute kommen und M. hat nichts mehr gegen sie einzuwenden.

An der Mißwirtschaft des privaten laisser faire, laisser aller, jenes brutalen Manchestertums, welches im unbeschränktesten Konkurrenzkampf die Gesundheit des sozialen Lebens erblickte, unbekümmert darum, daß dabei tausende zu Grunde gehen müssen, gingen ihm die Augen dafür auf, daß die Menschen nur in der Gemeinschaft den Sinn ihres Lebens entwickeln. Die schrankenlose Privatwirtschaft mußte zuerst alle ihre Schrecken entfalten, um der Einsicht zu rufen, daß nur der Kommunismus das Menschenwürdige ist. Dazu hat das Zeitalter der Maschinen mit ihrem eindringlichen, erschütternden Anschauungsunterricht wesentliche Stücke beigetragen. Auf der einen Seite wurde die Unhaltbarkeit der Privatwirtschaft an der großen Machtbefugnis klar, die ihr die Maschinen verliehen, andrerseits demonstrierten die im Dienste der Privatinteressen zusammengepferchten Arbeitermassen mit so unwidersprechlicher Evidenz die ungeheure Leistungsfähigkeit der disziplinierten Gemeinschaft, daß der Gedanke des Kommunismus, der ohnehin in der Luft lag, eine Stringenz bekam, die weit über das zunächstliegende Ziel hinwegeilte und zur Souverainetät seiner absoluten, im Menschenwesen selbst begründeten Wahrheit gelangte. Erkannte man, wie leicht die Besitzfrage durch das Zusammenwirken der Einzelnen gelöst werden konnte, so war es von selbst gegeben, daß die Macht, die dieses bis jetzt ungelöste Menschheitsproblem bezwang, sich zur Herrschaft des Daseins überhaupt erhob und in ihrem Spiegel den Menschen das lange gesuchte Geheimnis ihres Lebens enthüllte.

Wenn Marx immer und immer wieder das Postulat erhebt, daß alle Menschen, auch die Geringsten, denselben Anspruch auf ein glückliches Leben haben — woher nimmt er diese bis dahin unerhörte Zuversicht? Wenn er nachweist, daß in der gegenwärtigen Produktion die meisten ein unwürdiges Dasein führen — woher weiß er denn, daß er Gehör finden müße und werde? Wie? Wenn der Menschheit die entsetzliche Tatsache des Massenelendes überhaupt gleichgiltig wäre? Woraus schöpfte er den Glauben, daß die Übel nur bloßgelegt zu werden brauchten, um einer gründlichen Abhilfe zu rufen, daß die Menschen ihre Leiden nur einsehen müßten, um sich dagegen zu erheben? Woraus anders als aus den Impulsen des großen Geistes, der unsre Zeit durchweht!

Das ist sein herrlicher Beruf gewesen, stark und treu einer eiteln Gegenwart die großen kommenden Tage zu verkünden. So schrieb er das kommunistische Manifest, jenes vielverschrieene aber trotz allem von ächt prophetischem Geist eingehauchte Schriftstück, vor dem nur die Feigheit des Egoismus erzittert, und dem alle aus der Wahrheit geborenen Geister zufallen. Mögen ihm Spätere viele Unrichtigkeiten im einzelnen nachgewiesen haben, mag sogar der Hauptgedanke seiner wirtschaftlichen Spekulation ein Raub der Zeit werden — das alles nimmt ihm nichts von seinem unsterblichen Ruhm. Man wird auf der Seite der Gegner nicht müde, nicht nur sein Werk, sondern auch seinen Charakter in den Staub zu ziehen — es sei! Sie werden selbst dabei zu Schanden und machen die Sache, die große Sache, der er sein Leben gewidmet, nur noch erhebender. Man vergesse nicht, daß eine satte und entnervte Gesellschaft ihm auf Schritt und Tritt auflauerte, auf alle seine großen Absichten nur mit jenem hoffnungslosen Spott antwortete, womit von jeher die Menge sich gegen das Außergewöhnliche gesträubt — um zu begreifen, daß er, ein Sterblicher wie wir alle, irren, schwer irren konnte. Ein Dühring, ein George mögen Recht behalten da, wo es sich um die nächsten praktischen Ausführbarkeiten der sozialen Besserungsvorschläge handelt — und doch: sie werden die Höhe seines Standpunktes, die Wahrheit seiner grundlegenden Forderungen nie erreichen, denn sie verstehen es nicht, daß gerade die Unbehilflichkeit, womit ein Marx seine Thesen entwickelte, Zeugnis eines großen Geistes sind, dessen Strebungen noch nie in das Gebäude der Alltäglichkeit gepaßt haben.

Vielleicht wird man uns einwenden, die großen Gedanken, die wir dem Kommunismus abzugewinnen vermögen, die ganze Art und Weise, wie wir die soziale Bewegung ansehen zu müssen erklären, sei nichts anderes, als ein Rückfall in jene ideologische Betrachtungsweise, die wir sonst so bewußt bekämpfen.

Demgegenüber verweisen wir nicht auf die zahlreichen Zitate aus der sozialistischen Literatur selbst, deren idealer Gehalt uns zu unserer Betrachtungsweise getrieben, sondern geben nur das Eine noch einmal zu bedenken, daß der Mensch selbst, nicht nur seine wirtschaftliche Lage, doch gewiß auch zu jenem Realismus gezählt werden darf, den die Sozialdemokratie so gerne auf ihre Fahne schreibt. Das Realste von allem Realen sind wir selbst. Unser Menschentum, das nicht in idealen Gemeinplätzen erstirbt, sondern ein warmes, frisches Leben unmittelbar vorträgt, zu Ehren zu bringen — zu fordern, daß der Mensch, wie er ist, endlich zur Geltung komme, aus allen Hüllen und Schalen der Vergangenheit hervor an das Licht seines ureigensten Daseins gelange — wahrlich, hierin liegt ein viel größeres Stück Realismus als in den rein wirtschaftlichen Thesen. Erst im Lichte dieses Realismus gewinnen die wirtschaftlichen Fragen ihre dringliche Bedeutung, erst hier wird es klar, daß der Mensch sein Leben nicht vom Zufall äußerer Verhältnisse abhängig machen darf, der Mensch, der in seiner Persönlichkeit die Daseinszwecke alles Seienden überhaupt erschöpft. „Der Leib ist mehr denn die Kleidung, und das Leben mehr denn die Speise.“ (Matth. 6.)

Und so wird es dabei sein Bewenden haben: Die endgiltige Lösung der Besitzfrage muß um der Gemeinschaft willen, nicht die Gemeinschaft um dieser Lösung willen gesucht werden. In der sozialen Frage strebt der Mensch zur Herrschaft. Sie ist die Revolution des Menschen gegen die Tyrannei der Sachen. Sie bedeutet die Freiheit von allem, was nicht menschlich ist.

Damit blicken wir auf unsern vorigen Abschnitt zurück. Persönlichkeit lautete dort das Postulat, Kommunismus lautet es hier. Beides ist ein und dasselbe. Denn die Persönlichkeit ist das Prinzip des Kommunismus, der Kommunismus das Reich der Persönlichkeit. Die Persönlichkeit fordert gebieterisch die Gemeinschaft der Geister; nur da, wo die unpersönlichen Triebe vorherrschen, schließt man sich ab. Das Element der Persönlichkeit ist auch das der Gemeinschaft: es ist das Allgemeine, das sich in der Persönlichkeit seine Stätte bereitet, und es ist das Persönliche, das in der Gemeinschaft unmittelbar zur Darstellung gelangt. Allgemeines zu überlegen, allgemeine Gedanken zu bewegen, alle die Gesichtspunkte, die die Gesamtheit gestalten, in sich selbst zu bergen, das gerade ist das Wesen der Persönlichkeit im Unterschied von der bloßen Individualität, in welcher die zufälligen Elemente des Einzelnen vorherrschen. Eben deshalb ist keine Gemeinschaft der bloßen Individuen möglich. Es fehlt ihnen das Element der Gemeinschaft: die Persönlichkeit.

Hierin liegt der Grund dafür, daß man in keiner Epoche der Weltgeschichte eine menschliche Gesellschaft im vollen Sinne des Wortes antrifft. Immer stellt sie uns nur einzelne individuell geprägte Kreise, die sich mehr oder weniger spröde voneinander abschließen, mehr oder weniger geschmeidig einander sich öffnen, nie aber die Überlegenheit der alle individuellen Differenzen zur Harmonie verbindenden persönlichen Orientierung vor Augen. Erst in der Gegenwart kann man wenigstens von einer gesellschaftlichen Tendenz reden, insofern als die soziale Bewegung jene allgemeinen Gesichtspunkte nahelegt, in welchen die Persönlichkeit lebt, und welche darum auch die Gesellschaft im eigentlichen Verstande herbeibringen werden. Es wird unsrer Zeit doch immer klarer, daß vor der unendlichen Bedeutung, die der Mensch als Mensch unmittelbar besitzt, alle individuellen Trennungen dahinschwinden müssen, daß erst auf dieser allgemeinen Basis der persönlichen Gemeinschaft sich jene nebensächlichen Unterschiede wie Naturell, Stand und Beruf, alle sozialen und auch nationalen Differenzen ohne Gefahr für einander zur schönen Harmonie eines und desselben Lebenssinnes ergänzen.

Noch wird dies freilich mit Leidenschaft bestritten. „Betrachtet man“, sagt Treitschke (Politik I S. 50), „nun näher dieses ganze Geflecht gegenseitiger Abhängigkeitsverhältnisse, das man als bürgerliche Gesellschaft bezeichnet, so ist deutlich, daß alle Gesellschaft von Natur eine Aristokratie bildet. Die Sozialdemokratie bezeichnet den Unsinn ihrer Bestrebungen schon durch den Namen. Wie mit dem Staat gegeben ist ein Unterschied von Obrigkeit und Untertan, der niemals aufgehoben werden kann, so ist mit dem Wesen der Gesellschaft ein für allemal gegeben die Verschiedenheit der Lebenslage und Lebensbedingungen ihrer Glieder. Um es kurz zu sagen: alle bürgerliche Gesellschaft ist Klassenordnung. Es kann durch eine weise Gesetzgebung dafür gesorgt werden, daß diese Klassenordnung nicht eine drückende wird, daß der Übergang von unten nach oben und umgekehrt möglichst erleichtert wird; aber keine Macht der Welt wird je bewirken können, daß eine neue künstliche Klassenordnung die natürliche Verschiedenheit der sozialen Gruppen aufhebt."

Was sind das für bezeichnende Worte! Wie sehr geben sie der Selbstgefälligkeit einer alten Gesellschaft Ausdruck, die ihre Angst vor dem Neuen durch die Behauptung der Naturgesetzlichkeit ihres geschichtlich gewordenen Zustandes zu beschwichtigen trachtet — wie hoffnungslos zugleich und falsch sind sie doch! Wie? Es sollte nie möglich sein, die Klassenordnungen, die doch nur zufällige, durch die bloßen Besitzdifferenzen hervorgerufene Erscheinungen des menschlichen Lebens, aber nicht das volle Leben selbst sind, jener höchsten Ordnung zu unterwerfen, in welcher der innerste Gedanke des Lebens, den Gott uns eingehaucht hat: die Gleichheit aller Menschen, herrscht? Vorübergehende, durch Irrtum, Gewalttat und List ins Dasein gerufene Abstufungen innerhalb einer Gesellschaft, die sich noch gar nicht auf das eigentliche Element jeder wahren Gesellschaft besonnen, sollten es vermögen, mit bleibender Überlegenheit jener Grundtatsache unseres Lebens, daß wir alle ein Blut durch unsere Adern rollen fühlen, alle dieselbe Natur an uns tragen, entgegenzutreten und jene ungeheuren Mißverständnisse, wie sie die Klassenunterschiede zur Schau tragen, zu unabänderlichen Gesetzen zu gestalten? Der bloße Besitz sollte ewig fortfahren, die Unterschiede zwischen unsterblichen Persönlichkeiten aufrecht zu erhalten? Ist es wahr, daß es nichts Höheres gibt als die Klassenunterschiede innerhalb des menschlichen Geschlechts? Sind nicht die Menschen selbst dieses Höhere? Ist die Tatsache, daß sich die Menschen verstehen und lieben können, wie sehr sie auch durch eine gesellschaftliche Rangordnung auseinandergespalten werden, nicht unendlich wichtiger als diese Rangordnung? Gibt es keine in den Menschen selbst liegenden Maßstäbe ihres Wertes, sind jene äußerlichen der zufälligen Besitz- und Rangunterschiede wirklich die obersten, die ausschlaggebenden?

Das alles kann doch nur behaupten, wer teilnahmlos an den sozialen Impulsen der Gegenwart vorbeigegangen ist und über der äußeren Form der sog. Klassen ihr tiefes Verderben nicht zu sehen vermag, vielleicht nicht sehen will. Was hat die Verschiedenheit der Lebenslage für diejenigen zu bedeuten, welche in den Tiefen ihres eigenen Wesens ihre unmittelbare und gewiß natürlichere Einheit gefunden haben, als die ist, die ihnen Treitschke aus der zufälligen gegenseitigen Berührung herleitet?

Gewiß werden auch in der neuen Gesellschaft die einzelnen Menschen in einer individuellen und sozialen Besonderheit verharren. Gerade da, wo vermöge eines unerschütterlichen Gesellschaftsprinzips für die Dauerhaftigkeit des sozialen Friedens gesorgt ist, werden sich die individuellen Unterschiede erst in jener Wahrheit und Vollständigkeit entwickeln können, die ihnen durch das zusammenhaltende Band persönlicher Gemeinschaft garantiert wird. Was man in der alten Gesellschaft Freiheit der Selbstbestimmung nennt, ist in Wahrheit nur die ebenso schmerzliche wie regellose Willkür individueller Gelüste, die eine kurze Fessellosigkeit mit langer Knechtschaft unter des Unrechts Fluch zu büßen haben. Das Individuelle kann nie die Grundlage freier Selbstbestimmung bilden; es ist dafür zu leidenschaftlich, zu sehr dem ungeordneten Spiel der bloßen Triebe anheimgegeben. Nur in der Anlehnung an eine überlegene Geistesmacht treibt es aus seinem fruchtbaren Schoße gefahrlos alle jene Gebilde hervor, die den Reiz des Lebens ausmachen, während sie sonst nur verderblich wirken. Bloß individuell gerichtet ist der Mensch aber solange, als er seinen Wert von dem des Besitzes ableitet.

Was versteht man eigentlich unter jener vielgerühmten und gerade der sozialdemokratischen Forderung mit Leidenschaft entgegengehaltenen Freiheit des Einzelnen? Welches Einzelnen? Ist die in nur sachlichen Interessenkreisen emporgewachsene, nur für die Genüsse der Vergänglichkeit erschlossene, sonst aber jedermann fremd gegenübertretende Individualität, die dem Irrlicht ähnlich auf dem dunkeln Untergrunde eines unverstandenen Wirkungsfeldes, Welt genannt, hin und her schwankt, wirklich der Repräsentant dieser Freiheit? Man vergegenwärtige sich einmal alle die durch die höhere und niedere Gesellschaft schwärmenden Menschen, von denen kaum einer dem Leben mehr als ein paar pessimistische Klagetöne abzugewinnen versteht, man betrachte die bedauernswerten Gestalten alle, die nur von einer leidenschaftlichen Sehnsucht getrieben werden: sich selbst um jeden Preis geltend zu machen — und frage sich, ob hier von Freiheit u. dgl. überhaupt geredet werden dürfe. Und woher diese erschreckende Verkümmerung einer ungezählten Menge sonst ausgezeichneter Menschen aller Art? Nicht daher, daß ihnen der fruchtbare Nährboden ihrer individuellen Entwicklungsfähigkeit fehlt, jenes allgemeine, durch die ganze Gesellschaft gehende Element persönlicher Gemeinschaft, die sich jeden Augenblick dessen bewußt ist, das Höchste, was es für Menschen überhaupt gibt, schon zu besitzen und immerwährend vorzutragen: die Liebe des einen für den andern; die der individuellen Verschiedenheit erst die Kraft und die Möglichkeit jener Entwicklung verleiht, welche diese in der Schrankenlosigkeit ihres abgeschlossenen Lebens umsonst angestrebt hatte?

Das volle Gegenteil also von dem ist auch hier wieder wahr, was man der sozialdemokratischen Gesellschaft vorwirft. Sie wird nicht knechtend, drückend, lähmend, sondern im höchsten Grade befreiend und belebend auf die Kräfte des Individuums wirken. Gewiß werden in ihrem Bestande die Unterschiede der Einzelnen ihre volle Berechtigung beibehalten. Aber diese Unterschiede werden nicht mehr an den materiellen Gütern, nicht mehr am Besitze gemessen sein — denn hier hat ihnen von Anfang an jede Berechtigung gefehlt — sondern nur noch an den individuellen Anlagen der Einzelnen selbst. Wenn es wahr ist, daß der Adel aus der Verschiedenheit äußerer Machtstellungen das Recht seiner Ausschließlichkeit gewinnt, dann darf und wird es in der künftigen Gesellschaft keinen Adel mehr geben, weil hier nicht mehr die äußern Verhältnisse maßgebend sind, sondern der Mensch selbst. Wenn es wahr ist, daß überhaupt alle Unterschiede innerhalb der menschlichen Gesellschaft im letzten Grunde auf materiellen Faktoren beruhen und beruhen müssen, dann werden sie in der Tat zu verschwinden haben. Allein dies ist nur die Meiuung einer Klasse, die keine andern Gesichtspunkte als die materiellen kennt und die hinter solchen Argumenten nur ihre bisherigen Privilegien verdecken möchte. In Wahrheit werden die Unterschiede so wenig aufhören, daß sie vielmehr in der persönlich orientierten Gemeinschaft der Menschen Höhen und Tiefen offenbaren werden, die die Herrschaft des Geldes immer wieder unter jener blasierten Alltäglichkeit zu begraben trachtet, die das Kennzeichen der jetzigen Gesellschaft mit all ihrer „Freiheit der Selbstbestimmung" bildet!

Sind unsere Klassengegensätze materiellen Verhältnissen entsprungen, spiegelt sich in ihnen die Omnipotenz des Geldes, oder die immer mit ihm auf irgend eine Weise verbundene äußere Machtstellung, so ist, wer ihre Unabänderlichkeit behauptet, gezwungen, die trostlose Perspektive in seine Überzeugung aufzunehmen, daß in der Tat allein das Geld das eigentliche Geheimnis des Lebens ist. Man kann dann noch etwa zugeben, daß jene Herrschaft, die wir für die Persönlichkeit in Anspruch nehmen, etwas sehr Ideales und Schönes sei, aber man darf dann weder bei dieser noch bei irgend einer andern „Idealität" stehen bleiben, sondern muß immer wieder den „realen Faktoren" des Lebens Rechnung tragen und dem Mammon sich ausliefern, dessen Brutalität man etwa durch jene idealen „Träume" für kurze glückliche Minuten aus dem Gemüte verbannt hatte.

Im Reiche des Mammons gilt der Mensch nichts, Geld und Macht, d. h. die Geldmacht alles. Hier regiert der Reiche, dient und kriecht der Arme. Hier geben Stellung, Rang, Vorzüge äußerer Art, des Geldes gleißende Satelliten, den Ausschlag. Da spricht man von „Klassen", von „Gruppen", von „Ständen", vom „Adel", vom „Bürgertum", von „Schichten der Gesellschaft", vom „Proletariat", ohne es Wort haben zu wollen, daß damit Menschen gemeint sind, Menschen, die alle dieselbe unsterbliche Seele, die eine und selbe für die Ewigkeit geschaffene Persönlichkeit in sich tragen! Denn nicht der Mensch selbst, sondern nur seine Lage, seine Umgebung ist hier wichtig, der Goldrahmen des Gemäldes, nicht das Gemälde selbst.

Das ist die Welt, wie wir sie kennen, die Welt, die „unmöglich anders werden kann", die Welt des Geldes, die Welt der Materie, des Besitzes. Es ist klar: entweder muß der Besitz aufhören, aller Werte Maßstab zu sein — oder es ist das, was wir über die unmeßbare Größe des Menschen gesagt haben, die seltsamste Utopie, die je eines Menschen Gehirn gequält. Entweder muß der Mensch aus sich selbst zu leben anfangen, seine Persönlichkeit zur Herrscherin über alle Sachen, Werte und Güter erheben, oder dann im Gelde die einzige Realität begrüßen. Entweder der Mensch oder das Geld, die Persönlichkeit oder der Besitz. Regiert der Besitz, so gibt es keine Menschen, sondern nur verständige Güterzentren, regiert der Mensch, so gibt es keinen Besitz in jenem tyrannischen Sinn des Wortes, den die Weltgeschichte bis heute allein in ihre Annalen aufgezeichnet.

Darum handelt es sich im letzten Grunde bei der sozialen Frage. Vor diesem tiefsten aller Gegensätze, die je des Menschen Herz bewegt, weichen alle andern in ihre Bedeutungslosigkeit zurück. Die Besitzfrage soll gelöst werden, damit die Menschheit zu sich selbst komme, aus langem, schwerem Traume endlich erwache, die Illusionen und Täuschungen alle von sich werfe und das Leben, ihr eigenes köstliches Leben, wieder begrüße. Die „Ideale“, „Zweckbegriffe“, „Gesetze“ und „Notwendigkeiten“, worin sie sich geplagt, waren ja nur der Ausdruck ihres ebenso vergeblichen wie rührenden Versuches, dem Bleigewicht der Materie zu entfliehen, ihres heißen Bemühens, über jene hoffnungslose Realität, die die Gefilde des Daseins erfüllte, wenigstens für Augenblicke den verklärenden Goldglanz einer höhern Welt zu breiten. Mit allgemeinen Gesetzen suchte sie sich eine trostlose Wirklichkeit annehmbar zu machen, solange sie nicht den Mut hatte, dieser Wirklichkeit eine andere in den schöpferischen Kräften ihres eigenen Willens entgegenzustellen.

Aber nun erkennt sich die Menschheit wieder, nun schmettert sie die falsche Polarität der Gegensätze, in der sie unheilbar hin und her geschwankt, diese halben Idealitäten und halben Realitäten, das Trugbild der Ideen mit dem des Besitzes zu Boden und schafft sich eine neue Welt. Jetzt vermag sie alles, denn jetzt will sie, jetzt löst sie alle Ketten, denn jetzt erwacht sie. Nun weichen alle Schatten, fallen alle Hüllen, zerspringen alle Fesseln, denn nun gilt allein und ausschließlich sie selbst: die Menschheit.

Das ist der Kommunismus der Sozialdemokratie, das große Erbe der Kantschen und Fichteschen Spekulation, die Blüte des langsam reifenden Christentums.

Man kann freilich niemandem verwehren, an diesen Perspektiven mit dem Lächeln des Unglaubens vorüberzugehen. Über die Materie hinaus gelangt der Mensch nur durch den Glauben. Und so bedeutet auch der Gegensatz zwischen Geist und Materie, der unsre Zeit beherrscht, im Grunde den zwischen Glauben und Unglauben, in welchem ein Mann wie Goethe das große Thema der Weltgeschichte erkannt hatte. Die soziale Frage ist eine Glaubensfrage, denn sie fragt: Glaubst du an dich selbst?

Wir haben einen weiten Weg hinter uns. Vom Wesen des moralischen Willens ausgehend und der Erkenntnis uns erschließend, daß derselbe das Streben nach der Unmittelbarkeit zu seinem reinsten Ausdruck bringe, belauschten wir im Walten der gewöhnlichen Moral mit ihrem ebenso pedantischen wie bedeutungsvollen Sollen die verborgenen schöpferischen Kräfte, die in der Philosophie Kants und noch mehr in der Fichtes eine alte Kruste sprengend endlich hervorbrachen und eine neue Welt ankündigten. Im Lichte dieser Welt erschien uns dann jene große Bewegung, die unter dem Namen der Sozialdemokratie die Gemüter der Neuzeit erschüttert. Immer deutlicher wurde es uns, daß die Persönlichkeit des Menschen einer neuen Welt ruft, der Welt der Gemeinschaft, der Wahrheit, des Lebens, der Unmittelbarkeit.

Der ganz zu sich selbst gekommene Wille ist im Begriff überzuströmen in die Unmittelbarkeit.

Damit eröffnet sich uns das letzte noch zu behandelnde Gebiet.

C. Die Religion.

„Die Philosophie hat ..... die Menschheit, die lange genug, es sei im Glauben oder im Unglauben, unwürdig und unbefriedigt gelebt hat, endlich ins Schauen einzuführen, der Charakter der ganzen modernen Zeit ist idealistisch, der herrschende Geist das Zurückgehen nach innen ..... Nachdem alle endlichen Formen zerschlagen sind, und in der weiten Welt nichts mehr ist, was die Menschen als gemeinschaftliche Anschauung vereinigte, kann es nur die Anschauung der absoluten Identität in der vollkommensten objektiven Totalität sein, die sie aufs neue ..... vereinigt.“ (Schelling, Ideen zu einer Philosophie der Natur. 2. Aufl. Sämtliche Werke, I. Abtl. 2. Bd. S. 72—73.)

Das ist das Unmittelbare, das sich in diesen Worten seines Propheten der Neuzeit ankündigt, das Unmittelbare, das wir selbst herbeizubringen bestimmt sind. Jede Zeit hat ihre Aufgabe. Ist es die Aufgabe der Gegenwart, die Persönlichkeit des Menschen aus dem Schutt der bloß materiellen Zuständlichkeiten aufzuwecken und zum alleinigen Prinzip des Daseins zu erheben, den Menschen also selbst wieder zu entdecken, so ist sie es nicht weniger, das Reich der Persönlichkeit als das Leben wirklich zu ergreifen und jene Gemeinschaft, auf welche uns die letzten Bewegungen der Vergangenheit so energisch hingewiesen, zur Offenbarung zu bringen.

Eine praktische Aufgabe von der allergrößten Bedeutung! Unsere Zeit bedarf keiner Theorien mehr, sie bedarf der Impulse, des Mutes, des Willens, der Kraft. Sie bedarf jenes Glaubens, der Berge versetzt und Abgründe zudeckt, der in allen Verwirrungen einer müde und nervös gewordenen Kultur die klare, sonnige Wirklichkeit ergreift, die uns Menschen verbindet. Sie braucht keine Wissenschaft, keine Kunst, keine Technik, sondern nur den Ernst und die Freudigkeit zum Leben.

Denn sie will leben und sie soll leben. Daß das Geschehen nicht immer nur ein vorübergehendes Glied an unendlicher Reihe bilde, sondern endlich einmal ausströme in den Ozean eines bleibenden Glückes, eines Lebens, das nicht nur so heißt, sondern es auch ist — das ist die Überzeugung, zu welcher sich unsere Zeit aus ihrem bisherigen Pessimismus emporarbeitet. Ists nicht recht, wenn wir an allem zu zweifeln gelernt haben, was bis dahin gegolten? Ists nicht recht, daß endlich die Zaubermächte alle, die uns bis dahin in ein schwelgendes Genießen gebannt, ihre Herrschaft verlieren und uns je länger je weniger etwas zu bieten haben?

Wir sind der Wissenschaft müde geworden, wir wollen nicht immer und immer wieder zu hören bekommen, woher wir stammen, wohin wir fahren, wir sind es satt, zu vernehmen, daß wir das letzte Glied einer langen Entwicklungsreihe sind, wir haben gar kein Interesse mehr dafür, daß das Leben unerforschlich und wahrscheinlich doch nicht nur eine Bewegung von Atomen, sondern etwas mehr sei! Was wir gewesen, woraus die Struktur unseres Daseins besteht, das alles läßt uns kalt. Denn das, was wir sind und sein wollen, das allein erfüllt uns. — Wir sind der Kunst müde. Wir empfinden, daß das Gerede von ihrem idealen Hauche, von der begeisternden Gewalt, womit sie uns zu den Höhen ungetrübter Daseinsfreude emportrage, uns wie das Rauschen des Windes erscheint, „der herbstlich durch die dürren Blätter säuselt". Das Alte ist vergangen — diese ganze Welt ist versunken, wir gehören nicht mehr zu ihr. Wissenschaft und Kunst haben ihre Herrschaft eingebüßt — wir wollen nur das eine: frei, um jeden Preis frei sein von allen Mächten, auch von den idealsten!

Wie verheißungsvoll ist das! Jahr um Jahr erscheinen auf dem Markte Bücher, die — ein Zeichen unserer gährenden Übergangszeit — voll der tollsten, ephemersten Vorschläge zu neuer Lebensgestaltung sind. Wir lesen sie, nicht um von ihnen zu lernen, sondern nur, weil sie die drängende Qual unserer Herzen so getreulich widerspiegeln. Wir wissen schon lange, was wir zu tun haben, wir brauchen es uns nicht von jener Tagesliteratur sagen zu lassen, die heute in zehnfachen Auflagen unterhält und reizt, und morgen den ständigen Ladenhüter des Antiquars bildet. Man kann uns nichts mehr sagen. Das Beste ist schon gesagt — muß denn die Menschheit tausend Jahre auf die Wahrheit warten? Gibt es für uns eine höhere Wahrheit als die Erkenntnis, daß wir selbst das Leben in uns tragen, ein Leben, in dessen Licht alle die bisherigen Geistesmächte zum bloßen Spiel sich verwandeln? Gibt es eine tiefsinnigere Ansicht als die, welche in allen Erscheinungen des Daseins nur die sich ergänzenden Farbenbrechungen eines und desselben Lebens erblickt, welche daran festhält, daß alles, alles außer Gott und dem Menschen untergeordnete Bedeutung hat? Das ist die Wahrheit, die Ansicht unserer Zeit, die uns Modernen bewußt oder unbewußt durch die Gedanken flutet.

Wie verheißungsvoll ist das! Wir werden den Glauben an eine neue, wunderbare Wirklichkeit nicht los, wir sind Menschen von äußerster Realität geworden — und eben weil wir das geworden, so entdecken wir täglich, daß die Realität nur im Ewigen gefunden wird, so werden wir mit jedem Jahr empfänglicher für eine über der flüchtigen Eitelkeit, in die wir noch gebannt sind, waltende Welt. Wir wollen leben. Das Leben trägt sich selber vor. Es bedarf keiner Erklärung, es kann nur gefühlt, genossen, geliebt werden. Es ist das, was ist: das Unmittelbare, die Gemeinschaft der Menschen mit Gott, Liebe auf jeder Stufe des Geschaffenen.

„Ich in ihnen und du in mir, auf daß sie eins seien . . . gleich wie wir eins sind."

So sprach Jesus Christus. Er sprach aus, was unsere Zeit will.

Wir sind am entscheidendsten Punkte unserer Erörterungen angelangt. Wir dürfen der Frage nach dem Christentum nicht aus dem Wege gehen. Und im Zusammenhang damit steht die Frage nach der Religion überhaupt.

Die Religion! Ist es wahr, daß unsere Zeit sich anschickt, eine neue religiöse Ära einzuleiten, ist etwa die Religion die von uns angestrebte Unmittelbarkeit, werden wir in der Erneuerung des religiösen Lebens endlich in den Hafen des Friedens einlaufen? Ist die Religion das letzte, das unser wartet? Oder ist sie nicht auch nur eine vorübergehende Erscheinung am Horizont des menschlichen Geisteslebens? Ist sie die wirkliche Gemeinschaft mit Gott oder nur die angestrebte?

Was ist Religion? Wir suchen uns dies in Kürze klar zu machen.

1. Das Wesen der Religion.

Wir haben in den vorigen Abschnitten davon gehandelt, daß die Erscheinungen des Intellektes wie die des Willens sozusagen die Stationen des zur Unmittelbarkeit zurückstrebenden Menschengeistes seien. Zur Ergänzung dieser damals notwendigen Einseitigkeit ist es nun Zeit, uns daran zu erinnern, daß der Mensch auch immer ein direktes Verhältnis zu der verschmähten Unmittelbarkeit bewahrt hat, daß ihm mit andern Worten die Unmittelbarkeit auch in die tiefsten Gründe seines selbständigen Daseins gefolgt ist. Aber während sie ihn früher auf ihren granitenen Fundamenten getragen, seinen Regungen die unversiegbare Kraft stets frischer Lebensempfindung eingeflößt, während sie damals, als er ihr noch alles danken wollte, das Element seiner Freiheit gewesen war — ist sie nun umgekehrt nach dem tiefen Fall, den er getan, wie eine schwere träge Masse über ihm zusammengestürzt, mit ihrem Gewicht seine lebendigen Regungen in Regungslosigkeit, Starrheit, Stabilität und Tod verwandelnd. Ein ungeheurer Bann — so lastet sie auf seiner Seele, schwer wie der Alpdruck des Fiebernden!

Die Furcht vor dem Unbekannten zittert jetzt durch sein Herz, rast durch seine Gedanken, lähmt seinen Willen, hemmt seine kürzesten Schritte. Er lebt noch in derselben Welt, die sein Paradies gebildet hatte, aber was er sieht und hört, Farben und

Töne, Gestalten und Ereignisse wandeln sich aus dem süßen Spiel, womit sie seinen Geist gelabt, in gespensterhafte Autoritäten, deren Willkür er zitternd sein Leben zum Opfer bringt. Die ganze Umgebung drückt ihn darnieder; überall schallen ihm unverstandene Befehle und Regeln entgegen, bei jedem Tritt muß er einer unerbittlichen Macht gehorsam sein, die die peinlichsten und grausamsten Satzungen nur deshalb erfunden zu haben scheint, um den Menschen beständig daran zu erinnern, daß er selbst nichts, sie alles sei.

Was früher die glückliche Regung froher Ungebundenheit gewesen war, das ist jetzt ein ebenso wahnwitziges, wie starres Zeremoniell geworden. Alles ist wundersam, geheimnisvoll und furchtbar, und kaum gelingt es, durch schwere Opfer sich vom Zorne dieser herzlosen Macht, die das Leben umgibt, einige kurze Augenblicke friedlichen Glückes abzudingen. Das ist die von außen auf den Menschen einbrechende Unmittelbarkeit, so furchtbar, weil sie so beseligend gewesen war, so entsetzlich, weil sie das Element des Lebens gebildet hatte, so unwahr, weil sie die Wahrheit selbst gewesen war — die Religion.

Die Religion eine unmittelbare Macht, so stellt sie uns das Heidentum mit erschütternder Deutlichkeit dar. Aber sie ist die von außen dem Menschen angetane Macht, die Macht als Last und Druck auf seinen Schultern. Sie knechtet und drückt nieder, aber sie erhebt nicht und entwickelt nicht. Sie quillt nicht in den Herzen auf, warm und natürlich, sie ist keine menschliche Anlage, sie stammt so wenig aus den Tiefen des Gemütes, wie aus der Gedanken forschendem Sinnen, sie ist da, ehe der Mensch zum Dasein erwacht. Sie fesselt ihn, sobald er seine Glieder der Freiheit entgegenstreckt.

Der Mensch lebt nicht in der Religion. Der Gehorsam, den er ihr leistet, ist der Gehorsam des Schattens, der nicht anders kann als gehorchen. Tief in der Seele bewahrt er sein Leben für sich. Die Religion berührt es nicht, sie nimmt es nur in Beschlag mit ihrem rücksichtslosen Befehl, aber sie bleibt ihm fremd. Es ist nicht möglich, daß der harmonisch geschaffene, aus der Unmittelbarkeit geborene Mensch ein bloß äußerliches Verhältnis zu ihr, der fremd gewordenen Unmittelbarkeit unterhalte. Er muß sich ihr unterwerfen — das ist sein Fluch — aber er müßte sich selbst aufgeben, wenn er mit ihr in den Bund treten wollte. Er darf ihr in der Äußerlichkeit nicht nahekommen, eben deshalb, weil er innerlich wesenhaft mit ihr verbunden ist. Er darf mit den Göttern, wozu sich für sein Bewußtsein der lebendige Gott verwandelt hat, nicht Frieden schließen, nein, es bleibt sein köstlichstes wie sehr auch verborgenes Recht, den Mächten der Religion verständnislos gegenüberzustehen.

Es geschah immer im Namen der Wahrheit, wenn sich gegen die bloße Religion, d. h. gegen das Ausgeliefertsein an die unverstandene Autorität eines göttlichen Wesens, mag dieses nun in heidnischer oder in christlicher Form aufgefaßt werden, die Stimme der Menschlichkeit erhob. Die Religion steht nur über, nicht aber in unserem Geistesleben, und eben deswegen ist sie die größte, aber auch die falscheste Macht. Es ist nicht wahr, daß der Mensch von seiner Religion lebt. Was er in ihr sucht, das gerade sollte er garnicht suchen, denn es entfremdet ihn von sich selbst; und was er sich nicht von ihr verspricht, das eben ist der eigentliche Quell seines Lebens. Sie dient ihm nur dazu, sich für die Folgen seiner Torheiten bei einer Gottheit schadlos zu halten, oder seiner Schwachheit und Feigheit den seligen Anlaß ihrer unreinen Betätigung zu gewähren. Sie verhätschelt den Menschen, wenn sie ihn nicht peinigt, sie zieht ihn zu leeren Hoffnungen groß, wenn sie ihn nicht der Hölle überläßt, sie spielt mit ihm, indem sie heute alle Schrecken in seine Seele ergießt, morgen ihn auf zauberische Höhen emporhebt. Aber sie bleibt ihm fremd. Wo ist ein Volk, das sich ein charakterfestes, sittliches Verhalten an ihren Geboten errungen, eine Nation, die durch ihre erzieherische Wirksamkeit groß geworden? Will man zur Widerlegung dieser Frage z. B. auf die Reformation hinweisen, durch welche dem deutschen Volk im Gegensatz zu den romanischen jene gesunde Kraft eingegossen worden sei, die es heute auszeichne, so steht diesem Einwand gerade die entscheidende Tatsache entgegen, daß die Reformation keine religiöse, sondern, wie wir sehen werden, im Grunde eine von der Religion befreiende Geistestat gewesen ist. Man blicke auf alle die Völker, welche die christliche Religion, den Katholizismus, in ihr Herz und in ihre Sitten eingegraben: heute stehen sie vor dem Ruin! Ist an der zähen Stabilität des russischen Volkes nicht seine Kirche schuld, die, was sie anrührt, zur Erstarrung bringt?

Gewiß hat die Religion auch sittliche Mächte zur Entfaltung

gebracht. Allein das ist gerade so zufällig gewesen, wie die Entfesselung der unsittlichen, ja wahnwitzigen Erscheinungen, die auf ihre Rechnung kommen. Sie hat keine innere Verbindung mit dem Menschen, sie drückt von außen auf seinen Geist und bringt so alle seine Kräfte zur gewaltsamen Äußerung. Nichts ist so verworren wie das Bild, das uns die Religion der Völker vor Augen stellt. Die größten Scheusale berufen sich wie die Wohltäter der Menschheit auf die eine und selbe Religion. Die unglaublichsten Schandtaten werden im Namen derselben Religion begangen, die die zartesten Gebilde menschlicher Sittlichkeit zu strahlender Wirksamkeit anregt. Immer bleibt die Religion eine unverstandene, von oben ins Leben greifende Macht — fähig, in gegebenem Zeitpunkt wie eine verzehrende Flamme auszubrechen.

Sagten wir oben, die Religion sei die auf den Menschen drückende Unmittelbarkeit, so ist die Verwandtschaft mit jener andern Macht gegeben, in welcher ebenfalls die verkehrte Unmittelbarkeit zum Vorschein kommt: mit dem Bösen. Und da tritt denn eine sonst unverständliche Wahrnehmung in das grellste Licht. Woher, so fragen die Menschen, jene unbestreitbare Verbindung des Bösen mit der Religion? Gerade die Religion ist ja — so scheint es — die stärkste Schutzwehr gegen alles Böse, warum sehen wir sie miteinander verbunden? Oder sind sie das letztere nur scheinbar?

Wir wollen zum Beweise ihrer engen Verwandtschaft nicht auf die Geschichte der heidnischen Völker hinweisen, nicht alle die Greuel erzählen, welche die Religion dort bis zum heutigen Tage teils nicht zu verhindern verstanden hat, teils ausdrücklich von ihren Anhängern verlangt; wir verschmähen es, die furchtbaren Ausbrüche des mohamedanischen Fanatismus z. B. in den armenischen Metzeleien des längern namhaft zu machen. Wir wollen auf dem Boden unsrer eigenen christlichen Religion stehen bleiben, um hier in aller Kürze Umschau zu halten. Wir fragen: gibt es überhaupt eine Schandtat, die nicht auch im Namen der christlichen Religion ausgeübt worden wäre? Ist die Erwähnung z. B. des Vertilgungskrieges gegen die Albigenser, oder der Bartholomäusnacht, ist auch, um gerecht zu sein, die des Servetschen Scheiterhaufens nicht genug, mehr als genug, um die ebenso wahre als schreckliche Tatsache zu beweisen, daß die Religion auch in der Christenheit mit den bösesten Trieben des Menschenherzens

Verbindungen angeknüpft und dieselben in ihre Dienste gezogen hat? Woher kommt in den kleinen Kreisen unseres ruhiger gewordenen frommen Lebens jene Unwahrhaftigkeit, jene Ränkesucht, jene Heuchelei, die wir alle kennen — wird sie nicht direkt großgezogen von dem bloß äußern Verhältnis, in welchem unsere Frömmigkeit zu Gott steht, von der aus Unverständnis und Angst gebornen Unsicherheit, die uns peinigt — also von der Religion, jener unmittelbaren Macht, die wir wohl fühlen, aber nicht begreifen, die uns, wie das Böse, unmittelbar mit sich fortreißt?

Das ist's, was den leidenschaftlichen Charakter jeder Religion ausmacht. Mit Befremden sehen wir oft dieselben Gemüter, die noch eben in stiller Andacht der Stimme der Gottheit gelauscht, zum Schwerte greifen, um ihres Glaubens drängende Qual mit den Mitteln der Brutalität überall hin zu verbreiten, oder, wenn ihnen dies eine milder gewordene Sitte nicht mehr gestattet, wenigstens zu den Waffen des leidenschaftlichen Wortes, womit sie die Religion verteidigen zu müssen glauben.

Ist diese Leidenschaft der Charakter jeder Religion, auch des Christentums, wenn es wieder Religion geworden ist, so muß sie sich namentlich da zur Geltung bringen, wo die Religion, sich selber überlassen, ihre natürlichen wilden Triebe ungestört entfalten kann: im Heidentum. Es ist unbegreiflich, wie man angesichts der unbeschreiblich grausigen Blätter heidnischer Religionsgeschichte von einer „natürlichen Anlage" des Menschen zur Religion reden kann.

Man verhüllt sich allerdings die Wahrheit von vornherein dadurch, daß man auch für die Religionsgeschichte die sog. Evolutionstheorie zur Geltung bringen zu müssen glaubt, wonach sich die Völker aus rohen Anfängen allmählich zu würdigeren Vorstellungen der Gottheit emporgearbeitet hätten. Wenn irgendwo, so hätte man gerade auf unserem Gebiete zur Vorsicht gegenüber dieser allzufertigen und auch auf andern Gebieten mehr als zweifelhaft werdenden Hypothese gemahnt werden können. Nicht nur der Buddhismus stieg aus reinen, erhabenen Anfängen zum nichtssagenden und widerlichen Götzendienst herab, auch das uns näherliegende Christentum liefert im hellen Licht der Geschichte das Beispiel für den ebenso trostlosen wie abergläubischen Ausgang einer Erscheinung, deren unvergleichliche sittliche Herrlichkeit noch niemand im Ernste angezweifelt hat. Man denke an den Zustand der orientalischen Christenheit etwa im 5. Jahrhundert oder auch schon in den Ausgängen des zweiten, man vergegenwärtige sich den neben der unverstandenen Erhabenheit des Dogmas einhergehenden fast fetisch-ähnlichen Zauberdienst, den das Volk bis hinauf in die höchsten Klassen ausübte — um zu erkennen, daß hier von einer Entwicklung zum bessern reden die Sache auf den Kopf stellen hieße. Ganz dasselbe wiederholt sich bei jeder Sektenstiftung, wie einem natürlichen Gesetze gehorchend. Aus der ersten Begeisterung bewunderungswürdiger Tatkraft, Berge versetzenden Glaubens, schlägt sich nicht einmal sehr allmählich, sondern in verhältnismäßig kurzer Zeit ein öder Mechanismus nieder, der wohl von einzelnen tüchtigen Persönlichkeiten durchbrochen werden mag, im ganzen aber ein zähes, mühsames und nutzloses Dasein dahinschleppt.

Wenn nicht alles trügt, so wird Schelling — dessen hieher gehöriges Werk „Philosophie der Mythologie" bis jetzt kaum gewürdigt worden ist — recht behalten, wenn er den entscheidenden Satz aufstellt, daß die Mythologie die Völker, nicht die Völker die Mythologie machen. „Wie man auch die Entstehung der Mythologie aus oder unter einem Volke erkläre, immer wird man schon es selbst voraussetzen und also z. B. annehmen, daß der Hellene Hellene war, der Ägypter Ägypter, ehe er seine mythologischen Vorstellungen auf die eine oder andere Weise erhielt. Nun frage ich Sie aber, ob der Hellene noch Hellene, der Ägypter noch Ägypter ist, wenn wir seine Mythologie hinwegnehmen. Also hat er seine Mythologie weder von andern angenommen, noch sie selbst ergänzt, nachdem er Hellene oder Ägypter war, er wurde Hellene oder Ägypter erst mit dieser Mythologie, damit, daß diese Mythologie ihm wurde. . . . Nicht durch seine Geschichte ist ihm seine Mythologie, sondern umgekehrt ist ihm durch seine Mythologie seine Geschichte bestimmt, oder vielmehr diese bestimmt nicht, sie ist selbst sein Schicksal (wie der Charakter eines Menschen sein Schicksal ist), sein ihm gleich anfangs gefallenes Los". (Schelling, Sämtl. Werke II. Abt. I. Band, Einleitung in die Philosophie der Mythologie S. 64—65).

Im Zusammenhang mit dieser folgenschweren Umkehrung aller bisherigen wissenschaftlichen Betrachtungsweise — von der man nur wünschen kann, daß sie eine bessere Beachtung von seiten des sie hochmütig von oben herab behandelnden Zunftgelehrtentums bald einmal finden möchte — steht dann die andere ebenso entscheidende, ja grundlegende These, daß der Monotheismus die eigentliche Urreligion der Menschen gebildet habe, und daß erst durch die Störung desselben im Bewußtsein der noch geeinten Menschheit Polytheismus und damit einander ausschließende Völker entstanden seien. „Gleichwie nun aber die Menschheit nicht entschiedener zusammen und in unbeweglicher Ruhe erhalten werden könnte, als durch die unbedingte Einheit des Gottes, von dem sie beherrscht wurde, so läßt sich von der andern Seite keine mächtigere und tiefere Erschütterung denken, als die erfolgen mußte, sowie der bis dahin unbeweglich Eine selbst beweglich wurde, und dies war unvermeidlich, sobald ein anderer oder mehrere andere Götter im Bewußtsein sich einfanden oder hervortaten. Dieser wie immer . . . . . eintretende Polytheismus machte eine fortdauernde Einheit des Menschengeschlechtes unmöglich. Polytheismus also ist das Teilungsmittel, das in die homogene Menschheit geworfen wurde. Verschiedene voneinander abweichende, im weitern Fortgang sich sogar anschließende Götterlehren sind das unfehlbare Werkzeug der Völkertrennung." (Ebenda S. 104—105.)

Wir lassen die nähere Ausführung dieser in der Tat äußerst radikalen aber nicht weniger einleuchtenden und wahrscheinlichen Hypothese hier bei seite — für alles einzelne auf die geistvollen Darstellungen Schellings selbst a. a. O. verweisend — und bemerken nur, daß schon die eine Konsequenz, die sie hat, daß nämlich der Monotheismus ebensosehr der Menschheit als solcher entspricht, wie der Polytheismus den voneinander getrennten Völkergemeinschaften, eine Wahrheit enthält, die wir heute mehr als die Frühern zu empfinden anfangen.

Ist dem so, ist die Völkerbildung die Folge eines zerrütteten monotheistischen Gottesbewußtseins der ursprünglichen Menschheit, dann wird klar, welch fundamentale Bedeutung die Religion für die einzelnen Völker gehabt hat. Ist es die Religion, die die Völker geschaffen, so kann vor allem nicht von einer „religiösen Anlage" derselben gesprochen werden. Dann ist vielmehr unsere obige Auseinandersetzung bestätigt, wonach die Religion als eine von außen über das Bewußtsein hereinbrechende Macht verstanden werden muß. Zweitens erhellt aus der völkerbildenden Macht der Religion, welches Verhängnis sie für das Leben der Menschheit bedeutet.

Man spricht viel von der „Natur und Beschaffenheit“, von dem „Charakter und Genius“ eines Volkes, als wäre damit eine natürliche Grundlage der geschichtlichen Entwicklung gegeben. So haben manche ihren Widerstand gegen die christliche Mission damit rechtfertigen zu können geglaubt, daß sie — sentimental oder doktrinär — den Charakter der heidnischen Religion aus dem „Genius“ des betreffenden Volkes erklärten, und jede Antastung desselben als törichten oder unduldsamen Eingriff verurteilten. Ein solches Gerede ist ebenso müßig, wie unwissend. In Wahrheit steht es übel genug um diese gerühmten Volkscharaktere. Es mag für den europäischen Gelehrten in seiner stillen und bequemen Studierstube eine reizende Aufgabe sein, alle die in bunter Abwechslung vor seinem Auge ausgebreiteten Typen der verschiedenen Völker vergleichend zu betrachten — auf dem Boden der Wirklichkeit bedeuten sie doch nichts anderes, als einen ununterbrochenen furchtbaren Fluch für sie. Man vergegenwärtige sich einmal z. B. das chinesische Volksleben — um das relativ beste zu nennen — und frage sich dann, was es mit der Behauptung von der Natürlichkeit dieses Volkslebens noch auf sich habe. So weit wir Umschau halten — lauter Greuel, Greuel, die ihre Furchtbarkeit gerade der konsequenten Ausgestaltung eines „Volkscharakters“ verdanken!

Dieser Volkscharakter ist in Wahrheit die größte geistige und materielle Knechtschaft. Wenn die Eigenart eines Volkes nicht durch eine höhere Macht zu bloß dekorativer Bedeutung herabgemildert worden ist, so bleibt sie eine Einseitigkeit und Härte, die dem universell angelegten Menschen unmöglich angeboren sein kann. Man kann bei ihr stehen bleiben — der Ethnograph muß dies um der Reinheit seiner Wissenschaft willen sogar tun — allein man muß sich dann auch bescheiden, eines der wichtigsten Probleme des Menschenlebens wohl beschrieben, nicht aber verstanden zu haben. Diese Probleme lassen sich nur am höchsten Maßstabe universeller Wahrheit messen; sie werden schließlich gebieterisch die Entscheidung ihres Beobachters für das Recht oder das Unrecht überhaupt der von ihnen namhaft gemachten Tatsachen herausfordern. Die Geschichte der Menschheit verlangt in letzter Instanz vor dem Richterstuhl der Menschlichkeit selbst abgeurteilt zu werden; das, was die stillen Gedanken unseres Geistes für wahr oder falsch halten, bleibt auch auf dem Gebiete der äußern Welt so. Nicht außer uns, nein, in uns tragen wir die Lösungen der

Rätsel, die des Menschen Dasein drücken; was menschlich ist, das allein muß auch in der Völkerwelt entscheidend sein. Es ist nicht nur ein trauriges, sondern es ist ein falsches Vorurteil, daß die doch aufeinander angewiesenen Völker einander nach einem „natürlichen Gesetze“ gegenseitig aufreiben und daß die Welt nichts anderes sein soll, als das Schauspiel wahnsinniger Kriege. Diese traurige Tatsache fordert im Gegenteil gebieterisch das endgiltige Urteil heraus, daß die diese Kriege erzeugenden Völkerdifferenzen harte, der Menschheit angeschraubte Fesseln sind, die fallen, nur fallen müssen. Wer sich zu dieser Einsicht nicht zu bekennen vermag, der versteht noch immer nicht, daß die Menschheit über den einzelnen Völkern steht und sich aus denselben das bunte aber einheitliche Gewebe ihres künftigen Daseins zu bereiten strebt.

Schon lange indessen erwartet uns der ungeduldige Einwand: „Das alles ist wohl wahr für die heidnische Religion, gilt aber nicht für die christliche, die sich eben dadurch vor jener auszeichnet, daß sie die wahre, die endgiltige Religion ist, während das Heidentum auf einer untergeordneten Religionsstufe stehen geblieben ist.“ — So wird in der Tat in allen Lehrbüchern der Religionswissenschaft und Dogmatik der Sachverhalt dargestellt — ob mit Recht, das wollen wir nun des nähern untersuchen. Das Christentum beruft sich auf Jesus Christus. Von ihm müssen wir deshalb zuerst reden.

Jesus Christus.

Zu den Juden sprach Jesus: „Wenn ihr nicht glaubet, daß ich bin, werdet ihr sterben in euren Sünden.“ (Joh. 8, 24.)

Damit stellt er das Sein seiner Person dem Sein der Welt gegenüber. Die Welt ist, und Jesus ist auch. Hier die Welt — hier Jesus. Ein Gegensatz zunächst schneidendster Art, schließlich aber der verheißungsvollsten Aussicht für die Welt selbst.

Bis zur Gegenwart zieht sich dieser Gegensatz durch die ganze christliche Geschichte. Die Christenheit mag sich noch so sehr verweltlichen, noch so sehr dem Evangelium zum Trotz und zur Schmach im Machtgebot des über Länder und Fürsten gebietenden „Knechtes der Knechte Christi“ ihres Meisters dienende Liebe erschauen, sie mag mit weltlicher Weisheit Bündnisse schließen, an menschliche Wissenschaft ihr Kleinod verraten, ausarten gar in den Schmutz niedrigster Gesinnung — umsonst! Immer wieder sprengt das eine große Unverstandene, das sie in ihren Gedanken und Zeremonien bewegt, zu dem sie sich wohl bekennt, das sie aber nicht versteht, ihre übelberatene Klugheit entzwei: Jesus Christus. Immer wieder muß sie es zu ihrem eigenen Schrecken erfahren, was sie so gerne auf ihre leichtfertigen Lippen genommen: „Mein Reich ist nicht von dieser Welt.“ Man hat bis heute das Sein Jesu verstehen wollen — vergeblich! Es ist heute so gut wie im Anfang das einzige, das sich nicht an die irdische Weisheit verkauft hat. „Wenn ihr nicht glaubet, daß ich bin, so werdet ihr sterben in euren Sünden.“

Es ist leicht, wenn man dem Evangelium von J. Ch. seine ursprüngliche Bedeutung, das Unvergleichliche zu sein, nimmt, um es auf allgemein verständliche religiös-sittliche Gemeinplätze abzuschwächen, von dem „Christentum“ als dem Inbegriff aller intellektuellen und ethischen Wahrheit zu reden. Man vergißt dabei nur den entscheidenden Punkt selbst, nach welchem das Evangelium das gerade Gegenteil von aller menschlichen „Wahrheit“ sein will. Möglich ist es ja, dasselbe mit menschlichem Maßstabe zu messen, — aber nur, wenn man sich der Erkenntnis verschließen will, daß es selbst der Maßstab aller Dinge ist. „Bei dieser Behandlungsweise ist zum voraus angenommen, das Christentum müsse sich in eine Kategorie bringen lassen mit den allgemeinen geistigen Lebenserscheinungen, wenn auch als die höchste derselben; es müsse wie eine spezies unter diesem genus sich befassen lassen. Aber gerade damit setzt man sich von vornherein mit dem Original-Christentum in den durchgreifendsten Widerspruch. Man kommt so nicht einmal dazu, zuerst auch nur historisch treu die eigenen Aussagen des Christentums über sich selbst zu erheben. Denn das Christentum setzt sich mit seinem Geist und seinem Leben von vornherein dem allgemeinen Weltgeist und Weltleben gerade entgegen. Nicht von der Welt zu sein (οὐκ ἐκ του κοσμου τουτου), ihrem Geist und Leben nicht zu entstammen und anzugehören, ja mit seinem Geist und Leben der gerade Gegensatz zu jenem zu sein, dies ist Grundbehauptung des Christentums.“ (J. T. Beck, Vorles. über christl. Glaubenslehre, I. T. S. 133—134.)

Das ist unsrer Zeit aus der Seele gesprochen. Der Rausch der Hegelschen Philosophie, die Christentum und Vernunft ohne weiteres identifizierte, ist heute gründlich und, wie es scheint, für immer verflogen. Immer deutlicher wird es uns, daß Jesus Christus und sein echtes, aus dem Mißverstande christlicher Dogmatik gelöstes Wort eine total unerklärliche, nur dem unmittelbaren Erlebnisse, nicht den Begriffen des abstrahierenden Verstandes zugängliche Erscheinung und Macht ist. Nachdem der Versuch so oft gewagt worden, Jesum einer schon vorhandenen, vom Licht der Vernunft erleuchteten Ordnung der Dinge einzugliedern, nachdem dieser Versuch immer aufs neue an den harten Kanten dieser einzigartigen Existenz: Jesus, wirkungslos abgeprallt ist, kann man sich dem Eindruck nicht mehr verschließen, daß es die Menschheit hier mit einer Erscheinung zu tun hat, die aller Begriffe spottet, die nicht in die Vernunft, sondern in die die Vernunft gefaßt werden muß.

Und zwar besteht dieses Unvergleichliche seiner Person nicht in einer unergründlichen Weisheit, zu welcher, wenn nicht unsre Zeit, doch vielleicht eine glücklichere spätere zu gelangen hoffen dürfe; nicht in einer Erkenntnis, der zwar der wissenschaftliche Geist der Gegenwart nicht gewachsen sei, die aber in künftigen Tagen ihr Licht über eine weiter vorgeschrittene Nachkommenschaft ausgießen werde; auch nicht in neuen moralischen Geboten, ja nicht einmal, wenigstens nicht in erster Linie, in jener ausschließlichen Betonung der Gesinnung, worin man so gerne den Unterschied des christlichen vom antiken Geiste erblickt. Das alles ist von Jesus anerkannt, z. T. umgestaltet, verwertet, aber nicht in die Welt eingeführt worden. Unermeßlich sind die Impulse, die er der Menschheit mitgeteilt — und dennoch lagen sie durchaus nicht in seiner besondern Absicht. Unübersehbar die Gestaltungen und Wandlungen, die er hervorgerufen — aber er selber wollte nichts gestalten. Wissenschaft, Kunst, Kultur und Fortschritt, sie alle haben ihre höchsten Konzeptionen aus seinen Händen empfangen — allein er selbst war weder ein wissenschaftlicher Bahnbrecher, noch ein künstlerisches Genie. Die soziale Frage unsrer Tage verdankt ihm allein ihr Dasein — und doch wissen wir von keinem einzigen Wort, keiner Tat, durch die er ausdrücklich seine Absicht kundgegeben hätte, die Welt in neue gesellschaftliche Formen zu kleiden. Alle Gebiete menschlichen Schaffens ziehen aus ihm ihre Kraft, ihre Hoffnung, ihre Zuversicht — er selbst hat nichts getan.

Ja, er tat nichts! Das ist der alte Vorwurf, den man ihm von Celsus an bis heute macht. Er tat nichts — aber er war alles! Und er war es zwanglos, zwecklos, wie zufällig, oder besser gesagt, wie selbstverständlich. Seine Worte verbergen keine geheime Absicht, keinen besondern lehrhaften Zweck, sie sind einfach, schlicht, wahr — und doch reißen sie zwei Welten auseinander! Seine Taten dienen keiner wissenschaftlichen Tendenz — und doch versenken wir uns heute noch mit brennendstem Interesse in dieses doch nur so zufällige Wirken, das so gar keine besondern Kräfte in Bewegung setzte, so gar nicht weit auszuholen brauchte. Keine mühsamen Vorbereitungen, keine klugen Vorausberechnungen, kein zielbewußtes systematisches Denken — und doch eine Wirkung, die uns mitten durchs Herz geht. Er redete, handelte, lebte und war in der kindlichsten Art, als könnte dies nun einmal nicht anders sein — und doch beherrscht er uns heute noch wie kein König im Reich der Geister vor und nach ihm. Das ist Jesus, die eine und selbe wunderbare Persönlichkeit, die ist, nur ist, die sein muß, was sie ist, eine Persönlichkeit der heiligsten Notwendigkeit in lebendigster Freiheit, die nichts andres zu sagen hat als: Wenn ihr nicht glaubt, daß ich bin, werdet ihr sterben in euren Sünden!

Diese Persönlichkeit läßt sich schlechterdings nicht erklären. Erklären heißt auf einen höhern Begriff zurückführen; aber eben diese höheren Begriffe fehlen uns hier, wo alle bloßen Begriffe, alles Denken, jede Philosophie und Weisheit in des Erlebnisses Tiefe untergehen. Sage Religionsstifter, Wohltäter der Menschheit, Urbild und Vorbild des Guten, sage, höher hinaufgreifend, Gottessohn, Erlöser, Versöhner, Spender der heiligsten Güter, das alles sind Worte, in deren gehäufter Fülle es dir doch nicht gelingt, sein eigentliches Wesen zu erfassen, Worte, die er selber nur soweit anerkennt, als sie Zeugnisse desselben Erlebnisses sind, das aus ihm selbst, der Quelle gleich, sprudelt: „Es werden nicht alle, die zu mir Herr, Herr sagen, ins Himmelreich kommen, sondern die den Willen tun meines Vaters im Himmel!“ (Matth. 7, 21.) Die Menschen mögen in schönen Erkenntnissen schwelgen, in Idealen und höchsten „Vernunftwahrheiten“ sich für ihr kleines Dasein entschädigen — was ihn von alledem trennt, ist die Wirklichkeit jener Gotteswelt, die in ihm lebt, während sie nur darüber reden.

Er lebt das Leben des Vaters, darum weiß er nichts von der Menschen Theorien.

Sie leben in der Realität des Staubes, darum verstehen sie ihn nicht.

„Ihr seid von unten her, ich bin von oben herab. Ihr seid von dieser Welt, ich bin nicht von dieser Welt.“ (Joh. 8, 23.) „Der von oben herkommt, ist über alle. Wer von der Erde ist, der ist von der Erde und redet von der Erde. Der vom Himmel kommt, der ist über alle, und zeuget, was er gesehen und gehört hat; und sein Zeugnis nimmt niemand an.“ (Joh. 3, 31—32.)

„Ich und der Vater sind eins.“ (Joh. 10, 30.)

„Wer mich siehet, siehet den Vater.“ (Joh. 14, 9.)

Das sind die entscheidenden Worte, die er den Menschen entgegenhält. Man versteht sie nicht, wenn man sie sich philosophisch oder theologisch zurechtlegen will. Sie fließen aus dem Erlebnis des Vaters und sind nur dem verständlich, in dem der Vater lebt. Immer und immer wieder versichert er uns, daß er „die Werke des Vaters wirke“, daß er nur so verstanden sein wolle und verstanden werden könne. Eine ganz neue Welt ist in ihm aufgebrochen. Nicht das ist neu, was er im einzelnen Falle sagt, nicht seine Auffassungen sind neu, auch nicht seine Verheißungen, nicht einmal das wundervolle Licht, das er über das Dunkel unseres verwirrten Daseins ausbreitet — sondern neu ist allein sein Erlebnis des Vaters. Daß Gott wirklich aus ihm spricht, wirklich unter den Menschen weilt, daß es wirklich — die Menschheit hats nie geglaubt — möglich ist, in der Gemeinschaft mit dem Vater zu stehen, nicht in einer glücklich ausgedachten oder durch allerhand sittliche Kunststücke hergestellten, nein, in der wirklichen, in welcher Gott mehr ist, als ein religiöser Begriff, mehr als ein Gedanke, mehr als ein „Zweck und Ziel“, nämlich Er selbst, seine eigenen Kräfte entfaltend, sein eigenes Reich bauend — das ist das Neue!

Damit ist alles gesagt. In Jesu ist der Vater offenbar. Nicht in irgend welchen Geboten, Mahnungen oder Neuschöpfungen offenbar, nein, nur offenbar, nur vorhanden, nur da. Nicht um die Menschheit in neue, ungeahnte Bahnen zu treiben, nein, um sie zu lieben, wie sie sind — „aber auch zu ändern doch und in die Buße zu treiben“? Nein, nur zu lieben! Um ihnen in dieser Liebe klar zu machen, daß sie selbst einen unendlichen Wert haben — „Was hülfe es dem Menschen, wenn er die ganze Welt gewönne und nähme Schaden an seiner Seele?“ (Matth. 16, 26) — daß sie in ein ewiges Reich gehören, daß sie leben dürfen, wie er lebt. Um alle ihre Angst, alle Sorgen, alle Torheiten, Illusionen,

Begriffe, Abstraktionen, ihrer ganzen Weisheit scheinbar so absolute, in Wahrheit aber so falsche und eingebildete Zwecke gegen die Gewißheit einzutauschen, daß sie Gottes Kinder sind: „Ihr sollt vollkommen sein, wie euer Vater vollkommen ist" (Matth. 5, 48). Ihr sollt mit allem abschließen, alles in den Umkreis eures ewigen Lebens hineinnehmen, die Sklavenketten, die euch die Eitelkeit angetan, von euch werfen und frei sein, vollkommen im Erlebnis des Vaters, ohne jenen unwahren Ernst in Nebensächlichem, der die Stirne furcht, die Wangen bleicht, die Herzen gefangen nimmt — vollkommen in der Daseinsfreude eines mit dem Vater verbundenen Kindeslebens. „Wenn ihr nicht werdet wie die Kinder, so werdet ihr nicht in das Himmelreich kommen."

Jetzt verstehen wir, warum Jesus mit seinem Evangelium in keine Erklärung paßt. Wer will die Gegenwart des lebendigen Gottes in Worte fassen? Und wer will es noch wichtig und nötig finden, Worte zu machen da, wo das letzte, grundlegende, alles andere aus seinem eigenen Reichtum gestaltende Erlebnis sich den Herzen einsenkt? Was müssen wir noch wissen, wenn wir den Vater haben, was gibt es noch für über uns waltende „Zwecke" und „Ideale", wenn wir unser Genüge im Vater gefunden?

Ganz ebenso wird uns hier das Fragmentarische, auf den ersten Blick so Unfertige an Jesu Wirksamkeit klar. Wer den Menschen den Vater gebracht, der läßt sich nicht mit ihren Prinzipien ein, der stellt keine Fragen und löst keine; der rückt alles, was an ihn herankommt, auf die eine lebendige Grundlage. Gerechte und Ungerechte, Pharisäer und Sünder, Halbe und Ganze, Toren und Weise, Hohe und Niedrige, sie alle werden in dieses unendliche Leben aufgenommen, ohne daß sie sich zu ändern, zurechtzumachen, darauf zu rüsten brauchen — von selbst im Erlebnis des Vaters wird das Krumme gerade, das Hohe niedrig, das Verkehrte wahrhaftig; die Menschen bedürfen nichts als des Glaubens an seine wunderbare, so unbegreifliche und doch so schlichte Erscheinung.

Jesus verlangt von Niemand eine besondere Leistung. Er beläßt die Pharisäer in ihrer Theologie; wenn sie ihn herausfordern, so schlägt er sie, aber er sucht nicht mit ihnen zu disputieren. Alle Prinzipien, Auffassungen, Meinungen, alle Theologie und fromme Lehre ist in seinem Bewußtsein weder falsch noch richtig, weder gut noch böse — sondern einfach nebensächlich. Er gibt zu, daß es Gerechte neben Sündern gibt, und bemüht sich nicht, diesen Gegensatz in seiner für das fromme Denken doch so anstößigen Tatsächlichkeit theologisch zurechtzulegen, oder gar mit dem später so beliebten Gemeinplatz von der gleichen Sündhaftigkeit aller Menschen niederzuschlagen; er läßt ihn auf sich beruhen, denn er hat für ihn nichts zu bedeuten. Über diesem Gegensatz steht sein allen gleichermaßen nötiges, unentbehrliches Leben. Keine einzige Erscheinung des Tages beurteilt er nach irgend einem prinzipiellen Gedanken. Alles ist recht — aber alles — das Gute nicht minder wie das Böse — steht außer Zusammenhang mit seinem Vater — und das allein ist's, was den Menschen fehlt. Tief sieht er in ihr Tun und Treiben hinein. Ihre innersten Triebfedern sind ihm offenbar; aber er fühlt sich nicht gedrungen, helfend und korrigierend einzugreifen. Was er tut, ist immer nur das eine, dieses ganze Menschentum mit seinen Fehlern und Tugenden, Schatten- und Sonnenseiten für den Vater in Anspruch zu nehmen. Gegen die stärksten Leidenschaften des Menschen richtet er keine andern Schranken auf als die, die in seinem Leben von selbst gegeben sind. Er sucht ihnen das Sorgen ums irdische Gut nicht durch die Mittel flammender Beredsamkeit, wie seine spätern Anhänger, wegzunehmen. Er sagt einfach: ihr sollt nicht sorgen, ihr sollt euch nicht Schätze sammeln, als wäre dies etwas ganz Selbstverständliches — und es wird auch selbstverständlich für den, der ihm glaubt. Denn in ihm ist der Vater, die große eine Wirklichkeit, die allein Wahrheit ist, vor welcher alle andern gemeinten und geträumten Wirklichkeiten, und damit alles Sorgen um sie, ganz von selber dahin schwinden. Er gibt ihnen keine Anleitung zur Kunst der Feindesliebe, die er von den Seinen verlangt. Denn sie verstehen sie sofort und von selbst, sobald sie ihn verstanden haben. Seine Gebote sind das Schwerste, was je den Menschen zugemutet worden ist, und auf der andern Seite das Zwangloseste, was es gibt. Schwer, unausführbar für die menschliche Moral — zwanglos wie das Gesetz des Lebens für den, der in seinem Erlebnis steht: im Vater. Es handelt sich in denselben nicht darum, etwas zu werden oder zu erreichen, sondern darum, etwas auszuwirken, ins äußere Leben umzusetzen, was im Innern lebendig ist. Reich, nicht arm, alles vermögend, mit einem Berge versetzenden Glauben ausgestattet sind die Seinen, nicht mühsam sich emporringend zu einem vorgestellten, aber unerreichbaren Ideale — sie tragen aller Ideale Sinn und Kraft als das Erlebnis des Vaters, das er ihnen erschlossen, im Herzen.[1])

[1]) Man wirft dem Evangelium vor, daß es keine Menschenrechte kenne, ja sie aufs entschiedenste verneine. „So dir jemand einen Streich gibt auf deine rechte Backe, dem biete die andere auch dar.“ Das heiße: „man soll sich Mißhandlung, Unrecht und Ausbeutung nicht nur ruhig gefallen lassen, sondern dem Übeltäter sogar Gelegenheit bieten, seine Ungerechtigkeit zu wiederholen. Geduld, Demut und Ertragung sind die wichtigsten Tugenden der christlichen Ethik. Die Apostel ihrerseits hörten nie auf, die absolute Unterwerfung zu predigen. Petrus sagt: „Seid euren Herren untertan, selbst dann, wenn sie böse und übelwollend sind“ — und Paulus: „Alle Gewalt kommt von Gott, wer sich der Gewalt widersetzt, widersetzt sich der Gottesordnung“. „Daraus folgt, daß die Idee des Rechts, der Gerechtigkeit, dem „wahren“ Christentum vollständig zuwider ist.“ (Aus dem Aufsatz des Herrn Eugen Losinsky in den Sozialistischen Monatsheften; Märzheft 1902 S. 128.)

Es ist zwar schade und nicht das beste Zeichen für die Unbefangenheit und „Gerechtigkeit“ der sozialistischen Stimmführer, wenn sie solch abgedroschene altbekannte Phrasen dem Publikum immer wieder auftischen dürfen, allein es liegt diesem Mißverständnis die durch die Kirche reichlich verschuldete Verwechslung des Evangeliums Jesu Christi mit dem späteren Christentum zu Grunde, so daß wir es einem dadurch verwirrten Sozialdemokraten nicht zu hoch anrechnen wollen, wenn er das leere Stroh noch einmal drischt — wie sehr wir auch gerade von seinem Standpunkt eine größere Orientiertheit in diesen Fragen erwarten durften. Standen doch Jesus und seine Apostel mit ihren Gemeinden in einer ganz ähnlichen Lage wie heute die Gewährsmänner des Proletariats. Verachtung, Spott und Hohn für die herrlichsten und gewaltigsten Forderungen dort wie hier. Eine zukunftsreiche, hoffnungsfreudige Sache damals wie heute. Ein Kampf auf Leben und Tod mit einer überlebten Gesellschaft auf beiden Seiten. Dort die Ankündigung des Reiches Gottes, von demselben Petrus, den Hr. Losinsky so verächtlich behandelt, oder wenigstens von einem, der sich nicht scheute, in seinem Namen so zu reden, in die wunderbare Hoffnung verklärt: „Wir warten eines neuen Himmels und einer neuen Erde, in welcher Gerechtigkeit wohnt“ (2. Petr. 3, 13) von Paulus in das siegesgewisse Wort gekleidet: „Wenn dies Verwesliche wird anziehen das Unverwesliche und dies Sterbliche wird anziehen die Unsterblichkeit, dann wird erfüllet werden das Wort, das geschrieben stehet: Der Tod ist verschlungen in den Sieg, Tod, wo ist dein Stachel? Hölle, wo ist dein Sieg? . . . Gott aber sei Dank, der uns den Sieg gegeben hat durch unsern Herrn Jesum Christum.“ (1. Cor. 15, 54. 55. 57.)

Was ist diesem Radikalismus gegenüber die sozialistische Erwartung doch für ein bescheidenes unscheinbares Pflänzchen! Was hat, verglichen mit dem kühnen Trotze, der im Neuen Testamente aufflammt, das sozialdemokratische Programm zu bedeuten, ein Programm, das seinen Mut und seine Kraft

Jesus gibt den Menschen nie etwas anderes, als sich selbst. Zwischen ihm und ihnen steht kein Drittes. Was er ihnen zu sagen hat, sind Worte, aus denen sie ihr Leben trinken; was er

---

dem Evangelium des verhöhnten Jesus entnimmt? Denn man denke sich einmal die Blätter des Evangeliums aus dem Buch der Weltgeschichte gerissen — und frage sich, was von der sozialen Frage überhaupt noch vorhanden wäre, der fast allein das Altertum, trotzdem es dazu reichlich Zeit und Anlaß gehabt hätte, ferngeblieben ist, fern nicht nur aus mangelnder Einsicht, sondern auch aus mangelndem guten Willen, aus mangelnder Liebe, aus mangelndem Glauben an das Gute. Ist die Forderung der Gerechtigkeit nicht eine christliche, bloß eine christliche Forderung, weiß man nicht erst seit Christus, daß die Liebe kein Hirngespinst, keine Fabel ist, sondern eine Realität, deren strömende Flutenmassen mehr und mehr die egoistischen Dämme der Menschen, mögen sie auch Christen heißen, mit sich reißen? Was spricht man denn im sozialistischen Lager für törichte Worte, die jedem blasierten „Übermenschen", nicht aber denen Ehre machen, die sich anschicken, das Erbe Jesu Christi nach langer Versunkenheit anzutreten und zu verwirklichen? Die von Hr. Losinsky angegriffenen Worte Jesu können gar nicht anders beschaffen sein; wären sie anders, etwa nach dem Sinn des Hr. Losinsky geformt, und lauteten sie auf Widerstand und Wiedervergeltung — wie ungeheuer kleinlich wären sie da, und was für eine kleine Sache würden sie da verraten! Wie? Worte, die jeder Straßenjunge von selbst entdeckt und praktiziert, sollte Jesus in seiner Riesenaufgabe wirklich ausgesprochen und vorgeschrieben haben? Wie? Es sollte eine neue, nicht schon lange von den Menschen gehandhabte Wahrheit sein: Wer dich auf deine rechte Backe schlägt, den schlage wieder; wer dir den Rock nimmt, den zerre vor Gericht? Welche großen welterneuernden Dinge, von denen doch auch ein Hr. Losinsky träumen will, sind denn schon aus dieser Handlungsweise, aus dieser klassischen Devise des Spießbürgertums der Menschheit erwachsen? Weiß es Hr. Losinsky immer noch nicht, daß man für eine große Sache sein Leben lassen muß, und daß man sie nicht unheilbarer kompromittieren und schmähen kann als durch jene Wiedervergeltung, die er so hoch anzuschlagen scheint? Wenn das die Menschenrechte wahren heißt, daß wir jedem, der uns ins Gesicht schlägt, nach seiner Weise vergelten, dann steht es schlecht um die, die sie auf ihre Fahne geschrieben haben. Ein Bebel, ein Liebknecht, die sich gerne und mit freudigem Stolze ins Gefängnis führen ließen für ihre große Sache, wußten es anders, anders wissen es heute die bewundernswürdigen Führer der belgischen Arbeitermassen, die es verschmähen, einen sich ihnen aufdrängenden Bürgerkrieg vom Zaune zu brechen, und mit jener Selbstbeherrschung, die immer das Zeichen eines großen Rechtes ist, lieber warten wollen auf den Augenblick, der ihre gerechten Forderungen erfüllen wird.

So sagt auch Jesus seinen Jüngern: Vergeltet nicht, wenn man euch antastet. Ihr seid zu groß dazu. Wer nach dem Reiche Gottes trachtet, darf sich nicht gemein machen. Bei euch handelt es sich um die Wahrheit, um

unter ihnen wirkt, erfaßt und hebt ihr innerstes Sein empor. Nur das hat etwas zu bedeuten, daß er bei ihnen ist. In seiner Gegenwart ist alles, und wäre es das Höchste, entwertet und

das Leben, um die Liebe, um die Gerechtigkeit; ihr steht als die Herolde meiner Kraft in der Welt, ansagend der Sünde, dem Tode, der Hölle, dem Verderben den Sieg des Lebens. Fürchtet euch nicht, wir siegen, wir zeugen, wir arbeiten, wir leiden und lassen uns töten, denn wir haben die Sache, das Reich des Vaters in Händen. Was krumm ist, muß gerade werden, was hoch ist, muß fallen, was arm und gering ist, muß aufstehen, neu muß alles werden, siehe ich mache alles neu! — Welch wunderbare Botschaft — und sie, gerade sie wird von ihren modernen Jüngern, den Sozialisten, verlacht!

Was Jesus von seinen Jüngern verlangt, was später die Apostel ihren Gemeinden eingeprägt, war keine Moral im jetzigen Sinne des Wortes. Man könnte ihre Vorschriften am besten mit dem Marschbefehl eines Feldherrn vergleichen. Sie drücken Verhaltungsmaßregeln aus für eine kleine entschlossene Schar, die sich zum Entscheidungskampf mit einem tausendjährigen Gegner rüstet. Die ersten Christen sind allein am kommenden Gottesreich orientiert: das Weltreich mit seiner Sünde und seinem Tode wird fallen und dem Reiche Gottes Platz machen, in welchem Gerechtigkeit, Wahrheit, Liebe herrscht. Vorher aber erwartet sie der Kampf mit der ihre letzten Kräfte zusammenraffenden Weltmacht. Wie Christus scheinbar unterlegen ist, aber in Wahrheit gerade durchs Kreuz zur Auferstehung gelangte, so auch die Christen: sie werden zunächst unterliegen — dann aber zu umso bleibenderem Siege gelangen. Und alles, was sie jetzt zu tun haben, ist, mit allen Mitteln ausgerüstet diesem Entscheidungskampf entgegenzugehen.

Wir sehen daraus, wie verkehrt es ist, dem N. T. allgemeine christliche Moralvorschriften entnehmen zu wollen. Nichts verkehrter, als das doch so allgemein bekannte und betonte Wort: Sorget nicht für den andern Morgen (Matth. 6), auf jedermann, wenn er nur getauft und konfirmiert ist, anzuwenden. Als bloße Moral ist es eines der unbrauchbarsten und gefährlichsten Worte, wie ja Jesus überhaupt mit der Moral und ihren Predigern nicht auf dem freundlichsten Fuße gestanden ist. Es will auch garnicht so verstanden sein. Vielmehr ist es ein Marschbefehl für die Jünger, hinter denen der Vater steht. Euer Vater weiß, was ihr bedürfet — also vorwärts!

Welche Konfusion hat ferner jenes Lieblingsthema christlicher Predigt angerichtet: „Ihr sollt vollkommen sein wie euer Vater im Himmel vollkommen ist." Wahre Meisterwerke der Sophistik sind die darüber gehaltenen Vorträge, wenn sie dieses Wort im Sinne der landläufigen Moral verstehen und dann vor der unmöglichen Aufgabe sich wissen, das doch so deutliche Wort auf die vermeintlich bloß aproximative Vollkommenheit des Christen, die Jesus allein gemeint haben könne, abzuschwächen. In Wirklichkeit handelt es sich auch hier nichts weniger als um Moral, sondern um die vollkommne Stellung der Jünger der Welt gegenüber. Ihnen gilt ganz und unbedingt: Ihr sollt euch dessen gewiß machen, daß ihr zu Gott gehört, ihr sollt wie Gott eure Mit-

nebensächlich. Das allein ist wertvoll, daß das Leben, das er unter ihnen lebt, auch ihr eigenes Leben ist: „Wer an mich glaubt, hat das ewige Leben.“ „Wer das Wasser trinken wird, das ich ihm gebe, das wird in ihm ein Quell des Wassers werden, das in das ewige Leben fließt.“ Das Große, was bisher der Menschen Herz geschwellt, ist nicht groß, und das Kleine, an dem sie achtlos vorübergegangen, ist nicht klein. Das Furchtbare ist nicht furchtbar, und das Beseligende ist nicht beseligend. Glück und Unglück sind nichts. Arm ist reich und reich ist arm. Selig sind die Hungernden und Dürstenden, mühselig die Satten. Nichts ist wichtig und bedeutsam; aber auch nichts unwichtig und gering. Von der Lilie und dem Sperling auf dem Felde, von den Vorgängen in der Natur an bis zur unsterblichen Seele selbst ist alles von dem einen Lichte übergossen, das aus ihm bricht: von dem des Vaters.

Hier ist es klar, daß wir ein altes Leben vergessen und dahinten lassen und ein neues anfangen dürfen. Zum erstenmale, seitdem Menschen auf Erden gestrebt und gelitten, gewirkt und gesündigt haben, bricht wie eine neue, sonnenhelle Erkenntnis das ursprüngliche Verhältnis zum Vater über ihren Herzen an: Ich bin

---

menschen lieben, euch geziemt gar keine andere Stellung als die Gottes, eures Vaters. Wie sehr oder wie wenig sie den Jüngern möglich sei, welche Grade der Vollkommenheit innerhalb dieser prinzipiellen Stellung erreicht werden können — daran hat nur eine spätere grübelnde und kränkelnde Moral gedacht; im Munde Jesu sind die fraglichen Worte — ein Marschbefehl.

Ganz analog verhält es sich mit allen anderen Vorschriften Jesu und mit der gesamten „Ethik“ der apostolischen Briefe. Das Reich Gottes, das im Kommen begriffen ist, das dieser Welt ein Ende machen wird und das deshalb schon jetzt eine ungeteilte, entschiedene Haltung für Gott von den Christen verlangt — hier haben wir den Schlüssel zu allen Moralvorschriften der Apostel. Von einer allgemeinen Moral wußten sie schlechterdings nichts — schon aus dem angeführten Grunde nicht, weil sie sich eines baldigen Weltendes versahen und deshalb am wenigsten daran denken konnten, Lehrbücher für allgemeine Moral auszuarbeiten. Versteht man ihre Worte nicht in diesem Sinne, so gelangt man auch bei ihnen in lauter Torheiten oder Unmöglichkeiten. Oder was soll es im Sinne der gemeinen Moral bedeuten: Betet ohne Unterlaß? — kann man sich die Befolgung eines solchen Gebotes auf unserm Standpunkt anders als töricht, unmöglich, ja sogar gotteslästerlich vorstellen? Und wie stimmt denn zu ihm das andere Wort des Meisters selbst: Ihr sollt nicht viele Worte machen, wie die Heiden, wenn ihr betet? — des Meisters, der seinerseits doch wieder „ganze Nächte im Gebet“ vor Gott lag?

dein, du bist mein. Unfaßbar, unendlich wunderbar und doch so gern geglaubt, so begierig ergriffen ist diese neue Erfahrung des ursprünglichen Lebens, in deren Wahrheit es unwidersprechlich geworden: „Das Alte ist vergangen“, „ist jemand in Christo, so ist er eine neue Kreatur!“ Nicht gut machen, nicht ändern, nicht entwickeln, nein vergessen, was vergangen ist — das ist hier das einzig Mögliche. Und durch den Ernst der bisherigen Geschichte dringt die unglaubliche, nie in eines Menschen Herz gelangte und doch wieder einzig lösende und befreiende, einzig beseligende und belebende, einzig und allein wahre Kunde, daß seine Herrschaft eine — Täuschung gewesen. Alle die Freuden und Leiden, alle die Sorgen und Mühen, die Arbeiten, Anstrengungen, die Tugenden alle und alle die Sünden sind nicht entscheidend, wie du Menschenherz immer so zäh geglaubt, jetzt im Stolze deiner eingebildeten Kraft, jetzt in der Verzweiflung zusammengestürzter Gerechtigkeit. Nicht wichtig alle die Not, nicht wichtig die Tränen, nicht wichtig die guten und die bösen Werke — wie aus einem unnützen Traum erwacht der Mensch aus ihnen, und sein Erwachen ist Jesus. In Jesu unendlichem Sein gelten keine Rätsel, keine Fragen, keine Gegensätze mehr. Sie sind alle, alle aufgelöst im Erlebnis des Vaters.

Man sagt: In Jesu erschien die Vergebung der Sünden, Jesus ist der Erlöser, Jesus hat uns frei gemacht vom Fluch des Gesetzes, Jesus hat uns die Gnade Gottes geschenkt und uns zu Bürgern und Hausgenossen Gottes umgestaltet. Gewiß, das alles hat er getan. Man kann das Größte und Herrlichste auf ihn zurückführen, ohne fehlzugehen. Allein seine Erlösung, seine Gnade, seine Versöhnung besteht nicht in selbständigen, von seinem unmittelbaren Leben gelösten neuen religiösen oder sittlichen Erkenntnissen, sondern ganz einfach darin, daß in ihm der Vater erlebt wird — und wenn dies nicht der Fall ist, so sagen auch jene hohen Worte nichts, sondern dienen nur zur Verwirrung oder Verblendung. Seine Erlösung ist der Vater, seine Gnade der Vater, sein Heilwerk der Vater: „Ich in ihnen und Du in mir, auf daß sie vollkommen seien in eins“. (Joh. 17, 23). Weil dieses Erlebnis des Vaters unendlich ist, vermag es in immer neue Worte gefaßt zu werden, ohne doch je sich zu erschöpfen. Jesus selbst ist uns gemacht „zur Weisheit und zur Gerechtigkeit, und zur Heiligung, und zur Erlösung“ (I. Kor. 1, 30). Sein Werk ist er und er ist sein Werk, denn in ihm ist der Vater. Darum fällt vor ihm alles bisherige in den Staub: was ist noch wichtig, was gilt und existiert noch da, wo der Vater selbst offenbar geworden?

Das ist die wunderbare, bis ins innerste Herz ergreifende Bejahung des menschlichen Lebens, die von ihm ausströmt, obschon sie bis zum heutigen Tage verkannt und z. T. ganz vergessen ist. Man hat sein Evangelium an Bedingungen geknüpft, man hat es zu einem bloßen Mittel für oft sehr selbstsüchtige Zwecke verwandelt, man weiß es auch heute nicht anders, als daß, wer an Jesum glaubt, in einer zukünftigen Welt erst selig wird. Das sind die verhängnisvollen Mißverständnisse, unter denen immer noch eine aus der Kraft des Evangeliums gefallene Christenheit seufzt. An Jesum glauben heißt nicht nur die Anwartschaft auf ein seliges Jenseits besitzen, nicht etwas werden und etwas erwarten — in diesem Glaubenssystem bleibt das trügerische Herz mit all seinem Tugendstolz und seiner Sündenangst doch der Mittelpunkt, während gerade das Glauben ist, sein eigenes Selbst ganz und gar an das Erlebnis in J. Ch. hingegeben zu haben. Glauben im Sinne Jesu heißt den Mut haben, seines Gottes gewiß zu sein, gewiß in allen Lagen des Lebens; heißt, nicht hören auf die Stimmen des Verderbens, nicht schauen auf die Abgründe zu Füßen, die überhängenden Felsen in der Höhe; glauben heißt, des Übels in Sünde und Tod nicht achten, nicht sorgen und bangen um irgend etwas, nicht von Scheinmächten, Fürstentümern und Gewalten mehr träumen, nicht Gegensätze, Verwicklungen, Schäden und Schwierigkeiten sich einbilden, sondern wissen, festhalten, unwandelbar besitzen, daß der Vater allein gilt, und in Verbindung damit auch das Leben derer, die er zu seiner Ehre erschaffen hat: das Leben der Menschen.

Sobald wir das verstehen, daß wir selbst größer sind als die ganze Welt, weil wir die Liebe des Vaters als die einzige Wirklichkeit unseres Daseins ergriffen haben, sobald wir es fassen, daß es für uns kein Verderben geben kann, daß wir nichts zu fliehen und nichts zu erstreben haben, daß wir schon reich, schon groß, schon fertig sind in der Zugehörigkeit zu dem, der das Leben ist — dann verstehen wir Jesum, denn dann glauben wir an ihn. Dann sehen wir, daß alles Vergangene ein Traum war, daß wir erwacht sind zu unserem eigentlichen, wahrhaftigen Dasein — daß wir leben.

Ist das Religion? Nein, das Gegenteil von ihr! Dort die Angst, hier die Freude, dort die Ungewißheit, hier die Zuversicht, dort das Mühen und Schaffen in unnützen Werken, hier die Gemeinschaft mit dem Leben; dort Traum, Wahn, Aberglaube — hier taghelle Wirklichkeit, Wahrheit, Glaube. Die Religion ist die brutale Macht der Unmittelbarkeit, hereingebrochen über die ungebundenen Triebe des Herzens und sie an ihre unbedingte und grausame Folgerichtigkeit fesselnd — Jesus die Unmittelbarkeit als das heilig notwendige und eben deshalb freie Leben, die Unmittelbarkeit in ihrem ursprünglichen, vom Menschen umsonst mit so vielen Schmerzen gesuchten Wesen: der Vater, in dem wir leben, weben und sind.

Wie streckt sich eine jammernde Menschheit heute noch nach ihr! Nichts füllt ihr Herz, ihre Sinne, ihre Hoffnungen, ihre Träume mehr, als die Unmittelbarkeit.

Und dennoch! Von nichts will sie so wenig wissen, als davon, daß dieses unmittelbare Leben die Gemeinschaft mit dem Vater sei. Sie hat Jesum gekreuzigt, als er ihr den Vater gezeigt, sie hat sein Evangelium zur Religion zurückverwandelt, um nur den Vater nicht besitzen zu müssen, sie gefiel sich, das neu schaffende Erlebnis, das Jesus gebracht, in sein Gegenteil zu verkehren, sie lebt heute noch von der Unmittelbarkeit des Evangeliums — aber sie sträubt sich heute noch, sie im Vater zu erschauen.

Ja, Jesus ist verworfen! Das Zeichen des Kreuzes ist das Zeichen seiner Verwerfung heute wie im Anfang. Die Christenheit treibt Aberglauben mit dem Kreuz, begräbt unter Zeremonien und Andachtsstimmungen, was einzig frei, groß und lebendig ist, verwandelt in Lehren und Meinungen das Wort vom Vater, in Gläubigkeiten den Glauben, in Neugierde die Hoffnung, in Parteigemeinschaft die Liebe, in Religion des Vaters Erlebnis — und träumt unter dem Alpdruck des Unverstandenen einen langen, schweren, bösen Traum: das Christentum.

2. Das Christentum.

Die Menschen haben recht, wenn sie von keiner Theologie etwas wissen wollen, die nicht aus Erlebnissen stammt. Der Blinde soll nicht von den Farben reden, der Verstand nicht von

Gott, es sei ihm denn von Gott gegeben. Nicht aus einer fertigen, satten Überzeugung, nicht aus einer gemachten Theologie heraus will das folgende geredet sein, sondern aus der Erkenntnis, daß wir die Erlebnisse erst wieder zu suchen haben, es will ein Ringen und Streben nach der Wahrheit sein, nicht der Ausdruck abgeschlossener wissenschaftlicher Anschauung. Wir bitten unsre Leser, es so auffassen zu wollen. Noch fehlen uns die Worte für die große Welt, die wir im Geiste schauen — wir wissen nur, daß alle Hüllen und Binden von den Angesichtern fallen werden, daß wir erleben werden, was wir jetzt außerhalb der Lebenssphäre mühsam in ungenügende Sätze sammeln; wir wissen, daß der Tag für die Menschheit anbricht, von dem geschrieben steht: „Es wird keiner den andern, noch ein Bruder den andern lehren und sagen: Erkenne den Herrn; sondern sie sollen mich alle kennen, beide, Klein und Groß, spricht der Herr“ (Jerem. 31, 34), und „Die Erde wird voll werden von Erkenntnis der Ehre des Herrn wie Wasser, das das Meer bedeckt“ (Habak. 2, 14).

Und nun möchten wir sagen, wir es zum Christentum kam.

a) Die jüdische Religion.

Gott will unter den Menschen wohnen. Er „will ihr Gott sein und sie sollen sein Volk sein“. Das ist's, was uns das Alte Testament immer wieder vor Augen stellt. Von den ersten Erzählungen der Urzeit an bis in die spätesten Sprüche der Propheten, in Geschichte, Gesang und Verheißung variiert es unermüdlich das große Thema von der Gemeinschaft Gottes, zunächst mit seinem auserwählten Volke, und dann durch dasselbe mit allen Völkern. „So wahr als ich lebe, so soll alle Welt der Herrlichkeit des Herrn voll werden“ (4. Mos. 14, 21).

Das ist seither auch der mächtige Pulsschlag aller Entwicklung geblieben. Noch heute ziehen wir alle aus dieser Verheißung unsere Kraft, unser Leben, unsere Daseinsfreude — wir mögen wollen oder nicht. Wie der blaue Himmel, so selbstverständlich und licht ist die Erkenntnis von der Gemeinschaft Gottes mit den Menschen über dem irdischen Dunkel aufgegangen, unser unruhiges, zweckloses Dasein immer mehr in seine Klarheit ziehend, alle Torheit, die wir noch ausdenken mögen, von vornherein mit seiner unendlichen Spannkraft umschlossen haltend. Laß die Philosophen, die Denker, die Forscher alle auftreten — was sie dir sagen vom „letzten Ziele“, von der „obersten Vernunftwahrheit“, das alles ist, nur unendlich voller und realer, schon ausgedrückt in den Blättern des alten Testamentes: „Ich will ihr Gott sein und sie sollen mein Volk sein.“

In einem Volke zunächst will sich Gott offenbaren. Ein Volk soll den Beweis liefern für die Möglichkeit dieser Gemeinschaft, soll sich hergeben zum Opfer, soll das Feuer des lebendigen Gottes mit seiner verzehrenden und fressenden Gewalt aushalten, um so, geläutert und gereinigt, ein Volk des Herrn, den übrigen das Licht seiner Erkenntnis voranzutragen. Das Feuer Gottes — denn hier kommen die wilden Triebe der verkehrten Unmittelbarkeit, das Böse, mit einemmale, ohne die langen und mühsamen Umwege der andern Völker — Geschichte genannt — in Berührung mit der Unmittelbarkeit des Lebens im lebendigen Gott, hier entsteht mit einem Schlage die Rechtsgemeinschaft und neben ihr die moralische; was sonst eine jahrhundertlange schmerzliche Entwicklung kostet, wird hier von der Unmittelbarkeit der Gottesnähe sofort und gewaltsam ins Dasein emporgeführt, sodaß die großen Gegensätze und die dazwischen liegenden Stufen geistiger Selbstbestimmung, wie wir sie oben geschildert, sozusagen auf einem Punkte sich versammeln, zu einer Flamme zusammenschlagen und in kurzen Minuten zur Entscheidung bringen, was sonst ein langes, mühseliges Ringen gebildet hätte.

Da soll der Mensch im Glauben an seinen Gott die ihn zerreißenden Mächte des Bösen opfern, sich von ihnen lösen, sie immer wieder in das eine Erlebnis Gottes stellen, sie in ihrer ganzen Verderbnis erkennen, aber auch ihnen gegenüber das freudige Bewußtsein von der Vergebung und der Gemeinschaft Gottes ausbilden lernen; da soll er alles Verkehrte, alle Eitelkeit in mühsehligem und peinlichem Opferzeremoniell auskosten, aber doch und gerade dadurch in der Gewißheit wachsen, daß Gott allein gilt und keine Macht neben ihm. Als „Sünde“ erscheint ihm nun die verkehrte Unmittelbarkeit, im „Gesetz“ spiegelt sich jetzt die Energie des erwachten, an Gott zur höchsten Aktion gelangten Willens. Die ganze Staatsordnung ist Ordnung Gottes, Recht und Moral der unmittelbare Wille Gottes, alles bis ins kleinste hinab göttliche Verfügung, durchleuchtet von der Gegenwart seines Lebens.

Und das alles, damit der Mensch nun auch bewußt und

von Herzen sich seinem Gott verbinde, in dessen Gemeinschaft er die Qual seines ungöttlichen Daseins durchschauen gelernt. Tut er dies, so überwindet er die alten Mächte; tut er es nicht, so erhalten sie, von der Unmittelbarkeit göttlichen Lebens wachgerufen und in das Licht deutlicher Erkenntnis gestellt, eine neue und umso peinlichere Gewalt über ihn, als sie sich mit dem unmittelbaren Leben berührt hatten und nun aus diesem Leben, von dem sie hätten überwunden werden sollen, nur noch größere Existenzberechtigung ziehen.

Israel hat die Verbindung mit Jehovah ausgeschlagen. So geschah, was wir eben ausgesprochen, und schuf die — jüdische Religion.

Alle die geschilderten Mächte: die verkehrte Unmittelbarkeit als „Sünde“, der Wille als „Gesetz“, die Opfer als Ceremonie selbständig nebeneinander, ohne in dem lebendigen Gott ihre Vermittlung zu erfahren — das ist mit einem Worte die jüdische Religion. Sie enthält die Teilstücke der Wahrheit ohne ihr zusammenhaltendes Band, ein mühseliges Menschenwerk, umso törichter, je wahrer die Elemente sind, aus denen es sich zusammensetzt.

Nun bleibt als selbständige Größe die Sünde. Nun weiß der Mensch, daß er ein Sünder ist, ohne daß er doch im stande wäre, diese aus der Berührung mit Gott stammende Erkenntnis auch wieder mit Gott zu vermitteln. Er kennt nur seine Sünde, nicht mehr das Vertrauen zu einer trotz aller Sünde und über aller Sünde waltenden Gottesmacht. Das ist sein Verhängnis; denn von der Sünde kann der Mensch nur so lange ohne Gefahr reden, als er über sie das Vertrauen zu Gott zu stellen vermag. Nur im Lichte dieses Vertrauens ist sie die verdammungswürdige, aber eben auch schon überwundene Macht, denn nur so lange soll der Mensch von der Sünde wissen, als er auch von der sie sogleich besiegenden Kraft göttlicher Gnade weiß. Die Erkenntnis der Sünde darf sozusagen nur eine momentane, nicht eine permanente sein.

Jetzt aber, da die Berührung mit dem lebendigen Gott nur dazu gedient hat, sie wach zu rufen, herrscht sie selbständig im Bewußtsein der jüdischen Religionsgemeinde. Sünde zu beurteilen und Sünde zu bekämpfen, das, und das allein ist nun der ebenso vergebliche wie mühsame Gesetzesdienst des aus der Gemeinschaft mit seinem Gott gefallenen Juden.

Selbständig, ein rätselhaftes Wesen, die Sünde auf der einen

Seite — selbständig, ebenso rätselhaft und deshalb schon früh mit den seltsamsten Spekulationen umgeben, das Gesetz auf der andern. Losgelöst von der unmittelbaren Lebendigkeit Gottes übt es seine eigene Herrschaft, aus dieser Lebendigkeit nur den Anspruch auf unbedingte Giltigkeit als Gesetz Gottes schöpfend. Indem es Gesetz Gottes, nicht mehr Gesetz Gottes ist, setzt es sich an die Stelle Gottes selbst, erhebt es den Anspruch einer Heiligkeit, in deren Buchstaben Gottes Weisheit sich erschöpft zu haben scheint. Zu einem ungemessenen Stolze wächst an diesem Gesetzesfetisch das jüdische Bewußtsein empor, zum Götzen ist ihm seines Gottes Wille geworden, in dessen Glanze es sich als das angeblich bevorzugte erste Volk der Erde sonnt. Nicht mehr bestrebt, Gottes unmittelbares Leben gehorsam gegen seine Gebote auszuwirken, sondern sich im mühsamen Gesetzesdienst sein Wohlgefallen erst noch zu erringen — so steht der Jude da, preisgegeben und herumgeworfen von den Elementen einer Wahrheit, die, weil sie sich nicht an der Gegenwart Gottes orientiert, zur Lüge geworden ist.

Die jüdische Religion ist die von der Unmittelbarkeit des lebendigen Gottes in charakteristische Aktion getriebene, nicht aber durchleuchtete und getragene Geisteswelt des Menschen, die aus dieser Berührung mit ihr nur die Legitimation für ihr eigenes ebenso unnützes als unbedingt gewordenes Spiel zu schöpfen vermag. Alle die Elemente, die Gottes Gegenwart im Menschen wachgerufen, damit er umso völliger sich Gott übergebe, sind nun selbständige Gewalten geworden, und die Offenbarung Gottes scheint nur darum sich ereignet zu haben, um in die Erkenntnis dieser Elemente einzuführen, nicht aber um ihre eigene in ihrem unmittelbaren Gehalte — im lebendigen Gott — liegende Bedeutung vorzutragen.

Hätte Israel an Gott festgehalten, dann wäre ihm die Sünde nicht gefährlich, nicht ein Fluch geworden, das Gesetz nicht zur leblosen Formel zusammengeschrumpft, die Opfer nicht zu toten Werken erstarrt, sein Volkstum nicht in eine verblendete Reflexionsreligion eingemauert worden; dann hätte es das eine immer besser verstanden: „Du sollst mein Volk sein und ich will dein Gott sein"! Aber es wollte eine Religion an der Stelle Gottes.

Deswegen hat es auch Jesum, den Sohn Gottes, verworfen. Der Eingeborene Gottes von der jüdischen Religion verurteilt — das führt uns zum Kreuz.

b) Das Kreuz.

Als Jesus umsonst des „Vaters Werke“ mitten unter dem „Gottesvolke“ wirkte, umsonst des Vaters Liebe offenbarte, umsonst unter das Joch des Vaters rief — da machte er seine Jünger auf das Kreuz gefaßt. Der Vater Jesu Christi und die Religion im Entscheidungskampfe: das ist das Kreuz. Es muß offenbar werden, was es heißt, in Gemeinschaft mit dem lebendigen Gott stehen, offenbar gerade in dem Volke, das diese Gemeinschaft im Zeremoniell eines angeblichen Gottesgesetzes erschauen zu können wähnt. Das Reich Gottes steht vor der Türe.

Ein in selbstgerechter Frömmigkeit erstarrtes Volk hat sich daran gewöhnt, zwischen Gott und Menschenwerk abzuwechseln, halb an Gott zu glauben, und halb an seine eigenen Leistungen; jetzt muß es offenbar werden, daß Gott allein gilt, daß seine Liebe das unmittelbare Leben selbst ist, nicht bloß Gegenstand frommer Werke, müßiger Spekulation. Jesus geht in den Tod, um alles Halbe ein für allemal und für immer auszulöschen. „Mit einem Opfer hat er in Ewigkeit vollendet, die geheiliget werden.“ (Hebr. 10, 14.) Alle Menschenwerke abzutun und es unwidersprechlich klar zu machen, daß nur ein Werk, nur eine Liebe, nur ein Leben, nur eine Herrschaft gilt, die des Vaters, war sein Wille, als er sich hingab in den Tod. Im Kreuze schmilzt alles zusammen, was bis dahin auch gegolten, auch ein Faktor neben Gott gewesen war, alle „Mächte“, „Fürstentümer“ und „Gewalten,“ welchen sich die Menschen anvertraut, alle Meinungen, Torheiten, Halbheiten und Unvollkommenheiten. In der Unbedingtheit des Kreuzes ergreift der Mensch die strahlende Gewißheit seines Vaters. Keine Sünde, keine Schuld hat hier mehr Zutritt. Vorbei, abgetan ist alles, was nicht des Vaters ist. Paulus hat es erlebt, was es heißt, unter dem Kreuze stehen, Paulus, der die Worte gesprochen: „Ich schäme mich des Evangeliums von Jesu Christo nicht, denn es ist eine Kraft Gottes zum Heile allen, die daran glauben, den Juden vornehmlich und auch den Griechen. Denn in ihm wird geoffenbart die Gerechtigkeit Gottes, welche kommt aus Glauben in Glauben.“ (Röm. 1, 16—17.)

In diese Gerechtigkeit faßt der Kreuzesmensch die einzelnen Bruchstücke des Lebens zusammen. Da gelten keine mehr oder weniger rätselhaften Einzelerfahrungen, denn da schließt die eine

Erfahrung des Vaters alle andern immer wieder in ihr leuchtendes Licht ein. Keine vielen Rücksichten — nein, die eine, einzige auf den Vater, und aus ihr erst fließend alle übrigen. Nicht die Menge der Sorgen — die eine nur, die um das Gottesreich, und nur in ihrem Strahle schaffend und wirkend die kleinern ums tägliche Geschehen. Kein allmähliches Aufsteigen aus einer gegenwärtigen trüben Wirklichkeit in eine lichtere des Himmels, sondern der volle Besitz des Himmels schon jetzt, und in ihm die freudige Gewißheit endgiltiger Verklärung aller Dinge, unbedingtes Wahrheitsbewußtsein, tiefster Friede, unerschöpfliche Freude. So haben uns die Apostel das Kreuz geschildert.

Was hat da noch eine Religion zu bedeuten, die die Gemeinschaft mit Gott ängstlich in der Tadellosigkeit von Gesetzeserfüllungen sucht, dessen gänzlich unbewußt, daß Gott ohne Bedingung, von selbst, unmittelbar mit den Menschen in Gemeinschaft treten will?

Und doch ist auch das Kreuz zur Religion geworden, das Kreuz, das Element der Gemeinschaft zwischen Gott und Mensch — zum Element ihrer Trennung!

Wieder schiebt sich zwischen sie eine bloße Institution, die den Vater verdunkelt und die Menschen ins Joch der Satzung zurückschleudert. Das ist die christliche Religion, die Religion des Kreuzes, die Lehren und Zeremonien des Kreuzes — das Christentum!

Und dennoch! Jesus ist den Herzen zu gewaltig und tief eingegraben, um nicht aus aller Verwirrung und Verderbnis immer wieder in jener schlichten Klarheit hervorzubrechen, wie wir sie oben in gedrängter Kürze uns vergegenwärtigt. Wohl wird die Christenheit in Torheit und Wahnwitz sein lebendiges Wort begraben, aber sie wird es mit schlechtem Gewissen, mit halbem Herzen tun. Wohl wird sie sich, der vermeintlichen Schätze zu genießen, die ihr das Evangelium eingebracht, zur bequemen Ruhe niederlassen — durch diese Ruhe wird immer wieder die verletzte Wahrheit strömen, blitzen das Wetterleuchten des ununterdrückbaren Evangeliums. In allem Haß einer zur Weltmacht gewordenen Kirche wird sich die Liebe stets aufs neue ihre Stätte bereiten, die Liebe, die endlich durch alle Hüllen einer verblendeten Andacht hindurch ausbrechen wird in das Reich ihrer Kraft.

Unsäglich verworren ist das Bild des Christentums. An der Stelle der einfachen Erlebnisse aus Gott auch hier wieder alle die von ihrer unmittelbaren Wahrheit wachgerufenen Elemente eines Geisteslebens, das nur eine von ihrem Wellenschlag getragene Erscheinung sein kann, nicht aber eine selbständige, am wenigsten eine die göttliche Unmittelbarkeit ersetzende Existenz zu führen vermag. Alle Kräfte des Menschen von der durch Jesus in sein Gewissen eingegrabenen göttlichen Unmittelbarkeit in Bewegung gesetzt, verworren durcheinander schlagend, von der Unmittelbarkeit getragen, durchleuchtet, um schließlich von ihr verschlungen zu werden — das ist die Geschichte des Christentums, der wir uns nun, soweit dies von unserer Aufgabe verlangt wird, zuzuwenden haben.

c) Die Anfänge der christlichen Kirche.

Zwischen dem Neuen Testamente und unserer Zeit ist eine große Kluft befestigt. Teils mit Befremden, wenn nicht mit ausgesprochener Abneigung, teils mit dem entschlossenen Bestreben, verstehen zu wollen, was doch nur nachgesprochen, nicht nacherlebt werden kann, blicken wir in seine tiefsinnigen Gedankengänge. Sie muten uns wie die fossilen Überreste aus einer gewaltigen Vergangenheit an — so wenig wollen ihre riesigen Dimensionen in den kurzen und glatten Anstand unseres abgeschliffenen Christentums passen. Erlebnisse, nicht Theorien und Meinungen kommen uns in dieser unbedingten, inhaltsschweren Sprache entgegen, Erlebnisse, an die wir nicht mehr glauben wollen, aber immerhin Erlebnisse, und Erlebnisse spannen und gewinnen auch da, wo man außerstande ist, sie wieder aufzuwecken.

Macht man sich dies klar — wie viel unnütze Theologie erspart man sich dann! Die Apostel reden von allen möglichen „religiösen“ Fragen, sie stellen die Grundelemente jeder künftigen Theologie in mustergiltiger Prägnanz hervor, sie sprechen zum erstenmale alle die Probleme aus, an denen sich die Theologie abmühen wird, aber was sie sagen, sind Erlebnisse; von einer Theorie, etwa gar von einer „neutestamentlichen Theologie“ und dergl. wissen sie nichts, können und wollen sie nichts wissen. Sie reden von der „Sünde“, aber nicht wie von einer selbständigen negativen Größe im Haushalt des menschlichen Lebens, sondern im Sinne eines durchgehenden Gegensatzes zwischen den Elementen dieser Welt und Jesus. Denn „was nicht aus dem Glauben gehet, das ist Sünde“. (Röm. 14, 23.)

Sie sagen „Gnade", aber sie meinen damit nicht einen theologischen Begriff, keine selbständige, aus dem Verbande mit dem unmittelbaren Erlebnisse Gottes in Jesu Christo losgelöste, gleichsam zwischen Jesu und seiner Gemeinde schwebende Größe; sie ist ihnen nur ein anderes Wort für dieses Erlebnis selbst. Wenn sie die „Versöhnung" zum Ausdruck bringen, so liegen ihnen alle die tiefsinnigen theologischen Spekulationen einer späteren, nicht mehr am Erlebnisse Gettes orientierten und deshalb im Dunkel herumtappenden Theologie vollständig fern; sie kennen keine andere Versöhnung als die in der unmittelbaren Gegenwart ihres Herrn von selber und selbstverständlich gegebene. Was sie auch reden und ausführen, immer verstehen sie darunter das Erlebnis des Vaters in Jesu Christo in seinem vielgestaltigen Zusammentreffen mit einer alten Welt. Es ist so, wie es der Apostel ausdrückt: „Christus ist uns gemacht zur Weisheit, zur Gerechtigkeit, zur Heiligung, zur Erlösung." (I. Kor. 1, 30.)

Das Leben der apostolischen Gemeinden ist vom Leben Christi getragen. Nicht Menschen tauschen da ihre gegenseitigen Überzeugungen und Standpunkte aus, oder vereinigen sich aus freien Stücken zu einem gemeinschaftlichen Glauben, sondern der Geist aus Gott ist es, der seine unerschöpflichen Erkenntnisse in der Gemeinde zum Ausdruck bringt, und diese ist sich bewußt, nicht ihren eigenen, sondern den Impulsen des Geistes zu gehorchen. Keine Sittenlehre verbindet ihre einzelnen Glieder untereinander; das Sittliche, das sie zusammenschließt, ist nur die selbstverständliche Folge ihres gemeinsamen Glaubens an ihren Herrn. Keine Religion — was Religion sei, hätten diese in lauter Erlebnissen stehenden ersten Christen schlechterdings nicht anzugeben gewußt. Nichts menschliches also, sondern das Göttliche, und dies so klar und real, daß der Apostel Paulus das Leben aus Gott in Christo Jesu ganz selbständig und unvermischt neben das des „alten Menschen" zu stellen vermag. Vortrefflich schildert in seiner Art diesen uns so schwer verständlichen Geisteszustand Harnack in seinem Lehrbuch der Dogmengeschichte:

„Man hatte Jesus Christus erlebt und in ihm den Messias gefunden. Man war überzeugt, daß Gott ihn gemacht habe zur Weisheit und zur Gerechtigkeit, zur Heiligung und zur Erlösung. Es gab keine Hoffnung, die nicht in ihm versichert, keinen hohen Gedanken, der nicht in ihm zur lebendigen Wirklichkeit geworden schien. So wurde ihm alles dargebracht, was man besaß; er war alles Hohe, was man sich nur denken konnte. Schon in den zwei Menschenaltern nach ihm ist alles von ihm gesagt worden, was Menschen überhaupt auszusagen vermögen; ja noch mehr: man empfand und wußte ihn als einen ewig Lebendigen, als den Herrn der Welt und als das wirksame Prinzip des eigenen Lebens: „Christus ist mein Leben und Sterben mein Gewinn"; er ist „der Weg, die Wahrheit und das Leben". Man war jetzt erst der Auferstehung und eines ewigen Lebens sicher, und damit schwanden die Leiden dieser Welt wie Nebel vor der Sonne dahin, und der Rest dieser Weltzeit wurde wie ein Tag." (a. a. O. III. Aufl. I. Bd. S. 73—74.)

Solange der Vater in Jesu Christo das Erlebnis der Gemeinden blieb, konnten die allerverschiedensten Aussagen, oder, wenn wir in unserer Sprache reden wollen, Lehrtypen zur Ausprägung kommen und ohne Gefahr nebeneinander bestehen, wie wir dies auch in den Büchern des N. Ts. antreffen. Trotz der ausgesprochensten Verschiedenheit im einzelnen bewahren sie doch jene charakteristische und energische Einheit im ganzen, die später ebenso oft preisgegeben, wie umsonst angestrebt worden ist. Die einzelnen Aussagen drängen sich noch nicht hervor. Sie sind nicht „religiös", noch weniger „theologisch" orientiert und zugespitzt, sondern ganz einfach und immer wieder nur der wechselnde Ausdruck für das eine Erlebnis, das Herz, Sinne, Gedanken und Willen der ersten Christen erfüllte.

Wenn wir heute mehr geneigt sind, diese bunte Mannigfaltigkeit der altchristlichen Heilsaussagen nur nebeneinander zu stellen und voneinander zu unterscheiden, so sollten wir uns an diesem lediglich kritischen Verfahren gerade die eigentümliche Armut unseres modernen christlichen Bewußtseins anschaulich machen; nur dann werden wir in Wahrheit den altchristlichen Aussagen gerecht, wenn wir nicht vergessen wollen, daß ihre unerschöpfliche Fülle doch nur die Strahlenbrechung einer einzigen Erfahrung sein wollte: des Erlebnisses Gottes in Jesu Christo. Unsere Theologie darf nicht außer acht lassen, daß sie von dem Lebensgehalt der ihrem kritischen Scharfsinn unterstellten Urkunden selbst nichts mehr weiß, also nicht imstande ist, ihre einzelnen Aussagen aus dem einheitlichen Lebensgrunde, den sie alle ausdrücklich voraussetzen, abzuleiten, und deshalb der Gefahr zu erliegen immer wieder versucht ist, Erkenntnisse, die einem Lebens-Zusammenhange entstammen, doch im Lichte nur gedachter Zusammenhänge verstehen zu wollen — ein Mißverständnis, dessen verhängnisvolles Vorwalten namentlich während der letzten Jahrzehnte theologischen Schaffens den Wunsch dringend gemacht hat, es möchte auch den Theologen einmal die bescheidene Erkenntnis aufdämmern, welche die Naturwissenschaft auf ihrem Gebiete schon lange in das Wort gefaßt: Ignoramus, ignorabimus! Wie lange wollen sie noch z. B. „vom Vergänglichen und Bleibenden im Paulinismus“, von einer „johanneischen Spekulation“ u. dgl. reden und dabei gerade das Größte, ja das Einzige, das diesem „Paulinismus“, dieser „Spekulation“ zu Grunde lag, ebenso bequem wie regelmäßig ignorieren — das Erlebnis?

Mit einem Worte: Es ist das unmittelbare Leben aus Gott selbst, das in der ersten christlichen Gemeinde pulsiert, hervorgerufen, getragen und genährt von dem in ihr als das alleinige Prinzip waltenden Herrn: „Hier ist kein Jude noch Grieche, hier ist kein Knecht noch Freier, hier ist kein Mann noch Weib; denn ihr seid allzumal Einer in Christo Jesu.“ (Gal. 3, 28).

Aber auch dieses Leben ist schließlich abgelehnt, verworfen worden. Die Folge davon war das ungeheure Mißverständnis, das wir Christentum nennen, in folgenden zwei Merkmalen sofort offenbar werdend:

Einmal verwandelten sich die durch das unmittelbare Erlebnis zur Offenbarung gebrachten Wahrheitselemente, die als das Leben selbst verstandenen neuen Erkenntnisgebiete, gelöst von ihrem tragenden Lebensgrunde wie sie nun wurden, wieder zu selbständigen Gedanken, mit denen sich der aufs neue von Gott getrennte Mensch den Niederschlag seiner Erlebnisse zu interpretieren und anzueignen unternahm. Auf der andern Seite behielten diese nun selbständig gewordenen Gedanken-Gebilde den Eindruck der unmittelbaren Wahrheit, den sie gewährt, auch in ihrer Isoliertheit, immer wieder der Einsicht rufend, daß ihr Inhalt nur unmittelbar erlebt, niemals aber nur gedacht oder gewollt werden kann. Beides zusammen ergibt jenen verworrenen Zustand des an die Stelle der Erlebnisse tretenden Christentums, einen Zustand, in welchem wir die ursprünglichen Lebenserkenntnisse in der Form bloßer Abstraktionen menschlichen Denkens erblicken.

Das ist das Christentum: das christliche Dogma und das christliche Leben.

Nur in den flüchtigsten Umrissen dürfen wir im Rahmen unsrer Arbeit die näheren Einzelheiten dieser verhängnisvollen Verschiebung hervorheben.

d) Das christliche Dogma und das christliche Leben.

Statt der Erlebnisse Erkennisse — das ist mit einem Wort das Gepräge des Christentums, nachdem es den Geist aus Gott verloren. Alles ist wahr, aber wahr nur in Gedanken, und deswegen wieder nicht wahr; ebenso unwahr, als es, vom Geiste getragen und zum Erlebnis gebracht, wahr gewesen.

An Stelle des lebendigen Gottes sein lebendiger Begriff. Hatten die ersten Christen so lange und so energisch von der im Besitze Gottes erschauten Wahrheit gesprochen, so mußte sich nun, nachdem das Erlebnis aus ihrem Geiste gewichen war, der Begriff „Wahrheit" in den Vordergrund drängen, einer Wahrheit, die nicht mehr nur die Form eines göttlichen unmittelbar erlebten Inhaltes sein wollte, sondern sich zum selbständigen Prinzip erhob und ein Gedankenspiel aus sich entließ, in dessen formellem Tiefsinn man sich für die materielle Einbuße des erlebten Gottes schadlos hielt. Über Gott das Richtige zu denken, wurde nun wichtiger, als sich in seiner Gemeinschaft zu wissen. Das Evangelium verwandelte sich in eine geoffenbarte Weisheit, die über Gott und göttliche Dinge die erschöpfendste, weil aus der „Offenbarung" genommene Auskunft zu erteilen sich erkühnte. Und gerade wie wir dies schon oben für das Judentum nachgewiesen, diente auch hier der Eindruck des ursprünglichen Erlebnisses nur dazu, die Aussagen des neuen christlichen Bewußtseins zu legitimieren. Man war sich bewußt, von einer entscheidenden Wahrheit ergriffen worden zu sein, und erlaubte sich nun, gestützt darauf, jede religiöse oder theologische Spekulation, die sich in der Linie dieser Wahrheit weiter bewegen wollte.

So entstand das Dogma. Das Dogma von Gott, und dementsprechend auch die Dogmen von den durch Gott geoffenbarten Heilswahrheiten. Vergegenwärtigen wir uns dies in aller Kürze.

α) Das Dogma von Gott.

Eine ganz neue Erkenntnis leuchtete über der alten Welt auf, als, aus der Verborgenheit der christlichen Gemeinden hervortretend, die ersten christlichen Philosophen die unaussprechlichen Eindrücke des neuen Glaubens nun doch in Worte faßten und einer abgelebten, aber begierig nach neuen Offenbarungen greifenden Gegenwart verkündigten. Es waren weltgeschichtliche Unternehmungen, als ein Justin, ein Athenagoras, ein Tertullian der staunenden Welt das Zeugnis von dem einen lebendigen Gott und Herrn, Schöpfer Himmels und der Erde, anboten. Wohl hatte man schon lange die Einheit des „obersten Wesens" philosophisch festzustellen unternommen, aber was die christlichen Philosophen verkündeten, war mehr als Philosophie, war die Wahrheit und Wirklichkeit dieses höchsten Wesens, dessen Eindruck sie in Jesu erhalten. Das ist das Neue, das sie bringen. Nicht ein oberstes Wesen bloß, nicht ein höchstes Gut, wie es Plato erschaut, sondern Gott, der da lebt. Sie werden nicht müde, die lebendige Wirklichkeit Gottes hervorzustellen, sie weisen triumphierend auf den Gegensatz hin, in welchem dieser Gott zu den heidnischen Göttern steht.

Allein so überzeugungskräftig ihr Glaube an den lebendigen Gott auch ist, so wenig verstehen sie es, ihm den entsprechenden Ausdruck zu geben. Sie vermeinen das Höchste gesagt zu haben, wenn sie die Erscheinung Jesu das Vernünftige selbst, Logos, nennen, ohne zu ahnen, daß sie damit im Grunde nicht weniger als alles preisgeben. Sie kommen von einem Erlebnisse her, dessen gewaltige Tatsächlichkeit sich in der Tat nur als das Selbstverständliche, das nicht anders sein kann, ausdrücken läßt; allein diese nicht mehr von ihnen selbst in den Kräften des Geistes erlebte Selbstverständlichkeit verwandelt sich in ihren beredten Gedankenergüssen unversehens in jene bloß vernünftige, jedem Menschen von Natur eingegrabene Selbstverständlichkeit, aus deren kahlem Grunde schließlich nur ein neuer logischer Begriff von Gott emporwachsen sollte. Sie wissen nicht, wie sie der in ihnen lebenden Wahrheit Ausdruck geben sollten, sie sind sozusagen noch gebunden vom ursprünglichen Erlebnis; das hemmt in einer sehr bemerkenswerten Weise ihre philosophische Spekulation. Allein das Ursprüngliche lebt doch nicht mehr so unbedingt und klar in ihnen, daß sie nicht dem von vornherein verfehlten und, gemessen am Ursprünglichen, total verblendeten Streben verfallen sollten, das Unsagbare, nur Erlebbare nun doch sagen und erklären zu wollen. Damit war dem eigentlichen Dogma über Gott die Türe aufgetan.

Ein paar Jahrzehnte später — und eine ganz veränderte Situation innerhalb des christlichen Bewußtseins liegt vor unsern Augen. Das Zeugnis von dem einen lebendigen Gott in Jesu Christo hat sich in jene halb philosophische, halb religiöse Spekulation über das „höchste Wesen“ verwandelt, die bei aller Unmittelbarkeit ihrer Total-Auffassung Gottes als des Herrn und Vaters in einer äußerst bedenklichen Weise der damaligen Profanphilosophie entgegenkam, ja geradezu unter Preisgabe ihrer bessern Erkenntnis zu ihr überging. Was ein Clemens Alexandrinus, was ein Origenes, ein Hippolyt, ein Gregor Thaumaturgus, von Spätern nicht zu reden, über Gott zu sagen wissen, ist lediglich Philosophie, getragen freilich und nicht selten durchbrochen von jenem unmittelbaren Element ursprünglicher, aus dem Erlebnis Gottes strömender Erkenntnis, von dem wir reden. Denn auch hier ist es wahr: Was diese christlichen Väter mühsam durch die Mittel damaliger Bildung auszudrücken streben, erweckt immer wieder den Eindruck, aus einer erlebten Tatsache zu stammen.

Der Pulsschlag der Unmittelbarkeit im Organismus der christlichen Theologie!

Theologie oder Philosophie nicht minder die Aussagen über die Offenbarung Gottes in seinem Sohne. Hatten die Apologeten wenigstens in der Form die altchristliche Wahrheit von der unmittelbaren Einheit Gottes und seines Sohnes beibehalten, indem sie in ihren Spekulationen die Wirklichkeit des lebendigen Gottes gerade an der Erscheinung Jesu gewannen und nachwiesen, und als den einzigen Ertrag derselben geltend machten, daß Gott nun allen Menschen zugänglich geworden sei, so trat nun auch hier eine charakteristische Verschiebung ins Spekulative ein. Es begannen nun jene ebenso aussichtslosen, wie mühsamen und arbeitsvollen Reflexionen über das Verhältnis des Sohnes zum Vater, die schließlich in das abschließende Dogma von der Wesensgleichheit beider und in das demselben auf dem Fuße folgende von der Dreieinigkeit des göttlichen Wesens ausmündeten.

Wir stehen diesen Dogmen heute fremd und teilnahmlos gegenüber. Allein es wäre ungerecht, verkennen zu wollen, daß auch in diesen bedenklichsten Leistungen christlicher Spekulation ein wertvolles Element verborgen liegt.

Wir wollen zum Beweise dafür nicht auf die bedeutsame Tatsache eingehen, daß das Dogma der Trinität das Christentum vor dem Rückfall ins Heidentum bewahrt hat — wie dies in meisterhafter Weise Harnack in seinem genannten Lehrbuch nachgewiesen. Wir wollen auf die Reflexion Gewicht legen, daß gerade in den abstrusen Formeln des fraglichen Dogmas jenes unmittelbare Element aufleuchtet, das seit den Tagen Jesu Christi durch die Geschichte des Christentums hindurchgeht. Eben die oben als der entscheidende Wendepunkt der Zeiten geltend gemachte Erkenntnis von dem in Jesu Christo vorhandenen Erlebnis des Vaters ist es, was wir als das treibende Motiv der trinitarischen Spekulation wiedererkennen. Die unmittelbare Einheit des Vaters mit dem Sohne hat sich hier — nachdem das christliche nur wieder an die Mittel des philosophischen Denkens gewiesen worden war — in einer abstrusen zwar, aber dadurch doch höchst beachtenswerten Form erhalten, daß gerade der immanente Selbstwiderspruch des Trinitätsdogmas und die andrerseits trotzdem nicht von ihm lassende Intention des christlichen Geistes auf ihre Art klar machen sollten, wie wenig die von Jesus gebotenen, nur in ihrem Erlebnis verstandenen Tatsachen einem bloßen Denken zugänglich gemacht werden können. Die ungeheuren Anstrengungen der Kirchenväter, auszudenken, was eingestandenermaßen undenkbar bleiben mußte, lassen doch den entscheidenden Eindruck zurück, daß wir es hier mit mehr als mit einem bloßen philosophischen Problem, nämlich mit einem Leben zu tun haben, das nur geglaubt und angenommen, nicht aber verstanden werden kann.

Und dies ist nun eine Einsicht, für die wir heute noch dankbar sein dürfen. Daß sich ein Unverstandenes durch die christliche Gedankenarbeit zieht, das ist ein unvergleichlicher Segen, ein Segen, der auf die Erfahrung der nicht zu denkenden, sondern nur zu erlebenden Wahrheit vorbereitet.

Und abgesehen davon: Man mag von der theologischen Spekulation z. B. der Scholastiker, der klassischen Bearbeiter des Dogmas, denken, wie man will — sie ist es doch gewesen, die uns jene zentrale Weise der Weltauffassung eingegraben hat, in der wir uns unwillkürlich ergehen, ohne uns dabei nur bewußt zu sein, wie viel wahrer und freier eine solche Auffassung beschaffen ist, als die der größten Philosophen des Altertums. Wie gebunden nimmt sich doch die genialste Spekulation eines Plato auch der bescheidensten Gedankentiefe der christlichen Denker gegenüber aus! Gerade der moderne Unglaube, der mit souveräner Verachtung auf den „christlichen Aberglauben" hinunterblickt, verdankt allein dieser durch das Christentum gewonnenen Weite und Freiheit des Bewußtseins seine stolzen und kühnen Gedankenflüge. Wenn er nicht weniger als alles Bisherige zu leugnen unternimmt, wenn er Gott selbst aus dem Zusammenhang seiner Weltanschauung streichen zu müssen vermeint, so bleibt ihm dabei die Tatsache verborgen, daß er dieses Vermögen scheinbar grenzenloser Gedankenfreiheit eben der Erscheinung zu danken hat, die ihm am feindlichsten gegenüber zu stehen scheint: dem christlichen Gottesbegriff. Weil in diesem Begriff stets — wie sehr auch unverstanden — die Unmittelbarkeit selbst aufleuchtet, weil erst dieser Begriff das menschliche Bewußtsein aus aller Gebundenheit an tyrannische Geistesmächte — vor denen wir die größten Geister des Altertums sich beugen sehen — gelöst und auf eine Grundlage gestellt hat, auf dem es sich frei entfalten konnte, weil er allein es war, der den unwillkürlichen Eindruck einer absoluten Welt, in deren Region auch ein absolutes Denken möglich ist, immer deutlicher zur Entfaltung brachte, je weniger er einer bloßen Kirche angehören wollte — deshalb und nur deshalb sind Erscheinungen, wie Schopenhauer, Nietzsche u. a. möglich geworden.

Hierin liegt die Wahrheit des, wie sehr auch nur gedachten, christlichen Gottesbegriffs, eine Wahrheit, die, während sie dem Denken die höchsten Probleme stellt — die gesamte moderne Philosophie mit ihrem der alten gegenüber so umfassenden Blicke ist an der Dreieinigkeit orientiert — zugleich auch in die Tiefen des Herzens und Gemütes hinabzündet und den Menschen immer wieder in die innersten Fragen nach seinem eigenen Wesen hineintreibt. Mit einem Wort: es ist das Unmittelbare selbst, das wir als den köstlichen Kern des christlichen Gottesbegriffs erkennen, wie rauh auch die Schale ist, die ihn verhüllt und schirmt zugleich. Wir weisen heute mit Recht ein bloßes Dogma über Gott von uns; aber wir wollen es der christlichen Spekulation danken, daß sie unter langen und schmerzlichen Kämpfen mit einer Zeit, die keine andere Zucht als die ihrer wunderlichen Schulmeisterei verstanden hätte, in jenen, auf den ersten Blick so unfruchtbaren und abstrusen Dogmen von der Wesensgleichheit und Trinität den Pulsschlag des göttlichen unmittelbaren Lebens der Nachwelt überliefert hat.

Auf ähnliche Resultate würde uns die Betrachtung des christologischen Dogmas führen; wir erlauben uns aber, mit dem gesagten abzuschließen.

β) Das christliche Heilsleben.

Durch die Auflösung der unmittelbaren Gemeinschaft zwischen Gott und Mensch, wie sie in Jesu gegeben war, trat der Mensch wieder in seine frühere Selbständigkeit zurück — ausgerüstet freilich mit all den neuen Erkenntnissen, die ihm aus der Gemeinschaft mit Gott erwachsen waren. Aber diese Erkenntnisse sind nun nicht mehr das lebendige Band zwischen Gott und ihm, oder besser gesagt, der Lebensausdruck ihrer unmittelbaren Zusammengehörigkeit, sondern — nach dem Verlust des Lebens — selbständige intellektuelle und sittliche Mächte, Mächte, die freilich auf der einen Seite ihren ursprünglichen, aus dem unmittelbaren Leben Gottes stammenden Charakter nicht abzustreifen vermögen und insofern stets unmittelbar bleiben, unmittelbar in ihrer Wahrheit wie in ihrer Gewalt, die aber auf der andern Seite in einer Selbständigkeit und Abgeschlossenheit aufzutreten suchen, welche jeder Unmittelbarkeit spottet — quälende Reflexionsmächte, unter denen der Mensch ein mühseliges und geängstetes Dasein dahinschleppt.

Denn der Mensch, der irrende, suchende, seines Zieles ungewisse Mensch tritt nun, nachdem ihm die Gemeinschaft Gottes mit ihrem gegenwärtigen Heil wieder fraglich geworden, aufs neue in den Mittelpunkt des Geschehens. Um seine alte Sehnsucht nach Wahrheit gruppieren sich jetzt alle die neuen Heilserkenntnisse — was anderes können sie nun sein, seitdem sie nicht mehr das unmittelbare Element der Gemeinschaft mit Gott bilden, als Anfang, Fortgang und Ende eines nun erst in der Zukunft, im Jenseits ausmündenden Heilsprozesses, in den sich der Mensch verwickelt sieht? Und je klarer in göttlicher Selbstverständlichkeit die neuen Erkenntnisse gewesen waren, desto fanatischer, unbedingter und unwiderstehlicher wird nun, nachdem sie einem bloßen Heilsprozeß dienstbar geworden sind, der Drang und die Qual dieses Prozesses. Im Ringen nach dem zukünftigen Heile gibt sich noch unwillkürlich die Absolutheit Ausdruck, womit man sich eines gegenwärtigen gefreut hatte; in der ungeheuren Heilssehnsucht der Gläubigen die Unmittelbarkeit der auseinander gezerrten Elemente der in Jesu erschauten Gemeinschaft mit Gott. Weil der Mensch sie erschaut und geschmeckt hatte, spricht er nun von einer ewigen Wahrheit; weil er den Himmel im Herzen getragen, sehnt er sich leidenschaftlich nach ihm; weil er Gottes gewiß gewesen war, fordert er aus tiefster Seelennot die Versicherung seines Heiles; weil er alles schon besessen hatte, treibt es ihn mit unwiderstehlicher Gewalt nach einem Besitz. — In der qualvollen Pein, deren Anblick sich uns bei der Betrachtung der christlichen Geschichte auftut, pulsiert, jetzt verborgen und leise, jetzt mit stürmischer Gewalt die unmittelbare Gemeinschaft mit Gott, aus der alle jene Mächte der Sehnsucht stammen und in die sie wieder zurückstreben.

Der Pulsschlag der Unmittelbarkeit in der christlichen Heilslehre!

Wir sagen zunächst Heilslehre, weil der Intellekt die klarste Arbeit leistet, am schnellsten zur Hand ist und zu einem relativen Abschluß seiner Tätigkeit gelangt. Im Intellekt spiegeln sich die unmittelbaren Lebenspotenzen, während sie den Willen mit sich fortreißen, das Gefühl bis in seine untersten Tiefen aufwühlen.

Statt des Glaubens — Glaubenslehre. Statt der Versöhnung Versöhnungslehre. Statt der Erlösung Erlösungslehre; mit einem Worte: statt der Sache — ihre Theorie. War der Glaube nichts anderes als die siegreiche Unbedingtheit gewesen, womit der Gottesmensch die Gemeinschaft mit Gott allen Verhältnissen des irdischen Lebens entgegengestellt, so wurde er nun eine Erkenntnis des göttlichen, von der weiteren Reflexion abgestuft in die zwei schon früh geltend gemachten Seiten: einmal der gläubigen Annahme des Überlieferten, und dann des eigenen Verarbeitens desselben. Die erste Seite wog aber immer bedeutend vor, um schließlich ganz in den bloßen Gehorsam gegen die kirchliche Institution überzugehen: der Glaube ist nichts anderes als die Annahme der geoffenbarten Wahrheit. — Ganz analog erstand an der Stelle des als Versöhnung und Erlösung angeschauten Erlebnisses Gottes eine immer komplizierter werdende Versöhnungs- und Erlösungstheorie, während die Fragen über Schöpfung, Mensch, Engel, etc., sodann alle psychologischen und kosmologischen Probleme mehr und mehr in ein System christlicher Philosophie zusammentraten — wovon wir hier nicht länger reden wollen.

Aber diese intellektuellen Mächte alle, diese im Intellekt des Menschen reflektierten ursprünglichen Erlebnisse vermochten trotzdem — eben weil sie der Unmittelbarkeit entstammten — doch nie bloße Verstandeserkenntnisse zu werden. Man merkt es den kirchlichen Denkern auch in den abstrusesten Gedankengängen an, daß sie aus einem unmittelbaren Empfinden heraus reden, einem Empfinden, das sich nicht selten zum herzlichen und überraschenden Ausdruck des ursprünglichen Heiles in Jesu Christo erhebt. Und abgesehen davon: die Spekulation mit den „christlichen Heilswahrheiten" diente von Anfang an jener oben vor allem namhaft gemachten praktischen Tendenz nach der Seligkeit, wie wir sie in der Tat als das Charakteristische des Christentums antreffen.

Es sind die sittlichen Mächte, denen wir hier in fast ausschließlicher Weise begegnen. Christentum ist Moral, aber Moral unter den Impulsen der Unmittelbarkeit, umgeben, getragen und getrieben von all den seit dem Abfall von der Gottesgemeinschaft entfesselten Elementen des Lebens — eine lebendige Moral, nach allen Seiten strebend, das Höchste wie das Tiefste in ihrem Busen bewegend, die gewaltigsten Probleme ruhelos vor sich her wälzend, und vor allem: das Leben Gottes selbst in sich tragend, jetzt in hinreißendster Begeisterung, jetzt in leidenschaftlichster Sehnsucht. Eine Moral, die das Gute als Leben zu spüren bekommen hat, und nun mühselig wechselnd in beides sich teilt: in die Forderungen des Guten und in das durch sie pulsierende Leben. Sie will alles tun, aber so, daß dabei nicht weniger als der ganze Himmel offenbar wird, sie strengt sich an, die Gebote zu halten, aber um so zum Schmecken und Schauen Gottes zu gelangen; sie müht sich immerdar, aber nur, um des hinter allem Gebot ruhenden Genusses teilhaftig zu werden. Jetzt ist ihr das Gute nur das Mittel zu höherem Zweck, Stufenleiter bloß zur Seligkeit — jetzt wieder selbst absoluter Zweck, dessen vorhergehende Verkennung sie dadurch gutzumachen strebt, daß sie es unternimmt, durch äußerste Entsagung und Selbstkasteiung die lückenlose Befolgung seiner innersten und verborgensten Absichten zu erzwingen.

Eine verworrene, wunderbar vielseitige, nirgends auf einen klaren Ausdruck gelangende Erscheinung — der Wille unter den Impulsen der Unmittelbarkeit! Darum ist er so unfertig, so leidenschaftlich bewegt, so wechselvoll, so unbefriedigt, jetzt in süßester Gelassenheit schwelgend, jetzt mit unwiderstehlichem Drange alles Entgegenstehende auf die Seite schlagend, um der neu erwachten Sehnsucht freies Feld für ihre rastlose Jagd zu verschaffen!

Hatte der Mensch in der Gemeinschaft Gottes den Willen zum Element des Lebens gestaltet, war ihm da das Wollen zugleich Leben und das Leben Wollen gewesen, so ist ihm nach dem Verlust derselben wohl die Sehnsucht nach dem Leben, das er gespürt und genossen, geblieben, aber nicht ihre Befriedigung, und berührt ihn andrerseits wohl des Lebens Impuls, aber ohne in seine Bewegungen einzugehen. Ein Wille, der am Leben orientiert, zum Leben erwacht ist, und ein Leben, das im Willen Wohnung machen will, beide sich unmittelbar berührend und doch nie ineinander übergehend — das ist die christliche Moral.

Die christliche Moral und die christliche Religion. Denn beide sind eins. Die christliche Religion ist Sehnsucht nach der Seligkeit, und eben dieser Sehnsucht dienen auch die moralischen Kräfte. Die Religion mehr in der Unmittelbarkeit sich bewegend, die Moral im Willen; die Religion sich zum Heilsinstitut in Kultus und Zeremoniell ausgestaltend, zur allein seligmachenden Kirche, abgestuft in Priesterschaft und Volk, die Moral der unruhige und leidenschaftliche Pulsschlag im Herzen derselben. Die Religion alle Elemente des Lebens mit ihrer zusammenschließenden Macht in ein einheitliches großartiges Gemälde verbindend, die Moral Licht und Schatten in diesem Gemälde grell einander gegenüber stellend; die Religion das zum christlichen Gesetze gewordene Evangelium, die Moral der diesem Gesetze unterworfene Wille. Die Religion das, jetzt mit Inbrunst und Entzücken, jetzt im Grauen der Höllenangst angeschaute Kreuz, die Moral das Bestreben, durch Ertöten des Fleisches dem Kreuze Nachfolge zu leisten.

Und zwischen die Regungen beider hindurch züngelnd und lodernd jene falsche, böse Unmittelbarkeit, wie wir sie oben als das gerade Gegenteil des Lebens geschildert und nachher als einen Hauptbestandteil aller Religion wiedergefunden haben: die Hölle neben dem Himmel, der Fanatismus neben dem Seelenfrieden, die

Scheiterhaufen neben der Messe, Tod und Verderben neben der Predigt vom Leben, Haß und Liebe, Demut und Größenwahn in einer und derselben Brust — wessen Künstlers Pinsel erlahmte hier nicht, der dieses verworrene Bild zu malen unternommen!

Und doch müssen wir versuchen, zur größeren Verdeutlichung des gesagten einzelne Streiflichter auf das Dunkel zu werfen.

Einzelnes.

Wir verzichten auf eine geschichtliche Darstellung, da die oben skizzierten Grundzüge mit wenigen unbedeutenden Unterschieden sich verhältnismäßig früh in der christlichen Kirche eingestellt und dann durch die ganze Entwicklung hindurch wesentlich gleich geblieben sind. Die Unmittelbarkeit hat keine Geschichte — und eben sie ist es ja, die wir als das Hauptelement des Christentums schon kennen gelernt haben. Das Folgende dürfte genügen.

Vor allem handelt es sich im Christentum stets nur um die individuellen Heilsinteressen, nie um eine durch die Gesamtheit der Gemeinde zu vollbringende Heilsaufgabe. Jenes bedeutsame urchristliche Erlebnis einer im selben Geist zusammengeschlossenen Gemeinschaft, in welcher das Leben aus Gott unmittelbar sich auswirkt, ist gar bald zum bloßen Rahmen einer Institution — Kirche genannt — verblaßt, der nur die unumgängliche Bedingung für das Heil bildet, nicht mehr das Heil selbst, das sich das Individuum, wie gesagt, selbst zu beschaffen hat. Wenn die apostolischen Väter noch mit einer bemerkenswerten und ihren sonstigen Aufstellungen ein schönes Gegengewicht haltenden Klarheit von der Gesamtheit der Gemeinde, von der Einheit der „Auserwählten“ reden, wenn also hier vom Boden der Gesamtheit losgelöste und selbständig hervortretende individuelle Heilsinteressen noch fehlen oder wenigstens nicht sicher zur Geltung kommen, so stehen wir mitten in denselben, sobald wir uns in irgend ein späteres Literaturprodukt des Christentums vertiefen. Weniger bei einem Irenäus und Tertullian, die die ursprüngliche Bedeutung der Gemeinde noch wohl zu schätzen wissen, vollständig dagegen schon bei den ersten christlichen Dogmatikern: Clemens Alexandrinus und Origenes.

Was der erstere — um bei ihm stehen zu bleiben — von der

Gemeinde Gottes zu sagen weiß, ist nur noch eine unverstandene Reminiszenz, sozusagen ein Antiquitätenstück aus der Vergangenheit — man vergleiche die verworrenen Ausführungen im 6. Kap. des I. Buches des „Pädagogen" — während seine übrige weitschichtige Darstellung der Exposition eines lediglich individuell interessierten Christentums gewidmet ist, einer Exposition, die geradezu grundlegend und maßgebend für alle späteren Zeiten gewirkt hat. Es handelt sich hier in der Tat um nichts anderes mehr als darum, daß der Christ, gestützt durch den ihm innewohnenden Geist oder Logos Gottes — beides verschwimmt ineinander — seine irdische Wallfahrt durch Glauben und gute Werke vollbringe, immer mehr der sittlichen Vollkommenheit entgegenstrebe und das zukünftige Heil in andächtiger und strenger Frömmigkeit ununterbrochen bei sich bewege, um diesem letzten Ziele des Lebens alles dienstbar zu machen.

Man sieht: die urchristliche Position von der Heilsgemeinde Gottes, die in ihrem Geistesbesitze das ewige Leben nicht erst erstrebt, sondern auswirkt, ist hier ganz aufgegeben. Das Göttliche ist bloßes Mittel für einen im Grunde nur menschlichen Zweck. Jetzt weiß man nur noch von einer göttlichen Unterstützung und Hilfe zum Heile, nicht mehr von einem schon vorhandenen, unmittelbar gegenwärtigen Heilsbestande. Von dem einzig wahren und möglichen Gesichtspunkt, daß nämlich das Verhältnis des lebendigen Gottes zu seiner Gemeinde nur das der göttlichen Liebe und Vergebung, und ihr entsprechend das der freudigen Heilsgewißheit von seiten des Menschen sein kann, ist im ganzen Verlauf des Christentums kaum dann und wann mehr eine vereinzelte Spur anzutreffen, nachdem er durch die grundlegenden Ausführungen der ältesten Kirchenväter ganz eliminiert worden war.

Gewiß ist im Christentum nur noch das Eine, daß der Mensch selig werden muß, daß dafür allein Gott das Evangelium von seinem Sohn geoffenbart hat, und daß diese Seligkeit durch Glauben und gute Werke beschafft wird, wobei aber niemand sich rühmen darf, je genug getan zu haben, um seiner Seligkeit sicher zu sein. Statt der urchristlichen Gewißheit also die Ungewißheit ausdrücklich und mit Absicht als das Merkmal des Christentums hingestellt!

Diese totale Verkehrung eines ursprünglichen Verhältnisses wäre in der Tat verwunderlich und rätselhaft, wenn sie nicht ganz von selbst sich einstellen würde, sobald die göttlichen Erlebnisse aufhören. Das einzig wirklich Gewisse ist der lebendige Gott. Ist er den Herzen entschwunden, dann muß einerseits die gesamte in seiner Gemeinschaft erworbene Heilserfahrung — wovon wir oben ausgegangen sind — in einzelne selbständig nebeneinander stehende Heilsstücke auseinander gerissen, und andrerseits alle diese disjecta membra durch das ihnen ursprünglich fremde Ziel der erst jenseitigen, himmlischen Vollendung in einen künstlichen Zusammenhang gebracht werden, in welchem sie dem Menschen die einander folgenden Stufen seines aufwärtsstrebenden Heilsweges darzubieten haben — eine Systematik, die in ihrem unsichern Gefüge das ebenbürtige Korrelat zu der Unsicherheit und Ungewißheit des Heiles selbst bildet, das der Mensch im Jenseits erstrebt. Also, um es deutlich zu machen, nicht mehr Buße, Glaube, Heiligung, Gottesgemeinschaft in einem und demselben lebendigen Punkt, sondern erst Buße, dann Glaube, darauf erst Heiligung und schließlich — doch erst im Jenseits völlig — die Gemeinschaft mit Gott. Eine allerdings totale, aber da, wo der Mensch sein „trotziges und verzagtes Herz" zum Maßstab des Evangeliums macht, nicht mehr verwunderliche — eine schauerliche, aber mit dem Abfall des Menschen von selbst gegebene Verkehrung der urchristlichen Wahrheit! Vergegenwärtigen wir uns dieselbe kurz.

Dort die Gewißheit Gottes, in dessen unmittelbarer Gemeinschaft alle „Erscheinungen des christlichen Lebens", wie Glaube, Werke, Gnade, Heiligung nichts anderes sind als die verschiedenen Äußerungen eines und desselben Erlebnisses — hier die Ungewißheit eines erst noch zu erwerbenden Heiles im jenseitigen Gott. Dort also in erster Linie, grundlegend und klärend, Gott selbst in Jesu Christo — hier vor allem eine Seligkeit, und erst als Mittel und Weg dazu, so wunderlich dies klingen mag, die Offenbarung Gottes in Christo. Dort Gewißheit eben darum, weil man im Besitze Gottes garnicht an eine andere Gewißheit neben oder außerhalb dieses Besitzes denkt, vielmehr alle „subjektiven Bedürfnisse" von vornherein in die Hingabe an Gott einschließt, also ihre selbständige, nur ihnen selbst dienende Stellung garnicht mehr anerkennen und verstehen will („Wer seine Seele verliert, wird sie finden") — hier Ungewißheit eben darum, weil man mit und durch Gott ein für sich existierendes Heilsbedürfnis erst noch zu beschwichtigen trachtet, Ungewißheit als die immer nur und bloß erstrebte Gewißheit, Ungewißheit, weil man auf Grund des Evangeliums nach einer Gewißheit erst zu trachten anfing, statt sie im Evangelium selbst zu ergreifen („Wer seine Seele zu finden meint, wird sie verlieren").

Und im Zusammenhang damit: dort die Diesseitigkeit Gottes im geoffenbarten Sohne, hier seine Jenseitigkeit — als hätte nie Jesus von einem kommenden Gottesreiche geredet. Dort göttliche Aufgaben von unmittelbarer Evidenz und Dringlichkeit in einer für Gott in Anspruch zu nehmenden argen Welt — hier Träume, Grübeleien, Wahnwitz oft und Aberglauben, oder untätige Beschaulichkeit im Dienste einer nicht hier schon, sondern erst droben zu realisierenden Seligkeit, Weltflucht, statt Weltüberwindung, Abgeschiedenheit statt freudigen Schaffens, das Kloster statt des Kampfplatzes. Dort die unmittelbare Gewißheit des Sieges über alle Mächte des Verderbens — hier die ängstliche Reflexion, womit man sich ihrer Herrschaft zu entwinden sucht. Im engen Bunde miteinander das subjektive Heilsinteresse und die Vorstellung der jenseitigen Seligkeit, das Evangelium ihrer Angst dienstbar machend, — und dagegen ebenso eng verbündet die lebendige Heilsgewißheit im Besitze Gottes und das Bewußtsein der Aufgabe, die ganze Welt schon jetzt für das Gottesreich in Beschlag zu nehmen. Menschlicher Zweifel, menschliche Interessen, menschliche Ziele auf der einen Seite — die Gewißheit Gottes, der Wille Gottes, das Reich Gottes auf der andern. Das Menschliche ausmündend im Himmel — das Göttliche offenbar werdend auf Erden. Dort das Christentum — hier das Evangelium.

Ein wunderbares, von den größten Widersprüchen durchzogenes Gebilde die christliche Frömmigkeit!

Gott und Welt, Himmlisches und Irdisches schroff auseinander gehalten, und in der Mitte der Mensch, vom Irdischen ebenso leidenschaftlich angezogen als angstvoll vor ihm zurückfliehend. Dieselben Menschen, die gestern in tollster Sinnenlust dahingeschwelgt, kleiden sich heute in das rauhe Mönchsgewand. Und das tun nicht nur die Geringen, nein, auch Fürsten und Könige tauschen den Glanz ihrer irdischen Stellung mit den engen Wänden der Klosterzelle. Das Höchste wechselt immerdar mit dem Geringsten auf allen

Gebieten, im Äußern wie im Innern, in der Tat wie in der Gesinnung. Unvermittelt neben der wunderbarsten Aufopferung die unerbittlichste Härte, neben dem zartesten Edelmut die roheste Grausamkeit. Jetzt ein sittliches Empfinden von der herrlichsten Tiefe, jetzt wieder vollständige Unempfindlichkeit gegen das Leiden des Nächsten. Hoch aufspritzend der rasende Wellenschaum — und darunter verborgen die Perlen. Haß und Liebe — eines und dasselbe!

Das ist die christliche Frömmigkeit, ein seltsames, unheimliches Gemisch der beiden Unmittelbarkeiten, von denen wir gesprochen. Unmittelbar ist alles, aber in diese Unmittelbarkeit teilt sich das Böse wie das Gute. Unmittelbar ist der Wahrheitsstrahl, den das Evangelium jetzt noch in tausend Herzen wirft, aber ebenso unmittelbar der Lüge Nacht, die über ihnen aufgeht. Unmittelbar, ohne Zaudern, mit hinreißender Gewalt die sittliche Tat, aber ebenso unmittelbar, hinreißend der fromme Frevel. Die Menschen können nicht mehr denken, nicht mehr sich besinnen, nicht ruhige Entschlüsse fassen; der Gedanke reißt sie hin, der Entschluß flammt aus verborgenen Tiefen in ihnen auf, die Besinnung wechselt immerdar mit der Besinnungslosigkeit.

Nichts mehr einheitlich und natürlich empfunden. Das Gute vom Glorienschein eines ebenso geheimnisvollen wie unerbittlichen Gotteswillens zugleich verklärt und verdunkelt, jede einfache Tat von grübelndem Tiefsinn umspielt, in dessen ruheloser Betrachtungsweise nicht weniger als alles immer wieder zweifelhaft zu werden droht. Von einer klaren Sittlichkeit keine Spur. Die Tugenden sind bloße Bedingungen zum Heil, nichts für sich selbst wertvolles. Es gibt überhaupt keine Werte mehr in dieser Welt. Wertvoll ist allein der Himmel, und dementsprechend eines allein verstanden auf Erden: die Weltverneinung.

Weil der Mensch seinen Gott verneint hatte, muß er nun auch seine Werke verneinen. Der Abfall von ihm rächt sich durch das Grauen vor seiner Schöpfung. Eins mit Gott, war der Mensch auch mit der Welt eins gewesen; von Gott getrennt, vermag er es nicht mehr, die Welt in ihrer schlichten Harmonie zu erschauen. Alles erscheint ihm in Gegensätze gespalten, alles zerklüftet, gespenstig auseinander gerissen; sein Intellekt müht sich ab, dieses phantastische System zu begreifen, und sieht nicht, daß es seine eigene Phantasie ist, die ihn quält. Es gibt nur einen Gegensatz, nur eine Kluft, nur eine Trennung: die zwischen Gott und Mensch, aufgerissen in den Tiefen des Menschenherzens selbst. Eben darum sieht der auf sich selbst gestellte Mensch alles in Feindschaft gespalten, darum reißt er Himmel und Erde auseinander, darum erblickt er das Gute nur außer sich, darum jagt er einem vermeintlichen Ziele leidenschaftlich nach — weil zwischen ihm und Gott eine Kluft befestigt ist. Wird sie sich schließen, dann wird auf einmal die ganze phantastische Welt, in der er des Lebens Geheimnisse nur in Gegensätzen erschaut, versinken; blicken wird er dann auf der Schöpfung unendlichen Garten mit dem ungetrübten Auge des Kindes, das seine Heimat, sein Vaterhaus wieder gefunden.

Nicht das Evangelium verneint die Welt. Das tut der von ihm berührte, aber nicht in ihm lebende, der von dieser Berührung nur in leidenschaftliche Bewegung versetzte Mensch. Die christliche Religion ist ein Mißverständnis des Evangeliums. Ein Mißverständnis und eine Verleugnung. Denn nun ereignet sich, was gerade gegen den Sinn des Evangeliums ist: eine nutzlose und feige Flucht vor eben der Welt, die das Evangelium in den Sieg des lebendigen Gottes gestellt hatte, ein Zurückweichen vor all den Übeln, die Christus überwunden, ein blindes Tappen nach einer Jenseitigkeit, nach einem Himmel, dessen Herrlichkeit Jesus offenbar gemacht hatte. Jetzt vertritt das Kloster die Stelle des Gottesreiches, die tatenlose Inbrunst das Walten der göttlichen Kräfte, Erbauung und süßer Seelenfriede die Realität der im Worte des Erlösers zur Herrschaft gelangten Gerechtigkeit, Wahrheit, Liebe.

Die Menschen haben Gott und haben ihn nicht, stehen in seiner Gemeinschaft und werden sich eben da bewußt, daß sie ohne seine Gemeinschaft leben. Sie kennen sein Evangelium, aber nur als Seligkeitslehre, die Vergebung, aber nur als Priesterwort, die Gnade nur als System, die Liebe nur als Buß-Satzung.

Daß die Christenheit von Gott weiß und doch nicht ganz von ihm weiß, Gott liebt und doch nur zum eigenen Gewinne, das ist ihr schwerer Fluch, der alle die Gewalten quälender Ungewißheit aus sich gebiert, die sie durchzucken. Gott, ergriffen und festgehalten, ist zugleich die wunderbarste wie die verständlichste Wirklichkeit, halb geglaubt dagegen nur und zum bloßen Heilmittel herabgesetzt, ein berückender, qualvoller Traum — eben deswegen, weil er der lebendige Gott ist. Was im Vollbesitze der eine unendliche Punkt ewiger Daseinsfreude gewesen wäre, das ist nun, nachdem der Mensch nur halb, ohne Vertrauen, mit dem Zweifel im Herzen zugegriffen, zur unendlichen Linie auseinander gezogen, an der die Kräfte der Unmittelbarkeit einen immerdar nur strebenden Menschen dahinzerren.

Zum Götzen verwandelt die Gestalt des Gekreuzigten. Was er gewesen, was er geleistet, ist jetzt ein furchtbares Priestergeheimnis. Zitternd tritt der Mensch zum Altar, auf dem der Leib seines Herrn, durch Priestersegen geschaffen, ruht. Mit abergläubischer Ehrfurcht, bewußtloser Devotion wirft er sich auf die Knie, um das Geheimnis der Wandlung zu bewegen. Anbetend empfängt er die Hostie. Die größten Wohltaten verspricht er sich von ihr. Alles läßt sich mit dem Kreuz erreichen, Weltliches und Himmlisches, Irdisches und Ewiges. Es ist für die niedersten Interessen da, so gut wie für die höchsten. Jesus Christus, hochgelobt in Ewigkeit, ist ein unerschöpflicher Hilfsquell gegen alle Leiden und Beschwerden. Mit seinem Namen zaubert man Segen über Haus und Hof, in Stall und Geschäftsraum, schützt man sich gegen Feinde und gewinnt man Freunde. Durch ihn wird man vor dem Unglück geschützt und vor Gefahren bewahrt. Durch ihn fließt der Seele Licht und Frieden zu, wie dem Leibe Genesung. Er hat seine Kirche gegründet, die auch die Pforten der Hölle nicht überwältigen sollen, er hat sich eine Priesterschaft erzogen, die seine Heilstaten den Völkern vermittelt, er waltet selbst noch immer als der Lebendige in allen ihren Zermonien. Die Kirche ist nur sein sichtbarer Leib, was sie tut, nur der Gehorsam gegen ihn; ihr Segen ist sein Segen, ihr Fluch ist sein Fluch. Er verdammt im Richterspruch seiner Kirche, er erhebt in den Himmel durch die Absolution seiner Priester. Er ist alles. Alles lebt und webt nur in ihm. Wehe dem, der ihn verschmäht! Die Hölle wird sein Erbteil.

Und woher dieses furchtbare Mißverständnis einer ursprünglichen Wahrheit?

Weil die Menschen die am Kreuz vollbrachte Gewißheit des lebendigen Gottes verschmäht, weil sie mit dem Kreuze sich nur einer Heilsgewißheit zu versichern getrachtet, die sie nicht an die Gottesgewißheit verlieren wollten, weil sie die Unbedingtheit des göttlichen Regimentes im Kreuz nicht zur Freiheit eines neuen Lebens in Gott verklärt — darum gräbt sich nun dasselbe Kreuz als quälende Unbedingtheit ihrem Gewissen ein, gibt sich ihnen Gottes unmittelbare Macht als Fluch zu schmecken!

Diese Kirche mit ihrer geschlossenen Priesterschaft, ihren Sakramenten, ihrem Beichtstuhl, ihrer Bußordnung, womit sie das Gewissen einer ganzen Welt erfüllt und regiert; diese geistliche Macht, verkörpert im Papste, von den größten Geistern ebensowohl gepriesen wie verflucht, unsterblich in großen Taten wie in schauerlichem Frevel — zeugte noch immer durch die Unmittelbarkeit des Geistes von der ewigen Wahrheit, die sie einst erschaut und die sie auch in der Verirrung nicht loswerden konnte. In der Unmittelbarkeit grandiosem Gefängnis, in dem sie alle Strebungen der Geister mit Riesenkraft zusammenhielt, bereitete sie dieselben doch, ohne es zu wissen, für den Tag ihrer Freiheit vor. Es wäre töricht, für die Zeiten des Mittelalters jene Freiheit in Anspruch nehmen zu wollen, die die Späteren von selbst genossen — die Menschen von damals wären an ihr zu Grunde gegangen. Sollten sie sich nicht gegenseitig aufreiben im Antagonismus ihrer ungeheuren aber ungeordneten Kräfte, so bedurften sie der harten Zucht einer zusammenhaltenden, die so unendlich verschiedenen Strebungen in ein gemeinsames Strombett lenkenden Zentralgewalt. Das war die Kirche. — Und daß, nachdem sie ihre Aufgabe vollbracht, nachdem die gezügelten und erzogenen Geister ihre alte Kruste gesprengt, so schöne Früchte zur Reife gelangten, wie wir sie in der durch die Reformation inaugurierten Neuzeit erblicken, daß der Zusammensturz des Alten die Welt nicht ins Verderben riß, sondern im Gegenteil zu neuem Dasein erblühen ließ — das beweist, wie sehr die Kirche auch in ihren dunkelsten Tagen der Wahrheit gedient und welche Lebenskraft die von ihr sorgsam gehüteten Keime in sich geborgen.

Sie selbst kann sich nicht entwickeln. Sie ist das absolut stabile Element in der Geschichte, gleichsam eine irdische Ewigkeit — auch hierin das Gegenbild der wahrhaften Unmittelbarkeit, die ewig ist. Darum kann sie nur anderen Potenzen die Stätte bereiten, um in sich selbst zu verwelken, sobald diese zum Durchbruch gelangen. Denn der lebendige Gott will keine falschen Ewigkeiten, er bekennt sich zum Fortschritt der Geschichte, er bringt im Sturm seiner Gerichte einen Wechsel nach dem andern herbei, auf daß die Menschheit nicht verfaule in falschem Genügen, sondern strebe, leide, wachse, bis ihr das Leben aufgeht in ihm. Immer deutlicher offenbar muß es werden, daß nicht eine Kirche, nicht eine Religion, sondern Gott selbst das Element unseres Lebens ist. Wenn wir das heute besser wissen, als je ein Geschlecht es gewußt, so können wir doch des in Trümmer vor unsern Füßen liegenden alten Gefäßes, in dem diese unsre Erkenntnis sich vorbereitete, nicht anders als mit dankbarem Herzen und nicht ohne Wehmut gedenken.

Die wie für die Ewigkeit gebauten Dome mit ihren mächtigen Hallen, die das ewige Geheimnis der Gottheit unmittelbar zu empfinden geben, und daneben die Türme, himmelanstrebend, als wollten sie diese Ruhe durchbrechen und über sie hinaus in eine andre Welt wachsen — das ist der in Steine gegossene Geist des Mittelalters.

In seiner scheinbar so starren, nur der Kontemplation obliegenden Religion pulsiert eine fieberhafte Unruhe. Sieht man näher zu, so erblickt man alles in einer ununterbrochenen Gährung, in steter Auflösung. Nichts bleibendes, nichts fertiges, nichts harmonisches. Dahin für immer das schöne Gleichmaß der Antike. Verwirrung, Sturm und Drang überall; in den einsamen Klosterzellen, wie im Gewühl des öffentlichen Lebens. Wohin man auch das Auge wendet: Streit um der Menschheit höchste Ideale und Ziele. Allen voran die beiden Weltherrscher, Papst und Kaiser, in der heftigsten aller Fehden — in der des Prinzips. Prinzipiell, gründlich, gedankenvoll, mächtig in Idee und Wort ist der Mensch geworden — aber nicht sich selbst dient er mehr; was er auch sinnt und unternimmt, ist einer überirdischen, durch alle Verhältnisse und Herzen zuckenden Idee untertan.

Die Kunst nicht mehr sich selbst genügend, sondern an gigantische Aufgaben verloren, das Ewige allein, das den Gemütern so wunderbar aufgegangen war, in ihrem Können bewegend, um jetzt in bizarren Gestaltungen zu erlahmen, jetzt zu jenen einzigartigen Schöpfungen des Genius sich aufzuschwingen, die das Unmögliche erreicht zu haben scheinen: den ewigen Inhalt in der irdischen Form.

Ruhelos fragend die Wissenschaft. Denn jetzt erst, seitdem das Christentum durch ihre Portale geschritten, weiß sie, was fragen ist. Vorher spielte sie auf der sonnigen Oberfläche der Dinge, jetzt glaubt sie, überall Tiefen und Abgründe ahnen und erschließen zu müssen, nachdem das Christentum in des Forschers Geist selbst unheilbare Abgründe gerissen. Wie anders mutet der blaue Himmel platonischer Spekulation an, wie anders das Dämmerstübchen des mittelalterlichen Alchimisten! Die Magister alle — sie denken, grübeln, forschen, suchen, tasten und tappen, um an der Aufgabe unergründlicher Tiefe immer wieder verzweifelnd stille zu stehen. An allem nagt der verzehrende Geist des Christentums. Das Gefühl, zu ganzer Wahrheit berufen zu sein und doch nur über ein halbes Wissen zu verfügen, das Bewußtsein, das absolut Wertvolle zu besitzen und es nicht gestalten zu können, wirft das Festeste immer wieder zu Boden, reißt die Geister stets aufs neue auseinander.

Halb gelöste Probleme, verworrene Überreste, Trümmer und Staub — das ists, was die Neuzeit zu erben bekommen. Aber es wäre Vermessenheit, darüber zu klagen. Aus diesem Staube erblühen uns heute jene höchsten Erkenntnisse, zu denen dem Altertum jedes Vermögen gefehlt hat. Des Mittelalters grandiose Leidenschaft ist es, die uns die Kräfte zu dem Glauben eingehaucht, daß unser menschliches Dasein einen unendlichen Wert besitzt. Mit Teilnahme blicken wir in die immerdar wechselnden Züge seines Angesichts, weil wir hinter ihren Zuckungen, ihrem Aufleuchten, ihrer Finsternis, ihrem sonnigen Lachen und bitteren Weinen das tiefe Gemüt erkennen, dessen Verzweiflungskampf um der Güter höchstes uns heute das unbedingte Zutrauen zu einer Welt ewigen Lebens eingebracht hat.

Die energische Trennung zwischen Gott und der Welt, wie sie das Mittelalter kennzeichnet, war doch auch ein Schutz gegen alle bloß natürlichen Impulse des Menschenherzens. Die Gewißheit, daß es über der gegenwärtigen eine höhere Welt gibt, hat sich, wie gesagt, seit den Zeiten des Mittelalters mit leidenschaftlicher Unbedingtheit in die Gemüter gegraben, von welcher seither auch der ungläubige Hohn seine Kraft bezieht — denn man verhöhnt nur, wovon man selbst in tiefster Seele getroffen ist. Die Sehnsucht nach dem lebendigen, aber nur im Jenseits erschauten Gott hielt alle Seelenkräfte in jener glücklichen Spannung, der es beschieden sein sollte, das Verständnis des Evangeliums in ihre angestrengte und bei aller Verkehrtheit doch lautere Arbeit aufzunehmen.

Es mußte offenbar werden, daß dieser über des Menschen Sehnsucht tronende, aber zugleich in seiner Seele waltende Gott, dieses so ferne und doch so nahe Wesen über allem stehe, um seiner selbst willen ergriffen und festgehalten werden müsse. Waren die Vorschriften der Kirche zugleich Gebote Gottes, so mußte sich nach und nach die Erkenntnis anbahnen, daß sie nicht immer nur als Gebote Gottes, sondern ebensogut als Gebote Gottes verstanden werden konnten, Gott selbst also um seiner selbst willen erkannt und geliebt sein wolle. Aus der Stellung des bloßen Heilsmittels mußte sich die so lebendig vorgestellte Gotteswelt schließlich zu der andern erheben, in welcher sie selber als Zweck verstanden wurde, ein Zweck, dem sich nun im geraden Gegensatz zum bisherigen der Mensch dienstbar machte. Und so gelangte das heiße Bestreben des Mittelalters, die Gotteswelt ängstlich von der irdischen fernzuhalten, doch gerade dazu, dieser Gotteswelt ein lang verhaltenes Verständnis im Geist und im Herzen der Menschheit zu eröffnen.

Das führt uns zum folgenden Abschnitt.

e) Die Reformation und die Neuzeit.

α) Die Reformation.

Das Christentum in seinem eigentlichen Wesen nicht Religion, sondern der unmittelbare Besitz des lebendigen Gottes selbst — das ist eine Erkenntnis, die wir der Reformation verdanken.

Sobald das Evangelium wieder verstanden wird, hört die Religion auf. Gottes Wort verstehen — eben das heißt die Religion abdanken. Die Religion ist das äußerliche Verhältnis zu Gott, das Evangelium schreibt ihn in die Herzen ein. Die Religion bewegt sich nur zwischen Gott und den Menschen, sie ist in der Trennung Beider von einander das Element ihrer vermeintlichen Gemeinschaft; das Evangelium ist das im Menschen treibende und schaffende Gotteswort, von dem er lebt. Die Religion ist Stimmung, Andacht, Überzeugung, Zeremonie; das Evangelium Kraft, Geist, Wahrheit und Leben. Jene schließt die Welt aus, dieses schließt sie ein, jene flieht, dieses überwindet sie. Jene tröstet und erquickt in den Übeln der Welt, dieses siegt über alle Übel. Die Religion gießt Schrecken der Hölle in die Herzen, das Evangelium löscht die Hölle aus. Die Religion lebt in der Zukunft und im Jenseits, das Evangelium in der Gegenwart und im Diesseits. Die Religion betet ein göttliches Geheimnis an, das Evangelium macht Gott offenbar.

Eben dies, sagten wir, hat die Reformation gezeigt. Mag die spätere evangelische Kirche noch so sehr in Religion und Formeldienst zurücksinken — ursprünglich bedeutet ihr Erscheinen nicht weniger als die Auflösung der Religion. Die Reformation ist keine religiöse, sondern eigentlich eine anti-religiöse Erscheinung. Mit den Mächten, die ein Luther, ein Zwingli ans Licht gezogen, läßt sich schlechterdings nicht mehr Andacht treiben. Luther „glaubte mit sich und seiner Sünde zu kämpfen; aber in Wahrheit rang er mit der Religion seiner Kirche: eben das, was ihm Trost gewähren sollte, offenbarte sich ihm als der Schrecken. In solcher Not ging ihm — langsam und allmählich — an dem verschütteten kirchlichen Glaubensbekenntnis . . . . . und an der heiligen Schrift auf, was die Wahrheit und die Kraft des Evangeliums sei . . . . Was er hier lernte, was er mit aller Kraft seiner Seele als das Einzige ergriff, das war die Offenbarung des gnädigen Gottes im Evangelium, d. h. in Christus. Dieselbe Erfahrung, die Paulus einst gemacht hatte, erlebte Luther, und wiewohl sie nicht so stürmisch und plötzlich eintrat, wie bei Jenem, so hat doch auch er an dieser Erfahrung gelernt, daß Gott es ist, der den Glauben gibt.“ (Harnack, Lehrb. d. Dogmengesch., III. Bd. 1. u. 2. Aufl. S. 701—702.)

Wenn Harnack weiterfährt, daß „jene Reduktion“ (die die Erlebnisse Luthers einschließen) „nichts anderes als die Wiederherstellung der „Religion“ gewesen sei, wenn er sagt: „Aus einem weitschichtigen System von Bußungen, Leistungen und Tröstungen, von strengen Satzungen und unsicheren Gnadenstücken, aus Magie und blindem Gehorsam, führte er sie heraus zu energischer Konzentrierung“ — so meint er im Grunde dasselbe, was wir soeben im Sinne hatten, als wir von einer Auflösung der Religion, die durch die Reformation herbeigeführt worden sei, sprachen — wie sehr sich beides auch zu widersprechen scheint. Die Gewißheit des lebendigen Gottes ist es, was er unter „Wiederherstellung“ der Religion versteht: „die christliche Religion ist der lebendige Glaube an den lebendigen Gott, der sich in Jesus Christus offenbart und sein Herz aufgetan hat — nichts Anderes“ . . . . „der lebendige Gott — nicht die philosophische oder mystische Abstraktion —, der offenbare, der gewisse, der jedem Christen erreichbare, gnädige Gott“ (a. a. O. S. 702—703).

Das nennt Harnack, nennen mit ihm tausende „die wahre Religion“, während es uns bedünken will, als sei damit alle Religion überhaupt, d. h. alles bloße Verhältnis zum göttlichen Wesen in dessen unmittelbarem Besitze untergegangen, und als handle es sich hier nicht mehr um eine geistige „Erscheinung“ innerhalb des christlichen Lebens, also nur wieder um eine wie sehr auch gereinigte und auf ihr eigentliches Wesen gebrachte „Religion“ — sondern um Gott selbst. Ist der lebendige Gott im Evangelium offenbar geworden, dann ergreift Er selbst den Menschen, während die Religion höchstens von Wirkungen Gottes auf die Seele zu reden weiß. Ist Gott offenbar geworden, dann kann es sich um nichts anderes mehr handeln als um seine Ehre, seine Herrschaft, sein Reich, nicht um alle die subjektiven Heilsfragen, die seine Wirklichkeit wohl umspielen, aber nicht ersetzen können. Es handelt sich dann nur noch um die drei großen Bitten, die Jesus uns beten gelehrt: Dein Name werde geheiligt, Dein Reich komme, Dein Wille geschehe auf Erden wie im Himmel! — darum, daß die Herrlichkeit des Herrn, wie die Propheten sie verkünden, wirklich den Umkreis der Schöpfung erfülle, daß es wirklich wahr werde: „Er wird abwischen alle Tränen von ihren Augen, und der Tod wird nicht mehr sein, noch Leid, noch Geschrei, noch Schmerzen wird mehr sein; denn das Erste ist vergangen“ (Offbg. Joh. 21, 4) — darum, daß Gott wirklich, nicht bloß im doch nur gedachten Tiefsinn der Theologie, alles in allem werde — darum also, daß auch die evangelische Theologie einsehen lerne, daß ihr der lebendige Gott immer noch fehlt, wie ernst und gelehrt auch ihre Untersuchungen über ihn sein mögen — oder eben deswegen, weil sie so ernst sind. Denn um dieses Ernstes willen kann sie nicht verstehen, daß der Besitz des lebendigen Gottes, dessen sie sich rühmt, die Theologie nur noch als Spiel gestattet, — als Spiel deshalb, weil sie schon alles besitzt, schon reich und groß ist, nicht in Gedanken bloß, sondern im Leben Gottes, als Spiel im Bewußtsein, daß ihre Formeln nichts mehr als eine tiefsinnige Unterhaltung, jedenfalls aber nicht jener prinzipielle Ernst sein können, in dem heute noch evangelische Theologen — als wäre das Evangelium erst noch zu entdecken — ihren übel verstandenen Ruhm suchen.

Doch kehren wir zu unserm Gegenstand zurück.

Ist das Evangelium wirklich die Gewißheit, die es im Zeugnis der Reformation sein wollte, die Gewißheit der Sündenvergebung, die Gewißheit der Gnade, die Gewißheit der Gemeinschaft mit Gott, dann war von selbst wieder sozusagen jene lebendige Quelle erreicht, aus der diese Gewißheiten alle sprudeln: Gott in Jesu Christo, die Quelle, in der sich die von der Religion auseinander gezerrten, einander zusammenhangslos gegenübergestellten Heilswahrheiten wieder sammeln und in die eine Energie des lebendigen Gottes zurückverwandeln konnten. Dann konnte es wieder verstanden werden, daß des Menschen Denken, Wollen und Handeln in einer einzigen schöpferischen Macht begründet ist, der es Ausdruck geben soll, daß sich unser Leben mit der Wirklichkeit des göttlichen Lebens in Kraft und Liebe füllen und an dessen unmittelbare Wahrheit der Prinzipien, Ideen, Theorien und Systeme eingebildete Herrschaft verlieren darf, auf daß es nicht mehr ins Leere greife, sondern besitze, genieße, lebe, liebe — verstanden, daß der Mensch aus dem Halbdunkel seiner Spekulation und Kontemplation in den taufrischen Morgen göttlicher Wirklichkeit hinausschreiten und aus seinen Augen reiben darf den Traum der Gerechtigkeit, Wahrheit, Liebe, den Traum des Evangeliums, den Traum des lebendigen Gottes, der ihm bis dahin die Seele eingewiegt — verstanden, daß er im Lichte des Gottes-Tages, zu dem er nun erwacht ist, die Wirklichkeit der Gerechtigkeit, die Wirklichkeit der Wahrheit, die Wirklichkeit der Liebe, die Wirklichkeit des Evangeliums, die Wirklichkeit des lebendigen Gottes ergreifen und zum Gegenstande seiner nun endlich aussichtsreichen Arbeit machen soll, der Arbeit, die das Reich Gottes als die einzige Wesenhaftigkeit einer in lauter Ideen gebannten Welt verkündigt, der Arbeit nicht mehr bloß mit Gott, sondern jetzt vor allem für Gott, der Arbeit Jesu Christi und seiner Jünger!

Es war in der Tat unmöglich, daß der durchs ganze Christentum pulsierende Drang nach Gott nicht zum Besitze Gottes gelangen sollte — zu deutlich hatte sich dafür das Evangelium dem Gewissen auch einer irrenden Christenheit eingeprägt. Es war aber auch eben so unmöglich, daß dieser Besitz in denselben Formen festgehalten werden konnte, die sich jener Drang nach Gott geschaffen. Jetzt, da die Gewißheit Gottes so wunderbar in den Herzen aufgegangen war, mußten fallen alle Dogmen, Zeremonien, Religionsübungen, alle Schmerzen einer vergeblichen Gerechtigkeit, wie sie die bloße Sehnsucht aus sich erzeugt.

Das war unbestreitbar auch die Grunderkenntnis der Reformation. Schon die obigen Zitate aus dem hier besonders glänzenden Lehrbuch der Dogmengeschichte von Harnack machen dies deutlich. Wir fügen aber zur Bestätigung gerne noch ein weiteres hinzu.

Luther, sagt Harnack (a. a. O. S. 693—694), „war nur in Einem groß und gewaltig, hinreißend und unwiderstehlich, der Herr seines Zeitalters, siegreich hinwegschreitend über die Geschichte eines Jahrtausends, um seine Zeit aus ihren Bahnen zu werfen und in neue Bahnen zu zwingen — er war nur groß in der am Evangelium wieder entdeckten Erkenntnis Gottes. Was einst auch ein Motiv beim Bau des Dogmas gewesen, in diesem aber unkenntlich geworden war, was dann von Augustin ab während des ganzen Mittelalters neben dem Dogma einhergegangen ist, in unsicherer Ausprägung und Geltung, der lebendige Glaube an den Gott, der in Christus der armen Seele zuruft: „salus tua ego sum“, die gewisse Zuversicht, Gott sei das Wesen, auf das man sich verlassen kann — das war die Botschaft Luther's an die Christenheit.“

Aber hinter dieser Heilsgewißheit, sie tragend und aus sich gestaltend, liegt die andere, daß der lebendige Gott nicht nur selig macht, sondern gelten, herrschen, sein Reich herbeibringen will, daß er sich selbst, aller Gewißheit Gewißheit, in die Seele schreibt, von der alle bloße Heilsgewißheit wie der Tropfen vom Strome getragen wird.

Die Reformation hat diese einzige Gewißheit zur Voraussetzung. Aber sie ist sich nicht klar über sie geworden. So unbedingt der Wurf auch gewesen — er schlug nicht zu ihrer sicheren Erfassung durch. In dem Postulate, daß der Mensch des lebendigen Gottes gewiß sein solle, fiel der Nachdruck mehr und mehr auf das Wort: Mensch, nicht auf das: der lebendige Gott. Konnte es im Anfang namentlich scheinen — man vergleiche die herrliche Schrift Luthers „Von der Freiheit eines Christenmenschen“, oder sein unvergleichliches Lied „Ein' feste Burg ist unser Gott“ — als falle bei den, seit den Tagen der Apostel zum erstenmal wieder unmittelbar aufeinander bezogenen Größen: Gott und Mensch, das Schwergewicht auf die Seite

Gottes, so offenbarte der weitere Gang der Reformation, daß es sich umgekehrt verhielt: es fiel auf die Seite des Menschen.

Das ist das Verhängnis der Reformation gewesen, das Verhängnis der evangelischen Kirche geblieben bis zum heutigen Tage.

Es gehörte der ganze Bann der mittelalterlichen Frömmigkeit dazu, daß die doch so nahe liegende, durch das neu entdeckte Evangelium so gebieterisch verlangte Erkenntnis vom Reiche Gottes nicht mit Sicherheit ergriffen, ja schließlich wieder verdunkelt worden ist.

Die Folge davon war — die Religion des Evangeliums, das keine Religion duldet! Das ist der zugleich widerspruchsvolle und unfruchtbare Charakter der evangelischen Kirche.

Die Gewißheit Gottes, die, klar und vollständig erkannt, mit einem Schlage eine neue Welt ins Dasein ruft, wird nun wieder auf das bloße Bedürfnis des Menschen abgeschwächt, bildet nur wieder ein neues Heilsprinzip.

So steht die evangelische Kirche der katholischen gegenüber. Es handelt sich in ihrem Gegensatze zu derselben nicht mehr um jene Gewißheit, die des Menschen eigene Welt an die Welt Gottes verloren hat, sondern nur noch um die andere, die ihn der Gnade Gottes versichert. Dasselbe Ziel dort wie hier: die jenseitige Seligkeit. Der Protestant wird selig durch den Glauben an die in Jesu Christo geoffenbarte Vergebung seiner Sünden — der Katholik wird selig durch Glauben und gute Werke im Gehorsam gegen seine Kirche. Hier wie dort ein bloß subjektives, menschliches Heil, dort am ursprünglichen Evangelium orientiert, hier an einer kirchlichen Heilsanstalt.

Ein Gegensatz nur konträrer Art, und schon auf dem Boden der mittelalterlichen Kirche selbst aufgestellt. Schon Bernhard von Clairvaux hat, wie Ritschl nachgewiesen, die Gerechtigkeit des Glaubens klar ausgesprochen, sodaß die Reformation, nur hierauf bezogen, keine Neuerung war.

Religion hier wie dort. Neben der katholischen die protestantische. Dort die Religion der Ungewißheit, hier die Religion der Gewißheit. Aber eben deswegen dort eine Religion, die es wirklich ist, hier eine — die im Grunde keine ist.

Der fromme Protestant fällt ganz von selbst auf die Stimmungen und Gefühle der katholischen Mystik zurück. Das hat wieder in meisterhafter Weise Ritschl dargetan. Erleben wir doch immer wieder das seltsame Schauspiel, daß dieselben Männer, die die römisch-katholische Kirche nicht stark genug bekämpfen zu können meinen, ihre eigenen „religiösen Bedürfnisse“ in gut katholischer Weise durch „weihevolle Stimmung“, „Andacht“ und „Gottesdienst“ befriedigen!

Und dies ist auch nicht zum Verwundern, denn — wie gesagt — der Katholizismus ist Religion und der Protestantismus ist nicht Religion. Nur die Ungewißheit des Menschen Gott gegenüber vermag es, eine Religion, d. h. ein bloßes Verhältnis des Menschen zu Gott zu erzeugen, die Gottesgewißheit löst jede Religion auf — auch da, wo sie selbst nur religiös, nur als Garantie der Seligkeit verstanden sein will. Nur da, wo der Mensch ein jenseitiges Heil sucht, gedeiht die Religion; da, wo es sich garnicht um dasselbe in erster Linie, sondern um das Reich Gottes handelt, verkümmert sie und stirbt ab.

Weil die evangelische Kirche den lebendigen Gott zu Gunsten einer bloßen Heilsgewißheit verließ, ist sie eine religiöse Erscheinung geworden; aber weil sie in dieser Heilsgewißheit die Gewißheit vornehmlich betont, gelingt es ihr doch nicht, eine konsequente religiöse Kraft aus sich zu entfalten.

Die Elemente der Wahrheit, die sie aufgenommen hat, hindern sie daran. Sie erfährt es in ihrer Art, daß Christi Reich nicht von dieser Welt ist, und das Evangelium sich nicht zur Kirche, zum Religionsinstitut verwandeln läßt.

Es fehlt der evangelischen Kirche der lebendige Gott. Dieser Mangel — die Stärke der katholischen Kirche, die ihre Systematik gerade an ihm gewinnt — ist ihre Schwäche. Es fehlt ihr die Erkenntnis, daß Gottes Reich nicht in religiös-sittlichen Lehren und Werken besteht, sondern in der Gegenwart Gottes selbst. Sie lehrt und predigt — aber was sie lehrt, ist schwach, desorientiert, in tausend Meinungen gespalten; kann sie doch der Gewißheit Gottes, die sie predigt, selber nicht froh werden. Sie redet, wie wenn sie Gottes innegeworden wäre, und handelt, als müßte sie erst noch zum Ziele gelangen. Sie besitzt und besitzt nicht. Sie kennt Gott und dient sich selbst. Deshalb ist sie so arm. Arm, bis sie sich wieder dem Gott zuschwört, dessen Evangelium sie einst den tatenlosen Träumen der Religion entrissen hatte.

Diese ihre Stunde, die Stunde der Erkenntnis, wovon sie gefallen, wird kommen. Sie kann nicht immer in Staub und Asche darniederliegen; denn sie ist auf dem Felsen des Evangeliums vom lebendigen Gott auferbaut.

β) Die Neuzeit.

Nicht auf dem Boden der Religion, nein, auf dem der Emanzipation ereignete sich der ungeheure Fortschritt, der sich in der Reformation ankündigte.

Der Emanzipation von allen Mächten, die bis dahin den Menschen unter ihre Vormundschaft genommen; der Emanzipation von den Fesseln jener unmittelbaren Herrschaft, die als Kirche den Erdkreis in ihrem Bann gehalten.

Und dies darum, weil der lebendige Gott den Menschen wieder nahe gekommen war.

Mit Gott in Berührung stehen, heißt los sein von allen Herrschaften.

Gott erfahren, heißt ein eigenes Leben zurückerhalten.

An Gott gebunden sein, heißt die Welt beherrschen und lieben zugleich, heißt seine eigene Persönlichkeit zum Mittelpunkt der Dinge erheben; denn so wollte es Gott, als er sprach: „Machet euch die Erde untertan" — es heißt allen Schulstaub, alle Scholastik, alle Abstraktionen und Hirngespinste, alle Formeln und inhaltsleeren Hülsen einer grüblerischen Gedankenwelt von sich werfen und den Mut haben, das eigene menschliche Sein endlich einmal mit Lust und Kraft zu ergreifen.

Gerade das ereignete sich — wie sehr auch noch verworren und unklar — vom Hauch der Reformation zum hellen Feuer entfacht, zu der Zeit, von der wir reden.

Wir haben oben in der leidenschaftlichen Tendenz der mittelalterlichen Religion nach Gewißheit die Keimpunkte dieser Emanzipation kennen gelernt. Jetzt ist sie Tatsache geworden, eine Tatsache, die die letzten großen Geistesschlachten entfesseln und eine Bewegung ins Leben rufen sollte, in deren Fluten wir heute noch dahintreiben. Nicht umsonst hatte der mittelalterliche Mensch in der harten Geistesschule der Kirche gesessen, nicht umsonst hatte über seiner Unfertigkeit eine unmittelbare Macht gewaltet, drängend und befruchtend zugleich. In der Erziehung dieser Unmittelbarkeit erstarkt, wird er nun, mit eigenem Wagemut seinen Weg suchend, nicht mehr in jener teils unbewußten, teils gewaltsamen, jedenfalls aber nicht aus dem Innersten geborenen Art, wie sie das auf der Oberfläche bleibende Altertum kennzeichnet, sondern, des Eindrucks unmittelbarer Wahrheit voll, mit gründlichem, mühsamem, aber umso aussichtsvollerem Fleiße die bis jetzt unter Vormundschaft gehaltenen Tiefen des eigenen Geistes anbauen.

Ganz von vorne muß er wieder anfangen, zunächst ein sklavischer Bewunderer des Altertums, in dessen Spiegel er das Erwachen seiner eigenen Triebe nach langem und, wie ihm scheint, unnützem Schlafe wiedererkennt; dann aber, weit über die Ziele des Altertums hinübergreifend, sein eigner Herr, aus den Schätzen des unter der Obhut der Kirche unendlich reich gewordenen Geistes Stufe um Stufe eines Fortschrittes emporhebend, von dem das Altertum keine Ahnung gehabt hatte, dessen Wellenschlag heute noch um uns brandet, und der nicht verfehlen wird, in den letzten und einzigen Besitz, der dem Menschen bleibend beschieden ist — in den des lebendigen Gottes — einzumünden.

Wie dort wurde auch hier, nachdem die Vormundschaft der Kirche gefallen, die Philosophie, das eigene Denken, die vornehmlichste Macht, aber hier, wo keine Sonne Griechenlands lachte, wo noch die Schatten des Mittelalters mit ihren schauerlichen Geheimnissen auf den Herzen lagerten, die Philosophie des Zweifels, die alles bisher Geglaubte antastete, um ganz von innen heraus im Vertrauen auf die unmittelbaren Gewißheiten des Geistes ein neues Weltsystem sich zu erbauen. „Unter den neuen Aufgaben der menschlichen Arbeit ist die erste die der Wissenschaft und Erkenntnis. Die Philosophie muß die Bahn betreten, welche die Reformation gebrochen und eröffnet hat, sie folgt dem Zuge der letzteren. Wie diese das Christentum aus seinen ursprünglichen Quellen, Gott, dem Menschen und der Bibel, wiederherzustellen sucht, so will jene die Erkenntnis ebenfalls aus ihren ursprünglichen Bedingungen, den natürlichen Quellen der menschlichen Vernunft wiedererneuern, unabhängig von allen Traditionen der Vergangenheit, von allen Bedingungen, die nicht in ihr selbst, d. h. in dem menschlichen Erkenntnisvermögen liegen. In einer solchen Selbsterneuerung besteht hier die reformatorische Tat." (K. Fischer, Geschichte der neuern Philosophie, 3. Aufl. I. Bd. 1. T. Einl. S. 142.)

Der Mensch will jetzt zweifeln, denn nun will er gewiß sein, nun weiß er, daß es eine Gewißheit geben muß. Ein ungeheurer

Drang nach Wahrheit hat ihn ergriffen, in dem beides unmittelbar verbunden ist: das Bewußtsein von der bisherigen Nacht, und das andere davon, daß die Wahrheit gefunden werden müsse. Der moderne Mensch! Er zweifelt an allem, aber er zweifelt, weil ihn eine unmittelbare Wahrheit trägt und leitet; ganz auf sich selbst gestellt, wie es der antike nie gewesen — und doch gerade in dieser leidenschaftlich gewollten Beschränkung der Zuversicht voll, daß die Mächte, die er in sich entdeckt, nicht nur Gegenstand eines heiteren philosophischen Spieles sind, sondern die großen entscheidenden Elemente der Wahrheit enthalten. Nun kommt der Mensch zu sich selbst. Die Vormundschaft der christlichen Religion, so drückend sie gewesen, hat ihm die Tiefen des eigenen Innern erschlossen, er hat zu viel — wenn auch in verkehrter Weise — vom lebendigen Gott, der einzigen Quelle aller Wirklichkeit, gehört, um nicht, auf sich allein angewiesen, sich selbst auch zu ergreifen. Wirklichkeit ist für ihn nun immer weniger eine bloße Gedankenwelt, jenes ebenso irrige wie schöne Spiel, wie es ein Plato aufgeführt, immer mehr dagegen er selbst, der Mensch — und alles, was er nun im Ernste dieser Wirklichkeit unternehmen wird, wird auch ihr Gepräge an sich tragen, wird ein festgefügtes Glied an der straffen Kette des unaufhaltsamen Fortschrittes werden, an die der sich selbst in Bewegung setzende Mensch das Geschehen bindet.

War in der antiken Welt die Philosophie nur ein Stück des Lebens überhaupt gewesen, so trat sie nun hier dem Leben fragend, sinnend und mit dem Anspruch gegenüber, ihm seine eigene Gewißheit erst durch ihre Gedankenarbeit einzuhauchen. Das ist der Rationalismus der modernen Philosophie. Aber unmittelbar verbunden mit ihm ist der aus derselben Quelle des autoritätslosen Bewußtseins entsprungene Empirismus, der die Welt, so wie sie ist, frei von aller bisherigen offiziellen Erkenntnismethode aufzufassen sich anheischig macht. Denn eben das schien dem Menschen der Neuzeit noch nie dagewesen zu sein: die wahre und wirkliche Welt, die nicht aus den Kompendien scholastischer Formalistik gewonnen wird, sondern aus ihren eigenen Regungen und Gesetzen dem Geiste entgegenlacht. Der Rationalismus des Denkens auf der einen Seite, der Empirismus der Erfahrung auf der andern, aber in immer engere Beziehung zueinander tretend, bis ihre Fluten in der prinzipiellen Erkenntnis zusammenströmen, daß Denken und

Sein aus derselben Grundtatsache des Lebens entspringen, nur die zwei Brechungen eines und desselben unmittelbaren Erlebnisses bilden — wie dies die Philosophie Kants, Fichtes und namentlich Schellings ausgesprochen hat. Aber diese auf den ersten Blick so überraschende Vereinigung zweier bis dahin scheinbar unvereinbarer Phänomene konnte sich nur in dem neuen Bewußtsein des von aller Autorität gelösten, und doch gerade unter der bisherigen Autorität erstarkten Geistes vollziehen, in dem Bewußtsein, das von der Sehnsucht leidenschaftlich durchdrungen war, allein auf dem Boden des Lebens alle Rätsel zu lösen — mit einem Worte: in dem Bewußtsein des sich selbst geltend machenden Menschen.

Und wie das Denken, so der Wille.

Hatte die kirchliche Bevormundung schwer auf ihm gelastet, so sollte es nun offenbar werden, welch' gewaltige Bereicherung ihm aus dieser Bevormundung erwachsen war. Nicht umsonst hatte sie ihm immerwährend von den innersten Interessen des Gewissens, der Sittlichkeit geredet, nicht umsonst in seinen eigenen Tiefen eine ebenso hinreißende wie unverstandene Gotteswelt angebaut, nicht umsonst seine verborgensten Kräfte für ein ewiges Leben erschlossen — aus alledem mußte, nachdem sich der erzieherische Mund der Kirche geschlossen, eine Energie des Wollens und Handelns emporwachsen, von dem sich auch die höchsten Impulse des Altertums nichts träumen ließen.

Noch einmal kehrt der Mensch zu den großen Aufgaben des Rechts und der Moral zurück. Aber was auf diesen Gebieten das Altertum bloß äußerlich dargestellt und wie unbewußt geltend gemacht hatte, das wird nun nicht nur reproduziert, sondern vertieft, prinzipiell erfaßt und über seine Äußerlichkeit in ein großes, starkes, zusammenhängendes Wollen hinaus geführt. Der Staat hat jetzt — in der Darstellung der durch die Reformation zu selbstständigem Leben erwachten Staatstheorien — nicht mehr die nur tatsächliche, aber im letzten Grunde unerklärliche Verwirklichung des Rechts zu sein, nein, diese Aufgabe wird jetzt bestimmt und ausdrücklich von ihm gefordert. Das Recht wird Gegenstand einer Rechtswissenschaft, die ihre Konsequenzen bald auf Gebiete auszudehnen beginnt, an welche das Altertum nie gedacht. Nicht ein nationales bloß, sondern ein Natur- und Menschenrecht macht sich nun geltend, unausführbar wohl im einzelnen, aber von höchster Bedeutung im ganzen, indem dadurch der bloße

Rechtswille gerade in der endgültigen Erkenntnis des Rechts über sich selbst hinausgeführt wird. Der Unterschied zwischen Recht und Moral, dem Altertum fremd, erhebt sich nun, nachdem diese Mächte sich aus der Unmittelbarkeit der Religion gelöst, zu jenem prinzipiellen, durch allmähligen Fortschritt immer mehr hervorgebildeten Verständnis, wie es schließlich in der Philosophie Kants zum Ausdruck gekommen ist. Jetzt schließt sich der Rechtswille wirklick vom moralischen ab, jetzt wird es geahnt, geweissagt und schließlich ausgesprochen, daß die Moral sich ein eigenes Reich zu erbauen habe.

Aber in all dieser angestrengten Arbeit wachsen nur die Keime empor, die das Christentum ausgestreut hatte. Wenn der Mensch Stufe um Stufe eigener Erkenntnis gewinnt und durchschreitet, wenn er schließlich die Autonomie seines Willens entdeckt und damit die Pforten der neuen Welt aufreißt, die er unter der Knechtschaft der bisherigen Autoritäten umsonst gesucht, wenn er es nun weiß, um es nie mehr zu vergessen, daß er selbst der Herr ist aller Dinge — dann verdankt er dies alles nicht dem Altertum, wie verwandt er sich auch mit ihm fühlen mag, sondern dem Christentum, unter dessen Zucht, unter dessen unmittelbarer Gewalt er die Elemente der Wahrheit gewann, die er in der errungenen Selbständigkeit ausbilden sollte.

Das Christentum hat ihm dazu gedient, selbständig zu werden, frei und unabhängig; frei in sich selbst, unabhängig von allen Mächten, auch von denen der eigenen Gedanken, Zwecke und Idealitäten. Denn im Christentum hat er trotz allem den entscheidenden Eindruck des lebendigen Gottes erfahren. Hier allein liegt die Kraft seiner Freiheit. Weil es einen lebendigen Gott gibt, darum gibt es auch einen freien Menschen. Und beide werden und müssen sich finden, immer besser, je mehr der Mensch auf sich selbst vertraut. Denn beide tragen in ihrem eigenen Wesen die einzige Wirklichkeit: das unmittelbare Leben.

Wir befinden uns mitten in der Bewegung zu diesem Ziele.

Der Nachweis fehlte noch, daß der bis dahin wie ein Fatum hingenommene gesellschaftliche Organismus der Menschen freiem Ermessen, wie alles andere, dienstbar gemacht werden könne und müsse, daß es auch da keine Notwendigkeiten, Zwecke, Allgemeinheiten und Regeln gebe, daß auch da nur eines zu herrschen habe: die freie Persönlichkeit des Menschen selbst.

Es fehlte der Nachweis, daß das Geld mit nichten das große Gesetz des Daseins bilde.

Es fehlte die Aufforderung, in die die Bibel die ersten Gottesworte an die Menschen kleidet: „Füllet die Erde, macht sie euch untertan“, ergreifet die Dinge, sie sind eurem Willen untergeben!

Da kam der Sozialismus und mit ihm dieser Nachweis, diese Aufforderung. Noch steht er im Kampf; aber er wird siegen, denn er hat die Konsequenz der menschlichen Entwicklung für sich.

Es ist so, wie Fichte es ausdrückte: „Daß die Vorzeit vergangen ist, und wir, über den Gütern derselben, unter dem wunderbaren und verworrenen Andrang neuer Elemente stehen, kann jeder, der nur seine Augen öffnet, bemerken; was aber dieses Gedränge eigentlich wolle und bedeute, wird man keineswegs durch das auswendige Auge, sondern nur durch einen innern Sinn begreifen. Das Christentum ist unsrer Meinung nach, welche wir auch schon zu einer andern Zeit freimütig geäußert, in seiner Lauterkeit und seinem wahren Wesen noch nie zu allgemeiner und öffentlicher Existenz gekommen, obwohl es in einzelnen Gemütern hier und da von jeher ein Leben gewonnen. Diesem widerspricht nicht die Behauptung, welche auch die unsre ist, daß es gewirkt habe; namentlich, um nur erst sich selbst den Weg zu bahnen und die Bedingungen seiner öffentlichen Existenz hervorzubringen. Wer nun bei der bloßen historischen Bekanntschaft mit diesen seinen vorläufigen Wirkungen nicht weiß, was dasselbe innerlich ist und sucht, der verwechselt das Zufällige mit dem Wesentlichen, und das Mittel mit dem Zwecke . . . . . Die Weltrolle des Christentums — denn von dieser allein ist hier die Rede — ist noch nicht geschlossen; wer daher nicht in den Sinn des ganzen großen Dramas einzugehen vermag, der kann kein Urteil über sie sich anmaßen“. (Sämtliche Werke, VII. Bd. 3. Abt. II. Bd. S. 186.)

Der Mensch entdeckt, daß die Worte: Gerechtigkeit, Wahrheit, Liebe, nicht bloß christliche „Ideale“ sind, die wie ein duftiger Goldsaum des Lebens düstere Wirklichkeit umspielen, sondern Mächte, mit denen er selbst steht und fällt. Eine rätselhafte Welt der Dinge, in ihrem unendlichen Kreislauf auch den Menschen davon reißend, und über ihrer harten Materialität wie zum Ersatze für ihr blindes Walten ausgespannt das Reich der Ideale, ungreifbar, nur der philosophischen Spekulation oder der religiösen Einkehr zugänglich — das war das Alte, wie es schon durch Plato, maßgebend für alle späteren Zeiten, seinen klassischen Ausdruck gefunden hatte. Da ist der Mensch nichts, die Idee alles. In den Gefilden einer jenseitigen Seligkeit nur erblühen ihm da seine erhabenen Zwecke; in der Sichtbarkeit, wo er selber arbeitet und sich müht, ist nur Staub, Irrtum und Torheit sein Erbteil. Sterben ist da das einzige Glück, sterben, um einem Leben zu entfliehen, das den Menschen in die Kerkermauern der Materie gebannt, das ihn getäuscht und betrogen hatte, indem es ihm als sonnige Wirklichkeit entgegengebracht, was doch nur sein mit Blumen bestreutes Grab bedeutete.

Man sagt, das Christentum habe den Platonismus in seine Überzeugung aufgenommen. Allein das ist trotz aller diesbezüglicher Nachweise gerade für die Hauptsache nicht wahr. Die Form ist platonisch, der Geist ist neu. Platonisch ist die Vorstellung eines Gegensatzes zwischen Himmel und Erde, die vom irdischen „Jammertal" und die vom Tode. Platonisch das intellektuelle Element in der christlichen Dogmatik, platonisch, ja direkt aus der Philosophie Platos herübergenommen die ganze christliche Psychologie. Und doch würde man sich gründlich getäuscht sehen, wenn man etwa mit dem Kirchenvater Origenes deshalb auf eine Blutsverwandtschaft beider Erscheinungen schließen wollte. Im Rahmen des Platonismus ist das vom christlichen Geiste ausgeführte Gemälde durchaus eigenartig und mit dem Platonismus unbekannt. Völlig fremd, ja entgegengesetzt der platonischen Apathie die leidenschaftliche Unruhe des Christentums, fremd jene, die beiden von Plato so schön auseinandergehaltenen Welten, jetzt mit unseliger Angst, jetzt mit glühendster Verzückung ineinander schauende kontemplative Maßlosigkeit des Christentums, fremd vor allem das göttliche Leben, das es an die Stelle der bloßen Ideen gesetzt, fremd endlich das Verlangen, die drängenden, ringenden, schaffenden Gedanken in eine höhere Wirklichkeit überzuführen, das Ideal nicht nur zu betrachten, sondern zu erleben — fremd mit einem Worte die Unmittelbarkeit des Christentums.

Und in dieser die tiefsten Gründe des Menschenherzens erschließenden, die schlummernden Kräfte alle in helles Erwachen rufenden Unmittelbarkeit ging dem Menschen die einzige Erkenntnis auf, die wert ist, so genannt zu werden: daß das höchste Gut, das Plato nur im Ideal erschaut hatte, auch die höchste, die einzige Wirklichkeit seines Lebens ist, daß Gerechtigkeit, Wahrheit, Liebe unmittelbare, in ihm und aus ihm quellende — nicht bloß gedachte und gemachte — Realitäten sind, die zu ihrer Verwirklichung schon in diesem Leben nur auf seinen Glauben, seinen Willen warten. Wenn es ihm klar wird — und es wird ihm klar — daß diese Postulate die Elemente seines eigenen Lebens selbst sind, dann wird er an ihre Verwirklichung gehen. Denn er will leben. Sobald es unsre vom Christentum getragene Gesellschaft inne wird — und sie wird es inne — daß ihr lang gesuchtes, nie gefundenes und schließlich an die idealen Träume einer himmlischen Idee verratenes Leben darin besteht, daß sie an die Wirklichkeit der Liebe glauben lernt — dann wird sie lieben und dann wird sie leben.

War nicht eben das das Tragische der christlichen Kirche, daß ihre titanenhaften Anstrengungen, sich des Göttlichen zu bemächtigen, stets ins Leere griffen, greifen mußten, weil sie dem, was doch einzig wirklich ist, dem lebendigen Gott in Jesu Christo, ihre Anerkennung zu Gunsten einer selbstgemachten Religion versagte; daß sie in einer Fülle der mühseligsten Werke immer wieder begrub, was ihr doch so nahe, so leicht gemacht war: den Glauben an den lebendigen Gott, vor dem alle Menschenwerke dahinschwinden? Das Wahrhafte war da, aber sie sah es nicht. Das Unmittelbare war erschienen, aber sie glaubte es fliehen und fürchten, sie glaubte sich von seinen Impulsen bloß in eine endlose Jagd nach dem Unerreichbaren treiben lassen zu müssen, statt in seiner absoluten Selbstverständlichkeit auszuruhen. Die Grundsteine waren gelegt; aber statt sich auf ihnen das Leben zu erbauen, riß sie sie aus dem Boden, zerstückelte sie, um sie in zweckloser Unruhe immerdar umherzutragen! Sagte die vergebliche Spekulation ihrer Denker nicht deutlich genug: Gott kann nicht erforscht, er kann nur anerkannt und geliebt werden? — warum machte sie nicht ernst mit dieser Liebe? Bewies ihr der unendliche Drang nach Vollendung, wie er ihre Frommen erschütterte, nicht, daß sie das Vollkommene kennen gelernt hatte, das nur ergriffen, geglaubt, nicht gemacht werden kann? — warum ließ sie diesen Glauben immer wieder in toten Werken erstarren? Wiesen alle ihre eigenen Gedanken, Ziele, Motive und Zeremonien nicht gebieterisch darauf hin, daß eine wunderbare Welt offenbar geworden sei, die man nur gelten lassen mußte — warum ließ sie sie nie gelten? Oder kann denn die „Vergebung der Sünden", die sie predigte, das „Heil“, das sie darstellte, die „Gnade“, die sie austeilte, verstanden, zergliedert, erforscht werden — sind sie nicht ein unmittelbares Erlebnis von reinster und absolutester Klarheit? Was ist eine Sündenvergebung, die der Sünde Qual nicht auslöscht, ein Heil, das erst im Jenseits erfahren wird, eine Gnade, die lauter Angst mit sich bringt? Gibt es eine einleuchtendere Wirklichkeit als die Gemeinschaft Gottes mit uns Menschen, und können anderswo als hier alle die sonst nur im Ideal erschauten großen Wünsche unserer Herzen befriedigt werden? — warum hat die Kirche ihn verworfen?

Ja, die Kirche hat den lebendigen Gott verworfen. Das allein erklärt uns ihrer Gedanken, ihrer Strebungen, ihrer Werke rastloses und doch so unnützes Spiel; das allein das Götzentum ihrer Dogmen, Zeremonien, Satzungen und Sitten, dem sie das Mark blühender Völker opfern zu müssen geglaubt. Weil sie ihre Gedanken, ihren Willen, ihr Dasein nicht füllte mit der Gewißheit und Gegenwart Gottes, mühte sie sich in jenen phantastischen und entsetzlichen Spekulationen und Taten ab, die wieder an bloße Ideale, an eingebildete Zwecke, an oberste „Wahrheiten“ etc. das warme Leben verkauften, das im lebendigen Gott ihr Pulsschlag geworden war. Würde sie Gott im Herzen tragen, sie wäre nicht schwach, nein stark, sie würde sich nicht ängsten, sie würde jubeln und frohlocken; sie würde sich vor der Hölle nicht fürchten und das Arge nicht scheuen, nein, sie würde die Hölle auflösen und das Arge zu nichte machen in des Allmächtigen Kraft. Sie würde nicht zu Lehren und Meinungen, zu Sitten und Zeremonien das Evangelium ihres Heilandes verwandeln, sondern mitten in einer toten Welt aufrichten die Lebensgebilde seiner Wahrheit. Und unter ihrem Worte würde ein Volk erstehen, grünend und blühend, gesund, lebenskräftig, stark im Guten, unbeugsam im Übel, eins im Lieben, Glauben, Hoffen, ein Volk der Gerechtigkeit, ein Volk des lebendigen Gottes.

Sie ist dieser Aufgabe bis heute untreu geblieben. Aber sie hat in ihren weiten Hallen eine Menschheit erzogen, die, ihrer gewaltigen Impulse nicht mehr vergessend, selbständig sich anschickt, Dem entgegenzugehen, dessen Botschaft aus dem Munde der Kirche sie verschmäht. Die Kirche hat den Menschen durch die harte Schule ihrer Autorität zur Selbsterkenntnis gebracht. Das allein ist ihr Werk. Was sie für sich treibt in Zeremoniendienst und

Lehrsätzen, hat keinen Bestand, verweht und steht außerhalb der Entwicklung der Geister. Sie nennt es „Gottlosigkeit“, daß man sich ihren Satzungen entzieht. Grollend steht sie heute noch neben der großen anschwellenden Flut der modernen Bewegung, umsonst bemüht, sie mit ihrem schwachen Worte einzudämmen — und an ihr wird sich das Wort ihres Meisters vollziehen: „Die Ersten werden die Letzten sein“. Sie wird dadurch zur Einsicht und Buße gelangen, daß sie, nachdem der lebendige Gott ihr die Hüllen vom Gesicht genommen, in all der vergangenen Entwicklung des Menschen: in seiner Emanzipation von den Mächten der Überlieferung, in seiner Losreißung von allen bloßen Idealitäten etc., in seinem energischen Postulat, eine eigene, selbständige, freie Persönlichkeit zu bilden, nicht Gottlosigkeit, sondern im Gegenteil den einzigen Weg zu Gott, spät noch, aber zu ihrem eigenen, nun von aller Zeremonie gelösten Frieden erschauen darf.

Schluß.

Die Geschichte der Menschheit ist die Rückkehr des Menschen zum unmittelbaren Leben.

Sie hat keinen andern Sinn, kann als Übergangserscheinung keinen andern haben.

Ihre vorübergehenden Gestalten absoluten Ideen, Zwecken und Vernunftgeboten dienstbar zu machen, um so einen Sinn in das ruhelos wechselnde Geschehen zu bringen — ist nur die Verlegenheitsauskunft des menschlichen Geistes selbst. Weil er seine eigene Bedeutung nicht erkennt, sieht er sich einem bloßen Geschehen gegenübergestellt, dessen Rätselhaftigkeit er sich durch die Unterscheidung zwischen seinem realen Verlaufe und seinem idealen Gehalt zurechtzulegen sucht. In Wahrheit gibt es kein anderes Geschehen als das in ihm selbst sich vollziehende.

Der Geist des Menschen ist das Geschehen: er allein.

Alle Ideen sind nur die Art und Weise, womit er sich seine eigene Bewegung interpretiert.

Denn seitdem er aus der Welt der Unmittelbarkeit gefallen ist, weiß er das Leben nur noch im Begriffe zu erfassen und dementsprechend seine Entwicklung zum Leben nur begrifflich zu verstehen. Begriff, Syllogismus und Urteil sind nichts als die Funktionen des dem Leben fremd gewordenen Geistes. Die ursprüngliche Allgemeinheit des unmittelbaren Lebens, die sich im Geiste erschlossen hatte, ist in dessen Lostrennung vom Leben zu einem abstrakten Gesetze geworden, in dessen toter Formalistik er nur seine eigene Leere anschaut, während er „die Dinge“ in ihr zu erblicken vermeint. „Gedanke“ und „Dinge“ sind auseinandergespalten. Der Gedanke strebt ebenso leidenschaftlich, die Dinge zu begreifen, wie die Dinge sich ihm entziehen.

Das ist der Grund, weshalb die bloßen Gedanken eine so einseitige Vorherrschaft ausüben. Es tut sich in ihnen die Sehnsucht des Geistes kund, seine ursprüngliche Stellung im Haushalt des Lebens zurückzuerhalten. Die Abstraktionen unseres Denkens sind der Versuch des Geistes, sich das Leben wieder zu erringen — das Leben, in welchem Denken und Sein nicht mehr getrennt sind, sondern der eine, seinen polaren Gegensatz zwischen Subjekt und Objekt nicht mehr als Rätsel empfindende Ausdruck der Unmittelbarkeit selbst.

In der Philosophie Kants, Fichtes und Schellings ist die Trennung zwischen Denken und Sein prinzipiell aufgehoben und — namentlich in der Schellings — die Einheit des Lebens klar ausgesprochen worden. Es bedeutet deshalb die neue Philosophie die letzte Staffel des denkenden Geistes in seiner Rückkehr zum Unmittelbaren.

Aber während sich im Intellekt nur die Tatsächlichkeit der verlorenen Unmittelbarkeit spiegelt, ohne daß abzusehen wäre, wie sich vom Begriff zum Leben, vom Allgemeinen des Gedankens zum Allgemeinen des Unmittelbaren, vom Schatten also zum Körper eine verbindende Brücke schlagen ließe, schlägt der Wille diese Brücke, indem er reel zum Unmittelbaren zurückstrebt.

Denn der Wille ist selbst das Element der Unmittelbarkeit innerhalb des isolierten Geistes.

Darum gibt es zwischen ihm und der verlorenen Lebenswelt ein unmittelbares Verhältnis. Sie ziehen sich reell an — und das ergibt die Bewegung des Willens nach dem Leben im Unterschied von der Ruhe des Begriffe bildenden Intellektes.

Zunächst steht ihm die Unmittelbarkeit, von der er sich losgerissen, gerade verkehrt gegenüber. Das ist das Böse. Das Böse ist die durch den Willen verkehrte Unmittelbarkeit.

Allein aus dieser Verkehrung löst sich der Wille in allmähliger Selbstbesinnung und Selbsterfassung, um wieder in das ursprüngliche, lebendige Verhältnis zur Unmittelbarkeit zu gelangen.

Das erste Aufleuchten des von der verkehrten Unmittelbarkeit gelösten und der ursprünglichen zustrebenden Willens ist das Gewissen; und die bewußte, der verkehrten Unmittelbarkeit nun direkt entgegentretende Selbsterfassung des Willens, ist das Recht und die Moral.

Recht und Moral sind die Entwicklungsmomente innerhalb des der Unmittelbarkeit sich entgegenbewegenden Willens.

Im Recht sucht der Wille, die verlorne Unmittelbarkeit gewaltsam wieder herzustellen. Das Recht ist der nach außen gewendete, mit der Außenwelt ringende und sie treibende Wille. Darum ist es das Element der Geschichte.

In der Moral zieht sich der Wille von allem Äußern zurück. Hier entfernt er sich prinzipiell von aller Unmittelbarkeit, um erst sich selbst zu finden. Allein gerade diese Isolierung läßt ihn im eigenen Wesen die verlorene Unmittelbarkeit wieder entdecken. Je mehr er sich selbst findet, desto mehr findet er auch die Unmittelbarkeit wieder.

Auf diese Weise haben wir uns den Widerspruch innerhalb des moralischen Sollens erklärt.

Das gesagte findet in der Erscheinung der neuen Philosophie seine bedeutsame Bestätigung. Kant hat jene Selbsterfassung des Willens in der „Autonomie des Sittengesetzes" auf ihren abschließenden Ausdruck gebracht. Damit war einerseits die Geltung des Rechts prinzipiell überwunden und andererseits die Ära des selbstbewußten Willens, die Ära der Persönlichkeit, eingeleitet.

Der Mensch hatte sich wiedergefunden. Die Folge davon war, durch Fichte kraftvoll inauguriert, die Erscheinung der Sozialen Bewegung, Sozialdemokratie genannt, in welcher der Mensch durch Lösung der materiellen Fragen Raum gewinnen will für seine eigene unendliche Bedeutung.

Es gibt keine Rechtsideen und keine moralischen. Alle sittlichen Ideen sind nichts als der Versuch des Intellektes, die immanenten Bewegungen des Willens in Begriffe zu fassen. Was die Ideen postulieren, das ereignet sich nur im Geist des Menschen. Er selbst ist die Idee. Es gibt innerhalb des Geschaffenen keine andere Realität als die Persönlichkeit des Menschen. Alles andere ist — Einbildung.

Recht und Moral sind die Evolutionen des auf sich selbst gestellten Willens.

Im Gegensatz dazu ist die Religion das direkte Verhältnis der Unmittelbarkeit zum Willen, in welchem sie ihn unter ihre Potenzen bindet. Die Religion ist der Druck des unmittelbaren Lebens auf den menschlichen Geist, die auf ihm lastende Willkür — „gut" oder „böse", je nachdem der von der Unmittelbarkeit getriebene Wille im richtigen oder im verkehrten Verhältnis zu ihr steht. Hier kennt sich der Wille noch gar nicht und kann er daher auf die eine oder auf die andere Seite gerissen werden.

Die religiösen Ideen sind nichts anderes als dieser im Intellekt sich reflektierende Druck, dessen Willkür sich in den verschiedenartigen Gottesvorstellungen darstellt.

Soll der Mensch wieder in das ursprüngliche, bleibende Verhältnis zur Unmittelbarkeit gelangen, so muß er zuerst sich selber finden. Denn es gibt überhaupt nichts Reales außer seiner eigenen Persönlichkeit und außer der sie tragenden Unmittelbarkeit.

Dazu aber ist es nötig, daß ihm der Eindruck der ursprünglichen Welt wieder werde. Das geschah durch Jesus Christus; erst seit Jesus gibt es eine wirkliche Rückkehr des Menschen zum unmittelbaren Leben.

Das unmittelbare Leben ist der lebendige Gott, geoffenbart in Jesu Christo.

Das Christentum ist die Rückkehr des Menschen zum lebendigen Gott unter den Impulsen dieser wie sehr auch mißverstandenen Wahrheit. Alle die bedeutsamen Entwicklungspunkte des menschlichen Fortschrittes, die wir oben namhaft gemacht, besonders aber die neue Philosophie und der Sozialismus, sind Früchte des Christentums.

Das Christentum ist die Religion des Evangeliums, das wahrhafte Leben — als bloße Religion betrachtet. Es ist deshalb ebenso unfruchtbar als Träger, wie bedeutsam als Pfleger und Hüter des menschlichen Fortschrittes, indem derselbe unter der Leitung seiner Unmittelbarkeit zu jener prinzipiellen Klarheit gelangt, wie wir sie seit der Reformation im Geistesleben der fortschrittlichen Menschheit wahrnehmen.

Seit der Reformation. Denn seit derselben ist es klar, daß

die Religion keinen Faktor des menschlichen Fortschrittes bildet. Seit der Reformation ist es offenbar, daß der Mensch unter den Impulsen der Unmittelbarkeit zu sich selbst gelangt, und daß hierin allein der Fortschritt liegt.

Die Kirche versteht ihre Aufgabe nicht, wenn sie den Menschen an ihre doch nur eingebildeten Satzungen und Zeremonien binden, wenn sie ihn knechten, nicht emanzipieren will.

In der Emanzipation des Menschen von aller Autorität liegt der Fortschritt.

Der Fortschritt nach dem lebendigen Gott.

Erst, wenn der Mensch sich selbst ganz erfaßt hat, vermag er auch, sozusagen den andern Pol des Daseins: den lebendigen Gott, zu ergreifen. Denn es gibt nichts außerhalb des Reiches der Persönlichkeiten — der Persönlichkeit Gottes und der Persönlichkeit des Menschen.

Die ganze Geschichte ist nur die Bewegung von der einen zu der andern.

Alle Gedanken, Ideen, Zwecke sind nichts als Täuschungen eines diese Bewegung mißverstehenden Intellektes.

Der Intellektualismus ist der große Feind unseres Lebens.

Wissenschaft und Kunst sind ein Spiel, können und sollen nicht mehr sein als ein Spiel.

Die großen Realitäten liegen in uns selbst — nur hier.

Wir aber leben und weben und sind in Gott.

Das ist das Leben. Es ist die Gemeinschaft zwischen Gott und den Menschen. Es ist Liebe. Alles andere Spiel dieser Liebe, nichts in sich selbst.

Unsere Zeit schickt sich an, diesem Leben ihre Pforten zu öffnen. Sie versteht besser als jede frühere, was es bedeutet: das Unmittelbare.

FSC
www.fsc.org
MIX
Papier | Fördert gute Waldnutzung
FSC® C083411

Kolibri 360 GmbH
Ferdinand-Jühlke-Straße 7
99095 Erfurt, Deutschland
produktsicherheit@kolibri360.de